中国气象发展报告

(2021)

《中国气象发展报告 2021》编委会　编著

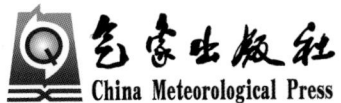

内容简介

本书由中国气象局气象发展与规划院组织编研，全书分综述篇、发展效益篇、核心能力篇和创新发展篇，主要内容包括"十三五"规划实施及2020年气象现代化水平评估、气象防灾减灾保障生命安全、气象保障生产生活与国家重大战略、应对气候变化、气象保障生态良好、气象综合观测、气象预报预测、气象服务业务、气象信息化建设、气象科技创新、气象人才队伍建设、气象改革、气象法治与党建、气象开放与合作等，对2020年中国气象事业发展进行了概述和进展分析研究，并展望了未来气象事业发展。

本书适合气象及相关行业、部门的研究者、管理者和其他社会各界人士参阅。

图书在版编目（CIP）数据

中国气象发展报告. 2021 /《中国气象发展报告2021》编委会编著. -- 北京：气象出版社，2021.12
ISBN 978-7-5029-7598-2

Ⅰ. ①中… Ⅱ. ①中… Ⅲ. ①气象－工作－研究报告－中国－2021 Ⅳ. ①P4

中国版本图书馆CIP数据核字(2021)第237924号

中国气象发展报告 2021
Zhongguo Qixiang Fazhan Baogao 2021

出版发行：气象出版社	
地　　址：北京市海淀区中关村南大街46号	邮政编码：100081
电　　话：010-68407112（总编室）　010-68408042（发行部）	
网　　址：http://www.qxcbs.com	E-mail：qxcbs@cma.gov.cn
责任编辑：林雨晨	终　审：吴晓鹏
责任校对：张硕杰	责任技编：赵相宁
封面设计：时源钊	
印　　刷：北京地大彩印有限公司	
开　　本：710 mm×1000 mm　1/16	印　张：27
字　　数：413千字	
版　　次：2021年12月第1版	印　次：2021年12月第1次印刷
定　　价：220.00元	

本书如存在文字不清、漏印以及缺页、倒页、脱页等，请与本社发行部联系调换。

《中国气象发展报告 2021》编委会

主　　编：矫梅燕
副 主 编：程　磊　廖　军
成　　员（按姓氏笔画排名）：
　　　　　于　丹　于艳红　王　喆　王　妍　卢介然
　　　　　申丹娜　吕丽莉　刘冠州　李　萍　李丽丽
　　　　　杨　丹　杨　梦　肖　芳　张　阔　张志凯
　　　　　陈鹏飞　林　霖　易　晖　郝伊一　祝海锋
　　　　　顾青峰　唐　伟　龚江丽　谢博思　樊奕茜
审稿专家（按姓氏笔画排名）：
　　　　　王守荣　王志强　朱小祥　李昌兴　张　强
　　　　　张洪广　周广胜　姜海如　曾　沁　魏　丽
统　　稿：程　磊　廖　军　肖　芳

序[*]

2020年是极不平凡的一年,面对突如其来的新冠肺炎疫情、1998年以来最严重的洪涝灾害等一系列重大挑战,在以习近平同志为核心的党中央坚强领导下,各级气象部门坚持以习近平新时代中国特色社会主义思想为指导,全面学习贯彻习近平总书记关于气象工作重要指示精神,落实党中央、国务院的决策部署,全面加强党的领导,加快气象科技创新和现代化建设,全力做好防汛救灾、疫情防控、"六稳""六保"气象服务保障,为决胜全面建成小康社会、决战脱贫攻坚,实现"十三五"圆满收官作出积极贡献。

一、全面学习贯彻习近平总书记关于新中国气象事业70周年重要指示精神,不折不扣做到"两个维护"

全面学习领会,系统组织部署。将学习贯彻习近平总书记关于新中国气象事业70周年重要指示精神作为首要政治任务,在全国气象局长会和党组重点任务中系统部署。开展线上线下宣讲培训,实现全员覆盖。坚持全国一盘棋,交流推进好经验好做法。

强化顶层设计,科学谋划高质量发展。围绕气象强国建设,开展面向2035年的气象现代化发展纲要专题研究。科学编制气象发展"十四五"规划及气象科技、卫星等17项专项规划与4项区域规划。推动气象融入生态文明建设、农业农村现代化、"一带一路"建设等国家专项规划。制定高质量气象现代化和全球气象业务发展两个三年行动计划,出台新的气象现代化建设指标体系及评价管理办法。

---

[*] 节选自《2021年全国气象局长会议工作报告》

强化高位推动,营造良好发展环境。联合国防科工局、航天科技集团成功举办风云气象卫星事业50周年系列活动,李克强总理作出重要批示,胡春华副总理出席座谈会并作重要讲话。国务院办公厅出台推进人工影响天气高质量发展的意见。召开气象部门西藏工作会议暨援藏工作会议,出台推进气象保障西藏和四省涉藏州县长治久安高质量发展文件。与9省(市)政府召开联席会议,与多个部门、高校和企业等签署合作协议,与香港、澳门地区联合开展粤港澳大湾区气象监测预报预警。

二、有力有效做好防大汛抗大疫气象服务保障,充分发挥气象防灾减灾第一道防线作用

全力应对特大暴雨洪涝等气象灾害。2020年我国天气气候异常,汛期长江中下游等地梅雨期及梅雨量均为历史之最,长江、黄河流域降雨量为1961年以来最多,半个月内3个台风接连影响东北地区历史罕见。我们坚持人民至上、生命至上,超前谋划、系统部署、压实责任、尽锐出战,准确预测汛期气候趋势,准确预报历次强降雨和台风天气过程,累计发布预警短信37亿人次,与29个部门建立常态化联动机制。中央领导对气象服务材料批示30余次。全国公众气象服务满意度达到92.7分,创历史新高。

主动做好疫情防控和重大活动气象服务保障。认真履行国务院联防联控机制成员单位职责。利用国家突发事件预警信息发布系统,与卫生健康部门联合发布86万余条疫情防控信息,联合国家邮政局为150余万快递从业人员精准推送气象预警信息,获国务院领导充分肯定。湖北省气象局为武汉火神山、雷神山应急医院建设运行提供专项服务。全方位做好冬奥会筹办、珠峰登顶测量、嫦娥五号返回、国产大飞机试飞、川藏铁路建设等重大活动和重大工程气象服务保障。

突出做好粮食安全和脱贫攻坚气象服务保障。做好关键农时气象灾害监测预报预警和病虫害防控气象服务,全年粮食产量预报准确率达99.7%。做好光伏扶贫气象服务。帮助贫困地区创建一批"中国天然氧吧"和"气候好产品"。设立气象观测和人工影响天气扶贫公益岗1282个。不折不扣做好定点帮扶,组织开展消费扶贫,中国气象局定点帮扶的内蒙古突泉县获全国脱贫攻坚组织创新奖。

着力做好生态气象服务和应对气候变化工作。基本建立国省两级生态气象服务体系。开展陆地生态质量气象监测评估和气象灾害生态影响评估。为"三线一单"编制和落地实施等提供生态气象服务。加强秦岭生态环境保护和修复气象服务，重要生态功能区和生态脆弱区气象服务能力稳步增强。完善大气污染防治气象服务国省联动、区域联防机制。持续加强人工影响天气工作，开展三江源、祁连山等生态功能区常态化作业。加强气候变化科学评估，编制国家和区域气候变化评估报告。开展冰冻圈冰川积雪监测与高原气候变化风险预警，提升青藏高原等承载力脆弱地区气候变化监测与适应能力。发挥国家气候变化专家委员会作用，完成2份咨询报告，为碳达峰目标和碳中和愿景提供科学支撑。完成应对气候变化国际谈判有关任务和政府评审工作，在气候外交中维护国家权益。

三、加快科技创新，气象现代化建设成效显著

科技创新不断强化。气象现代化4项核心技术攻关和青藏高原大气科学试验研究取得新进展。与国家航天局共建许健民气象卫星创新中心，推进南京、深圳气象科技创新研究院等新型研发机构建设。与国家自然科学基金委设立气象联合基金。全年争取中央预算科研经费3.46亿元，39项成果获省部级科技奖励，4项成果纳入科技部成果清单在全国推广。加强高层次人才队伍建设，13人、1个团队入选国家人才工程，1人获批国家杰青项目，遴选首批气象杰出人才、领军人才、优秀人才221人。15人获国际组织、驻外机构录取或续聘。

综合监测能力持续加强。全面实现地面观测自动化。持续优化气象站网布局，推进24个国家气候观象台建设。气象观测纳入国家新型智慧城市建设技术导则。首次开展高空无人机台风综合探测试验。卫星遥感观测产品数据精度逐步提升。气象观测质量管理体系全面通过ISO9001认证，观测业务持续高质量运行，全流程标准化率达96.5%。

预报预测水平稳步提升。完成全球、区域数值天气预报模式升级，北半球可用预报天数提高至7.8天，卫星资料同化占比达76%，72小时各量级降水预报评分提高5%~10%。完成国家级5公里格点实况产品升级。0~24小时逐小时智能网格预报产品实现滚动更新。多模式集合预测系统实现业务运行。

信息化水平显著增强。建成气象大数据云平台,完成业务系统数据源无感切换。综合观测业务运行信息化平台、综合业务实时监控系统投入运行,28个国家级业务系统实现实时监控。加强数据交换共享,全年新增获取18类行业数据。印发实施网络安全、气象数据管理办法。成功研制中国第一代全球再分析数据集。

四、深化改革,气象法治和科学管理进一步强化

坚决有力落实国家改革部署。深化"放管服"改革,落实"证照分离"改革全覆盖试点,全面完成气象部门证明事项清理。实现中国气象局行政审批平台与全国政务服务平台对接。实施防雷安全专项整治行动,巩固深化防雷减灾体制改革成果。完成中国气象服务协会脱钩改革。落实中央关于事业单位改革试点任务,制定实施方案。

气象业务技术体制改革取得新进展。出台气象业务技术体制重点改革意见。内蒙古、宁夏等7省(区、市)气象局重点改革试点扎实推进。继续推进研究型业务建设,调整优化国省两级业务流程和岗位职能,60%以上预报员实现班下科研。推进业务系统集约发展,开展核心业务系统"云化"改造,初步建立"云+端"业务形态。完成气象大数据和数值预报业务体制改革设计。

气象法治和制度建设不断深化。开展气象法实施20周年纪念活动,积极稳妥推进气象法修订。修订《人工影响天气管理条例》和9部部门规章。制修订气象地方性法规5部,地方政府规章10部。新发布气象领域国家标准8项、行业标准74项、地方标准74项、团体标准3项。开展中国气象局机关"制度树"体系研究。

气象治理效能不断提升。风云气象卫星国际应用和气象服务"一带一路"建设进展顺利,为全球104个国家和地区1710位学员提供国际培训。深入落实双重计划财务体制,推动出台气象部门落实经费保障政策。努力扩大中央年度投资规模,有力保障气象发展规划重点任务和重点工程落实。强化气象规划支撑能力,组建中国气象局气象发展与规划院。进一步规范局属企业发展。气象宣传科普影响力持续扩大,人民日报、新华社和中央电视台播出气象新闻频次创历史新高,联合科技部认定首批16家国家气象科普基地。气象档案业务系统投入试运行,气政通2.0版全面上线,信创工程稳步推进,气象管理信息化取得显著进展。做好安全生产、信访、保密、报刊出版等工作。筑牢疫情防控铜墙铁壁,在京单位零感染,全部门未发生聚集性疫情。

五、落实"两个责任",加强党建和业务深度融合

坚持和加强党的领导,压实政治责任。完善党对气象工作的领导制度,推动修订各级党组工作规则,聚焦"三重一大"制定集体决定事项清单。强化全面从严治党责任清单管理制度约束力,健全管党治党工作机制。制定措施推动党建和业务深度融合。巩固深化"不忘初心、牢记使命"主题教育成果。落实意识形态工作责任制。深化党的政治建设督查。开展强化政治机关意识教育,积极创建模范机关。

深入贯彻新时代党的组织路线。修订党组选拔任用干部工作议事规则。加强干部队伍建设,优化调整23个司局级领导班子。大力培养选拔优秀年轻干部,新提任司局级领导干部中"70后"超过60%。全面开展党支部标准化规范化建设,持续创建"四强"党支部,提升"三会一课"质量,增强党支部创造力、凝聚力、战斗力。全面做好老干部、群团和统战等工作。

落实全面从严治党"两个责任"。积极配合中央巡视,坚持"四个融入",抓好巡视整改,压实主体责任,建立健全长效机制,制定4个方面28项整改任务143条细化措施。如期完成128项年度整改任务,按时序要求扎实推进15项长期任务,制修订30余项制度。持续完善制度落实中央八项规定精神,出台10项措施改进文风会风,开展基层减负工作"回头看"。深化部门巡视巡察,对7个党组织开展常规巡视,对884个党组织开展巡察。贯通运用监督执纪"四种形态",严肃查处违规违纪行为。

六、"十三五"气象事业发展取得历史性成就

2020年是"十三五"收官之年。五年来,经过不懈努力、共同奋斗,气象事业发展取得历史性成就,"十三五"气象发展目标任务圆满完成。

气象服务国家、服务人民成效瞩目。面向防灾减灾救灾,实现重大灾害性天气测得出报得准,建成多部门共享共用的国家突发事件预警信息发布系统,充分发挥了气象防灾减灾第一道防线作用,气象灾害造成的死亡失踪人数由"十二五"年均约 1300 人下降到 800 人以下,经济损失占 GDP 的比例由 0.6%下降到 0.3%。面向经济社会发展,主动融入国家重大战略和现代化经济体系建设,为各行各业提供气象服务,气象投入产出比约 1∶50。面向人民美好生活,围绕人民群众衣食住行娱购游等多元化需求,大力发展智慧气象服务,气象科学知识普及率达到 80.2%,公众气象服务满意度达到 90 分以上。面向生态文明建设,构建了覆盖多领域的生态文明气象服务保障体系,打造了应对气候变化、人工影响天气、气候资源保护利用、气候可行性论证、大气污染防治、生态修复与保护等服务品牌。

气象业务现代化整体实力再上台阶。综合气象观测能力达到世界先进水平。建成了乡镇全覆盖的近 7 万个地面站、216 部雷达、7 颗风云气象卫星组成的立体综合观测体系。全国卫星遥感应用体系基本建成。14 个气象站被世界气象组织认定为百年气象站。与俄罗斯联合成立国际民航组织第四个全球空间天气中心。气象预报能力稳步提升。实现了从站点落区到数字格点的跨越,数值预报完成了从引进消化吸收到自主研发的重大转变。预报预测准确率稳步提升,强对流天气预警时间提前至 38 分钟,台风路径预报 24 小时误差缩小到 65 千米,客观化汛期降水预测准确率突破 80 分。气象信息化水平显著提高。气象信息支撑系统从独立、分散建设逐步向集约统筹全面支撑气象业务建设方向迈进,物联网、大数据、人工智能等新技术广泛应用,高速气象网络、海量气象数据库发挥重要作用。

气象科技创新和高层次人才队伍建设成果丰硕。数值天气模式等关键核心技术取得显著进展,科研院所改革取得良好成效,获批国家重点研发专项项目 58 项,总经费 12.07 亿元,全部门国际科技论文数量和影响力大幅提升,在大气科学领域位列世界第二,267 项成果获国家和省部级科技奖励,科技支撑业务能力大幅增强。被认定为全球九大世界气象中心之一。新增两院院士 1 人,国家人才工程人选 43 人次。新增专技二级岗专家 187 人、正高级专家 1025 人。正高级岗位数量增加一倍。气象培训体系进一步健全,人才投入机制和激励保障机制不断优化。

气象发展的保障体系更加完备。气象法治环境不断优化,制修订气象法律法规规章58部,发布标准865项。双重领导管理体制和双重计划财务体制不断完善,中央财政累计投入较"十二五"时期增长30%,地方财政投入增长50%。气象改革开放成效进一步凸显,"放管服"改革深入推进,防雷减灾体制改革任务全面完成,业务技术体制改革有力推动。与地方政府、部委、高校、科研院所、企业的合作进一步深化拓展。与160多个国家和地区开展科技合作,有效服务"一带一路"建设,在气象国际治理中充分展示负责任大国形象。

党的领导和党的建设全面加强。深入学习贯彻习近平新时代中国特色社会主义思想,贯彻落实习近平总书记关于气象工作重要指示精神,党建与业务深度融合,全面推进气象系统党的政治、思想、组织、作风、纪律建设,强化制度建设和反腐败工作。加强基层党组织建设,突出政治功能,提升组织力,4765个基层党组织和5.6万名党员的战斗堡垒作用和先锋模范作用进一步发挥,198个单位获全国文明单位称号。

五年来的发展,成就来之不易,经验弥足珍贵。我们深刻认识到,坚持和加强党的全面领导是气象事业发展的根本保证。我们自觉增强"四个意识"、坚定"四个自信"、做到"两个维护",在贯彻落实党中央重大决策部署中发展气象事业,确保气象事业始终沿着正确方向前行。坚持服务国家、服务人民是气象事业发展的根本宗旨。我们坚持人民至上、生命至上,始终把保障人民生命财产安全放在首位,不断增强人民群众气象服务获得感、幸福感、安全感。坚持气象现代化不动摇是气象事业发展的兴业之路。我们遵循气象事业发展规律,适应国家发展战略要求,持之以恒推进气象现代化建设,服务保障国家现代化。坚持创新驱动和改革开放是气象事业发展的根本动力。我们大力实施创新驱动发展战略,集中攻关关键核心技术,落实国家全面深化改革决策部署,不断深化气象体制机制改革,持续增强气象事业发展的动力和活力。坚持干部人才队伍建设是气象事业发展的关键保障。我们着力培养忠诚干净担当的高素质专业化干部队伍,实施更加积极有效的人才创新政策,支撑保障气象事业稳定发展。

"十四五"时期,是乘势而上全面推进气象强国建设的第一个五年,我们必须以习近平新时代中国特色社会主义思想为指导,坚持以习近平总书记关于气象工作重要指示精神为根本遵循,坚定不移把新发展理念贯穿气象发展全过程和各领域,以加快建成气象强国为目标,以推动气象事业高质量发展为主题,以推进高水平气象现代化建设为主线,以改革创新为根本动力,以满足人民日益增长的美好生活需求为根本目的,加快构建更高水平的气象科技创新体系、观测体系、预报体系、服务体系和治理体系,加快形成气象事业高质量发展新格局,提高气象服务保障国家经济社会发展和构建人类命运共同体的能力和水平,为全面建设社会主义现代化国家提供有力支撑。

前　言

2020年是我国全面建成小康社会，实现第一个百年奋斗目标的决胜之年，是实现《关于加快气象事业发展的若干意见》（国发〔2006〕3号）确定的奋斗目标的收官之年。这一年，全国气象系统认真学习贯彻习近平总书记关于气象工作的重要指示精神，坚持服务国家服务人民的根本方向，把握气象工作关系生命安全、生产发展、生活富裕、生态良好的战略定位，围绕加快建设气象强国的战略目标，全面推进气象科技创新和气象现代化建设，全力做好国家重大战略实施、防汛救灾、疫情防控等气象服务保障，为决胜全面建成小康社会、决战脱贫攻坚作出了重大贡献。

作为跟踪气象重大进展、透析气象发展前沿、解读气象热点、支撑科学决策的气象行业年度发展研究报告，《中国气象发展报告》旨在从宏观视角和行业发展维度，跟踪中国气象发展进程，记录中国气象发展轨迹。报告连续出版6年来，坚持遵循研究性、前瞻性、客观性的编研原则，努力为气象事业发展科学决策提供研究支撑，为政府部门、科研院所、大专院校和社会公众了解中国气象发展动态、认识气象对经济社会发展的作用提供重要参考，已经成为气象及相关行业、部门的研究者、管理者和其他社会各界人士了解中国气象发展的"参考书"和"工具书"。

《中国气象发展报告（2021）》主要反映2020年中国气象发展状况。报告的编研主要体现以下特点：一是注重政治性和权威性。报告贯彻落实习近平总书记对气象工作的重要指示精神、全国气象局长会议精神和中国气象局党组各项决策部署要求，力争客观分析和呈现中国气象发展水平和成就，科学研判中国气象未来发展方向和发展趋势，努力做到观点权威、数据可靠。二是注重全面性和开放性。报告立足部门、面向行业和社会,力争全面系统地呈现2020年中国气象行业各领域的主要进展。三是注重继承与创新。报告结合2020年中国气象发展的重点和热点,在基本延续上年篇章结构的基础上,对篇章结构和内容进行了适当调整,适当突出气象事业发展重大突破和2020年发展重点。四是注重用数据说话。报告涵盖气象行业各个领域、长时间序列的重要数据,并通过纵向和横向对比分析,客观呈现气象事业主要进展和发展趋势。

《中国气象发展报告(2021)》共有四篇十三章,各章主要执笔人有:第一章王喆、顾青峰、肖芳;第二章吕丽莉;第三章肖芳、于丹;第四章龚江丽、杨丹;第五章林霖;第六章王喆;第七章刘冠州、陈鹏飞、唐伟;第八章龚江丽、张阔;第九章郝伊一、王妍、王喆;第十章申丹娜、卢介然、杨梦;第十一章于丹、李萍;第十二章卢介然、谢博思、张阔;第十三章陈鹏飞;附录吕丽莉、杨丹。全书由程磊、廖军、肖芳统稿,由矫梅燕审定。

《中国气象发展报告(2021)》由中国气象局气象发展与规划院组织编研。在编研过程中得到了许多专家学者的悉心指导,王守荣、张洪广、魏丽、张强、曾沁、李昌兴、朱小祥、周广胜、王志强、姜海如等专家对报告进行了咨询与指导;中国气象局办公室、减灾司、预报司、观测司、科技司、计财司、人事司、法规司、国际司、机关党委(巡视办)有关领导对报告内容进行了审核。同时,报告引用了气象行业机构、中国气象局相关内设机构和直属单位提供的大量资料和数据,部分已在参考文献或正文中标注,但由于涉及资料较多,未予全列;气象出版社在编辑出版方面给予了大力帮助,在此一并表示衷心感谢!

《中国气象发展报告(2021)》中涉及的一些述评仅限于编研人员的认识,不代表任何政府部门和单位的观点。作为阶段性研究成果,由于编研人员的水平有限和经验不足,难免存在疏漏与不妥,请广大读者提出宝贵意见和建议。

矫梅燕

2021年10月

目 录

序 ………………………………………………………………………………（Ⅰ）
前言 ……………………………………………………………………………（Ⅸ）

特 载

气象现代化体系基本建成 气象整体实力接近世界先进水平
——《国务院关于加快气象事业发展的若干意见》贯彻落实情况
初步评估报告 ………………………………………………………（3）

综述篇

第一章 "十三五"规划实施及 2020 年气象现代化水平评估 …………（29）
　一、气象发展"十三五"规划实施成效 …………………………………（29）
　二、2020 年全国气象现代化水平评估 …………………………………（44）
　三、评价与展望 ……………………………………………………………（51）

发展效益篇

第二章 气象防灾减灾保障生命安全 ……………………………………（55）
　一、2020 年气象防灾减灾概述 …………………………………………（55）
　二、2020 年气象防灾减灾主要进展 ……………………………………（62）
　三、评价与展望 ……………………………………………………………（80）

第三章 气象保障生产生活与国家重大战略 ……………………………（82）
　一、2020 年气象保障概述 ………………………………………………（82）

二、2020年气象保障主要进展 ························· (86)
　　三、评价与展望 ··· (124)

第四章　应对气候变化 ······································· (127)
　　一、2020年国内外应对气候变化概述 ·················· (127)
　　二、2020年应对气候变化主要进展 ····················· (132)
　　三、评价与展望 ··· (152)

第五章　气象保障生态良好 ································· (154)
　　一、2020年生态环境气象保障概述 ····················· (154)
　　二、2020年生态环境气象保障主要进展 ··············· (157)
　　三、评价与展望 ··· (174)

核心能力篇

第六章　气象综合观测 ······································· (179)
　　一、2020年气象观测业务发展概述 ····················· (179)
　　二、2020年气象观测业务主要进展 ····················· (183)
　　三、评价与展望 ··· (201)

第七章　气象预报预测 ······································· (203)
　　一、2020年气象预报预测业务发展概述 ··············· (203)
　　二、2020气象预报预测业务主要进展 ·················· (204)
　　三、评价与展望 ··· (221)

第八章　气象服务业务 ······································· (223)
　　一、2020年气象服务业务发展概述 ····················· (223)
　　二、2020年气象服务业务主要进展 ····················· (225)
　　三、评价与展望 ··· (254)

第九章　气象信息化建设 ···································· (256)
　　一、2020年气象信息化发展概述 ························ (256)
　　二、2020年气象信息化建设主要进展 ·················· (260)
　　三、评价与展望 ··· (264)

创新发展篇

第十章 气象科技创新 ⋯⋯⋯⋯⋯⋯⋯⋯⋯⋯⋯⋯⋯⋯⋯⋯⋯⋯⋯⋯⋯⋯⋯⋯⋯⋯⋯⋯ (267)
 一、2020 年气象科技创新概述 ⋯⋯⋯⋯⋯⋯⋯⋯⋯⋯⋯⋯⋯⋯⋯⋯⋯⋯⋯⋯⋯⋯ (267)
 二、2020 年气象科技创新主要进展 ⋯⋯⋯⋯⋯⋯⋯⋯⋯⋯⋯⋯⋯⋯⋯⋯⋯⋯⋯ (269)
 三、评价与展望 ⋯⋯⋯⋯⋯⋯⋯⋯⋯⋯⋯⋯⋯⋯⋯⋯⋯⋯⋯⋯⋯⋯⋯⋯⋯⋯⋯⋯ (302)

第十一章 气象人才队伍建设 ⋯⋯⋯⋯⋯⋯⋯⋯⋯⋯⋯⋯⋯⋯⋯⋯⋯⋯⋯⋯⋯⋯⋯ (304)
 一、2020 年气象人才队伍建设概述 ⋯⋯⋯⋯⋯⋯⋯⋯⋯⋯⋯⋯⋯⋯⋯⋯⋯⋯⋯ (304)
 二、2020 年气象人才队伍建设主要进展 ⋯⋯⋯⋯⋯⋯⋯⋯⋯⋯⋯⋯⋯⋯⋯⋯⋯ (306)
 三、评价与展望 ⋯⋯⋯⋯⋯⋯⋯⋯⋯⋯⋯⋯⋯⋯⋯⋯⋯⋯⋯⋯⋯⋯⋯⋯⋯⋯⋯⋯ (333)

第十二章 气象改革、法治与党建 ⋯⋯⋯⋯⋯⋯⋯⋯⋯⋯⋯⋯⋯⋯⋯⋯⋯⋯⋯⋯⋯ (335)
 一、2020 年气象改革、法治与党的建设概述 ⋯⋯⋯⋯⋯⋯⋯⋯⋯⋯⋯⋯⋯⋯⋯ (335)
 二、2020 年气象改革主要进展 ⋯⋯⋯⋯⋯⋯⋯⋯⋯⋯⋯⋯⋯⋯⋯⋯⋯⋯⋯⋯⋯ (337)
 三、2020 年气象法治建设进展 ⋯⋯⋯⋯⋯⋯⋯⋯⋯⋯⋯⋯⋯⋯⋯⋯⋯⋯⋯⋯⋯ (346)
 四、2020 年气象部门党的建设 ⋯⋯⋯⋯⋯⋯⋯⋯⋯⋯⋯⋯⋯⋯⋯⋯⋯⋯⋯⋯⋯ (357)
 五、评价与展望 ⋯⋯⋯⋯⋯⋯⋯⋯⋯⋯⋯⋯⋯⋯⋯⋯⋯⋯⋯⋯⋯⋯⋯⋯⋯⋯⋯⋯ (362)

第十三章 气象开放与合作 ⋯⋯⋯⋯⋯⋯⋯⋯⋯⋯⋯⋯⋯⋯⋯⋯⋯⋯⋯⋯⋯⋯⋯⋯ (364)
 一、2020 年气象开放与合作概述 ⋯⋯⋯⋯⋯⋯⋯⋯⋯⋯⋯⋯⋯⋯⋯⋯⋯⋯⋯⋯ (364)
 二、2020 年全球气象业务发展 ⋯⋯⋯⋯⋯⋯⋯⋯⋯⋯⋯⋯⋯⋯⋯⋯⋯⋯⋯⋯⋯ (365)
 三、2020 年气象国际交流与合作进展 ⋯⋯⋯⋯⋯⋯⋯⋯⋯⋯⋯⋯⋯⋯⋯⋯⋯⋯ (375)
 四、2020 年气象国内合作进展 ⋯⋯⋯⋯⋯⋯⋯⋯⋯⋯⋯⋯⋯⋯⋯⋯⋯⋯⋯⋯⋯ (378)
 五、评价与展望 ⋯⋯⋯⋯⋯⋯⋯⋯⋯⋯⋯⋯⋯⋯⋯⋯⋯⋯⋯⋯⋯⋯⋯⋯⋯⋯⋯⋯ (388)

参考文献 ⋯⋯⋯⋯⋯⋯⋯⋯⋯⋯⋯⋯⋯⋯⋯⋯⋯⋯⋯⋯⋯⋯⋯⋯⋯⋯⋯⋯⋯⋯⋯⋯⋯ (390)

附录 A 2020 年中国天气气候特征与气象灾害 ⋯⋯⋯⋯⋯⋯⋯⋯⋯⋯⋯⋯⋯⋯⋯ (392)
 一、2020 年天气气候特征 ⋯⋯⋯⋯⋯⋯⋯⋯⋯⋯⋯⋯⋯⋯⋯⋯⋯⋯⋯⋯⋯⋯⋯ (392)
 二、2020 年中国天气气候灾害事件 ⋯⋯⋯⋯⋯⋯⋯⋯⋯⋯⋯⋯⋯⋯⋯⋯⋯⋯⋯ (396)
 三、2020 年气候变化与影响 ⋯⋯⋯⋯⋯⋯⋯⋯⋯⋯⋯⋯⋯⋯⋯⋯⋯⋯⋯⋯⋯⋯ (402)
 四、统计资料 ⋯⋯⋯⋯⋯⋯⋯⋯⋯⋯⋯⋯⋯⋯⋯⋯⋯⋯⋯⋯⋯⋯⋯⋯⋯⋯⋯⋯⋯ (412)

特　載

气象现代化体系基本建成
气象整体实力接近世界先进水平

——《国务院关于加快气象事业发展的若干意见》
贯彻落实情况初步评估报告

2006年1月,国务院印发《关于加快气象事业发展的若干意见》(国发〔2006〕3号,以下简称国务院三号文件),提出了到2020年气象事业发展的指导思想、奋斗目标和主要任务,为中国气象事业又好又快发展指明了方向。为系统总结十五年来,贯彻实施国务院三号文件取得的成就,客观分析气象事业发展的不足与短板,系统谋划2035年气象强国建设的战略举措,中国气象局组织对贯彻落实国务院三号文件情况进行了系统总结和评估,并形成初步评估报告。

一、总体评价

国务院三号文件明确提出"到2020年,建成结构完善、功能先进的气象现代化体系,使气象整体实力接近同期世界先进水平,若干领域达到世界领先水平"的奋斗目标。十五年来,党中央、国务院高度重视气象工作,中央领导同志多次对气象工作作出重要指示批示。历年的中央一号文件对气象工作作出新部署,国务院先后四次出台政策文件高位推动气象事业发展。十五年来,各级党委政府和各有关部门深入贯彻落实国务院三号文件,出台了一系列重大举措,实施了一系列重大工程,解决了一系列重大问题。十五年来全国广大气象干部职工全面贯彻落实国务院三号文件,努力拼搏、接续奋斗,推动气象事业发展取得了历史性突破。

建成了适应需求、保障有力、效益突出的中国特色气象服务体系,气象服务国家、服务人民成效显著。建立了比较完善的"党委领导、政府主导、部门联动、社会参与"的气象防灾减灾机制和多部门共享共用的国家突发事件预警信息发布系统,气象预警信息公众覆盖率达92.7%,有效解决了"最后一公里"问题。气象灾害造成的经济损失占GDP比例由2005年的1.13%下降到2020年的0.36%,气象防灾减灾第一道防线作用充分发挥。构建了覆盖多领域的生态文明气象保障服务体系,打造了应对气候变化、气候资源保护利用、气候可行性论证、大气污染防治、生态修复与保护等服务品牌,建立了世界上规模最大的现代化人工影响天气作业体系,人工增雨覆盖逾500万千米^2,防雹保护逾50万千米^2,为防灾减灾、生态修复、农业增产作出了重要贡献。气象工作主动服务和融入乡村振兴、"一带一路"、区域协调发展等国家重大战略,主动服务和融入现代化经济体系建设,气象服务已经拓展到交通、水利、能源、旅游等几十个部门,融入到几百个行业、覆盖到亿万群众,气象服务的经济社会效益显著提升,投入产出比达到1∶50,公众满意度达到92.7分,人民群众对气象服务的获得感显著增强。

初步建成无缝隙、精细化、智能化的气象预报预测系统,气象预报预测能力稳步提高。自主研发的全球中期数值天气预报系统北半球可用预报时效达到7.8天,接近同期世界先进水平。24小时台风路径预报误差由2005年的118千米减少到65千米。强对流天气预警时间提前到38分钟,暴雨预警准确率提高到89%。2017年中国气象局成为世界气象中心,标志着我国气象现代化整体水平迈入世界先进行列。气象信息系统集约化发展,高性能计算机峰值计算能力达到每秒9800万亿次浮点运算。气象数据率先向国内外开放共享,中国气象数据网累计用户突破34万人,海外注册用户遍布70多个国家,年访问量约1.7亿人次,年数据服务量达到112太字节(TB)。

建成了覆盖率高、布局适当、功能较完善的综合气象观测系统,气象观测总体能力接近世界先进水平。6.3万余个地面气象观测站覆盖全国所有乡镇。216部新一代天气雷达组成严密的气象灾害监测网,探测性能达到世界先进水平。农业、生态、环境、海洋、交通、旅游等专业气象监测网逐步建立。多项观测装备技术达到同期世界先进水平。14个气象站(包括香港、澳门2个站)被世界气象组织认定为百年气象站。2006年以来成功发射12颗风云气象卫星，为国内2600家用户、全球118个国家提供不可替代的气象观测服务。我国是世界上少数几个同时拥有极轨和静止气象卫星的国家和地区之一，气象卫星综合性能达到世界先进、部分领先水平。

建立了基本适应气象现代化发展需求、支撑有力的国家气象科技创新体系，气象科技创新成效显著。关乎"卡脖子"问题的核心关键技术攻关持续推进，雷达、卫星、数值预报等技术取得重大突破。数值预报完成了从引进消化吸收到自主研发的重大转变，建立了从区域到全球，从天气到气候尺度较为完整的数值预报业务体系，我国成为少数能够自主研发全球模式的国家之一。建设了一批具有国际影响力的研发机构、国家重点实验室、部门重点实验室、野外科学试验基地。气象科研投入和产出持续增长，2006—2020年，全国科技经费累计投入87.47亿元；气象科技成果获国家级科技奖励12项，省部级科技奖励807项。形成了与气象现代化发展相适应的，以大气科学为主体、多种专业有机融合的气象人才队伍，队伍素质不断提升，人才结构持续优化。全国气象部门职工本科以上比例达86.7%，比2005年增加58个百分点。现有两院院士9人，正高级职称专家千余人，入选国家人才工程40人次。气象科学家叶笃正、秦大河、曾庆存先后获得国际气象领域最高奖，叶笃正、曾庆存获国家最高科学技术奖。气象科技创新成果和科技人才有力支撑了气象现代化建设。

建立了更加完备、更为开放的气象发展保障体系，气象发展体制机制充满生机活力。"双重领导、以部门为主"的领导管理体制和双重计划财务体制不断完善并显示出巨大的制度优势。协同推进"放管服"改革和气象行政审批制度改革，全面完成国务院防雷减灾体制改革任务，深入推进气象服务体制、业务技术体制、管理体制等改革，为气象事业高质量发展注入强大动力。形成较为完备的气象法律法规体系、气象规划体系和气象标准体系，气象科学管理水平显著提高。省部合作、部门合作、局校合作、局企合作不断深化，形成了全方位、宽领域、深层次的国内开放合作格局。全面参与国际气象科学研究计划，积极参与全球气象治理,全球观测、全球预报、全球服务能力不断提升。中国气象局与160多个国家和地区开展了气象科技合作交流,为广大发展中国家提供气象科技援助,100多位中国专家在世界气象组织、政府间气候变化专门委员会(IPCC)等国际组织中任职,中国气象的全球影响力和话语权显著提升。

十五年的气象发展实践证明,国务院三号文件确定的气象事业发展的指导思想正确、奋斗目标科学、主要任务合理、各项举措有力。评估认为,国务院三号文件提出的奋斗目标已经如期实现,部分领域提前实现,主要任务已经顺利完成,各项措施得到了有效落实。气象现代化体系基本建成,气象整体实力接近世界先进水平,气象卫星、台风路径预报和防灾减灾气象保障服务等领域达到世界领先水平,气象服务国家服务人民的能力大幅提升,为促进国家发展进步、保障改善民生、防灾减灾救灾等作出了突出贡献(表1)。

表1 气象事业发展主要指标进展情况表

序号	指标		2005年	2015年前	2020年
1	全国公众气象服务满意度(分)		—	82.7	92.7
2	全国气象预警信息公众覆盖率(%)		63	79.2	92.7
3	人工影响天气作业面积(万千米²)		258.4	—	502.7
4	24小时气象要素预报精细度	空间分辨率(千米)	60	10	5
		时间分辨率(小时)	12	3	1
5	24小时气象预报准确率	晴雨(%)	82	—	86.2
		最高气温(%)	58.6	—	82.2
		最低气温(%)	60.5	—	84.4
6	24小时台风路径预报误差(千米)		118	—	65
7	强对流天气预警提前量(分钟)		—	22	38
8	气候预测准确率	汛期降水(分)	—	68.7	76.6
		月降水(分)	—	64.9	75.6
		月气温(分)	—	75.9	85.4

续表

序号	指标		2005 年	2015 年前	2020 年
9	全球数值天气预报水平	可用预报时效(天)	5.8	6.5	7.8
		水平分辨率(千米)	60	60	25
		气象卫星资料同化量占比率(%)	—	40	76
10	高性能计算机浮点运算峰值(TFlops)		21.6	—	9800
11	气象科学知识普及率(%)		—	71.9	80.2

二、任务落实情况

国务院三号文件确定了我国气象事业发展从 2006—2020 年四个方面、19 项主要任务。

(一)气象基础保障能力建设情况

1. 布局适当、运行可靠的综合气象观测系统基本建成

地面观测站网形成了合理布局。在中央和地方共同支持下,十五年来气象观测站网取得历史性发展。截至 2020 年底,全国累计建成 6.3 万余个地面自动气象观测站,实现全国乡镇全覆盖,平均站间距由 2005 年的 23 千米缩小到 12 千米,北京、浙江、安徽、重庆等省(市)平均站间距小于 7 千米。地面气象观测实现自动化,数据传输时效从 1 小时提升至 1 分钟,全网观测设备稳定可靠运行。优化大气本底站功能和布局,推进国家气候观象台建设,地球系统多圈层观测不断拓展。

高空观测能力持续增强。实现了全国 120 个高空气象观测站新型探空仪升级换型,测量精度、稳定性、环境适应性进一步提升。全球定位系统气象观测站(GNSS/MET)由 2005 年的 78 个增长到 1060 个。地方根据当地气象防灾减灾需求投资建设了激光雷达、微波辐射计、云雷达、风廓线雷达等多种类型的地基垂直遥感探测设备,有效提升了高空气象观测的时空分辨率。

天气雷达监测初具规模。主要依靠中央投资大力推进新一代天气雷达建设,中部、东部省份陆地区域有效覆盖面积平均分别达到68%和73%,在定量估测降水、强对流天气临近预报等方面发挥了重要作用。地方气象投资布设了结构轻便、易于车载和复杂地理状况下架设的X波段天气雷达,上海、福建、广东和雄安先后开展了X波段相控阵雷达建设和应用试点,发展气象雷达精细化观测和快速扫描技术,不断提升中小尺度区域灾害性天气的监测能力。

气象卫星遥感达到国际先进。2006年以来成功发射5颗极轨气象卫星、7颗静止气象卫星,实现了卫星技术升级换代。极轨气象卫星实现了上、下午星组网和晨昏时段观测,静止气象卫星实现了多星在轨、统筹运行、互为备份、适时加密,在重点区域可实现分钟级连续观测,最高水平分辨率250米,有力提升了台风、强对流等灾害性天气连续动态监测和跟踪能力。我国成为世界上少数几个同时拥有极轨和静止气象卫星的国家和地区之一,风云气象卫星被世界气象组织纳入全球业务应用卫星序列。

专业气象观测共建成网。面向服务农业、交通、海洋等各行业防灾减灾的需求,中央和地方共同投资,建成653个农业气象观测站、70个农业气象试验站和2488个自动土壤水分观测点,提升了农业气象观测能力。建成345个酸雨观测站点、29个沙尘暴观测站点、261个大气成分观测站点,强化生态气象监测。建成499个雷电观测站,云地闪的观测范围基本覆盖全国。基本建成了覆盖全国主要高速公路的交通气象专业监测网络,江苏在全省高速公路沿线建成交通气象监测站300余套,平均站间距10~15千米。建成43个浮标气象站、71个海上平台、411个海岛站的海洋观测站网,构成了以沿岸海域为主的海洋气象观测系统。

2. 集约化、开放式的气象信息共享平台建设持续推进

国家气象信息基础能力不断增强。高性能计算浮点运算峰值较2005年21.6 TFlops(每秒万亿次的浮点运算)大幅提升至9800 TFlops。国家级气象基础设施云平台计算能力达到800 TFlops,存储能力80千万亿字节(PB),为气象业务提供了信息基础资源支撑。建成国家—省级数据环境统一的全国综合信息共享系统(CIMISS),实现了实时、历史数据一体化存储管理,2020年底

升级为气象大数据云平台。国家—省级网络带宽实现百倍提速,国家—省级链路达到 400~800 兆比特/秒(Mbps),市县级直连省级云节点链路 10~50 Mbps,主要观测资料到达桌面时效($>$90%到达时间)8 分钟。

气象数据共享走在各行业前列。建成国家气象科学数据中心,共享数据量超过 400 万亿字节(TB),为国内 2000 余所高校和科研机构提供数据服务,支持 973、863、自然科学基金等重点科研项目 8700 余项。与水利、自然资源、生态环境、交通运输、民航、测绘等实现双向数据交换共享,年收集部门外数据 7.9 TB;为农业、应急管理等提供单向数据服务。2020 年中国气象数据网累计访问量超过 6 亿人次,年访问量超过 1.7 亿人次,年数据服务量达到 112 TB。

3. 无缝隙、精细化的气象预报预测系统逐步完善

数值预报模式基本实现自主可控。基本形成了从短临、中短期、次季节、季节到年际,从区域高分辨率到全球的确定性与集合预报相结合的完整数值预报业务体系。GRAPES 全球模式分辨率由 2010 年的 60 千米精细到 25 千米,可用预报天数由 2005 年的 5.8 天延长到 7.8 天;区域模式分辨率由 2006 年的 30 千米精细到 3 千米。气候全球模式分辨率达到 45 千米。

气象预报预测业务系统不断完善。初步建立了从零时刻到月季年,从中国区域到全球,涵盖基本气象要素、灾害性天气和气候事件及其影响预报、风险预警等较为完整的无缝隙气象预报预测业务体系。气象实况和预报实现了从站点、落区到格点、数字跨越,使我国成为继美国、德国、英国等之后能够提供较为完整的数字化网格预报的国家。智能网格预报产品中国区域陆地空间分辨率达到 5 千米、海洋 10 千米、全球 10 千米;时间分辨率 0~24 小时逐小时间隔、逐小时更新,1~10 天 3 小时间隔、逐 12 小时更新。2020 年全国 24 小时晴雨、最高温度和最低温度预报准确率分别为 86.2%、82.2%和 84.4%,较 2005 年分别提升 4.2、23.6 和 23.9 个百分点;暴雨预警准确率达到 89%,强对流天气预警时间提前至 38 分钟;台风 24 小时路径预报平均误差 65 千米(图 1),达到国际领先水平。

气象影响预报与风险预警实现突破。发展多行业领域融合的气象影响预报与风险预警业务,气象与相关部门联合发布中小河流洪水和山洪地质灾害

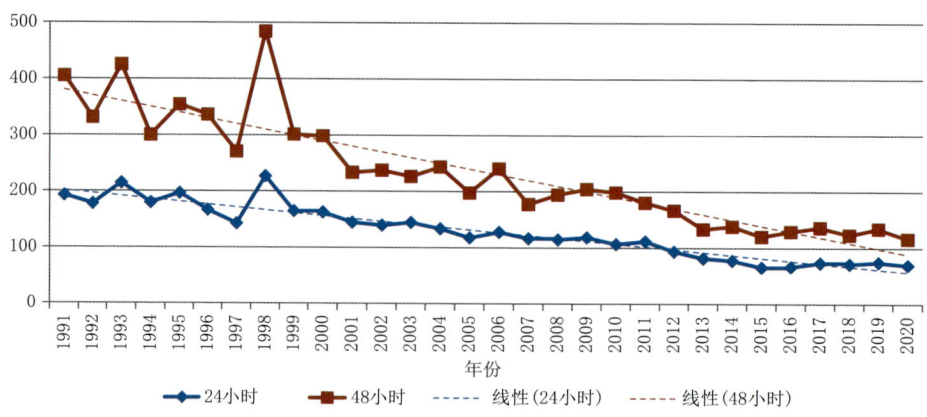

图1 中央气象台西北太平洋和南海台风路径24小时、48小时预报误差(单位:千米)

气象风险预警、重污染天气预报和空气污染气象条件预报、森林草原火险气象等级预报等预报预警信息,促进气象灾害防御工作重点由应急防御、灾后救助和恢复为主向灾前风险防范转变。

4. 气象预警和应急保障能力显著提升

气象灾害应急响应机制逐步健全。十五年来,国家先后出台《气象灾害防御条例》《国家气象灾害应急预案》《国家气象灾害防御规划(2009—2020年)》以及一系列国务院气象防灾减灾重要文件,气象灾害防御法规体系不断健全。气象防灾减灾救灾组织和应急体系更加完备,到2020年全国有376个地(市、州、盟)、2118个县(市、区、旗)制定了气象灾害防御规划,有22个省(区、市)日常设置省级气象灾害防御指挥机构或专项指挥部门,有2304个县(市、区、旗)政府制定了气象灾害应急预案,2.8万个乡(镇)将气象灾害防御纳入政府综合防灾减灾体系,15.47万个村(屯)制定了气象灾害应急行动计划,建立7.8万个气象信息服务站,60.6万名气象信息员队伍,实现了防御规划到县、组织机构到乡、应急预案到村、预警信息到户、灾害防御责任到人。建立了由30个部门组成的国家气象灾害预警服务部际联络员制度,气象与应急管理、水利、自然资源、交通运输、农业农村、能源电力等部门间信息共享和沟通协作便捷高效,全国31个省级气象部门与政府各部门建立了有效的气象灾害信息共享机制。

国家突发事件预警信息发布系统作用得到充分发挥。面向各级政府领导、应急联动部门、应急责任人和社会媒体，实现自然灾害、事故灾难、公共卫生事件、社会安全事件四类突发事件预警信息分级、分类、分区域、分受众的精准发布，突发事件预警信息发布系统成为我国多灾种预警信息汇集与发布的权威平台。构建了国省市县四级预警新媒体矩阵，通过广播、电视、网络等多种渠道建立预警信息推送及共享机制，有效解决预警信息发布"最后一公里"问题，气象预警信息公众覆盖率达到90%以上（图2）。

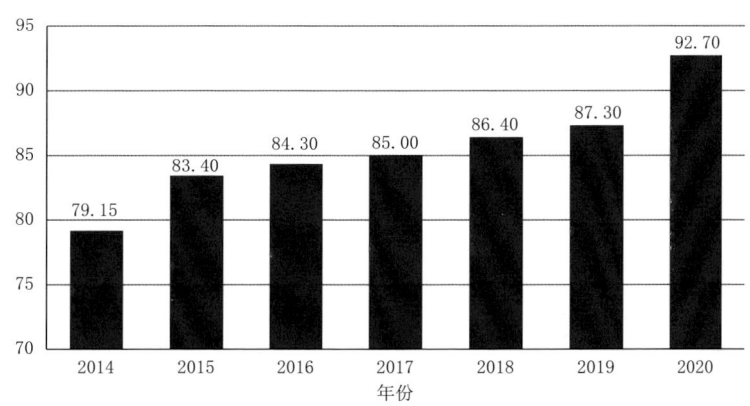

图2　2014—2020年气象预警信息公众覆盖率（单位：%）

气象灾害监测预报预警能力不断提高。形成"海—陆—空—天"四位一体气象灾害监测基础站网以及沙尘暴、环境气象灾害、雷电灾害、强风、酸雨等专业气象灾害监测站网，发展了精细到乡镇的气象预报系统和灾害性天气短时临近预报系统，台风、干旱、暴雨、洪涝、强对流天气等气象灾害预报预警准确性和时效性不断提升，在应对重大灾害中气象监测预报预警发挥了灾害应急处置的"发令枪"作用，为各级政府部门有效组织防灾减灾救灾赢得宝贵时间，为减少人员伤亡、降低抗灾救灾的经济成本和减轻社会负担做出了重大贡献（图3）。

5. 中国特色公共气象服务体系不断健全

公共气象服务职能得到强化。坚持政府在公共气象服务发展中的主导作

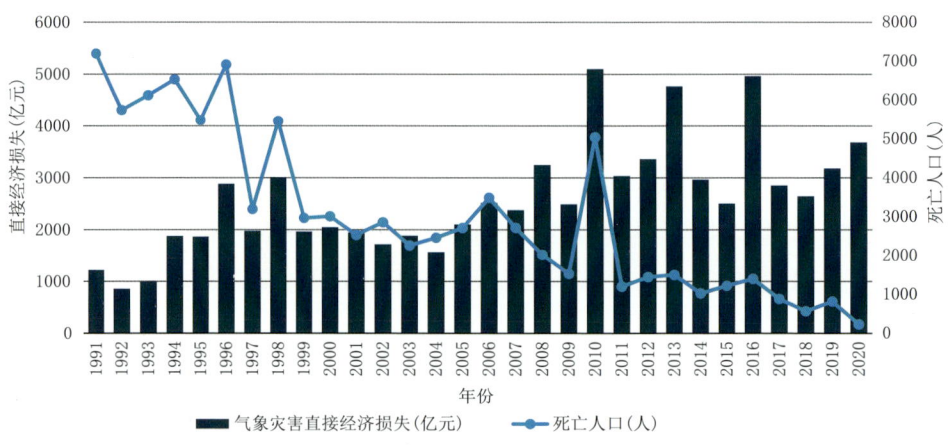

图3　1991—2020年全国气象灾害直接经济损失及因灾死亡人口

用,各级政府通过签订省部合作、市厅合作协议等,共同推进地方公共气象服务体系建设。建立政府购买公共气象服务新机制,全国155个市、675个县(市)将公共气象服务和气象防灾减灾相关工作纳入政府购买公共服务目录。全国21个省(区、市)将气象防灾减灾和公共服务权责清单纳入地方政府权责清单。

气象服务供给能力显著增强。围绕人民群众"衣食住行游商康"等多元化需求,应用大数据、人工智能、云计算、物联网、移动互联等信息技术,丰富服务产品、改善服务手段,智慧气象服务水平不断提升。服务领域逐步拓展到工业、农业、林业、商业、能源、水利、交通、环保、海洋、旅游等上百个行业。不同时效的百余种公共气象服务产品已覆盖人民群众生活的多个领域,形成了标准化的公共气象服务产品库。

气象服务覆盖面和满意度不断提升。发布渠道不断拓展,由手机短信、电话、电视和网站等传统气象服务逐渐转向微信、微博、手机客户端等新媒体气象服务。打造"中国天气"服务品牌,服务覆盖人群超过9.6亿,公众获取气象服务信息更加便捷、高效。公众气象服务满意度从2010年的82.7分提高到了2020年的92.7分(图4)。

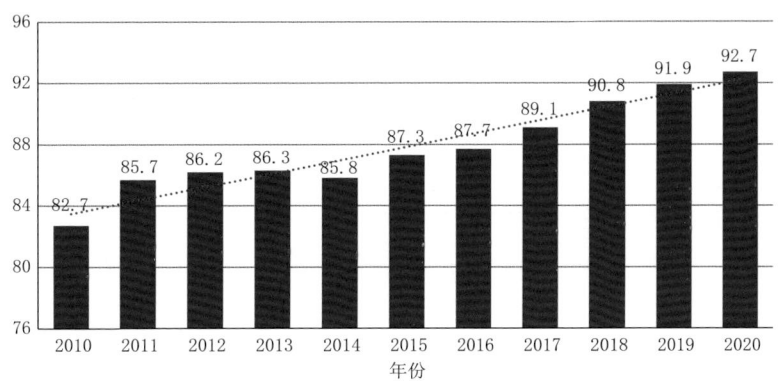

图 4　2010—2020 年全国公众气象服务满意度(单位:分)

(二)气象综合保障作用发挥情况

1. 应对气候变化科技支撑作用更加显著

有序推进气候变化科技基础性工作。十五年来,加强了气候变化对农业、水资源、生态系统、粮食安全等风险综合分析评估技术研究,自主研发全球高分辨率气候系统模式,强化气候变化监测与数据支撑能力建设,气候事件和气候灾害预估能力进一步增强。气候变化影响评估不断深入,相继发布四轮气候变化国家评估报告、两轮区域气候变化评估报告和三轮中国气候与生态环境演变评估报告,为不同尺度的区域和流域应对气候事件和气候变化提出了适应性措施。

有力支撑应对气候变化内政外交。充分发挥国家气候变化专家委员会作用,围绕气候变化科学问题、低碳发展、适应行动、碳排放核算、碳达峰、碳中和重大宣示等议题形成 50 余份决策咨询报告,逐年发布了《中国气候变化蓝皮书》《中国温室气体公报》《中国气候公报》《应对气候变化绿皮书》,为国家和各行业有效提升气候变化适应减缓能力提供科学依据。发挥好 IPCC 国内牵头作用,组织 14 个联络员单位参与 IPCC 全球气候变化科学评估,确保评估结论科学性、客观性、平衡性,从科学角度维护了国家权益。积极参加联合国气候变化框架公约谈判,深度参与国际气候治理、贡献中国智慧、推动构建人类命运共同体。

2. 气象保障农业发展首要地位更加稳固

国家粮食安全和农业可持续发展气象保障贡献更加突出。认真贯彻落实历年中央1号文件和全国春季农业生产会对气象保障国家粮食安全和气象为农服务工作的部署要求,建立健全现代气象为农服务体系,深入开展主要粮食作物的动态产量和全年粮食作物产量预报以及世界主要产粮国作物产量预报,为制定国家粮食安全预警和农业宏观政策提供了重要参考。发展"直通式"农业气象服务覆盖近百万新型农业经营主体,智慧气象服务深入到村域发展、农产品气候论证等领域,联合农业部门推进开展特色农业气象服务,不断提升了农业气象服务精准性和精细化水平。

农业气象防灾减灾效益更加凸显。基本建成涵盖农业生产全过程的农业气象监测、评估与预报格点产品体系。与农业部门合作开展12种主要农作物重大病虫害气象等级预报、农业气象灾害监测预警、海洋渔业台风预警等服务,农业气象灾害监测预警防御能力不断提升,保障全国粮食产量实现"十七连丰",助力农业生产从"靠天吃饭"到"看天管理"的转变。

3. 交通和空间气象保障更加有力

水陆交通气象监测网和灾害预警系统日益完备。初步建成了覆盖全国主要高速公路、铁路沿线和内河航运的交通气象专业化监测网络,建立了国省两级布局合理、分工明确的交通气象服务业务。建立了长江主干道航运气象监测预报预警业务。开展海洋气象灾害预报预警服务、远洋运输气象导航服务以及海上事故救援、海洋资源综合开发利用等气象保障服务。

航空气象服务稳步推进。与民航局合作建立亚洲航空气象服务网,开展针对航站的精细化预报技术研发,提高了机场终端区气象监测预报能力。推动中国商用航空器气象资料下传(AMDAR)计划实施,每日可收集国内约6万份报文,通过全球通信系统(GTS)收集全球资料约53万份,航空器探测资料的收集和共享能力有效提升。

空间天气监测预警能力显著提升。充分利用风云卫星平台装载空间天气设备,提高空间天气监测能力。成立国家空间天气预报台,建立了新一代空间天气预报业务平台,空间天气预报准确率明显提高。2020年中俄联合体全球空间天气中心得到国际民航组织(ICAO)理事会批准,成为中国民航气象领域首个国际中心,实现了空间天气专业服务领域的突破。

4. 城市和公共卫生气象服务更加深入

城市气象灾害实现动态监测和实时预警。积极推进气象灾害监测系统建设,在主要城市建立空间分辨率达1～5千米、逐小时更新的精细化气象预报网格。全国100多个中等以上城市提供城市内涝气象风险监测预警服务。建立了城市气象灾害风险数据库,完善了城市气象灾害影响预报模型,提高了城市气象灾害风险预警和评估能力。与相关部门共建全国综合防灾减灾社区6397个,城市气象防灾减灾合作机制不断健全。

公共卫生事件和大气污染防治气象保障服务得到加强。气象与卫生部门合作建立健康医疗气象服务体系,开展了公共卫生事件气象预报预警服务以及气象敏感性疾病暴发风险、高温中暑气象条件、紫外线强度等健康生活预报服务。气象与生态环境部门联合建立区域重污染天气联合会商和应急联动机制及重大活动空气质量联合保障机制,成立了国家级和京津冀、长三角、珠三角、汾渭平原区域环境气象预报预警服务中心,全面推进大气污染防治气象保障服务。

(三)科学合理开发利用气候资源的情况

1. 气候资源普查和规划利用工作全面铺开

完成了全国风能资源详查和太阳能资源评估工作,建立了精细化的风能和太阳能资源数据库。在此基础上完成新版全国气候区划图集编制并重点推进农业气候区划和农业气象灾害风险区划。利用综合气象观测系统积极开展生态气象监测,初步建立国省级协同的生态气象监测评估业务体系,试点开展了气象灾害对生态质量的影响评估、气候生产潜力评估、气候生态宜居评估等,为政府和有关部门开展重大生态保护和修复工程提供气象服务支撑。

2. 人工影响天气工作迈上新台阶

国务院修订了《人工影响天气管理条例》,印发了《国务院办公厅关于促进人工影响天气高质量发展的意见》。中国气象局与发改委联合编制了《全国人工影响天气发展规划》，统筹规划全国人工影响天气发展。建立了国家级人工影响天气中心，形成了全国6大区域格局和统一协调、联防联动、跨区作业的人工影响天气业务运行机制，加快了工程项目落实推进，促进全国人工影响天气工作可持续发展。高分辨率云模式、卫星雷达监测产品、新型催化技术、物联网弹药监控、空地实时指挥等人工影响天气关键技术取得多项成果。建立人工影响天气安全责任清单、制度清单、标准清单，落实人工影响天气安全属地监管责任，安全责任体系持续完善。人工影响天气趋利避害成效显著，2006—2020年，全国共实施飞机增雨(雪)作业14407次、火箭高炮增雨和防雹作业76.77万次，年均人工增雨和防雹面积分别达到468万千米^{2}和53万千米^2，减免雹灾损失约1551亿元。

3. 风能、太阳能开发利用规模和效益大幅提高

利用综合气象观测系统组建太阳辐射和风力强度监测网。建立了精细化的太阳能资源数据库和风能资源数据库，完成风能太阳能资源评估，定期发布《中国风能太阳能资源年景公报》，为各级政府80余个风能太阳能资源发展规划提供科学依据，为1500余个大型风电场和太阳能电站勘察、选址提供了技术支持。建立风能太阳能预报业务系统，为国家可再生能源消纳和2000余个风电场太阳能电站提供实时预报服务。

4. 气候可行性论证工作更加科学

各地依法开展能源、农业和重大工程建设等多领域的气候可行性论证工作，项目数由"十一五"期间的年均150余项，提升为"十三五"期间年均400余项。强化了面向城市的气候可行性论证，在北京、雄安新区等地共开展了500余项城市总体规划的气象条件分析、气候环境容量、城市通风廊道分析等专题论证。与住建部门联合开展城市暴雨强度公式修订工作，地级以上城市覆盖率达到80%以上，为城市暴雨内涝防治提供依据。基本建成气候可行性论证技术体系，形成19项基本涵盖电力、城市规划、气候资源开发、交通运输等主要气候应用服务领域的气候可行性论证技术指南系列，发布《气候科学论证技术规范总则》等约30余项气候可行性相关的监管或技术标准。

(四)气象法制、体制和机制建设情况

1. 气象法规标准体系更加健全

加快气象立法工作。先后三次修订《中华人民共和国气象法》,出台《气象灾害防御条例》《气象设施和气象探测环境保护条例》两部行政法规,已形成由1部法律、3部行政法规、19部现行有效部门规章以及250部地方性法规和地方政府规章组成的气象法规体系。

加强气象执法监督。制定《地方各级气象主管机构权力清单和责任清单指导目录》《气象行政执法评议考核办法》等20余个文件,组建形成了专兼结合的行政执法队伍,依法管理和规范探测环境保护、雷电灾害防护等活动,不断强化气象行政执法监督,提升气象行政执法水平。

强化气象法治宣传。制定并实施气象部门法治宣传教育规划,建立领导干部集体学法制度,充分利用新媒体、新技术开展气象法治宣传教育,普法覆盖面和影响力大幅提升。

健全气象标准体系。建立健全覆盖综合观测、公共服务、防灾减灾、气候与气候变化等各重点领域的气象标准体系,标准化技术组织和工作机制不断完善,截至2020年底,已出台气象领域国家标准195项、行业标准600项。

2. 规划实现统筹、管理做到统一

气象规划体系逐步建立。对标对表国民经济和社会发展规划纲要,制定并实施了全国气象发展"十一五""十二五""十三五"规划。强化气象发展总体规划与气象科技、观测、预报、服务等专项规划,以及区域规划、省级规划间的衔接,强化规划对气象事业发展和工程建设实施的指导和约束作用,统筹气象卫星、天气雷达、气象监测与灾害预警、人工影响天气、气象信息化等重要气象设施和重大气象工程的建设,加强了中央和地方以及其他投入的统筹集约,确保重点任务更加系统协调。

气象科学管理水平不断提升。建立完善符合气象工作特点、有利于全国气象事业统一规划、统一布局、统一建设、统一管理的双重气象领导管理体制。修订《气象行业管理若干规定》,进一步规范气象行业管理。将兵团、森工、农

垦建设运行的部分气象观测站遴选入国家级地面气象观测站,提高观测水平,规范运行和管理。气象、水利、交通运输、林草、兵团、森工、农垦等行业部门间开展资料交换共享、气象联合观测等,在气象领域的联系更加紧密。

3. 国家气象科技创新体系初步建立

气象科技创新主体更加多元。在科技部、教育部和有关地方政府的大力支持下,构建了由9个国家级科研院所、23个省级科研所、1个国家重点实验室、17个部门重点实验室、8个联合实验室、4个国家野外科学观测研究站、31个野外试验基地、30余所合作高校以及中科院等构成的国家气象科技创新体系。建设南京、深圳气象创新研究院等新型研发机构,形成了"开放、流动、竞争、协作"的新型气象科研组织体制和运行机制。

多渠道支持气象科研投入。2006年以来,通过中央财政、地方财政、气象部门自筹等多渠道投入经费66.6亿元,持续加强气象观测、气象灾害监测预报预警、气候变化应对、人工影响天气、大气成分分析、气象资源利用等领域的基础研究和应用研究。科技部、财政部、国家自然科学基金委等部门通过中央财政渠道支持气象部门牵头承担各类国家科技计划项目(课题)和公益性行业科研专项项目等1895项。

气象科技创新成果产出和应用效益显著。实施国家气象科技创新工程,研发建立区域/全球一体化的数值天气预报业务体系,全球高分辨率气候系统模式性能进入国际先进行列,数值预报等核心技术基本实现自主可控。研发40年全球大气再分析产品,精度达到国际第三代同类水平。研发构建精度高、类别全的自主卫星遥感产品体系,实现了从"跟跑"向部分领域"领跑"的跨越。多项观测和数据处理技术取得新突破。成果转化应用效益显著,冬奥气象关键技术、雄安新区通风廊道专题研究、第三次青藏高原大气科学试验、国家第二次青藏高原综合科考等研究成果有效支撑气象预报和服务保障。

4. 财政投入为事业发展提供坚实保障

联合财政部共同完善财政保障政策,进一步发挥双重计划财务体制效能,破解发展中遇到的新难题,推动建立更加有效的区域协调发展新机制。中央财政十五年累计投入351.58亿元用于基本建设项目。更加重视基层基础工作和中西部地区气象现代化建设,助力解决区域发展不平衡问题。深化省部合作,推动建立稳定的地方财政投入机制,部分省份将发展气象事业所需建设、维持及人员经费全额纳入各级政府财政预算。积极落实医疗、养老、失业等社会保障政策所需财政经费。

5. 气象国际交流与合作不断拓展

气象国际合作不断深化。认真贯彻习近平总书记关于风云卫星国际应用的重要指示精神,不断完善风云卫星国际服务布局,国际用户数已达118个国家,建立了风云气象卫星防灾减灾应急保障机制,29个国家注册成为该机制用户。初步构建起"一带一路"气象合作机制和平台,承担世界气象中心、全球信息系统中心、区域气候中心、区域培训中心、高影响天气项目国际协调办公室等27个全球或区域职能。

参与全球气象治理能力不断提升。70多人在世界气象组织、台风委员会等国际组织兼职,37位专家参与IPCC第六次评估报告编写,人员总数均列全球第3位。发起"亚洲—大洋洲气象卫星用户大会"机制,牵头实施WMO"提升二区协(亚洲)减轻气象灾害风险能力试点项目""华南季风降水试验研究发展项目"等国际性倡议,建立了气象卫星、数值预报、气候等领域的国际指导委员会。

广泛开展双边气象科技合作交流。与26个国家的气象部门及国际机构在双边协议框架下进行双边气象科技合作,确定合作项目851个,对我国气象现代化建设、核心技术发展以及高层次科技骨干人才培养提供了强有力的支撑。

6. 气象人才队伍建设基本适应气象事业发展需要

持续优化人才发展环境。坚持党管人才,实施人才强局战略和创新驱动发展战略,制定印发《关于增强气象人才科技创新活力的若干意见》《关于进一步激励气象科技人才创新发展的若干措施》等,在中组部、人社部的指导和支持下,改进人才评价机制,持续深化气象职称制度改革、事业单位分类改革和岗位管理改革,优化事业单位岗位设置;在财政部的支持下,设立人才专项资金,持续增强气象人才创新活力。

大力实施人才培养计划。"双百计划"入选中组部、人社部第一批全国重点海外高层次人才引进计划;与教育部(国家留学基金管理委员会)联合开展气象科技骨干海外培养计划。制定实施《气象人才发展规划(2013—2020年)》,开展新时代气象高层次科技创新人才计划、"三百"优秀年轻干部培养锻炼计划、特聘专家、创新团队、青年英才、国内高级访问进修、西部人才津贴等一系列人才培养工程(计划)。气象人才队伍结构更为合理、素质显著提升。截至2020年底,全国气象职工本科以上比例达86.7%(图5),比2005年提高近58个百分点。拥有两院院士9人,入选国家人才工程达40人次,国务院政府特殊津贴在职专家67人。

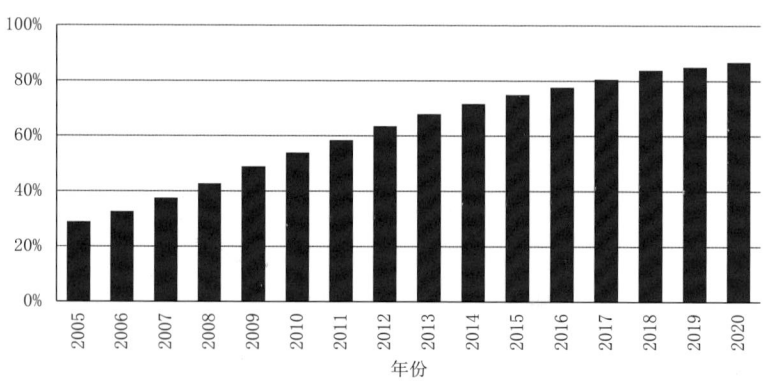

图5　2005—2020年全国气象在职国家编制人才队伍本科以上比例

着力强化气象教育培训。气象与教育部门共同谋划、出台政策、联合推进高校气象学科建设与人才培养,全国高等院校培养本科及以上毕业生年平均4100多人。形成以中国气象局气象干部培训学院(中国气象局党校)、8个气象干部培训分院(党校分校)为主体,省级气象培训机构、业务单位、高等院校、科研院所、党校(行政学院)、相关部委机构以及WMO及相关国际培训机构为重要组成部分的气象干部教育培训体系,强化培训平台、培训课程体系、骨干师资队伍建设,开展全方位多层次的气象培训活动,培训能力不断提升。

我国气象发展取得了优异成绩,为保障国民经济发展发挥了重要作用,但对标三号文件的具体任务要求,一些方面依然存在贯彻落实不充分不到位的问题,包括:重要气象观测设施会同有关部门统筹规划、统一布局、共同建设的机制不够健全,资源合理配置、共享利用和投资效益发挥不够充分;信息双向共享机制还不够完善,向有关部门获取信息难度较大;特殊天气、突发气象灾害和极端天气气候事件预报预测预警能力仍显不足,部分亟需长期攻关的基础性研究工作缺乏稳定保障;气候资源开发利用、航空、海洋、生态、大城市和公共卫生等专业专项气象服务支撑能力不强;气象依法管理、强化执法机制不健全,气象信息发布引导监管、探测环境保护、行业管理等依然存在短板等。

三、新阶段　新理念　新格局　新要求

经过三个五年的接续努力,我国气象事业发展已经进入一个新发展阶段。站在新的历史起点上,气象发展必须顺应"两个大局",把握气象高质量发展和建设气象强国新阶段,践行创新、协调、绿色、开放、共享发展新理念,为加快构建新发展格局提供强大动力和有力支撑。

习近平总书记对气象工作作出了重要指示,各级党委政府各有关部门应当深入贯彻落实。新中国气象事业70周年之际,习近平总书记作出重要指示,要求气象工作必须牢牢把握"坚持党的领导、坚持服务国家服务人民"的根本方向,牢牢把握气象工作关系"生命安全、生产发展、生活富裕、生态良好"的战略定位,牢牢把握"推动气象事业高质量发展、加快建成气象强国"的战略目标,牢牢把握"发挥气象防灾减灾第一道防线作用"的战略重点,牢牢把握"加快科技创新、做到监测精密、预报精准、服务精细"的战略任务。这是气象事业在新发展阶段的根本遵循,是践行创新、协调、绿色、开放、共享发展新理念的生动实践,各级党委政府和各有关部门应当深入贯彻落实习近平总书记对气象工作重要指示精神,共同推动气象强国建设。

党的十九大对到本世纪中叶全面建成社会主义现代化强国作出全面部署,气象现代化建设应当跟上并适度超前这一进程。气象事业是科技型、基础性、先导性社会公益事业,气象现代化是国家现代化的重要标志之一,是国家现代化的先行领域,必须对标国际先进水平,坚持适度超前定位,加快建成气

象强国,以高质量气象现代化的成果增强气象服务国家和服务人民的综合实力,为加快构建新发展格局提供强大动力和有力支撑,以高质量气象现代化更好服务保障国家现代化,更好服务保障社会主义现代化强国建设。

国家经济社会发展和人民生产生活还面临着严峻复杂的天气气候风险挑战,气象全方位保障能力应当加快提升。气象灾害是全面建成社会主义现代化强国征程中面临的重大风险挑战之一。据统计,近30年来,全球91.6%的重大自然灾害、67.6%的因灾死亡、83.7%的因灾经济损失和92.4%的因灾保险赔偿均由气象灾害及其衍生灾害引起。全球气候变化前所未有,未来极端天气气候事件会更频繁。在新发展阶段推进社会主义现代化强国建设,需要全方位发挥气象保障生命安全、生产发展、生活富裕、生态良好的作用,有效防范化解气象灾害多发频发以及气候变化引发的一系列风险挑战,最大限度地减轻气象灾害带来的不利影响和财产损失,不断提高经济社会抵御气象灾害的能力和韧性,确保社会主义现代化各项事业顺利推进,为全面建成社会主义现代化强国构筑起重要气象保障。

世界气象科技发展已迈入地球系统时代,我国气象科技创新应当实现自立自强。世界正经历百年未有之大变局,新一轮科技革命深入发展,气象科技发展已迈入地球系统时代,地球系统数值模式、地球系统观测、地球系统大数据已成为国际气象发展趋势。我国气象工作要把握世界科技发展大势,加强跨领域多学科交叉融合,不断提高气象科技创新能力,在气象科技创新生态、气象科技策源能力、气象战略科技力量、气象科技研发队伍、科技成果转化等方面实力领先,实现我国气象科技自主可控。

实现高质量发展是当前和今后一个时期气象发展的主题,许多突出困难和瓶颈制约应当动员全社会力量加以解决。进入新发展阶段,对标习近平总书记对气象工作的重要指示精神,对照国际先进水平和国家重大需求,除按照三号文件要求在落实方面还存在不充分不到位的问题外,气象事业高质量发展仍然面临着一些新的亟待解决突出困难和瓶颈制约。主要表现在:一是气象发展方式与高质量发展的要求不适应,气象治理现代化水平亟待提升,规模、速度、质量、效益和安全相统一的气象发展格局有待形成。二是气象科技创新体系整体效能不高,高层次领军人才和高水平的创新团队不足,数值预报、灾害性天气监测预警等关键核心技术仍较薄弱。三是气象服务供给不平衡不充分,难以满足经济社会高质量发展和人民对美好生活向往的精细化需求,智慧气象服务体制机制、内涵外延亟需完善和拓展。四是地球系统科学框架下的无缝隙多尺度天气气候一体化数值预报系统尚未建立,气象预报的准确率、精细化水平还有差距。五是以大气圈为主的气候系统观测有待加强,海陆空天一体化、综合互补的智能协同观测格局尚未形成,观测的覆盖面、精密化水平有待提高。六是大数据、人工智能等新一代信息技术在气象领域的深度融合应用不够,高性能计算与发展需求不相适应,数据质量亟待提高,数据价值有待深入挖掘。

四、实现更高水平气象现代化的建议

气象事业是科技型、基础性、先导性社会公益事业,气象工作关系生命安全、生产发展、生活富裕、生态良好,必须超前发展。气象工作应以习近平总书记对气象工作重要指示为根本遵循,以推动气象事业高质量发展为主题,以推进高水平气象现代化建设为主线,以改革创新为根本动力,以满足人民日益增长的美好生活需要为根本目的,加快气象科技创新,做到监测精密、预报精准、服务精细,充分发挥气象防灾减灾第一道防线作用,加快建成气象强国,为全面建成社会主义现代化强国、实现中华民族伟大复兴的中国梦提供坚强支撑。

(一)出台气象强国建设纲领性文件

2006年以来,在国务院三号文件指导下,中国气象局加强战略谋划和顶层设计,加快了气象现代化建设的进程,大力提升了气象事业对经济社会发展、国家安全和可持续发展的保障与支撑能力,气象事业实现了由小到大的历史转变,面临着由大到强跨越发展的紧迫要求。进入新发展阶段,为深入贯彻落实习近平总书记对气象工作重要指示精神,落实李克强总理批示和胡春华副总理关于加快建成气象强国的讲话要求,适应社会主义现代化强国建设的新要求，在国务院三号文件打下的发展基础上，建议印发气象强国建设纲要，明确加快建成气象强国的发展目标、重点任务、重大举措和保障措施，指导未来十五年气象事业高质量发展。

(二)推动气象核心技术实现新突破

气象事业是科技型、先导性事业，关键核心技术买不来、等不来。建设气象强国，必须坚持科技创新在气象现代化建设全局中的核心地位，健全国家气象科技创新体制机制，提高气象创新链整体效能，实现科技自立自强。一是集中攻关关键核心技术。实施国家气象科技中长期发展规划，将气象重大核心技术攻关纳入国家科技计划予以重点支持，实施地球系统数值模式等重大科技项目，建立数值预报等核心技术联合攻关体制机制。二是加强气象科技创新平台建设。布局建设国家重大创新平台和重大科技基础设施，支持气象领域国家实验室建设，实施科技力量"倍增"计划，完善科技成果转化应用和收益分配机制，落实在国家重大气象工程建设中设立气象科技研发专项资金的政策。三是打造高水平创新型人才队伍。国家级人才计划和人才工程加大向气象领域支持倾斜力度，培养造就国际一流的气象战略科技人才、科技领军人才和创新团队，加大大气科学领域的世界一流大学和一流学科建设力度，引导和鼓励高校毕业生到中西部地区、东北地区和艰苦边远地区从事气象工作，优化气象人才培养、使用、评价和激励机制。

(三)提高气象全方位保障水平

气象事业是基础性社会公益事业，公共气象服务是各级政府公共服务的重要组成内容。建设气象强国，必须推动气象与经济社会各领域深度融合，提高气象全方位保障生命安全、生产发展、生活富裕、生态良好能力。一是面向生命安全，强化气象灾害监测预报预警，健全气象防灾减灾机制，充分发挥气象防灾减灾第一道防线作用，确保人民生命财产安全。二是面向生产发展，主动融入和服务现代化经济体系建设，建立"气象＋"服务模式，优化经济高质量发展气象服务供给，助力经济循环畅通和国家重大战略实施；大力发展人工影响天气,全面提高生产领域气象灾害防御能力。三是面向生活富裕,对标人民群众美好生活对气象服务的需求,推进气象全面融入数字生活,接入"城市大脑"和基层网格治理体系,将基本公共气象服务纳入各级政府基本公共服务体系。四是面向生态良好,强化应对气候变化、气候资源合理开发利用等气象科技支撑,强化生态系统保护和修复气象保障,助力碳达峰碳中和目标实现,为美丽中国建设贡献气象智慧。

(四)大力提高气象基础能力

气象基础设施是国家重要公共基础设施,必须把握世界科技发展新趋势,建立气象基础能力升级更新机制,推动实现气象监测精密、预报精准、服务精细。一是建设精密气象观测系统。建立部际协调机制,加强统筹规划,统一布局、共同建设国家天气、气候、空间天气和专业气象观测网,推进气象探测装备国产化和智能化。二是构建精准气象预报系统。建设世界一流国家地球系统数值预报中心,发展自主可控地球系统数值模式,构建无缝隙、全覆盖、智能数字的精准预报体系,加强突发灾害性天气监测预报预警一体化建设。三是发展精细气象服务系统。打造面向全社会的气象服务支撑平台和气象服务众创平台,建立气象部门与各类主体互动机制。构建气象服务大数据、智能化产品制作和融媒体发布平台。四是打造安全高效的气象信息支撑系统。建设国际一流的地球系统大数据中心,建立健全跨部门、跨地区气象相关数据获取、存储、汇交、使用监管机制,适度超前升级迭代国家气象超级计算系统和气象大数据平台,构建数字孪生大气。

(五)健全气象发展体制机制

气象体制机制是气象发展的坚强保障,必须坚持双重管理体制,健全政策保障机制,激发各类主体的积极性、主动性、创造性,形成气象发展的强大合力。一是加强部门间规划统筹和共建共享,健全重要气象设施布局统筹规划和建设机制,将水利、交通、林业、民航、兵团、农垦、森工等行业气象观测设施和观测资料纳入气象设施总体布局,由气象部门统一规划、各部门共同建设,强化行业气象统筹协调发展,避免重复建设,提升建设效益。二是健全稳定增长的投入保障机制,把支持气象强国建设纳入各级财政预算。在实施国家重大科技计划中重视气象领域的科学研究,给予气象科研稳定的投入支持。切实加大对气象卫星、雷达、超级计算机和观测站网等重大基础设施投入力度,完善升级迭代及运行维持机制,加大基层和欠发达地区气象基础能力建设支持力度。地方各级政府加大对气象探测环境建设、气象服务、科技创新等投入。对艰苦边远地区基层气象工作者在薪酬待遇、生活保障等方面给予政策倾斜。积极引导社会力量参与气象强国建设。三是完善气象法律法规标准体系,依法加强气象设施及探测环境保护,依法实施气象专用装备许可、公众气象预报和灾害性天气警报统一发布制度,依法规范气候资源开发利用、气象信息服务等活动。

综述篇

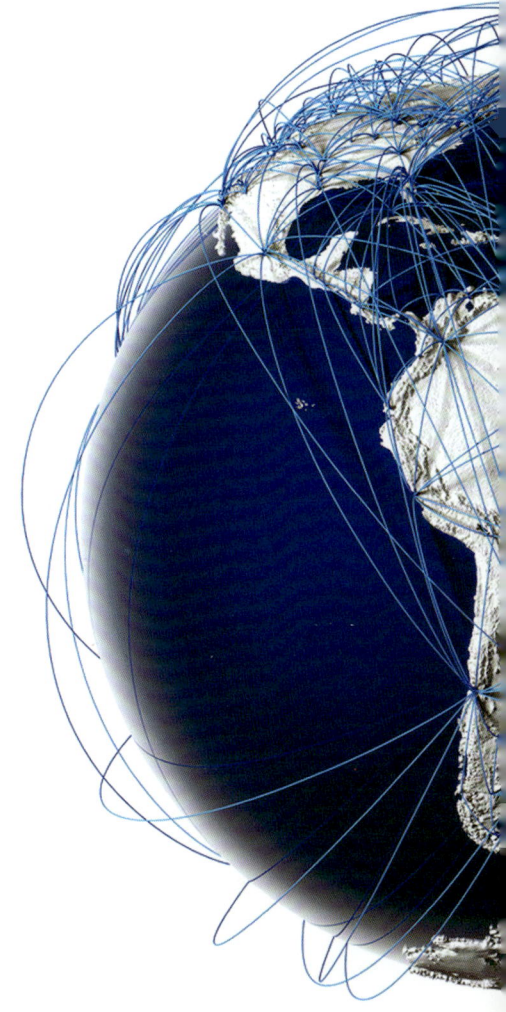

第一章 "十三五"规划实施及 2020 年气象现代化水平评估[*]

2020年是气象发展"十三五"规划实施的收官之年。全国气象部门以习近平总书记关于气象工作重要指示精神为根本遵循,深入学习贯彻党的十九届五中全会精神,以高度的政治责任感和历史使命感,科学谋划气象事业高质量发展和气象强国建设,贯彻新理念、迈出新步伐,开启了全面建设现代化气象强国新征程。

一、气象发展"十三五"规划实施成效

"十三五"以来,全国气象系统始终坚持和加强党的领导,牢固树立和贯彻落实创新、协调、绿色、开放、共享的发展理念,坚持公共气象发展方向,坚持发展是第一要务,坚持全面推进气象现代化、全面深化气象改革、全面推进气象法治建设、全面加强气象部门党的建设,突出科技创新和体制机制创新的双轮驱动,推动气象综合实力全面提升,到2020年底,《气象发展"十三五"规划》确定的8个具体目标领域均实现了预期进展。

(一)气象发展"十三五"规划实施成效概述

2016年,中国气象局会同国家发展改革委编制印发了《全国气象发展"十

---

[*] 执笔人员:王喆 顾青峰 肖芳

三五"规划》(以下简称《规划》)。"十三五"以来,为全面贯彻党的十八大和十九大精神,深入贯彻习近平总书记系列重要讲话精神,气象部门紧紧围绕《规划》确定的发展主题主线,主动融入国家发展战略,陆续启动气象重点工程,稳步增加气象事业投入,大力改善气象发展环境,推动实现气象各项业务快速高效发展。在《规划》的引领下,气象保障国家战略逐步深入,气象现代化建设取得重大成就,重点领域改革取得重大突破,气象服务经济社会取得显著效益,气象整体实力接近同期世界先进水平。气象事业与党和国家事业同步发展,为国家历史性成就和历史性变革作出了重要贡献。

"十三五"以来,气象部门以《规划》为蓝图,各项政策措施得力,资金保障水平稳定提高,现代气象监测预报预警体系、现代公共气象服务体系、气象科技创新和人才体系、现代气象管理体系构成的气象现代化体系不断完善,《规划》确定的8个具体目标领域均取得预期进展。《规划》提出的19项气象发展主要指标大部分呈现了改善和提升的总体态势,其中13项指标完成或接近完成目标;提出的17项全局性重点工程建设全面开展且总体进展良好,有效支撑了《规划》各项战略任务落实。

"十三五"以来,全国各级气象部门坚决维护习近平总书记党中央的核心、全党的核心地位,坚决维护党中央权威和集中统一领导,党的领导贯穿气象事业改革发展的各方面各环节,紧紧围绕《规划》确定的主题主线,主动融入、主动作为,《规划》实施成效显著,气象服务国家、服务人民成效瞩目;气象业务现代化整体实力再上台阶,建成了世界上规模最大覆盖最全的综合气象观测系统、建成了精细化无缝隙的现代气象预报预测系统、建成了世界一流中国特色的气象服务体系、建成了世界气象中心;气象科技创新和高层次人才队伍建设成果丰硕;重点领域改革取得重大突破,气象服务经济社会取得突出效益,气象整体实力接近同期世界先进水平;气象发展的保障体系更加完备;气象部门党的领导和党的建设全面加强。

(二)"十三五"气象主要领域发展成就

1. 气象综合观测领域

新型气象综合观测业务体系基本形成。经过"十三五"规划实施,截至2020年,纳入国家级地面气象观测站增加至10648个,平均站间距从71千米缩进小至30千米。省级气象观测站达到53064个,全国乡镇覆盖率达99.57%。建有120个L波段高空气象观测站,平均站间距基本满足WMO对全球交换探空站的布局要求。气象技术装备业务得到强化,216部新一代天气雷达实现业务运行;累计成功发射17颗风云气象卫星,目前7颗在轨运行。另建有空间天气观测站56个;适应气象现代化需要的台站分类体系和布局规划基本完成,确定了7类18种台站分类与命名,完成了观象台、本底站等15种台站和"一带一路"观测站网布局规划。全国基本建成由观测技术装备、观测数据获取、观测数据处理和观测运行保障四部分组成,国家、省、地市和县各级职责分工更加明晰的新型气象观测业务体系。

气象卫星遥感综合应用体系建设加快推进。"十三五"期间,国家级业务单位成立遥感应用团队,31个省(区、市)气象局建成卫星遥感应用机构,其中6个省(区、市)成为省级高分数据与应用中心。发布了城市热岛、火情等7项全国卫星遥感业务规定和技术导则,启动了全国遥感应用业务。风云四号A星在国际上首次实现地球同步轨道上红外大气垂直探测,风云三号D星主要载荷实现升级换代,行业、高校用户进一步扩大。按照习近平总书记指示要求推进风云卫星国际服务,会同国防科工局印发《风云气象卫星服务"一带一路"行动方案(2019—2023年)》,制定了风云气象卫星国际服务计划,建立了风云气象卫星国际用户防灾减灾应急保障机制,已为118个国家提供数据产品服务,风云卫星的应用效益和影响力进一步扩大。

气象观测自动化水平和气象智能观测装备水平达到新高。我国正式迈入地面气象观测全面自动化时代,全国统一布局的32项地面气象观测项目实现仪器观测或自动综合判识。观测业务流程更加集约高效,省级运行监控和数据质量控制业务得到强化。观测信息化水平稳步提升,观测数据实现即采即传,地面观测数据从采集到用户平台的传输时效由1小时提升到1分钟,雷达观测数据从采集到用户平台的传输时效由442秒提升到50秒。观测业务运行更加集约,数据获取、数据处理、运行保障、装备管理等四大业务功能集成一体。装备保障能力不断强化,国家级地面气象观测站和新一代天气雷达维修时间缩短近25%,移动校准维修系统实现全国地市级气象部门全覆盖。综合观测系统业务质量继续保持高水平,地面、高空、雷达等观测数据业务可用性保持在99%以上。

完成新观测装备研发30余种,持续开展了试验试用50余次,其中,小型无人机组网观测试验和天气雷达协同观测试验进展顺利并形成观测业务化方案,超大城市观测试验成果在武汉军运会气象保障中推广应用并形成了大城市观测体系样本。云雷达、北斗卫星导航全自动探空系统、X波段多普勒双偏振雷达等37种新装备获得许可,人工智能视频识别天气现象技术核心算法得到突破并首次在业务中应用,大型无人机、强对流天气协同观测试验取得显著进展。确定了雄安新区全智能化"未来站"技术框架,全自动北斗卫星导航探空系统、"天脸识别"算法和设备,以及日照、降水类天气现象自动观测设备等已投入业务试用,气象观测业务现代化技术装备基础进一步夯实。

气象观测数据应用水平大幅提升。综合气象观测数据质量控制系统和产品系统投入试用,实现地面、高空、雷达等8类观测装备分钟级质控全覆盖,形成多源数据融合的综合观测产品91种,天气雷达拼图系统产品时效大幅提高,初步实现气象基本要素站点、格点、三维无缝隙一张网,重要天气自动识别格点化一张图。全国遥感综合应用体系基本建成,各省(区、市)气象局建立或优化了遥感应用机构,建立了国省级卫星遥感应用会商机制,启动了全国统一的城市热岛遥感业务。

气象观测质量管理体系全面建成并通过ISO9001认证,全国12个省份和中国气象局4个业务单位完成了气象观测质量管理体系建设并取得ISO9001第三方认证。综合观测标准体系逐步健全,截至2020年,累计完成99项气象观测类国家标准及行业标准的立项和172项标准的发布,并完成了151项气象观测规范和管理规定的制修订,其中"十三五"期间,共发布气象观测类国家标准 58 项、行业标准 107 项,印发规章制度 129 项。覆盖综合观测全流程的标准化体系基本建立,全流程标准化率达 96.5%。气象计量布局进一步优化,职责分工向地市级延伸,建成 25 个地市级计量检定实验室;分级分类维修机制基本建立,国、省级聚焦重大气象装备维修,市县级维修职责进一步加强;社会化运维保障稳步推进,已成为部门保障的重要补充;组织完成了全国 127 部天气雷达、73 个雷电监测站等装备的技术升级;多措并举,确保了观测业务稳定运行。

2. 气象预报预测领域

"十三五"以来,通过深入实施《现代气象预报业务发展规划(2016—2020年)》《国家气象创新工程》《数值天气预报发展规划(2016—2020年)》,基本形成了从短临、中短期、次季节、季节到年际,从区域高分辨率到全球的确定性与集合预报相结合的完整数值预报业务体系,探索了大气再分析技术、系统梳理了从常规到非常规的海量历史观测资料,形成了初步的再分析产品。

无缝隙气象预报业务体系趋于成熟。初步建立了从零时刻到月季年,从中国区域到全球,涵盖基本气象要素、灾害性天气和气候事件及影响预报等较为完整的无缝隙气象预报业务体系。气象实况和预报实现了从站点、落区到格点、数字的跨越。智能网格预报正式业务运行,产品空间分辨率中国区域陆地达到 5 千米、海洋达到 10 千米,全球达到 10 千米;时间分辨率 0~24 小时 1 小时间隔、逐小时更新,1~10 天 3 小时间隔、逐 12 小时更新;气候预测空间分辨率达到 45 千米,延伸期逐日、次季节逐周、季节逐月更新;风能、太阳能资源监测评估精细到 1 千米,全国风能预报时间分辨率达到 15 分钟,未来 3 天太阳能光伏预报逐小时更新。

完整的数值预报业务体系基本形成。"十三五"以来,逐步形成了从短临、短中期、次季节、季节到年际,从区域高分辨率到全球的确定性与集合预报相结合的完整数值预报业务体系。GRAPES 数值模式建立了从全球到对流尺度、短时到中期、确定性到集合的技术体系,基本实现了核心技术自主可控;全球模式分辨率达 25 千米,可用预报天数达 7.7 天;区域模式分辨率达 3 千米,每天 8 次快速同化更新,中国区域大雨量级以上评分优于欧洲中心。基本形成国家级与北京、上海、广东"1+3"的区域模式发展格局。全球气候模式分辨率达到45千米,区域气候模式分辨率达到10~30千米。区域高分辨率数值预报检验评估业务平台已基本建成。

业务系统和支撑环境向集约化方向发展。应用现代信息技术,MICAPS4海量气象数据应用效率显著提升;发展MICAPS4专业版平台,支撑各类预报业务需求;实现MICAPS4、CIPAS2等系统升级版本在全国业务中的应用;预报预测业务支撑环境向"云+端"架构转变,实现海量实时数据的集约、高效网络服务和更加安全、可靠的用户端服务。

气象预报预测准确率稳步提高。与"十二五"期间相比,基本气象要素短期预报准确率平均提升2.28%,气温和降水月预测评分提高2分,气象灾害预警准确率提升3.5%。2020年,暴雨预警准确率达到89%,强对流天气预警时间提前至38分钟;台风路径预报24小时误差减小到65千米,稳居国际先进行列;提前6个月的ENSO预测技巧达到0.8,MJO预测技巧超过20天,接近世界先进水平。

国家级和区域气象中心"1+3"的区域数值预报业务模式发展格局基本形成。国家级气候预测模式建立了新一代多圈层耦合的中等分辨率(110千米)业务系统(BCC-CSM2-MR),研发了全球45千米高分辨率气候系统模式(BCC-CSM2-HR)和区域高分辨率(10~30千米)气候模式(BCC_CWRF)。"十三五"期间还建立了中国第一代全球大气/陆面再分析产品(CRA-40)。华北、华东和华南区域气象中心均建立了水平分辨率1~3千米、覆盖重点区域、逐1~3小时循环同化的区域高分辨率数值预报业务系统,实现产品全国共享,为全国强对流、极端天气预报预警和智能网格预报服务提供了有力支撑。

应对气候变化科学支撑能力进一步增强。"十三五"以来,气候变化检测归因研究不断深入并走向国际前沿。稳步推进全球高分辨率气候系统模式研发工作,对流层关键动力过程模拟性能显著提升,参与了国际CMIP6多模式比较计划,在东亚季风区更具一定优势,平流层准两年振荡和爆发性增温等模拟能力达国际先进模式水平。完成东亚区域25千米高分辨率气候变化预估试验。中国百年气温序列研制取得新突破,完成了40年时长的中国第一代全球大气/陆面再分析产品研制,发布了中国地区气候变化预估数据集、全球陆地均一化气温数据集。深入开展区域气候变化影响评估,细化生态脆弱区应对气候变化风险分区。持续加强大气本底观测能力建设,不断提高温室气体监测质量与研究应用水平。

3. 气象信息网络领域

"十三五"以来,组织实施了《气象信息化发展规划(2018—2022年)》《气象信息化标准体系(2018版)》《气象业务技术体制重点改革实施方案2020—2022年》,推进了气象信息系统集约化协同发展的顶层设计、规划和方案。国家级和省级气象部门组织实施了《气象信息系统集约化管理办法》,推动业务规范有序发展。组织对国家级直属单位和各省(区、市)气象局业务系统进行了集约整合,全国气象信息系统集约化水平显著提升。

气象大数据关键共性平台已经建成。"十三五"以来,气象信息系统从独立、分散建设逐步向集约统筹全面支撑气象业务建设方向迈进,信息化水平明显提高,数据、算力、算法支撑能力大幅提升。2016年,全国综合信息共享系统(CIMISS)实现业务化,统一了国家－省级数据环境。2018年,启动建设国省级统一部署的气象大数据云平台,统筹管理气象业务所需的全部地球系统及行业数据,支撑核心应用系统算法和数据融入。2020年12月15日,天擎1.0投入业务试运行。天擎1.0作为气象大数据关键共性平台,为消除"数据孤岛""应用烟囱",推进资源整合、流程再造,构建以气象大数据云平台为"云",气象业务系统为"端"的"云＋端"的气象业务技术体制,实现业务集约高效、高质量发展夯实了基础。建成气象综合业务实时监控系统,实现了综合气象业务"全业务、全流程、全要素"监控,以及数据"全生命周期监管控",资源资产的全局可视化管理和分配。"天镜"2017年10月上线应用,2018年11月起逐步在全国部署,2019年7月开展业务试用,2020年12月21日投入业务运行,显著提升了国省级气象业务监控的智能化、自动化水平。

气象数据资源整合与开放共享显著加强。中国气象局在各部委中率先发布《基本气象资料和产品共享目录》,向社会免费开放5类17种气象资料和产品,年共享数据量达3PB,年访问量突破1亿次,服务29个行业部门,有效支撑国土、环境、农业、林业、海洋、民航等部门和经济等领域发展,在23家国家科技资源共享平台中排名第一。通过"中国气象数据网""风云卫星遥感数据服务网"无偿向社会共享17种基本气象资料产品。截至2020年底,中国气象数据网累计总用户超过20万人,访问量超过1.7亿人次,数据订单量突破百万,数据服务量超过30 TB。"十三五"期间,风云卫星遥感数据服务网累计新增用户10万人,与"十二五"相比,增长5.6万人,累计下载数据量达到24 TB,是"十二五"期间的5.5倍;订单数较"十二五"增长66%。

气象信息化建设效能显著提升。2018年,依托"气候变化应对与决策支撑工程",建成国产高性能计算机"派",浮点运算峰值达9800万亿次/秒,是上一代IBM高性能计算机的8倍,平均资源利用率超过90%。在国家和省级大力开展气象基础设施资源池建设,国家级基础设施资源池包括446台物理机,50 PB存储,为441个应用系统提供算力支撑。国一省级带宽从40~60 Mbps提升到了400~800 Mbps,气象观测资料和数据产品的传输能力进一步提升。

人工智能、云计算、大数据等新一代信息技术在气象业务中广泛应用。先后组织开展了人工智能机器学习在雷达回波外推、台风海洋预报的应用试验;组织开展了人工智能机器学习在气候预测、气象灾害识别的应用试验;人工智能机器学习在云图自动判识、卫星云图自动合成的试验;AI训练数据集研制;"冬奥公路交通气象服务产品研发"和"基于深度学习超分辨率的重大气象灾害多源数据时空降尺度技术研究"(两个科技部重点项目子课题),以及"分钟级降水临近预报及其在泥石流早期预警中的应用研究"(国家自然基金面上项目),开展了AI在气象服务产品中的应用研究。

4. 公共气象服务领域

"十三五"期间,公共气象服务能力进一步增强,公共气象服务领域拓展持续深化,公共气象服务机制不断优化,公共气象服务效益显著。

(1)面向生命安全,气象防灾减灾第一道防线越筑越牢。"十三五"以来,中国气象局与应急、农业、水利、国土、交通、环保等部门应急联动,推动建立以预警信号为先导的全社会应急响应机制。大力推进国家突发事件预警信息发布系统建设,汇集16个部门77类预警信息,全国预警信息发布正确率维持在

99.9%以上，公众覆盖率达到90%以上。气象灾害经济损失占GDP的比例近五年来保持在0.7%～0.3%区间。推进气象宣传科普社会化、常态化、业务化、品牌化发展，气象防灾减灾知识普及工作广泛开展。

夯实农村基层气象防灾减灾基础。完成全国智慧信息员平台的建设，并被全国11.7万名气象信息员应用。2020年，在全国所有县级行政单元开展以"六个一"为抓手的基层气象防灾减灾标准化建设，提升了基层预警服务的规范化水平和气象灾害防御能力。命名全国综合减灾示范社区2463个，标准化气象灾害防御乡（镇）达到1159个。逐年印发"三农"服务专项年度建设任务，推动气象大喇叭、显示屏等发布手段与国突平台的规范对接。各级政府主办、气象部门承办、涉农部门协办的农村经济信息网已覆盖31个省（区、市）的270多个市（区）和1300多个县（市）。

推进城市暴雨内涝预报预警建设，全国25个城市开展了城市暴雨内涝预报预警试点，提升了城市暴雨内涝监测预报预警与信息发布能力。初步建立网格化、数字化的城市气象预报预警业务，通过手机APP实现基于任意位置的预报服务，天气实况10分钟更新，灾害天气3～6小时滚动预报。建立多手段发布和预警信息传播机制，气象预警信息公众覆盖率达到92%。

（2）面向生产发展，气象服务领域持续深化。大力推进农业气象服务，"十三五"以来，各级按照《规划》要求，加强了农业气象业务建设，各地完成省市县级精细化农业气候区划3564项、农业气象灾害风险区划5303项，为农业产业结构调整提供理论依据。开展特色农产品气候品质评估；修订《农业气象产量预报质量考核办法》，全国粮食总产预报准确率持续稳定在95%以上；开展国外作物产量预报的主要产粮国增至7个、作物增至6类，预报种类增至17种；修订《全国秋收秋种气象服务方案》，推进大宗作物农业气象格点产品业务化应用。直通式气象服务对接贫困地区26万个新型农业经营主体。联合农业农村部创建了15个特色农业气象服务中心。完成了全国风能太阳能精细化评估，完成全国13万个建档立卡贫困村太阳能资源评估，研发了风能和太阳能光伏预报系统，开展了风电场太阳能电站气象服务。

人工影响天气作业成效显著。五年来，累计开展飞机作业超过5000架次、地面作业超过 24 万次,累计增加降水量逾 2000 亿米^3,防雹作业保护面积年均逾 50 万千米^2,作业效果得到国务院领导充分肯定。

专业气象服务加快发展。推进定制化、互动式的智慧农业气象服务,推进以作物模型业务应用为代表的农业气象核心技术业务应用。建立了全国高速公路交通气象服务"一张图";试点建立了区域电力气象灾害风险预警服务业务;实现基础地理信息数据在气候预测产品制作及气象信息决策支撑系统等中的应用;全国景区气象服务从 4A 级扩大至 3A 级以上景区。建成了重点江河流域定量化洪水预报模型系统。

(3)面向生活富裕,气象服务产品进一步精细。"十三五"期间,气象部门继续推进气象服务融入数字城市,开展分时段、分区域、分要素的智能化天气语音问答服务。发布感冒地图等系列生活预警地图的公众气象服务产品 42 种。加强智能网格预报和实况格点产品的对接应用,制定实况产品服务策略。基于位置的 16~45 天精细化服务产品、三维大气实况专业服务产品正式业务运行。初步形成覆盖全国实况、全国短临预报、全球短期及中期预报的精细服务产品。卫星遥感、自动站视频及社会化观测资料在气象服务中进一步融合应用。

"十三五"期间,公众气象服务覆盖进一步扩大,到 2020 年通过 27 个国家级广播电视媒体平台制作首播节目近 52100 档,约 2082 小时;中国气象频道在 31 个省(区、市)的 324 个城市实现落地,覆盖 1.25 亿数字电视用户,服务人口 4.4 亿,排名数字付费频道第一;中国气象频道制作各类节目 10894 档,节目时长 72972 分钟。中国天气通手机装机用户已达 1.5 亿。中国天气网阅读量超 3 亿次。全国气象服务热线拨打量持续增长。

气象全媒体矩阵类型全、数量大、覆盖广,包括图书、报刊、电视、网站等传统媒体以及以"两微一端"为代表的各类新媒体。国家级层面,包括 1 家出版社、1 家报纸、1 个电视频道、10 家期刊、2 家网站、16 个政务新媒体;省级层面,包括 17 家期刊、31 家政府网站、183 个新媒体等;市县级气象局也建立了以新媒体为主体的媒体阵地。"两微一端"气象新媒体服务覆盖人群超 6.9 亿。

(4)面向生态良好,生态环境保障能力显著增强。组织实施了《"十三五"生态文明建设气象保障规划》《关于加强生态文明建设气象保障服务工作的意见》。经过五年建设,全国生态环境气象服务能力进一步增强。

生态环境气象监测预测体系基本建成。在天气观测网的基础上,到2020年全国有338个站开展酸雨观测、29个站开展沙尘暴观测、354个站开展大气成分观测、7个国家大气本底站,24个国家气候观象台,风云系列气象卫星可开展雾霾、沙尘等灾害性天气以及城市热岛、火情、植被、水体、海温等生态环境的动态遥感监测。自主研发了中国化学天气预报平台系统(CUACE)。环境预报的精细化和预见期进一步提升,能见度和$PM_{2.5}$浓度预报时效延长至10天,雾和霾预报由逐6小时精细化到逐3小时,开展了逐月大气污染潜势预报。

生态环境气象科学技术优势得到较好发挥。五年来,发挥气象监测预报技术优势,助力打赢"蓝天保卫战"行动。为各级政府和环保部门提供气象监测预报服务,为重污染天气分区预警、精准防治提供支撑。发挥气候资源开发科技支撑作用,助力国家绿色发展战略实施。开展气候资源精细评估,推进能源结构和经济结构调整。发挥生态环境治理的基础保障作用,助力"美丽中国"建设。开展重大规划和重大工程气候可行性论证,开展宜居、宜游气候服务,助力地方生态旅游发展。

应对气候变化科学支撑持续强化。"十三五"期间,中国气象局每年均印发本年度的《气候变化重点工作计划》,加强对气象部门气候变化工作的总体指导。围绕气候变化关键科学问题,持续开展气候变化系统观测和关键科学技术研发,开展了未来极端事件变化的预估分析。强化公报制度建设,为国内气候变化科学基础研究提供数据基础。每年连续发布《中国气候变化蓝皮书》《中国气候公报》《温室气体公报》《气候变化监测公报》和《气候变化绿皮书》,多省份编制了气候变化监测公报,建立了部分针对性较强的气候变化评价标准,有力支撑了国家和地方经济和生态文明建设。

应对气候变化决策支撑成绩显著。参与完成《第四次气候变化国家评估报告》编制,组织完成《第二次区域气候变化评估报告》编制,发布《中国气候与生态环境演变:2021》。加强气候变化对农业、水资源、生态系统、粮食安全、人体健康、重要区域和城市群、重大工程等的风险综合分析评估技术研究。开展了气象清洁能源评估、区划及其相关业务服务技术系统建设,有序推进气候承载力和空中云水资源的开发利用,优化生态气象服务供给,加强多灾种综合适应能力科技支撑,推进研发定量化气象灾害风险评估产品,针对"一带一路"、京津冀、长江经济带、粤港澳大湾区等经济区域发展和风险水平,深化极端事件预警、风险管理及适应技术和对策研究。积极开展重大工程和城市规划等气候可行性论证科技支撑。逐步拓展服务领域,面向重点生态功能区加强建立气候变化、气候承载力和生态修复效果监测分析评估技术体系。

气候资源开发利用支撑作用进一步加强。组织编制了城市总体规划、城市通风廊道等气候可行性论证标准。通过品牌创建,探索气候资源和气象景观资源开发和保护,助力旅游、康养等绿色产业发展。开展了新一轮风能资源评估,得到全国 1 千米分辨率、重点地区 100 米分辨率任意高度层的风能资源量;得到全国 1 千米分辨率太阳能资源图谱。组织国省两级协同的风能太阳能监测评估预报业务调整,建立了风能太阳能资源实时监测评估业务,实现风能太阳能预报系统业务化。发布 19 项气候可行性论证技术指南,基本涵盖电力、城市规划、气候资源开发、交通运输等主要气候应用服务领域。发布城市通风廊道、总体规划等 23 个气候可行性论证技术标准。推进 7 方面 37 项国家气候标志技术标准体系任务建设,建立了气候可行性论证业务系统、技术支撑平台等系统模块。共开展了 500 余项城市总体规划、气候环境容量、城市通风廊道分析等专题气候可行性论证,完成了 600 余项城市暴雨强度制修订、城市暴雨雨型分析,地级以上城市覆盖率达到 80% 以上。

积极开展全球气候治理和关键问题研究。"十三五"以来,充分发挥 IPCC 国内牵头部门作用,积极参与公约谈判工作;圆满组织完成第六次评估周期的 8 次全会和 9 次主席团会参会任务、相关科学评估报告的 9 次政府评审等工作,组织和推荐专家深入参与 IPCC 报告编写。

5. 气象科技创新领域

"十三五"以来,围绕气象业务发展需求,积极推动气象部门各单位承担国家科技研发任务,组织开展气象现代化核心技术攻关和基础研究。气象现代化核心技术攻关各项任务圆满完成既定任务目标。"气象科技贡献率"由 2014 年的 54.5% 提升至 2020 年的 61.3%。

(1)气象科技成果转化应用制度基本健全。出台了《关于印发加强气象科技成果转化指导意见》《科技成果中试基地(平台)管理办法(试行)》《中国气象局科技成果业务准入办法(试行)》《关于进一步做好气象科技成果转化工作的通知》等文件,基本建立了成果产出—认定—登记—评价—中试—业务准入—奖励激励的全流程管理机制。加强成果知识产权保护,促进成果交流共享。支持成果中试,围绕主要业务领域构建的 11 个中试基地开展试点建设,通过评估,中国气象局天气预报科技成果中试基地、中国气象局气象服务科技成果中试基地、中国气象局气象探测科技成果中试基地和区域数值模式(华东)科技成果中试基地正式业务运行。推进产学研相结合,气象服务产业技术创新联盟于 2019 年成立并积极加强校企合作协同创新。推进以科技创新和业务贡献为导向的科技分类评价体系建设,研究制定《气象科技成果评价暂行办法》,以科研人员实际贡献为评价导向,引导科研人员致力核心技术创新。

(2)气象科技攻关圆满完成既定目标任务。与科技部等部门联合印发了应对气候变化、综合防灾减灾、农业农村和环境领域等四项"十三五"科技创新专项规划。"十三五"期间,气象部门牵头承担国家重点研发计划重点专项项目 58 项、课题 69 项,国家自然科学基金 511 项,气象现代化核心技术攻关各项任务圆满完成既定任务目标,核心技术取得明显突破,攻关成果转化应用见成效。

(3)气象现代化核心技术攻关取得新进展。建立了以 GRAPES 为核心的区域/全球一体化的数值天气预报业务体系,技术性能持续优化改进,台风、暴雨等强天气预报能力达到国际先进水平。自主研发的 40 年全球大气再分析产品精度达到国际第三代同类水平,建立了与国际现行水平相当的东亚区域再分析系统。次季节至季节预测技术稳步改进,动力—统计相结合的多模式集成预测技术快速发展,人工智能与气候预测技术深度融合,气候模拟和预测能力显著增强,全球高分辨率气候系统模式性能跻身国际前列。面向未来无缝隙预报发展要求的下一代多尺度数值模式关键技术和开发策略方面取得重要突破。气候变化机理研究和应对气候变化适应技术取得长足进步,有力支撑应对气候变化内政外交。气象卫星实现从"跟跑"向部分领域"领跑"的跨越,形成高精度、类别齐全的自主卫星遥感产品体系,技术性能达到国际先进或领先水平。多源立体协同观测和探测技术方法、资料质量控制技术、多源数据融合技术等取得新突破,建成多源融合实况分析业务体系,多个融合实况产品精度优于国际同类水平。大气污染防治、人工影响天气、农业气象灾害防御等领域的机理认识和技术研发取得新进展,人工智能、云计算、物联网等新技术的融合应用有效提升了专业气象服务水平。圆满完成第三次青藏高原大气科学试验组织实施,青藏高原陆面－边界层－对流层－平流层立体协同加密观测技术方法、云降水物理过程认识和机理研究、青藏高原天气气候效应理论及应用研究等取得重大突破,为深入参与实施国家第二次青藏高原综合科学考察研究奠定了坚实基础。

6. 气象发展保障领域

(1)气象人才队伍不断优化。"十三五"以来,气象在职人才队伍的学历水平不断提高,气象职工本科以上比例增加10.0个百分点,达到86.7%;硕士以上比例增加5.3个百分点,达到18.27%;专业技术人员高级职称比例增加7.16个百分点,达到23.96%;气象在职人才队伍专业结构不断优化,大气科学专业占比提高了3.9个百分点,达到51.15%。截至2020年底,气象部门入选国家重大人才工程人选达到40人次,国家级创新团队达到12支。同时,进一步健全了气象培训体系,气象人才队伍的政治和业务素质不断提高。

(2)气象法治建设持续推进。"十三五"以来,先后完成《气象设施和探测环境保护条例》《气象灾害防御条例》《人工影响天气管理条例》修订工作。现行有效部门规章数量19部。截至2020年底,已有地方性气象法规113部,地方政府规章135部。建立了中国气象局及省市法律顾问制度。利用网站、微信、微博等多种渠道开展法治宣传教育。截至2020年12月,气象领域国家标准累计195项;行业标准累计600项;地方标准累计789项;团体标准累计20项。基本完成由9项办法,14项标准构成的气象服务市场管理和标准体系建设,完成气象信息服务企业备案456家,其中社会企业74家。

(3)气象公共财政投入保持稳定。五年来,中央财政预算安排一般稳定在150亿元左右。同时,进一步理顺经费保障渠道,中央财政资金保障全国统一布局的业务建设和运行,地方财政资金解决为地方服务的业务建设及运维,中央和地方共有的气象业务由中央财政安排合理补助,引导地方财政资金加大支持力度。"十三五"时期,部分省(区、市)出台了一系列支持气象事业发展的政策文件,明确人员津补贴经费的保障问题,对"十三五"期间进一步落实双重计划财务体制起到了积极的推动作用。加大了中央资金对中西部地区的支持力度,平衡配置东中西部项目和资金投入,基层台站项目优先保障革命老区、民族地区、边疆地区、贫困地区台站基础设施建设。

(4)部门党的组织体系建设全面加强。"十三五"时期,气象部门针对垂直管理链条长和党组织关系属地管理、条块结合要求高的特点,积极健全完善党建和党风廉政建设工作组织体系,严肃开展组织生活,不断提升基层党组织组织力。在"条要加强、块不放松,条块结合、齐抓共管"的建设思路下,各级党组(党委)逐步成立了党建和党风廉政建设工作领导小组及其办事机构,深化以落实主体责任为核心、机关党建与系统党建一起抓,党建与党风廉政建设有机融合、主管部门与地方党委齐抓共管的全面从严治党工作格局。目前党建和党风廉政建设组织机构已经实现地市级以上全覆盖。

固本强基夯实基础,筑牢基层战斗堡垒。各级气象部门高度重视加强基层党组织建设,加强分类指导,全面落实双重组织生活制度,建立党员干部提醒报告制度和党支部日常督查考核机制,严格落实"三会一课"等制度,开展多样化的支部活动,深入开展民主评议党员,使支部活动的规范性、严肃性得到明显增强,组织生活制度得到有效落实。

深入推进党风廉政建设,营造风清气正的良好政治生态。5年来,气象部门持续深入推进党风廉政建设,进一步严肃党内政治生活,深化政治巡视巡察,党内政治生态根本好转,作风建设成果得到广大干部群众的高度认可,为气象事业改革发展提供了坚强的作风保障。

通过评估分析,在《规划》落实的工作中也存在一些不足,气象事业发展也面临不少挑战,主要表现在:战略谋划不够深入,规划引领作用有待充分发挥;气象治理体系和治理能力仍存在薄弱环节,高质量发展格局有待形成;东、中、西部气象事业发展不够平衡;个性化、专业化、精准化服务产品供给仍然不足,气象服务供给侧结构性改革有待深入;精密监测、精准预报、精细服务能力还不能完全满足社会需求,气象科技距离世界先进水平还有较大差距,气象创新体系整体效能有待进一步提升。

二、2020年全国气象现代化水平评估

根据新形势新要求,2020年,中国气象局进一步完善气象现代化建设评价指标体系,印发《气象现代化建设指标体系及评价管理办法(试行)》和《全国气象现代化建设指标评估方法》,并依据新办法,从综合观测、信息网络、预报预测、气象服务、科技创新和发展保障六个方面对全国气象现代化建设进行了系统量化的指标测评[①]。

(一)综合评估结果

2020年,代表全国气象现代化水平的气象综合观测、气象信息网络、气象预报预测、气象服务、气象科技创新和气象发展保障水平较上年均有新的提升,其中气象发展保障评估包括人才保障、财政保障和法治保障三个方面。综合评估结果:2020年全国气象现代化指标评估综合得分75.01,较上年提高4.27分,增长6.0%。从各项指标增量长分析,较上年提升大于6分的有3项指标,即气象法治、气象人才和气象信息网络,分别增加6.67分、6.57分和6.13分,气象科技创新和气象公共财政,分别增加0.35分和1.06分(图1.1)。从二级指标完成度看,22个二级指标中有16个指标完成度超过75%,其中数值预报模式指标和基层气象服务体系指标的完成度超过85%(图1.2)。

---

① 气象现代化是一个动态的发展过程。2014年,中国气象局以2020年全国气象现代化可达到的水平为目标,制定了《国家级气象业务现代化指标体系和监测评价实施办法》(气发〔2014〕92号)、《省级气象现代化指标体系及评价实施办法》(气发〔2014〕35号),经过近10年建设,并运用该评价方法进行评估,到2018年除西藏外全国所有省份均超过基本实现气象现代化设定分值,到2019年全国31个省份全部超过基本实现气象现代化设定分值,即全国气象部门提前一年基本实现气象现代化。因此,2020年中国气象局又以2025年、2035年实现更高水平的气象现代化为目标,制定了《气象现代化建设指标体系及评价管理办法(试行)》,并依据新办法进行评价,形成了评估结果。因此,本年形成的评估分值与2019年前的评估分值有显著差别。

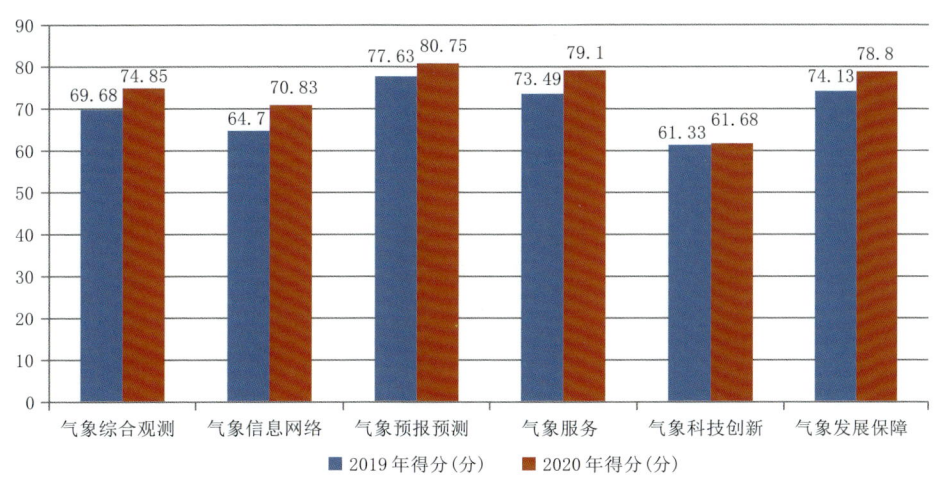

图 1.1　2020 年全国气象现代化综合水平评估得分(单位:分)

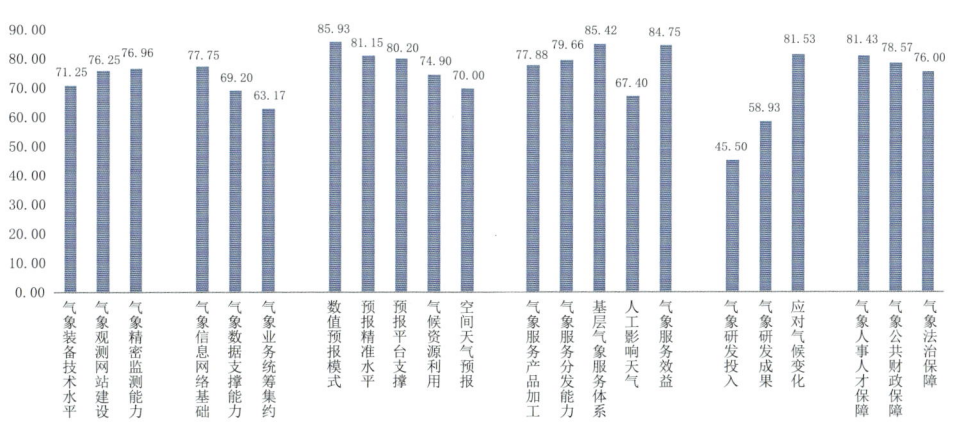

图 1.2　2020 年全国气象现代化综合水平评估二级指标完成度(单位:%)

(二)分项指标评估结果

1. 综合观测指标:2020 年全国得分 74.85,较上年提高 5.17 分,增长 7.4%。其中气象装备技术水平、气象观测网站建设、气象精密监测能力分别得分为 22.8 分、30.5 分、21.55 分(图 1.3),完成度分别达到 71.25%、76.25%、76.96%。气象观测业务的综合化、信息化、智能化、社会化水平有新的提升,整体实力达到同期国际先进水平,气象卫星和基于观测预报互动的站网布局等工作进入世界领先行列,为气象现代化整体水平提升提供了有力的基础支撑。

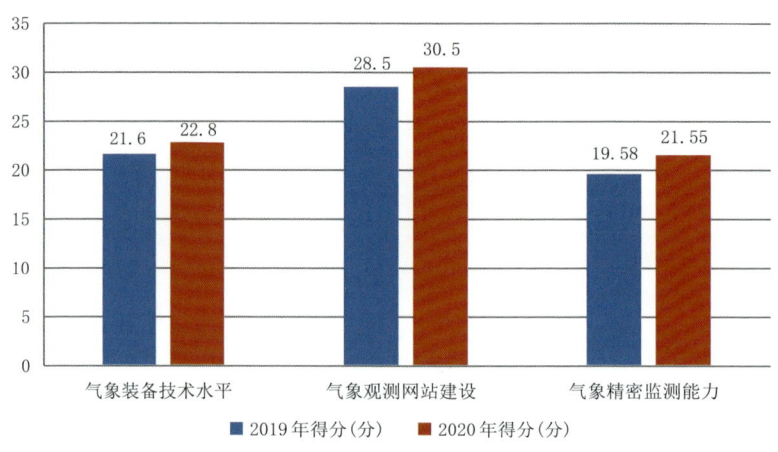

图1.3　2020年全国气象现代化综合观测水平评估得分(单位:分)

2. 信息网络指标:2020年全国得分70.83,较上年提高6.13分,增长9.5%。其中气象信息网络基础得分27.99分、气象数据支撑能力得分27.68分、气象业务统筹集约得分15.16分(图1.4),完成度分别为77.75%、69.20%、63.17%。通过推进气象业务技术体制重点改革工作,落实《气象信

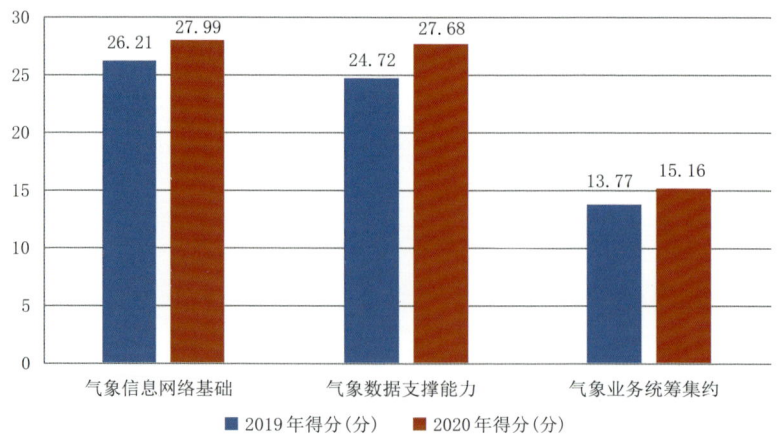

图1.4　2020年全国气象现代化信息网络水平评估得分(单位:分)

息化发展规划(2018—2022年)》以及气象信息化、山洪、海洋、雷达等重点工程项目投资,国家和省级气象信息网络业务从分散、重复建设向"云+端"集约化建设转变,基础硬件资源条件、平台支撑能力和网络安全防护水平都有了进一步提升。

3. 预报预测指标:2020年全国得分80.75,较上年提高3.12分,增长4.0%。其中,数值预报模式得分25.78分、预报精准水平得分32.46分、预报平台支撑得分8.02分、气候资源利用得分7.49分、空间天气预报得分7分(图1.5),完成度分别达到85.93%、81.15%、80.20%、74.90%、70.00%。体现了我国预报预测整体水平稳步提升,数值预报多项业务系统成功升级,区域数值模式对我国强对流天气预报能力提升明显。智能网格预报业务不断优化,预报平台支撑效果显著,各类预报准确率持续保持较好水平,台风路径预报水平继续保持世界先进水平。

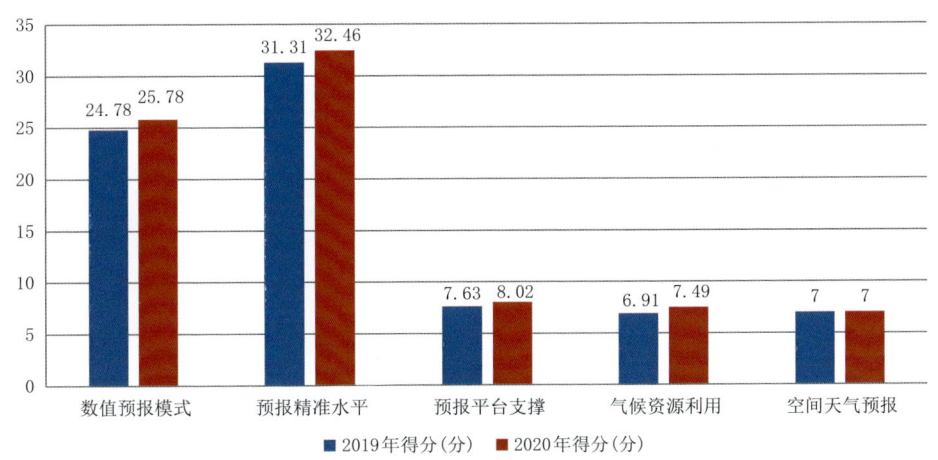

图1.5　2020年全国气象现代化预报预测水平评估得分(单位:分)

4. 气象服务指标:2020年全国得分79.10分,较上年提高5.61分,增长7.6%。其中气象服务产品加工得分18.69分、气象服务分发能力得分23.1分、基层气象服务体系得分10.25分、人工影响天气得分10.11分、气象服务效益得分16.95分(图1.6),完成度分别达到77.88%、79.66%、85.42%、67.40%、84.75%。气象服务现代化建设成效明显,不断满足气象服务日益增长的需求。服务产品类型不断丰富,灾害影响预报服务和发布能力不断增强,气象媒体发布影响力在不断提高,基层队伍建设不断规范化,人工影响天气作业影响力不断提高,全球气象服务能力有了长足的进步。但从完成度分析,我国人工影响天气现代化发展还有更大空间。

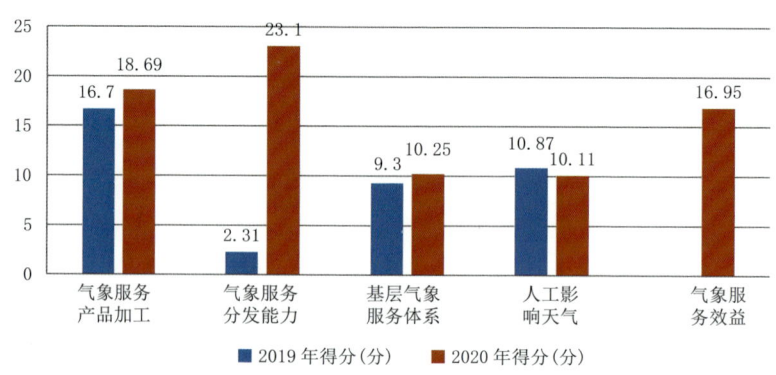

图1.6　2020年全国气象服务现代化水平评估得分(单位:分)

5. 科技创新指标:2020年全国得分61.68,较上年提高0.35分,增长0.6%。其中气象研发投入、气象研发成果、应对气候变化得分分别为13.65分、23.57分、24.46分(图1.7),完成度分别为45.50%、58.93%、81.53%。气象现代化四项核心技术攻关任务取得新突破,科技创新体系建设进一步加

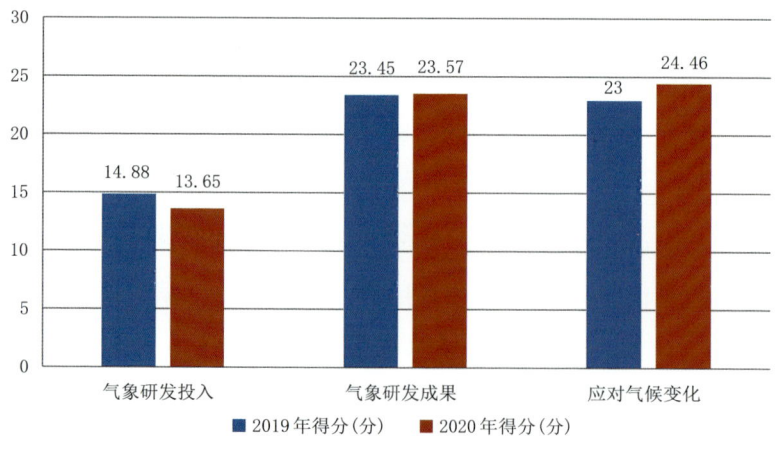

图1.7　2020年全国气象科技创新水平评估得分(单位:分)

强,应对气候变化决策支撑保障能力、参与全球气候治理科技支撑服务能力明显提升。但气象研发投入、气象研发成果指标完成度均没有达到60%,还有很大的提升空间。

6. 气象发展保障指标:2020年,气象发展保障得分78.8分,较上年提升了4.67分,其中气象人事人才保障得分28.5分、气象公共财政保障得分27.5分、气象法治保障得分22.8分(图1.8),各项指标具体评估情况如下。

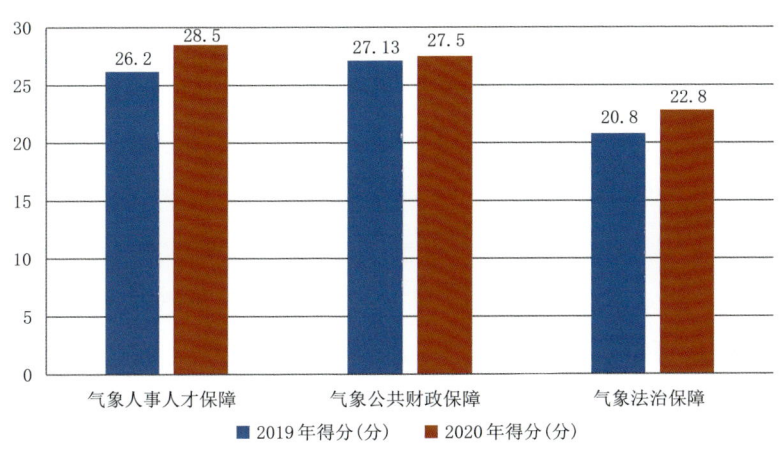

图1.8　2020年全国气象现代化发展保障水平评估得分(单位:分)

(1)人才保障指标:2020年全国得分28.50,气象人才保障指标完成度达到81.43%,较上年增长8.8%。体制机制改革不断深化,气象部门人才队伍的学历结构、专业结构、职称结构持续优化,创新活力不断增强,机构编制资源使用更趋合理。

(2)财政保障指标:2020年全国得分27.50,气象公共财政保障指标完成度达到78.57%,较上年增长1.4%。深入落实双重气象计划财务体制,积极争取中央财政支持,充分调动地方投资积极性,建立地方财政稳定保障机制,加大基本建设项目投入力度。

(3)法治保障指标:2020年全国得分22.8分,气象法治保障指标完成度达到76%,较上年增长9.6%。积极履行社会管理职能,加强气象行政执法监督。不断健全气象法规体系，加强法治宣传。建立完善气象标准体系和相关工作机制，加强标准宣贯和应用。

（三）评估结果简析

改革开放特别是党的十八大以来，中国气象局全面部署推进气象现代化建设，取得了显著成就。到2020年，我国建成了天地空一体化的综合立体气象观测体系，基本建立了无缝隙气象预报业务体系，保持了气象信息化领先水平，显著提升了气象全球监测、全球预报、全球服务能力，不断完善了气象科技创新、人才保障、财政保障和法治保障机制，为实现更高水平气象现代化打下了坚实基础。

根据评估结果分析，气象现代化建设在不同领域依然存在发展不平衡不充分问题，尤其科技创新能力和气象核心技术方面仍有明显短板。一是核心业务技术关键指标与国际先进水平相比仍有一定差距。数值天气预报虽基本实现了天气预报核心科技的自主可控，但在技术体系链条的完整性、全球气象数据再分析、数值模式物理过程自主发展等方面还存在一定差距。二是区域发展不平衡不充分问题依然较为明显。在站网建设、系统保障、灾害监测、预报预测方面，西部省份较全国整体仍有较大差距。全国气象服务能力亦呈现明显区域差异态势。三是统筹气象业务发展与安全能力尚有不足。关键核心部件的国产化水平有待提高；省（区、市）数据网络出口统一管理和核心观测数据安全监管有待加强，系统集约建设和统一监控仍是短板。

2020年是面向"十四五"承上启下的一年，是开启气象事业高质量发展、向更高水平迈进的关键之年。未来一个时期气象现代化建设应紧扣气象服务国家服务人民和保障生命安全、生产发展、生活富裕、生态良好的定位，瞄准加快建成气象强国战略目标，按照加快科技创新和做到监测精密、预报精准、服务精细的工作要求，围绕气象现代化评估发现的问题，固根基、扬优势、补短板、强弱项，持续推进更高水平气象现代化建设，不断提高气象事业发展的质量和效益。

三、评价与展望

开启全面建设气象强国新征程，是新时代党中央、国务院对我国气象发展提出的新要求，是气象发展立足新发展阶段、贯彻新发展理念、服务新发展格局必然选择。因此，气象部门必须根据新阶段新形势新要求，迈出建设现代化气象强国新步伐。

"十四五"时期，是全面推进气象强国建设的第一个五年，全国气象系统必须以习近平新时代中国特色社会主义思想为指导，坚持以习近平总书记关于气象工作重要指示精神为根本遵循，坚定不移把新发展理念贯穿气象发展全过程和各领域，以加快建成气象强国为目标，以推动气象事业高质量发展为主题，以推进高水平气象现代化建设为主线，以改革创新为根本动力，以满足人民日益增长的美好生活需求为根本目的，加快构建更高水平的气象科技创新体系、观测体系、预报体系、服务体系和治理体系，加快形成气象事业高质量发展新局面，提高气象服务保障国家经济社会发展和构建人类命运共同体的能力和水平，为全面建设社会主义现代化国家提供有力支撑。

展望2035年，党中央提出了我国将基本实现社会主义现代化远景目标。气象事业是科技型、基础性、先导性社会公益事业，气象工作关系生命安全、生产发展、生活富裕、生态良好，必须适度超前发展。因此，中国气象局提出了到2035年全面建设现代化气象强国总体宏伟蓝图，即到2035年建立形成监测精密、预报精准、服务精细的气象业务体系，基本实现气象治理体系和治理能力现代化，气象综合实力达到世界先进水平，气象深度融入民生保障和行业发展，气象强国基本建成，为我国全面建成社会主义现代化强国作出更大贡献。

发展效益篇

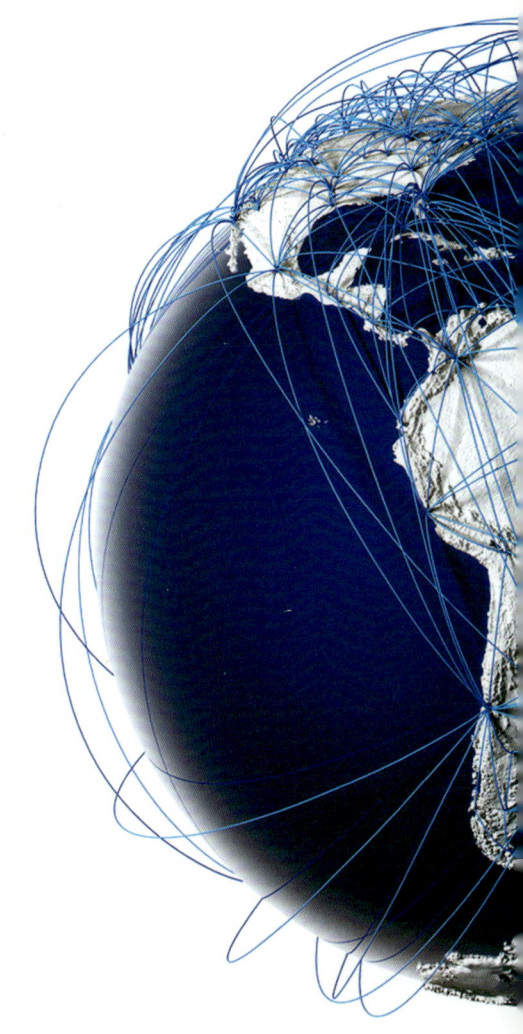

第二章　气象防灾减灾保障生命安全*

2020年,全国气象系统认真贯彻习近平总书记关于防汛救灾和气象工作的重要指示精神,全面落实党中央、国务院和国家防总决策部署,坚持人民至上、生命至上,面向国家重大需求、面向人民安全健康,继续强化气象灾害防御科技支撑,大力提高灾害监测预报能力、突发灾害预警能力和灾害风险防范能力,充分发挥气象防灾减灾第一道防线作用,最大程度减少人民生命财产损失,取得了显著经济社会效益。

一、2020年气象防灾减灾概述

2020年,全国平均气温较常年偏高0.7℃,总体气候年景偏差。自然灾害以洪涝、地质灾害、风雹、台风灾害为主,地震、干旱、低温冷冻、雪灾、森林草原火灾等灾害均有不同程度发生。气象灾害的主要特点有:主汛期南方地区遭遇1998年以来最重汛情,洪涝灾害影响范围广。全年全国共出现33次大范围强降水过程,平均降水量689.2毫米,较常年偏多11.2%,为1961年以来第三多。汛期降雨主要集中在长江中下游地区,接连出现10次强降雨过程,落区重叠度高,梅雨季长达62天,梅雨量为1961年以来最多。长江、黄河、淮河等主要江河共发生21次编号洪水,次数超过1998年。在遭遇严峻汛情背景下,洪涝灾情呈现"三升、两降"特点,即受灾人次、紧急转移安置人次和直接经

---

* 执笔人员:吕丽莉

济损失较近 5 年均值分别上升 23%、62% 和 59%,因灾死亡失踪人数、倒塌房屋数量分别下降 53% 和 47%。风雹灾害点多面广,南北差异大。全年全国共出现 58 次大范围短时强降雨、雷暴大风和冰雹等强对流天气过程,较近 5 年均值明显偏多。全国 1367 个县(市、区)遭受风雹灾害,造成 1514 万人次受灾。干旱灾害区域性和阶段性特征明显,但灾害损失偏轻。台风时空分异明显。台风生成和登陆均偏少,灾害损失较轻。高温日数多,南方高温极端性强,低温冷冻害和雪灾偏轻。春季北方沙尘天气少,影响偏轻。

据相关部门统计,2020 年,全国暴雨洪涝受灾面积占气象灾害总受灾面积的 36%,干旱占 26%,台风占 19%,风雹占 14%,低温冷冻害和雪灾占 5%。气象灾害造成农作物受灾面积 1996 万公顷,死亡 327 人,直接经济损失 3681 亿元。与近 10 年(2010—2019 年)平均值相比,农作物受灾面积、死亡失踪人口大幅减少,直接经济损失略偏多[1]。

(一)气象灾害监测预警能力持续提升

2020 年,全国气象灾害监测预警能力持续提升、气象预警信息发布的覆盖面和时效性稳步提高,灾害性天气预报预测预警能力不断强化,气象灾害应急服务水平大幅提升。

从 2020 年 3 月下旬开始,逐月逐旬滚动提供汛期气候预测报告,较为准确预测出全年气候状况总体偏差、涝重于旱的趋势。提前 3~7 天预报重大灾害性天气过程,延长了预见期。中国多模式集合预测系统(CMME1.0)和动力统计集成季节气候预测系统(FODAS)汛期降水预测 PS 评分分别达 81 分和 82 分,均为历史最好成绩,其中 CMME1.0 降水 PS 评分达到 80.6 分,在汛期预报预测效果良好。充分应用气象卫星、雷达和智能网格预报等现代化装备和技术,准确预报出 2020 年雨带位置阶段性变化,以及入汛以来 21 次大范围强降雨的落区、强度和时间。

2020 年,强对流预警时间提前到 38 分钟,冰雹和雷电预警时间提前量分

---

[1] 资料来源:国家气候中心,2020 年气候公报。

别达到 30 分钟和 50 分钟;台风预报准确率和突发灾害预警能力较 2019 年分别提高 9.5% 和 10.2%。台风路径 24 小时预报误差 65 千米,明显好于日本(79 千米)和美国(75 千米)。气象灾害预报的准确率、提前量、精细化和智能化水平稳步提高,在国家综合防灾减灾救灾中发挥了重要的先导性作用。

(二)气象灾害防御效益显著

1. 气象灾害直接经济损失占 GDP 比例总体保持较低水平

2020 年气象灾害造成的经济损失偏多,比 2019 年增加 484.97 亿元。全国共有 1.38 亿人次受灾,直接经济损失 3664.87 亿元,其中,因暴雨洪涝造成的直接经济损失 2669.8 亿元,台风造成的直接损失 309.4 亿元,大风、冰雹和雷电造成的直接经济损失 282.3 亿元,高温和干旱造成的直接经济损失 249.2 亿元,低温冷冻和雪灾造成的直接经济损失 154.13 亿元。

从多年经济损失变化趋势看,近 30 年来气象灾害造成的直接经济损失占 GDP 比重十年平均值呈现下降趋势。尽管 2020 年全国气象灾害造成的直接经济损失占 GDP 的比例(0.36%)较 2019 年(0.32%)略微上升,但相较十年平均值低 0.24 个百分点(图 2.1)。这表明,由于气象灾害防御能力不断提升,即使

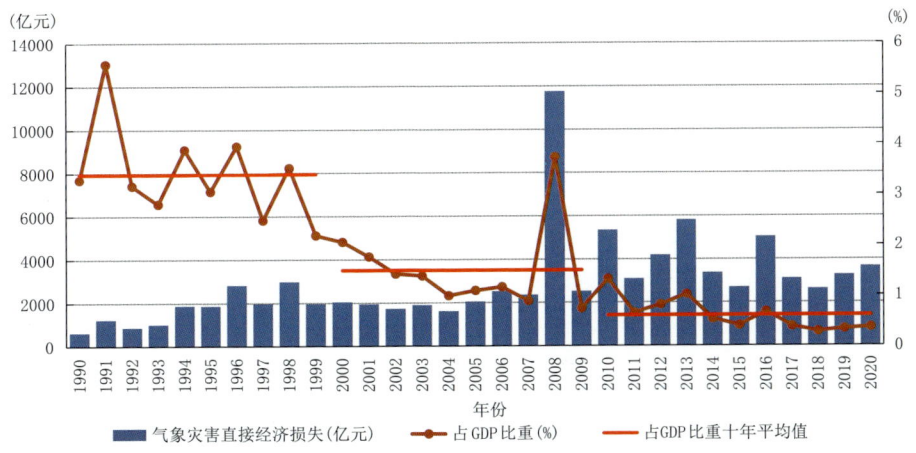

图 2.1 1990—2020 年全国气象灾害直接经济损失及占当年 GDP 比例情况

(数据来源:《气象统计年鉴》,1990—2020)

遭受了自1998年以来最严重的洪涝灾害,因气象灾害造成的直接经济损失占GDP比总体仍保持下降趋势。

2020年全国31个省(区、市)受到不同程度的气象灾害影响。其中,气象灾害造成直接经济损失超过200亿元以上的有4个省份,分别为安徽602.6亿元,四川443.9亿元、江西355.3亿元以及湖北277.9亿元;气象灾害直接经济损失低于10亿元以下的有6个省份,分别是北京、天津、上海、宁夏、海南及西藏(图2.2)。

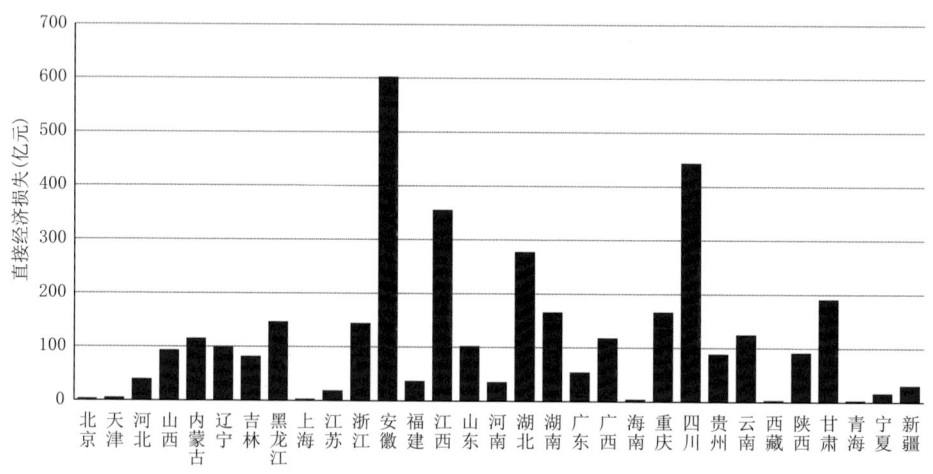

图2.2　2020年全国各省(区、市)气象灾害造成的直接经济损失情况
(数据来源:《气象统计年鉴》,2020)

2020年气象服务为超过五成的公众避免或减少了一定的因灾经济损失。相关调查结果显示,在过去一年中(图2.3),56.0%的公众认为气象服务为个人及家庭避免或减少了一定的经济损失。其中,选择"1~100元"和"101~500元"的人群比例相对较高,分别为18.8%和13.6%。经核算,气象信息在过去一年为我国城市公众挽回因灾(气象灾害)损失约295元/人,为农村公众挽回因灾损失约468元/人。利用减少损失法测算公众气象服务效益的结果显示,气象信息在过去一年为我国公众挽回的因灾损失总额约4400亿元。

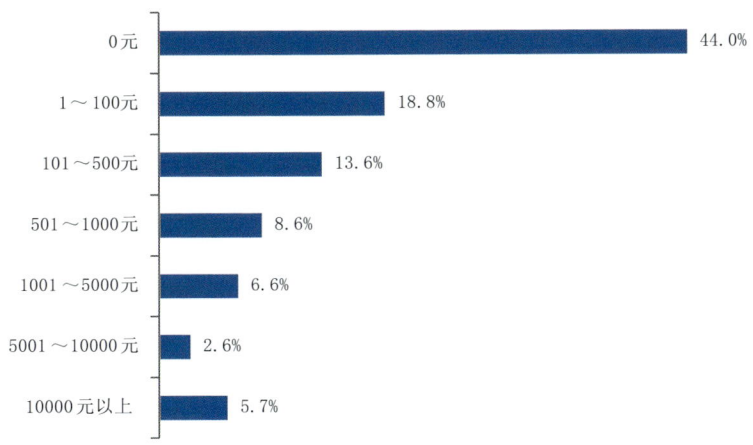

图 2.3　2020 年气象服务为公众减少损失的等级分布图(以家庭为单位)

(数据来源:2020 年全国公众气象服务评价分析)

2. 农业气象灾害防御效益明显

2020 年,全国主要气象灾害造成农作物受灾面积 1995.12 万公顷,绝收面积 270.21 万公顷,较 2019 年略有增加。自 2004 年以来,全国农作物受灾面积基本上呈逐年降低趋势,2020 年受灾和绝收面积出现一定波动,但波动幅度不大,仍然保持持续减少趋势(图 2.4)。这说明全国农业气象防灾减灾救灾能

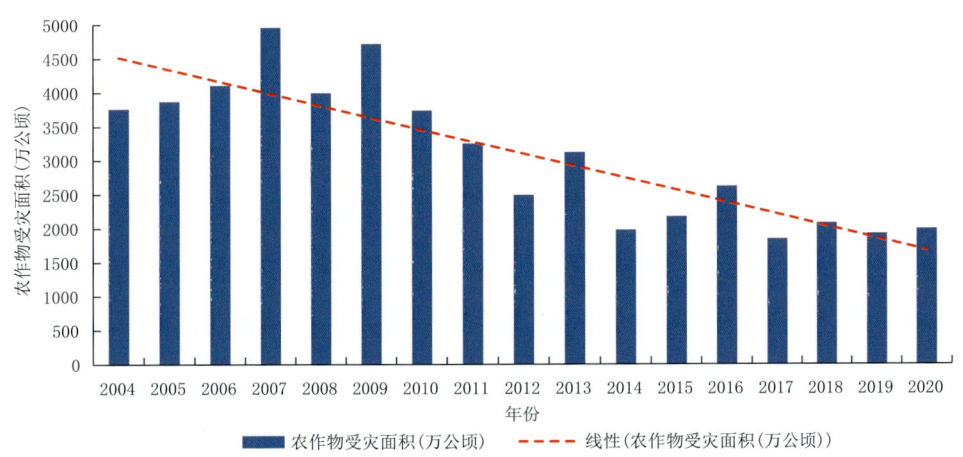

图 2.4　2004—2020 年全国农作物气象灾害受灾面积情况

(数据来源:《气象统计年鉴》,2004—2020)

力建设取得了明显成效,也说明全国农业防灾减灾措施越来越完善,农业气象灾害预警预防、农作物良种改造、农业结构调整取得了明显效果,有力地降低了气象灾害的影响。

从各省(区、市)农作物气象灾害受灾面积分布来看,2020 年气象灾害造成农作物受灾面超过 100 万公顷的省份有 8 个,分别为黑龙江 317.85 万公顷、内蒙古 236.78 万公顷、湖北 163.33 万公顷、辽宁 132.15 万公顷、安徽 123.79 万公顷、云南 121.96 万公顷、吉林 121.94 万公顷以及山西 102.99 万公顷;农作物受灾面低于 10 万公顷的有 8 个省份,分别是北京、上海、天津、青海、福建、广东、海南、西藏(图 2.5)。

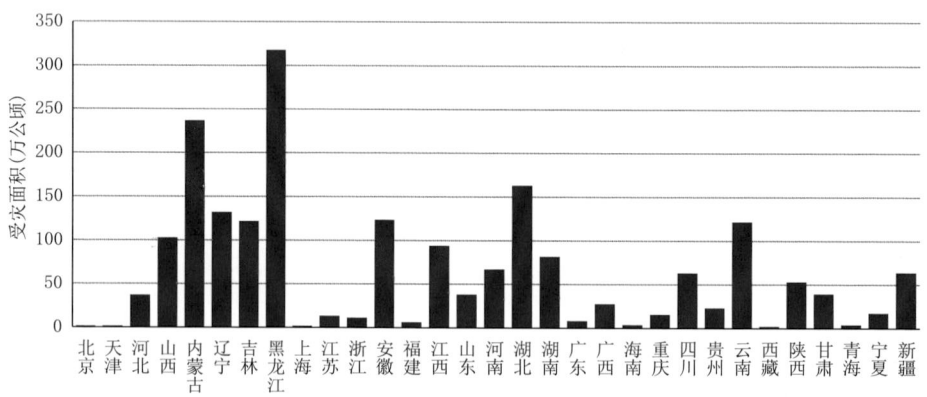

图 2.5　2020 年全国各省(区、市)农作物气象灾害受灾面积分布(万公顷)

(数据来源:《气象统计年鉴》,2020)

3. 因气象灾害死亡人口继续减少

2020 年,全国气象灾害造成的死亡人数为 327 人,为 2004 年以来死亡人口最低年份;受影响人口 13807 万人,较 2019 年高出 109 万人(图 2.6)。从成因上分析,2020 年气象灾害造成的人口死亡(失踪),主要为暴雨洪涝及滑坡、泥石流等次生衍生灾害所导致,由此造成的死亡失踪人口占总死亡人口的 7 成以上。台风生成和登陆均偏少,灾害损失相对较轻。全国由于台风造成的死亡人口为 8 人,受灾人口约 1062 万人。

从各省份气象灾害受灾人口分布上看,2020 年气象灾害受灾人口较为严

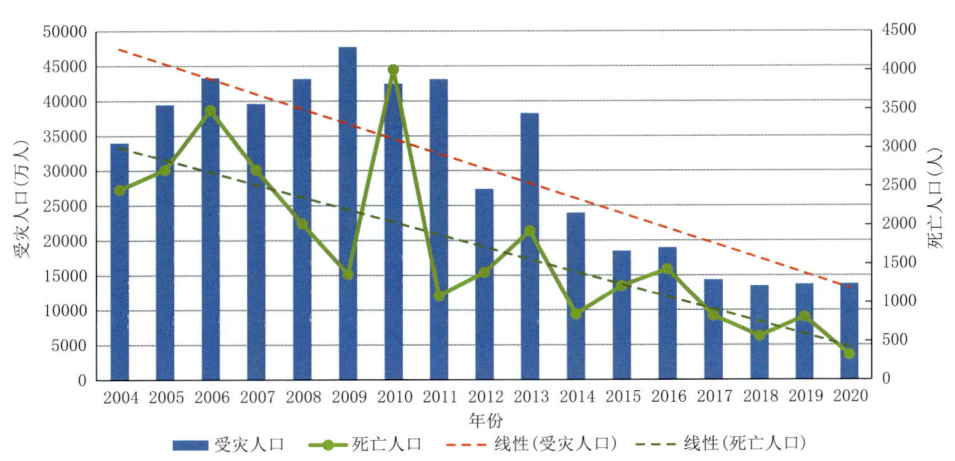

图 2.6 2004—2020 年全国气象灾害造成的受灾人口和死亡人口情况

(数据来源:《气象统计年鉴》,2004—2020)

重的省份主要集中长江流域中下游,如湖南、湖北、四川、安徽、江西等省份;受灾人口相对较轻的地区主要集中在北京、天津、上海、江苏、福建、海南、西藏、青海、宁夏、新疆等地(图 2.7)。

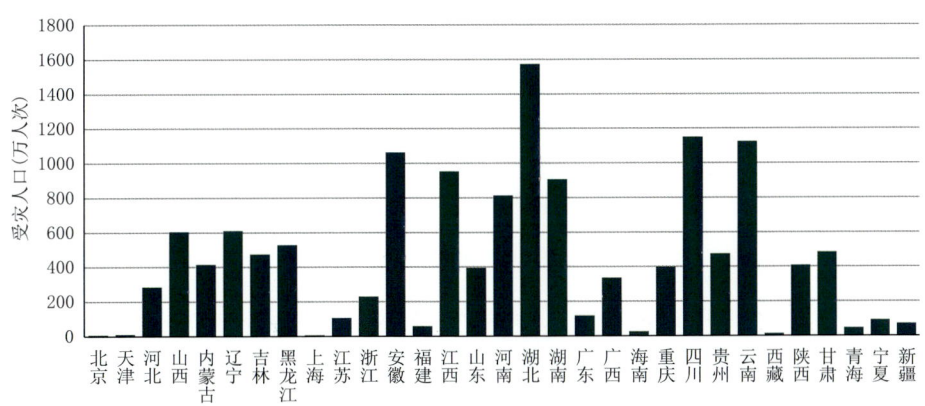

图 2.7 2020 年全国各省(区、市)因气象灾害受灾人口分布

(数据来源:《气象统计年鉴》,2020)

4. 地质灾害防御气象服务效益显著

2020 年共发生地质灾害 7840 起,其中滑坡 4810 起、崩塌 1797 起、泥石流

899起、地面塌陷183起、地裂缝143起、地面沉降8起,造成139人死亡(失踪)、58人受伤,直接经济损失50.2亿元。2020年地质灾害发生数和造成的死亡(失踪)人数,与2019年相比分别增加26.8%、减少37.9%,与"十三五"时期年平均值相比分别增加14.6%、减少43.7%,与"十二五"时期年平均值相比减少39.2%、65.4%。近十年来(2011—2020年),2020年地质灾害发生数排倒数第四位,但造成的死亡(失踪)人数为最少年份之一,排倒数第二位。

2020年,中国气象局与自然资源部联合印发《关于进一步加强汛期地质灾害气象风险预警工作的通知》,全国17省(区、市)两部门联合制定贯彻落实文件,全国1721个县市联合开展地质灾害气象风险预警工作,实现地质灾害易发区(县)地质灾害气象风险预警全覆盖,有效提升了基层汛期地质灾害风险预警服务能力。中国气象局与多部门建立常态化会商联动机制,开展80次联合会商研判,联合发布山洪和地质灾害气象风险预警超过2500期(次)。山洪、地质灾害风险预警命中率继续稳步提升,全年成功预报地质灾害534起,涉及避免可能伤亡人员18239人,避免直接经济损失10.2亿元。

二、2020年气象防灾减灾主要进展

2020年,全国气象系统坚持人民至上、生命至上,积极与多部门合作,持续推动气象灾害监测预报预警体系、气象灾害预警信息发布体系、气象灾害风险防范体系与气象灾害组织体系建设,气象防灾减灾能力和气象服务保障经济社会持续发展的能力显著提升。

长江中下游"暴力梅"

2020年入汛(3月28日)以来,我国天气气候形势复杂,降雨时空分布十分不均,全国平均降雨量为597毫米,较常年偏多10.5%;全国平均气温17.3℃,较常年同期偏高0.5℃。南方地区经历28次强降雨过程,持续时间长、长江流域暴雨落区重叠度高、降雨极端性突出,为1998年以来汛情最为严重的一年。

江淮流域梅雨季持续时间长、梅雨量为1961年以来最多。江淮流域6月1日入梅,较常年(6月8日)偏早7天;8月2日出梅,较常年(7月17日)偏晚15天。梅雨季持续时间长达62天,与2015年并列为1961年以来历史最长。梅雨季降雨量达759.2毫米,较常年偏多1.2倍,为1961年以来最多。四川、湖北、安徽3省降雨量为1961年以来历史同期最多。从流域上看,长江流域和黄河流域降雨量为1961年以来最多,淮河和太湖为历史第2多。

汛期气象观测产品水平不断得到提高。自4月1日开始,地面气象观测全面进入自动化时代,观测频次提高4倍到8倍、数据量增加10倍,传输用时优化至秒级、传输频次提升至1分钟。汛期期间,各类气象观测业务运行稳定可靠,国家级地面气象观测业务、新一代天气雷达观测业务、探空业务、风云气象卫星业务运行成功率均高达99%以上。同时利用多源卫星数据和产品,对鄱阳湖、洞庭湖、太湖以及长江流域、淮河流域的水体面积及洪涝情况进行了持续监测。

强化部门合作和决策气象产品服务。面对偏重的暴雨洪涝灾害,加强与其他部门的协作联动,强化山洪、地质灾害、中小河流洪水、渍涝、流域性洪涝等气象风险预警服务。聚焦重点流域和重点地区,将精准预报融入大江大河安全度汛、重点水库调度的决策部署,决策服务和公众服务成效明显。主汛期,精细化流域水文气象预报预警服务支撑新安江水库首开九孔泄洪,滚动制作新安江流域精细化12个子流域面雨量预报产品,为国家防总与水利、应急等部门科学决策提供重要支撑。全年为水利部提供面雨量产品22期,制作发布七大江河流域面雨量监测预报产品306期、各类水文气象风险预警325期,成功预报湖北黄梅"7·8"山体滑坡等多起灾害。

2020年,中国气象局启动重大气象灾害应急响应19次,累计112天;针对南方汛情启动防汛救灾气象服务Ⅱ级响应15天;各省级启动应急响应420余次。与29个部门建立常态化的会商及应急联动机制,其中汛期与应急管理部、水利部、自然资源部联合会商达110余次,为长江流域、淮河流域、太湖和巢湖流域防汛救灾以及东北连续3个台风防御工作提供有力支撑,确保了大汛之年无大灾。

(一)气象灾害监测体系建设

1. 气象灾害观测站网布局持续优化

全国6万多个地面气象站,216部新一代天气雷达,120个秒级数据探测的高空气象观测站,7颗在轨稳定运行的风云气象卫星以及首次试验成功的高空无人机台风综合探测,共同实现了对重点区域主要气象灾害的全天候、高时空分辨率、高精度的综合立体连续监测。

2020年,地面气象观测全面实现自动化并正式业务运行,观测频次和数据量大幅提升,观测能力明显增强。持续推进空白区观测站网建设,实现自动气象站全国乡镇全覆盖。西藏新增317个国家级地面气象观测站,数量提升154%。加密布设275个多要素气象观测站,长江、珠江主要航道监测链初步建成。

装备技术升级有序推进。24个国家气候观象台增加近地层通量、基准辐射、大气垂直观测等观测项目,在西藏布设1套冰川、积雪、冻土综合气象观测站,提升地球气候系统多圈层观测能力。组织编制大型无人机气象观测发展专项计划,成功组织首次大型无人机海洋气象观测试验,填补空基气象观测空白。完成22个省份211个台站风传感器防冻装置改造,解决了雨雪天气下风传感器冻结问题。完成9个省份73个国家级雷电监测站升级改造。

2. 卫星遥感灾害监测能力持续增强

"十三五"期间,我国成功发射3颗风云卫星,风云卫星全面升级换代,实现了从跟跑、并跑再到部分领跑的跨越。2020年风云气象卫星圆满完成12次灾害应急保障观测服务,卫星数据精度不断提升、遥感观测产品持续丰富。研发的新一代全国天气遥感应用平台(SWAP)、生态环境遥感应用平台(SMART)在气象部门作为主要遥感应用业务平台推广应用。气象卫星对台风、暴雨、强对流、火情、洪涝、雾霾、沙尘等灾害监测能力显著增强,监测精度大幅提升;并启动水体、陆地植被、海表温度、绿潮等4项全国卫星遥感监测业务。

2020年,继续完善"风云卫星国际防灾减灾应急保障机制",研发面向"一带一路"服务的遥感应用技术和应用产品,开发国际版云+端遥感应用平台,推动与亚太空间合作组织签署合作协议,与海湾国家合作委员会的协议初步达成一致。"风云卫星国际防灾减灾应急保障机制"用户增长至29个,"风云卫星遥感数据服务网"国际用户增至118个国家,国际数据共享量显著增长,年内处理在线数据服务2865次、服务数据12.5 TB。国际用户数据服务次数同比增长54%,服务数据量同比增长170.7%。国际用户对风云卫星总体满意度达到80%,较2019年提高3个百分点。

(二)气象灾害预报预警能力建设

1. 气象灾害预报预警水平持续提升

2020年,全国强对流预警、暴雨预警、气候趋势预测准确率以及台风路径预报水平都有新提高。台风路径预报可提前3~4天,西北太平洋台风路径预报处于世界领先水平,强对流预警时间提前量为38分钟,暴雨预警准确率达89%,24小时晴雨预报准确率达87.9%。升级全球、区域数值天气预报模式,北半球可用预报天数提高至7.8天,卫星资料同化占比达76%,72小时各量级降水预报评分提高5%至10%。升级国家级5千米格点实况产品,1千米格点实况产品投入试用。

从图2.8可知,全国提升突发预警能力评分均值为12.7分,共有14个省(区、市)高于全国平均水平,其中辽宁、山东、甘肃和宁夏的得分相对较高,这些省(区)的冰雹预警信号时间提前量平均可达41分钟,雷达预警信号时间提前量平均可达92分钟。评估结果显示,东部地区冰雹预警信号时间提前量平均可达36.4分钟,雷达预警信号时间提前量平均可达65.9分钟;中部地区冰雹预警信号时间提前量平均为22.7分钟,雷达预警信号时间提前量平均可达39.6分钟;西部地区冰雹预警信号时间提前量平均可达22.5分钟,雷达预警信号时间提前量平均可达44.6分钟。

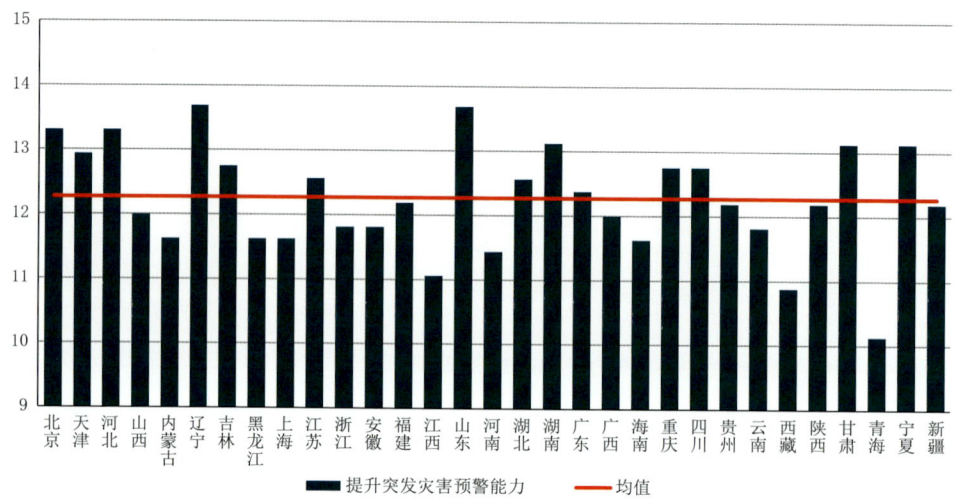

图 2.8　2020年全国各省(区、市)提升突发灾害预警能力评估得分(单位:分)

(数据来源:2020年现代化评估)

2. 航空及海洋灾害性天气预报预警取得新进展

2020年建成全球天气系统卫星监测及闪电监测系统,全球航危天气监测服务能力显著提升。中国气象局与中国民用航空局及航企合作开展技术交流,联合成立航空气象创新应用示范中心暨联合开放实验室,提高针对特殊危险天气提供精细化预报能力。在6—9月因天气原因启动大面积航班延误应急响应机制(MDRS)期间,空管气象系统机场预报准确率达92.31%。

开发海上大风客观预报方法,持续改进海洋天气系统自动识别技术,开展人工智能技术在台风强度及海雾识别上的应用,并开展北大西洋飓风预报试验。启动海上风电台风工况预警服务技术应用研究,建立高分辨率海浪预报系统。

3. 大数据赋能智能网格预报预警新发展

加强数据共享,提供气象灾害服务数据支撑。融合应用物联网、大数据、人工智能、机器学习等新技术在气象监测预报预警,带宽400 Mbps的气象数据传输网、存储容量40千万亿字节(PB)的气象大数据云平台、0.98亿亿次/秒的高性能计算机系统,实现了气象灾害监测预报服务业务全流程、全要素实时监控。通过气象大数据云平台每年向水利、环境、自然资源、民航等行业部门共享气象数据量接近1 PB,为各行各业防范应对气象灾害提供了数据支撑。

依托气象服务大数据平台,推动建立"智能网格预报+气象服务"业务体系。组织构建"云+端"业务技术体制,实现气象大数据云平台业务试运行和智能网格预报系统核心功能融入。支撑灾害预报的数值预报系统、全国5千米分辨率的精细化智能网格预报业务、面向多领域的影响预报业务不断发展,从分钟到年的无缝隙智能化的气象预报业务体系初步形成。

4. 开放合作推动气象灾害预报预警技术创新发展

2020年成功组织GRAPES数值预报产品首届用户大会和第六届数值预报科学指导委员会会议,邀请专家和用户广泛交流,提升服务支撑能力。推进全流程检验程序代码共享,形成众智众创工作态势。加强与高校、科研院所在关键领域的合作,推进中国气象局-河海大学水文气象联合实验室工作;联合清华大学进行基于深度学习的气象要素预报研究,联合孟加拉国气象局参与国家重点研发计划战略性科技创新合作项目——"气象灾害监测预测与风险管理技术联合研发与示范";组织开展了夏玉米干旱保险指数研究;面向企业生产防雷需求,初步建立基于位置的雷电临近预报服务产品模型。

(三)气象灾害应急服务体系建设

1. 预警信息发布覆盖范围更广内容更丰富

全国"一张网"的突发事件预警信息发布系统日趋成熟。2020年,国家预警发布系统新增接入教育部、应急部、海洋局有关提示信息。全年向应急责任人和社会公众发布自然灾害、事故灾难、公共卫生和社会安全四大类预警信息34万条,其中19个非气象行业发布预警3.12万条,同比上升218.94%。累计服务36.99亿人次,综合人口覆盖率提高至92.7%(图2.9),发布准确率提升至99.99%。预警信息基本实现全国111.5万应急责任人全覆盖,其中全国有 23 个省(区、市)的预警信息公众覆盖率已经达到 90%以上,北京、天津和广东预警信息公众覆盖率达到 100%(图 2.10)。

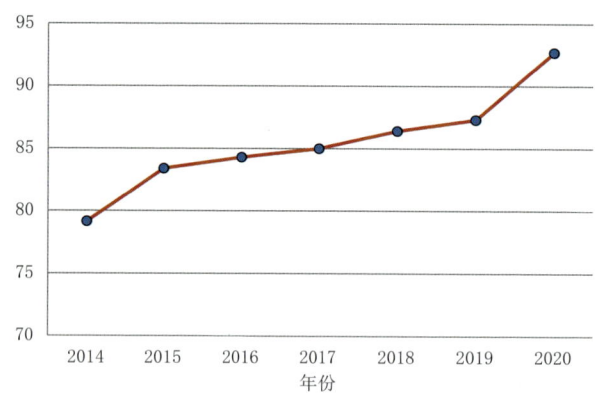

图 2.9　2014—2020 年预警信息全国社会公众覆盖率(单位:%)

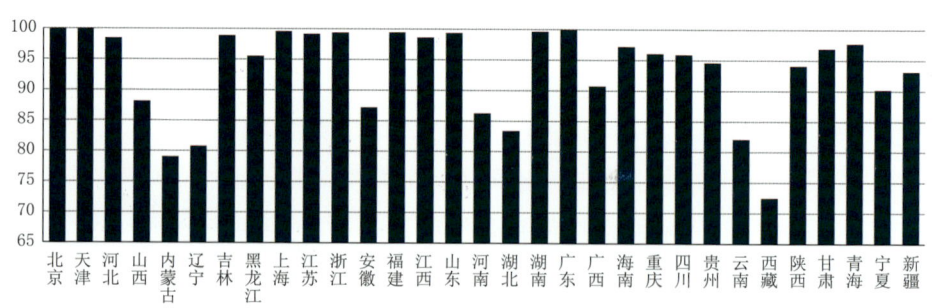

图 2.10　2020 年全国各省(区、市)预警信息公众覆盖率(单位:%)

全国预警信息发布能力有了较大的提升,经评估,全国增强预警信息发布能力平均分为 84.18 分,其中有 18 个省(区、市)高于平均分,得分高于 95 分的省份分别有北京、天津、上海、江苏、浙江、福建、山东和湖南等省(市),这些省(市)基本实现了 95%以上的预警信息公众覆盖率和应急责任人覆盖率(图 2.11)。

不断创新服务模式,提升预警信息发布效力和针对性。深化大数据分析,建立人群划分模型,通过位置、人群特征等标签识别,实现预警信息精准靶向发布;基于精细化网格天气预报,开发分时段、分区域、分要素的智能化天气语

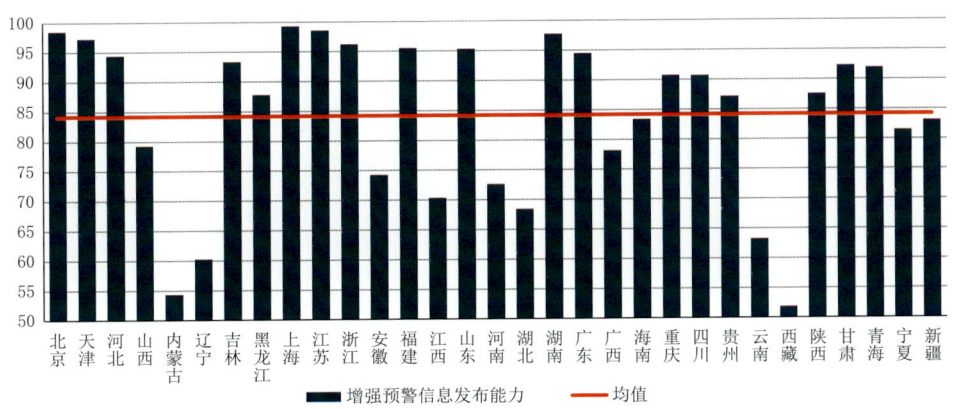

图 2.11　2020 年全国各省（区、市）增强预警信息发布能力（单位：分）

音问答平台，开展基于位置的精细化主动语音提醒服务。升级改版中国天气网百度智能小程序和上下学天气微信小程序，发布感冒地图等生活预警地图42 种。

2. 立体化预警信息发布体系逐渐完善

完善多渠道立体化预警信息发布体系，推动建立以预警信号为先导的全社会应急响应机制。开展媒体阵地摸底情况调查，制定《气象部门关于加强媒体阵地管理的实施意见》，印发《中国气象局新闻发布会工作规范》《重大突发事件舆论引导工作流程》，建立新闻发布专家库，修订充实口径库和案例库。全面打通融媒体传播渠道，联合头条、抖音、百度、人民日报、中宣部学习强国等平台，牵头建立国、省、市、县四级预警新媒体矩阵。每次重大天气过程和台风过程，通过网络直播等方式广泛传播气象灾害监测预警信息，组织中国天气网发布专题 18 个，总阅读量 43.27 亿人次，为防汛救灾营造良好舆论氛围。

省级气象部门加大与公共媒体的合作力度，提高气象预警传播能力。经评估，全国公共媒体发布合作力度平均分为 81.79 分，其中有 20 个省（区、市）高于平均分，得分高于 90 分的省份有浙江、江西和贵州等省份，这些省份基本实现了与至少 14 家省级公共媒体保持紧密合作，从而保障了气象预警信息的快速分发，较好地提高了媒体气象发布水平（图 2.12）。

气象预警信息媒体发布水平持续提升。气象现代化评估结果显示，全国

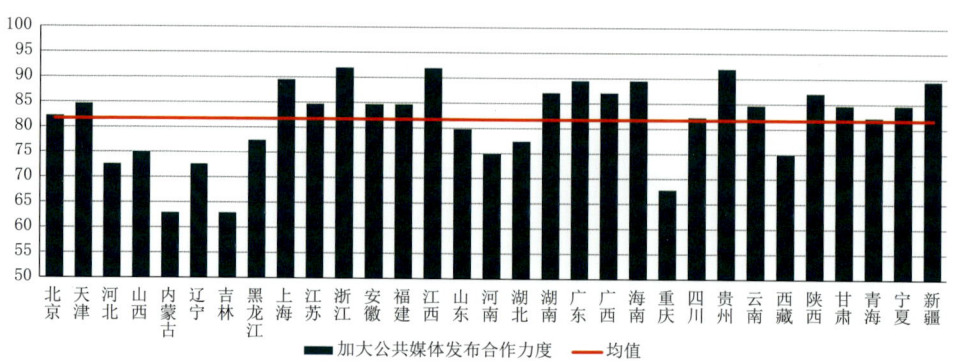

图 2.12　2020 年全国各省(区、市)与公共媒体合作力度评分(单位:分)

气象媒体发布水平平均分为 73.58 分(图 2.13),其中有 11 个省(区、市)高于平均分,得分高于 80 分的省份有北京、上海和广东等。近年来,各省份都在预报水平不断提高的基础上,进一步提高气象媒体发布水平,根据公众需求,提高服务针对性;顺应信息化发展趋势,打造政府网站、微博、微信等互联网信息发布平台,借助多样化的平台,使气象服务更贴心更便捷。

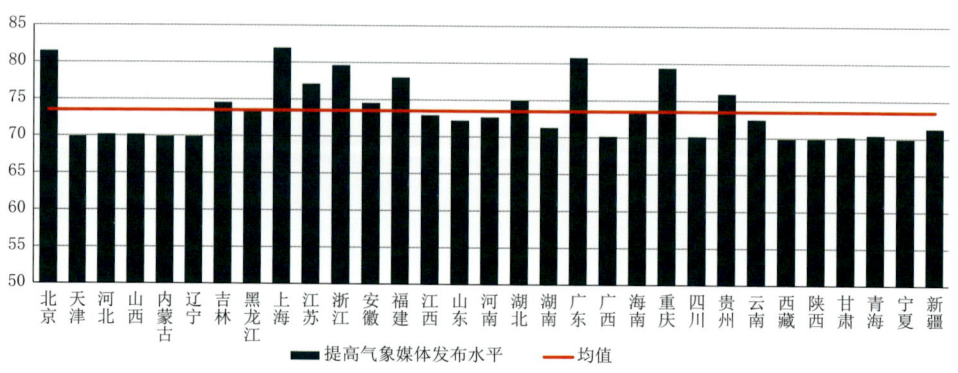

图 2.13　2020 年全国各省(区、市)提高气象媒体发布水平评分(单位:分)

3. 气象灾害应急服务持续加强

努力发挥气象灾害预报预警在灾害应急中的先导作用,气象灾害应急响应制度和应急体系更加完善。2020 年,提前 1 个月对汛期气象服务准备工作进行部署,采取"一省一单"形式对 293 个问题清单逐省份反馈,制定《防汛抗旱气象工作方案》，先后组织召开全国汛期气象服务准备工作会议等18次会议，对防汛救灾气象服务进行安排部署。全年共启动重大气象灾害应急响应19次，累计112天；针对南方汛情启动防汛救灾气象服务Ⅱ级响应15天；各省级启动应急响应420余次。持续完善舆情监测系统功能，完善舆情应急处置预案和应急响应机制，制定舆情分级报告制度；推进舆情平台智能化升级，尤其是自然灾害的细化分类监测、数据分析、引导策略研究。

进一步加强部门联动，推动构建气象服务共生体。中国气象局与自然资源部建立常态化应急联动机制，联合印发《关于进一步加强汛期地质灾害气象风险预警工作的通知》，实现地质灾害易发区（县）地质灾害气象风险预警全覆盖；参与应急管理部国家防总安徽防汛救灾工作指导组，协助做好淮河流域、巢湖流域气象服务工作；联合应急管理部和国家林草局发布高森林火险预警7次，累计制作火灾气象保障服务专报235期，比近6年平均高出3倍。与生态环境部门的会商合作，全年联合开展会商43次，在"两会"期间参与生态环境部每日的空气质量保障专题会商，圆满完成保障任务。与交通运输部海上搜救部门合作，为全国12省及长江流域交通运输海上搜救应急责任人提供定制化气象灾害预警服务。公安部交管局将气象监测预报预警纳入《关于进一步加强公路交通管理工作的通知》内容。与农业农村部合作在"三夏"期间面向为重点地区的农机调度管理人员和9万余名农民手机提供夏收气象预警和预报信息服务。与三峡集团签署创新发展合作协议，共同促进防灾减灾公共事业发展。与互联网企业滴滴出行开启全方位合作，推动滴滴互联网出行用户预警信息精准覆盖。与厦航联合开展航路颠簸等预报技术研发应用，并为海洋船舶导航服务超过840艘次，取得较好社会效益。

4. 气象灾害防御决策服务稳步推进

统计数据显示，2020年，全国决策气象服务产品总量达到79.8万期（次），比2019年增加6.6万期（次），气象部门向中央政府、部门和地方各级政府提供决策气象服务产品总量基本呈稳定增加态势（图2.14）。

2020年，国家级共制作决策服务材料1400余份，其中《重大气象信息专报》65期，《灾害大气快报》211期。建立信息报送重大选题项目化管理机制，

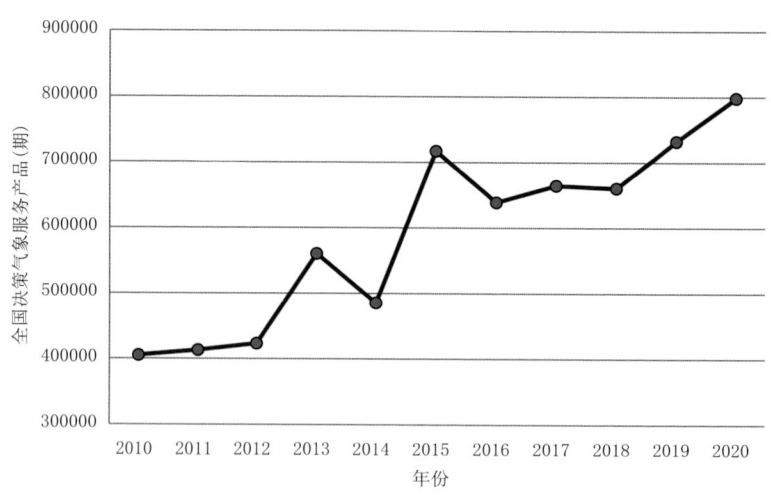

图 2.14　2010—2020 年全国决策气象服务产品数量

(数据来源：《气象统计年鉴》，2010—2020)

形成 25 个重大信息选题，累计报送汛期气象要情专报信息 13 期。全年向中共中央办公厅、国务院办公厅报送信息 1000 余篇(条)，190 篇(条)被两办采用，较 2019 年增加 140 篇(条)。

2020 年，各省(区、市)气象局向省级政府提供的决策服务信息达 52263 期，比 2019 年略有减少；向地(市)级政府提供的决策服务信息达 167324 期，比上年增加 7375 期(次)，增幅达 4.6%；向县级政府提供的决策服务信息达 577309 期(次)，比上年增加 63377 期(次)，增幅达 12.3%。从近 10 年的数据看，总体上，向省级提供的决策气象服务产品基本保持稳定，但向地(市)级政府及县级政府提供决策气象服务产品呈现增长趋势，2020 年的数量分别达到了 2010 年的 1.6 倍和 2.3 倍(图 2.15)。

5. 气象灾害预警服务公众满意度不断提高

国家统计局调查显示，公众对灾害预警服务的满意度显著提升，达 93.5 分，较上年提高 2.8 分，连续 7 年保持快速增长，其中农村公众对气象灾害预警服务的满意度比城市公众高出 0.2 分(图 2.16)。随着气象科普宣传力度不断加大，公众对气象灾害预警信号的理解程度不断上升。2020 年分别有

第二章　气象防灾减灾保障生命安全

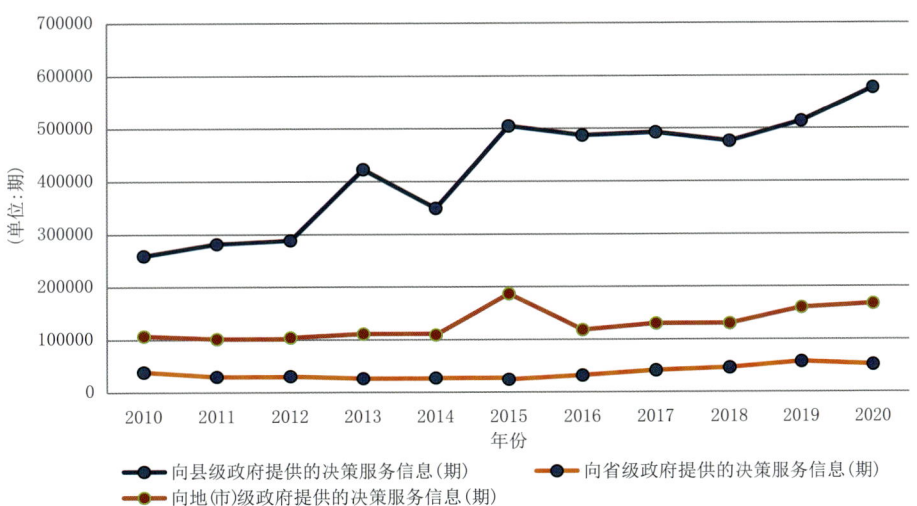

图 2.15　2010—2020 年向省级、地(市)级、县级政府提供的决策气象服务数量
（重要气象信息服务和其他气象信息服务）
（数据来源：《气象统计年鉴》，2010—2020）

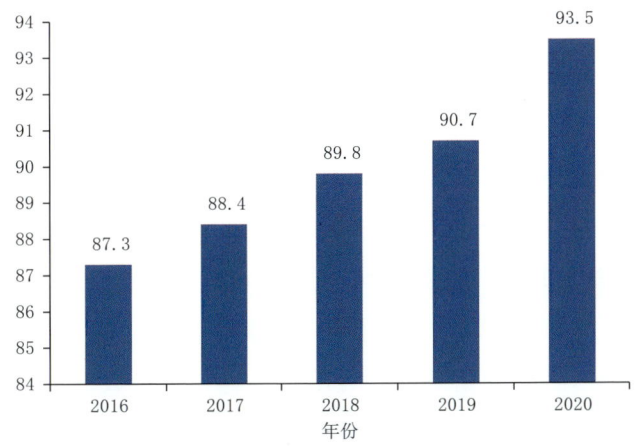

图 2.16　2016—2020 年公众对气象灾害预警服务满意度结果对比图（单位：分）
（数据来源：2020 年全国公众气象服务评价分析报告）

86.4%的城市公众和84.9%的农村公众对气象灾害预警信号表示"了解""比较了解"或"一般",较2019年分别上升了3.2%和5.8%(图2.17)。

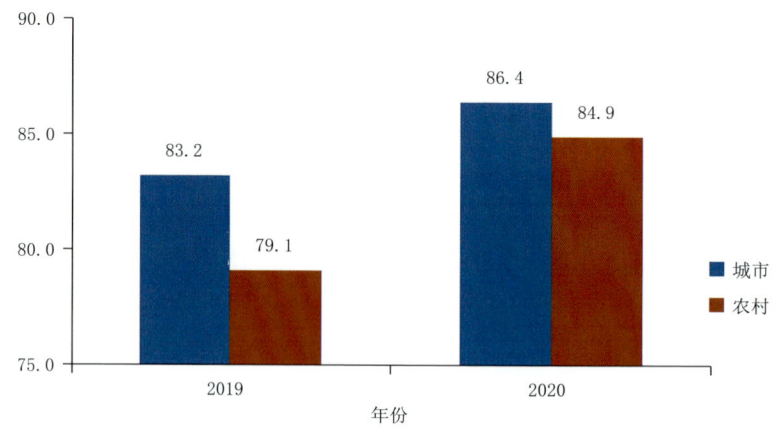

图2.17　2019—2020年城乡公众对气象灾害预警信号的理解度对比图(单位:%)

(数据来源:2020年全国公众气象服务评价分析报告)

6.气象灾害预警防御区域及全球合作不断深入

积极推进粤港澳大湾区气象合作。中国气象局与香港共同完善GMAS-A亚洲区域预警系统建设。粤港澳大湾区气象监测预警预报中心正式运行。协调香港天文台与内地气象部门资料交换,新建珠海市气象局至澳门地球物理暨气象局跨境数据专线。

建立面向全球重大灾害性天气的监视预报服务业务,在新冠疫情期间主动为全球提供公共气象产品。世界气象中心(北京)和风云气象卫星被世界气象组织列为全球先进气象监测和预报机构资源。世界气象中心(北京)发布全球0～10天、10千米、逐3小时全球气象要素网格预报,开展国外11621个城市精细化预报服务。建成全球500万服务点地理信息数据集、全球多模式集成精细化预报服务产品快速制作系统。积极参与国际多灾种早期预警系统计划,推进全球气象预警系统亚洲区域预警系统建设,完成澳大利亚高温、肯尼亚强降水、孟加拉湾风暴"安攀"登陆、印度高温热浪等多次全球灾害性天气预报服务。新增北极海冰实时监测产品和北半球夏季季节内振荡实时监测产品。亚洲区域沙尘预警中心实现与日本、韩国和蒙古国共建沙尘站点 PM_{10} 观测数据共享,提前发布沙尘天气预报信息。

"一带一路"气象灾害预警与服务能力不断增强。新一代区域模式"睿图—中亚"通过中国"一带一路"网实现245个"一带一路"重要城市预报和台风、高温、寒潮灾害监测预报业务运行,全球/亚洲极端高低温事件的周监测预测产品实时更新。为国际用户5次启动风云卫星国际用户防灾减灾应急保障机制、2次响应国际减灾宪章机制、2次提供风云卫星应急监测服务报告。举办2期风云气象卫星产品应用远程国际培训班,协助吉尔吉斯斯坦、巴布亚新几内亚、所罗门群岛、斯里兰卡、老挝、缅甸及喀麦隆等国气象部门进行业务系统升级和应用技术培训,装备技术更新与数据共享等服务,其中缅甸、喀麦隆等国气象部门来函表示感谢。培训来自包括"一带一路"沿线国家在内的104个国家和地区的1710位国际学员,创造了年度培训国际学员人数新纪录,为这些国家和地区提供智力支撑。随着我国风云卫星系统的完善与数据产品的成熟,全球气象灾害监测覆盖面更加完善,同时参与国际事务的能力显著增强。

(四)气象灾害风险防范体系建设

1. 气象灾害风险防范能力持续增强

着力提升气象灾害防御基础能力。2020年组织实施了《全国气象灾害综合风险普查实施方案》和《全国气象灾害综合风险普查技术规范》。积极落实第一次全国自然灾害综合风险普查工作部署,制定实施方案和技术规范,组织开展了全国灾害风险普查技术培训,创新线上线下相结合的培训模式,培训3000余人次。研发气象灾害风险普查信息管理系统,推进全国6个地市、122个县级行政区气象灾害综合风险普查试点工作,初步完成台风、暴雨、干旱、高温、低温等气象灾害的致灾危险性调查和评估工作。摸清气象灾害风险底数,编制分区域、分灾种的气象灾害风险地图。开展全国中小河流、山洪和地质灾害精细化气象风险预警。

气象灾害风险管理数据日益丰富,平台日趋成熟。建成国家级精细化气象灾害风险预警业务平台,建立5千米空间分辨率的精细化中小河流、山洪和地质灾害风险预警业务,针对灾害隐患发布点面结合的精细化风险预警产品。研发了面向气象灾害损失评价的多维灾体模型、台风灾害风险预评估检验模型、流域水资源预估模型、洪水风险预估模型,10省(区、市)已开展台风、暴雨气象灾害风险评估业务。加强气象灾害风险管理系统建设,2020年新增灾害监测类产品18项、风险评估产品16项、风险预估产品23项、行业评估产品26项、数据产品69种、承灾体和灾情数据3万余条,形成一套支撑气象灾害风险管理的基础数据集。

基层气象防灾减灾体系建设提质增效。经评估,全国各省(区、市)加强基层气象防灾减灾规范化建设得分均值为88.65分,其中有24个省(区、市)高于平均分(图2.18)。2020年在全国开展1128个县(区)气象防灾减灾标准化建设,实现基层气象防灾减灾标准化县级行政区全覆盖。湖南、湖北、安徽等10个省(区、市)防灾减灾标准化建设成果在汛期气象服务中发挥显著效益。开展气象服务大数据平台二期建设,实现基层气象服务数据的汇聚、灾害事件的全流程监控和可视化展示。中国气象局印发《关于进一步加强气象信息员队伍建设的指导意见》,促进气象信息员队伍融入式发展,浙江、江西、福建、辽宁等地创新发展"网格＋气象"基层气象防灾减灾体系新模式。经评估,全国各省(区、市)充分发挥气象信息员队伍作用得分均值为82.14分,其中有19个省(区、市)高于平均分(图2.19),全国大部分区域都较好地发挥了气象信息

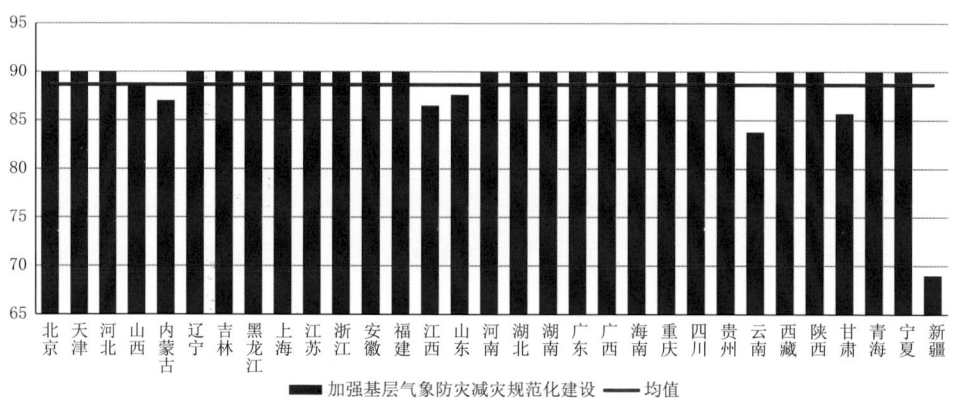

图2.18　2020年全国各省(区、市)加强基层气象防灾减灾规范化建设得分(单位:分)

员的积极作用。

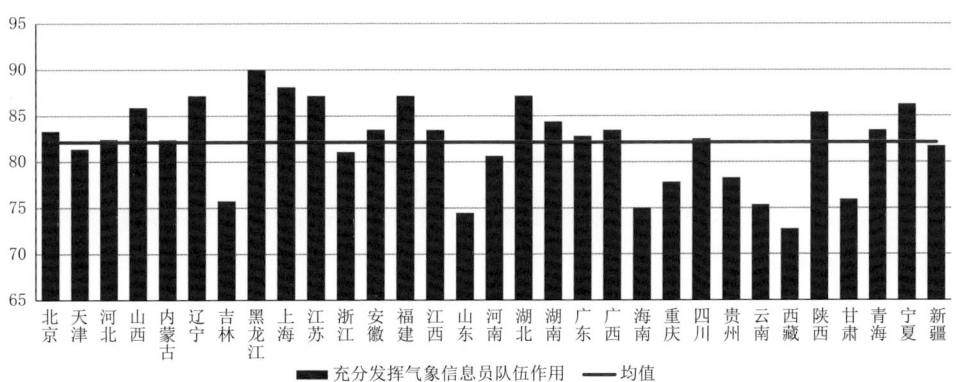

图 2.19 2020 年全国各省(区、市)充分发挥气象信息员队伍作用得分(单位:分)

积极创新开展综合减灾示范社区建设,夯实基层风险防范基础。2020 年,国家减灾委员会、应急管理部、中国气象局、中国地震局在全国范围内评选出 999 个综合减灾示范社区。其中,综合减灾示范社区数量超过 40 个的省份共有 5 个,分别是江苏(100 个)、安徽(60 个)、山东(75 个)、广东(100 个)以及四川(55 个);综合减灾示范社区数量低于 15 个的省份有 7 个,分别是重庆(14 个)、云南(14 个)、青海(14 个)、内蒙古(13 个)、宁夏(13 个)、海南(9 个)和西藏(4 个),其中宁夏和西藏分别比 2019 年增加了 3 个和 1 个(图 2.20)。综合

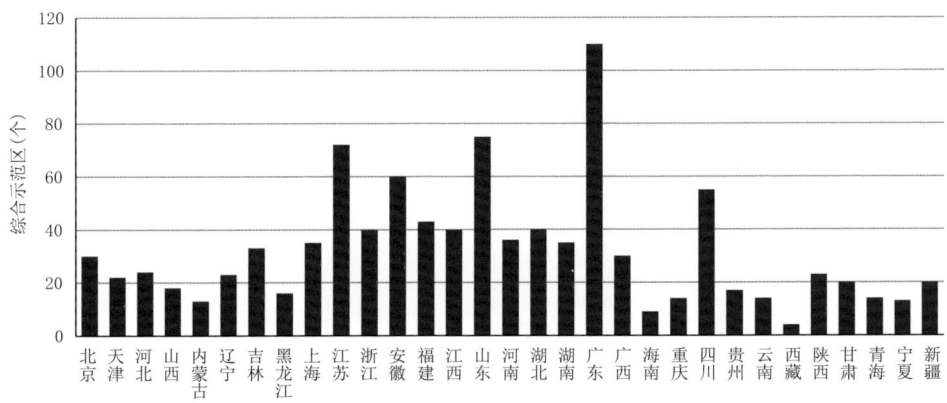

图 2.20 2020 年全国各省(区、市)综合示范区分布情况

减灾社区的创建有利于建立符合城乡社区现状的防灾减灾长效机制,有利于引导民间救援力量深入社区开展防灾减灾知识培训、政策宣传、应急演练等活动,切实提高社区综合减灾能力。

2. 气象灾害风险预警逐步实现业务化和标准化

稳步推进气象灾害风险(预)评估技术,加大业务功能研发。引入深度学习等技术,研发千米级台风、暴雨等主要气象灾害风险(预)评估技术,结合智能网格预报资料,实现主要气象灾害跟踪滚动(预)评估,强化针对性、专业性和敏感性。利用自然灾害风险普查契机,进一步丰富承灾体以及灾情数据种类和精度,利用更新的资料,对原有的台风、暴雨等灾害风险评估模型以及业务流程等进行改进升级。基于FY系列卫星产品、国内陆面、再分析等自主资料,加大全球业务功能研发,初步实现"一带一路"等关键区域台风、暴雨灾害监测评估。

基于风险的气象业务产品正在成熟化与多样化。2020年研发了景区缆车大风风险指数、高影响天气过程(高温、暴雨)影响风险评估模型和历史极端事件评判模型。全国261个美丽乡村、115家中国天然氧吧通过中国兴农网实现基于位置的实时灾害性天气预警服务。中国气象局、卫生健康部门联合开展大气环境人体感知度、流感、心脑血管疾病风险预报产品在极端天气事件过程中的试验应用;联合开展气象敏感性疾病的预报预警研究与人群干预服务,形成包含人体健康气象指数预报、敏感性疾病暴发风险气象预报、公共卫生事件气象预报预警、气象与健康防护指南等四类产品的健康医疗气象服务体系。

3. 面向行业的气象灾害风险防范服务持续发展

积极服务交通,守护安全出行。中国气象局与交通运输部联动保障春运防疫运输安全,为公安部和国家发改委提供交通服务产品。开展全国交通气象灾害风险预警业务,订正全国公路交通气象灾害风险数据调查和交管天气风险预警指标,与交通运输部路网中心联合发布"重大公路气象预警"54期。累计收集交通气象灾害风险隐患点/路段信息2985条。面向全国推广国家级交通风险预警服务产品,与公安部联合开展恶劣天气交通预警处置试点工作。联合铁路部门升级优化铁路气象服务系统,合作开展京张、川藏铁路风险预测及川藏铁路设计建设气象保障服务,启动铁路系统气象观测设备国产化工作。

2020年,制定实施了《国家级森林火险气象服务业务规范(试行)》,实现基于可燃物特征的森林火险预报业务试运行。完成832个建档立卡贫困县景区和森林火险精细化预报服务产品。全面完成北京电网气象预报预警服务,成功实施多次首都重大保电任务。建成全国电网冰冻预警平台,在国家电网、南方电网应用。

探索气象灾害风险转移,开展天气指数保险试点。湖北省气象部门与中国人民财产保险公司湖北分公司推出的小龙虾养殖气象综合指数保险,当小龙虾因旱涝损失时,可为小龙虾养殖户提供每亩最高赔付1500元的保障。浙江临安区气象局联合区农险办、财政局、农业农村局、文旅局、人保公司共同推出了气象灾害防御民宿(农家乐)的农业政策性保险,依托浙江气象资料查询服务系统,保险公司可直接查询当时的天气情况,对民宿业主进行定损,赔偿符合参保条件的民宿(农家乐)经营户。2016年广东推出巨灾保险,各级政府共投入保费约10亿元。2020年以来,气象部门共出具19份强降雨指数计算报告,12个地市获得约3亿元赔付,其中"龙舟水"期间灾害重、损失大,出具强降雨指数计算报告16份,11个地市获得巨灾赔付款近2.8亿元。河北省巨鹿县气象局联合人保财险邢台分公司,推出金银花气象指数保险。2020年7月,巨鹿县1.1万亩金银花参与投保,受益农户达3800家。8月4—7日、8月15—17日两次降雨过程均达到了保险规定的连阴雨指标理赔条件,触发了保险赔付标准。理赔程序正式启动,10544亩金银花,3700农户获得理赔,理赔金额达60多万元。

4. 公众气象灾害风险防范意识持续强化

打造系列应急气象科普精品,提高公众灾害风险意识。2020年,联合中国科协、应急管理部建立防汛抗灾应急科普联动机制,共建共享汛期气象科普资源,充分发挥融媒体矩阵、国家级创新宣传策划工作室效能,全力做好汛期气象服务宣传,正确引导舆论,汛期气象宣传科普效果获中央媒体点赞。针对重点气象灾害,推出原创科普视频产品,在新媒体平台的播放量累计超过1500万,多期素材在CCTV-2、CCTV-13频道播出。针对公众关注的2020年汛期连续强降水和洪水,策划制作应急系列科普图文、视频和原理动图,科学解读强降雨成因及防御措施。针对"南方洪涝系太阳活动引起"等谣言,策划推出科普文章和视频进行辟谣,相关稿件被互联网联合辟谣平台和新浪等数十家媒体转载,正确引导社会舆论。开展"5·12防灾减灾日"全国性主题气象科普活动。

三、评价与展望

2020年,面对突如其来的新冠肺炎疫情、1998年以来最严重的洪涝灾害等一系列重大挑战,气象系统全力做好防汛救灾和疫情防控,主动提供精细化气象服务,充分发挥了气象防灾减灾第一道防线作用,气象防灾减灾取得了显著成效。

"十四五"是夯实气象防灾减灾第一道防线的关键时期,气象防灾减灾工作任重而道远,未来仍需从以下几个方面不断加强建设:

一是继续提升气象灾害监测能力,构建覆盖地球系统的气象数据资源体系。提高"全球—区域—局地"气象监测能力,构建地球系统多圈层数据资源体系,形成覆盖地面观测、大气垂直探测、气象遥感遥测、大气成分、空间天气、海洋、水文、积雪冰冻和其他圈层的基础观测及分析预报数据等多圈层数据库。

二是坚持科技创新自主自强,提升气象灾害预报预测能力。全面提升GRAPES业务体系的分辨率,发展集合四维变分同化和卫星资料同化技术,实现无缝隙智能网格预报"从无到有"到"从有到精"的发展转变。

三是提高预警信息发布服务能效。提高预警信息发布时效性、精准度和送达率,加强行业用户需求反馈分析评估,提升预警信息发布整体能力;进一步拓展面向公众的预警传播渠道,加强预警社会传播规范化建设。

四是稳步推进气象灾害风险管理。以自然灾害风险普查为契机进一步丰富承灾体以及灾情数据种类和精度,利用更新的资料,进一步完善台风、暴雨等灾害风险评估模型及风险管理能力。

五是不断拓展与深化国家防灾减灾合作。持续为"一带一路"沿线国家及其他国家提供高质量气象灾害防御服务与协助,加强全球观测、全球预报、全球服务能力,积极践行人类命运共同体理念。

第三章　气象保障生产生活与国家重大战略[*]

气象工作关系生命安全、生产发展、生活富裕、生态良好。2020年是全面建成小康社会目标实现之年,是"十三五"规划收官之年。全国气象系统深入学习贯彻习近平总书记关于气象工作重要指示精神,认真贯彻落实党中央重大战略部署,全方位服务保障国家重大战略,围绕国民经济各行各业发展和人民群众美好生活需求,大力发展智慧气象服务,气象服务能力持续提升,服务效益更加显著。

一、2020年气象保障概述

2020年,面对突如其来的新冠肺炎疫情、严重的洪涝、台风灾害等一系列重大挑战,全国气象系统坚持人民至上、生命至上的思想,坚持公共气象发展方向,秉承趋利避害并举理念,认真履职尽责,全力组织开展气象服务工作,有效应对各种气象灾害,服务人民群众生产生活,圆满完成国家重大活动和重大工程气象服务保障,气象服务取得显著成效,气象服务公众满意度再创历史新高。

(一)气象服务顶层设计持续完善

编制专项发展规划,谋划"十四五"气象服务高质量发展。2020年,中国气

---

[*] 执笔人员:肖芳　于丹

象局针对气象服务领域的重点问题，组织编制公共气象服务发展规划、生态气象保障重点工程建设规划、交通气象保障规划和人工影响天气规划等四项专项规划，明确了各领域的发展思路、发展目标、重大任务和保障措施等，为全面提升气象服务供给能力和水平指明了方向，提供了路线图。

《公共气象服务发展规划（2021—2025）》提出，要紧紧围绕气象工作关系生命安全、生产发展、生活富裕、生态良好的战略定位，以国家重大战略、经济社会发展和人民美好生活对气象服务的需求为牵引，坚持趋利避害并举，以气象现代化、信息化建设成果为主要依托，以深化气象服务供给侧改革为主要手段，以科技创新和体制机制创新为双轮驱动，重点解决基层防灾减灾、跨界行业融合、精细产品供给、开放协同机制等公共气象服务重点难点，努力构建现代公共气象服务体系，提高气象服务供给能力和水平。

生态气象保障重点工程建设规划是《全国重要生态系统保护和修复重大工程总体规划（2021—2035 年）》在气象领域的细化落实，是推进"十四五"和今后一段时期生态气象业务发展的重要抓手。规划紧紧围绕国家总体规划，深入分析"三区四带"重点生态功能区保护和修复气象保障服务需求，以构建生态文明建设气象保障服务体系为核心，科学设计生态气象观测布局，提出重点保障服务任务，强化基础支撑能力，践行"监测精密、预报精准、服务精细"要求，拓展生态气象服务领域、延伸服务层次、提升服务水平。

《交通气象保障规划（2021—2025 年）》旨在贯彻落实习近平总书记对气象工作和交通运输工作的重要指示精神，建立健全面向需求、点面结合、特色突出、深度融合的现代交通气象保障服务体系，为加快建设交通强国提供支撑。《规划》聚焦公路、铁路、内河水运、海上交通、多式联运五大重点方向，提出了到 2025 年的发展目标，即综合交通气象监测站网布局更加优化，基于交通安全影响的气象监测预报预警能力显著提升，气象在交通路网规划、设计、施工、运行各环节的保障服务作用有效发挥，多部门协同规划、部署、实施、保障的综合交通气象服务格局基本形成。

在人工影响天气工作方面，2020 年，中国气象局完成《人工影响天气管理条例》的修订，推动了人工影响天气纲领性文件的出台，进一步明确了新时代人工影响天气发展战略。一是以习近平新时代中国特色社会主义思想为指导,以提升人工影响天气工作质量和效益为目标,全面落实《国务院办公厅关于促进人工影响天气工作高质量发展的意见》(国办发〔2020〕47号)。二是把保障人民群众生命财产安全放在首位,聚焦实施乡村振兴、主体功能区等重大战略,编研"十四五"人工影响天气工作发展规划,谋划"十四五"人工影响天气发展。三是深化部门合作和协调联动,推进重大服务、能力建设、创新发展、安全监管等重点任务落实,民航等空域管制部门加强对人工影响天气作业空域保障。四是全面推进区域级人工影响天气体制机制建设,基本建立中部、西南、华北、东南区域人工影响天气业务组织协调机制。

(二)气象保障国家重大战略向纵深推进

2020年,全国气象系统继续全面融入和服务生态文明建设、乡村振兴和脱贫攻坚、区域协调发展等国家重大战略的实施,深入推动"一带一路"建设气象保障,气象服务融入国家重大战略向纵深推进。

积极推动将气象服务内容列入《全国重要生态系统保护和修复重大工程总体规划(2021—2035年)》和相关建设规划,以及"十四五"生态环境监测规划》《"十四五"空气质量全面改善规划》《"十四五"现代综合交通运输体系规划》《深入推进造林绿化工作方案—2025年》《太湖流域水环境综合治理总体方案(2021—2025)》等国家专项规划,推进国家突发事件预警信息发布能力提升工程(一期)立项,并实施国家和西北区域人工影响天气工程建设,从融入国家经济社会发展、融入国家重大战略计划实施层面,科学谋划推动气象事业高质量发展。

持续保障区域协调发展。推进了京津冀协同发展气象保障规划深入实施,启动编制黄河流域生态保护和高质量发展气象保障规划,长江三角洲区域一体化气象保障纳入国家级政策体系,印发并实施粤港澳大湾区气象发展规划,粤港澳大湾区气象监测预警预报中心正式运行。推进风云卫星服务"一带一路"建设,向相关国家发布61期服务专报,为有关国家启动11次防灾减灾应急保障机制,开展线上国际会商。

大力推动乡村振兴和生态文明建设气象保障。参与编制重要生态系统保护和修复重大工程规划,做好大气污染防治气象服务,强化干旱多发区、"两屏三带"生态功能区人工增雨和防雹作业。推动贫困地区气象防灾减灾标准化建设,加大贫困地区气候资源保护和开发利用力度,推动贫困地区气象科技成果转化,趋利避害并举,助力脱贫攻坚和乡村振兴。

(三)气象服务经济社会发展效益显著

2020年,全国气象系统面向经济社会发展,主动融入现代化经济体系建设,努力为各行各业发展和人民生产生活提供高质量气象服务。

全力做好疫情防控、"六稳""六保"气象服务保障。面对新冠疫情,中国气象局认真履行国务院联防联控机制成员单位职责,主动做好疫情防控气象服务。加强气象条件对疫情影响的分析,编发气象专报,制定印发工作方案和应急预案。组织利用国家预警信息发布系统发布疫情防控信息86万余条。联合国家邮政局为150余万快递从业人员精准推送气象预警信息,获国务院领导充分肯定。为武汉火神山、雷神山应急医院建设运行提供专项服务受到社会广泛好评。与百度合作联合推出实时疫情大数据地图查询服务,累计点击量约81.2亿人次。同时,通过多种方式为复工复产提供精准气象服务。

努力保障冬奥会筹办、珠峰登顶测量、嫦娥五号返回、国产大飞机试飞、川藏铁路建设等重大活动和重大工程顺利实施,持续做好农业、交通、海洋、能源等重点领域生产气象服务。进一步优化农业气象服务模式,强化为农气象服务领域关键技术研究,做好关键农时气象服务和农业气象灾害监测预警,保障全国粮食生产安全。开展全国交通气象灾害风险预警业务,优化铁路气象服务系统,强化与交通部门的合作,努力做好交通出行气象服务保障。继续提升台风路径预报水平,发展远洋导航气象服务,提升船舶导航服务能力,强化关键技术研发,提升海洋气象服务能力。建立风能太阳能资源监测-评估-预报业务体系,继续为风电场和太阳能电站、提供有力服务,并强化相关研究与评估,为新能源发展提供决策支撑。旅游健康气象服务快速发展,全国261个美丽乡村、115家中国天然氧吧通过中国兴农网实现基于位置的实时灾害性天气预警服务。与中国疾病预防控制中心联合开展气象敏感性疾病的预报预警研究与人群干预服务,形成健康医疗气象服务体系。

围绕人民美好生活需求发展智慧气象服务。智慧气象产品服务人们生活的各个方面,实现了为国内 2566 个城市、2601 个 3A 级以上景区,以及全球 6146 个城市提供天气预报信息。充分利用智能数据分析挖掘公众对气象服务的需求,针对性地提供更加精准和个性化的气象服务产品。气象科学知识普及率达到 80.2%,公众气象服务满意度达到 90 分以上,公众对气象服务的便捷性、实用性评价保持上升。

二、2020 年气象保障主要进展

(一)面向人民美好生活的气象服务

2020 年,气象工作围绕人民群众衣食住行娱购游等多元化的生活需求,大力发展智慧气象服务,不断提升公众对气象服务的获得感和满意度。

1. 公众气象服务满意度再创新高

国家统计局调查结果显示,2020 年公众气象服务满意度达到 92.7 分,创历年新高。公众对灾害预警服务的满意度显著提升,达 93.5 分。城市气象服务公众满意度为 92.9 分,农村气象服务公众满意度为 92.4 分,城市满意度首次高于农村满意度(表 3.1)。

从图 3.1 可以看出,公众气象服务满意度连续 7 年保持增长趋势。从 10 年增长分析,2020 年全国公众气象服务满意度比 2010 年提高 9.2 分,年均增长 0.92 分;城市满意度提升了 10.6 分,农村满意度提升了 7.8 分,年均分别增长约 1.1 分、0.78 分。从 5 年增长分析,2020 年全国公众气象服务满意度比 2015 年提高 5.4 分,年均增长约 1.1 分;城市满意度提升了 6.6 分,农村满意度提升了 4.0 分,年均分别增长 1.3 分、0.8 分。

表 3.1　2010—2020 年公众气象服务满意度评估结果

年份	全国满意度（分）	城市公众满意度（分）	农村公众满意度（分）	农村与城市差距（分）
2010	83.5	82.3	84.6	2.3
2011	85.7	83.9	87.3	3.4
2012	86.2	84.5	87.8	3.3
2013	86.3	84.7	88.2	3.5
2014	85.8	84.8	87.0	2.2
2015	87.3	86.3	88.4	2.1
2016	87.7	86.7	88.9	2.2
2017	89.1	88.5	89.9	1.4
2018	90.8	90.4	91.4	1
2019	91.9	91.8	92.1	0.3
2020	92.7	92.9	92.4	−0.5
平均	87.4	86.4	88.6	2.2

数据来源：中国气象局公共气象服务中心。

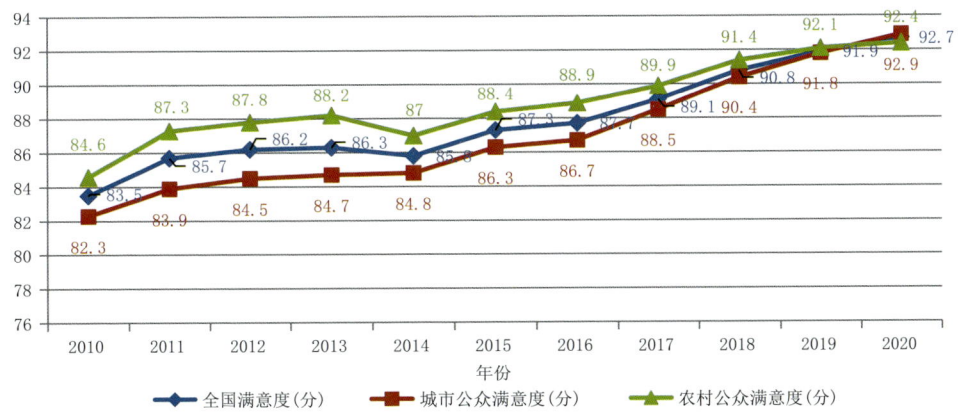

图 3.1　2010—2020 年全国、城市、农村公众气象服务满意度（单位：分）

（数据来源：中国气象局公共气象服务中心）

分析表明，"十三五"时期公众气象服务满意度年均增长幅度高于"十二五"时期，城市公众气象服务满意度年均增长幅度高于农村。这在一定程度上表明,全国气象系统坚持公共气象发展方向,瞄准公众需求,创新服务方式,提升气象服务有效供给的发展思路取得了明显效果,获得了公众的持续认可。同时,上述数据还表明,公众气象服务满意度的增长幅度有收窄的趋势,这也在一定程度上说明未来服务满意度的提升将增加难度。

2. 公众对气象服务"四性"评价有新变化

公众对气象服务的"四性"评价,即公众对天气预报的准确性、气象信息的实用性、预警发布的及时性和气象信息接收的便捷性评价,是衡量气象服务人民生活成效的重要标准。2020年,公众对气象服务的便捷性、实用性、准确性和及时性评价得分分别为83.8分、94.1分、91.1分、96.1分。与上年比较,气象服务的便捷性、实用性评价得分基本持平,准确性和及时性得分略降。(图3.2)。

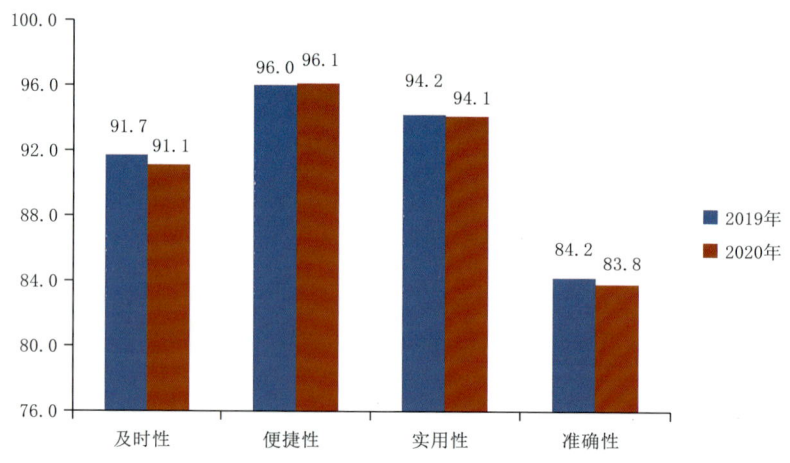

图3.2　2019—2020年公众气象服务分项评价结果对比图(单位:分)

2020年,公众对气象服务的准确性、实用性、及时性和便捷性评价得分,比2016年分别提高了2.7分、1.2分、2.1分、1.9分(图3.3—图3.6)。其中准确性、实用性的提升直接涉及科学技术基础问题,提升的难度很大,年均增幅分别约为0.6分和0.52分,继续提升更有难度;及时性和便捷性,主要由于基础分已经很高,从而增加了提升难度,同时随着智慧气象服务的发展,尤其是天气类APP的普及基本实现了对公众的零距离服务,因此,气象服务的及时性和便捷性的提升空间十分有限。

第三章 气象保障生产生活与国家重大战略

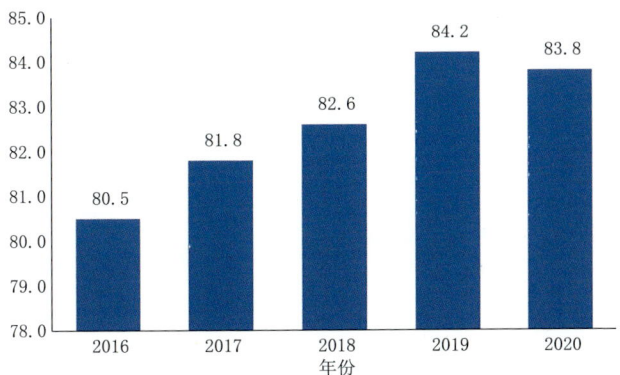

图 3.3 2016—2020 年公众对天气预报准确性的评价的对比图(单位:分)

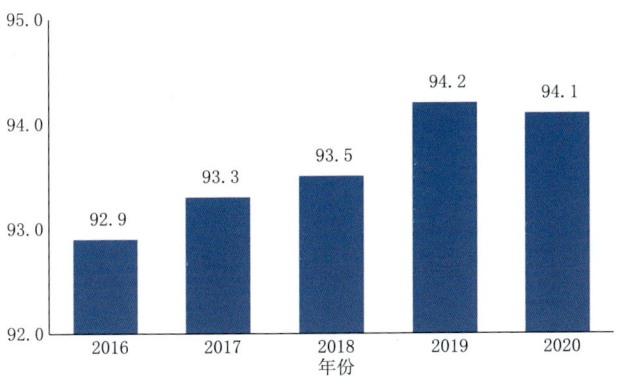

图 3.4 2016—2020 年公众对信息内容的实用性评价的对比图(单位:分)

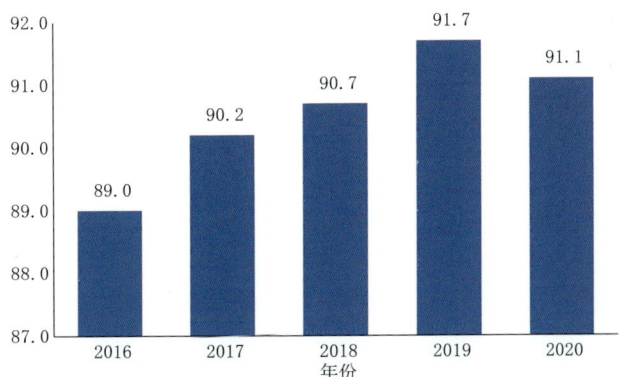

图 3.5 2016—2020 年公众对及时性评价的对比图(单位:分)

(问卷调整,2020 年由信息发布及时性改为预警及时性)

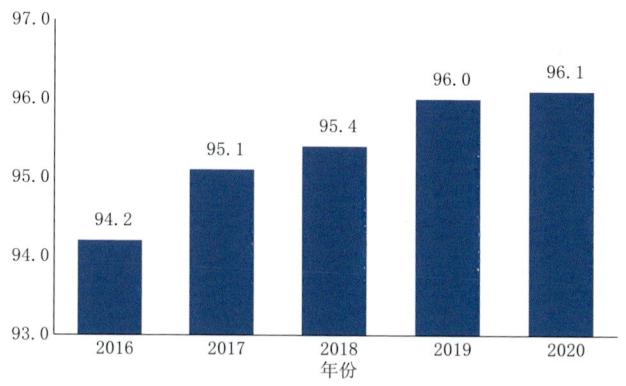

图 3.6　2016—2020 年公众对信息接收便捷性评价的对比图（单位：分）

3. 气象科学知识普及率持续提升

气象宣传科普工作始终坚持正确的政治方向和舆论导向，围绕中心、服务大局，为气象事业高质量发展提供了有力支持。近 7 年的统计数据显示，全国气象科学知识普及率呈持续上升趋势（图 3.7）。2020 年，气象科学知识普及率为 80.2%，较 2015 年提高近 8.3 个百分点，年均提升率达到 1.66 个百分点。

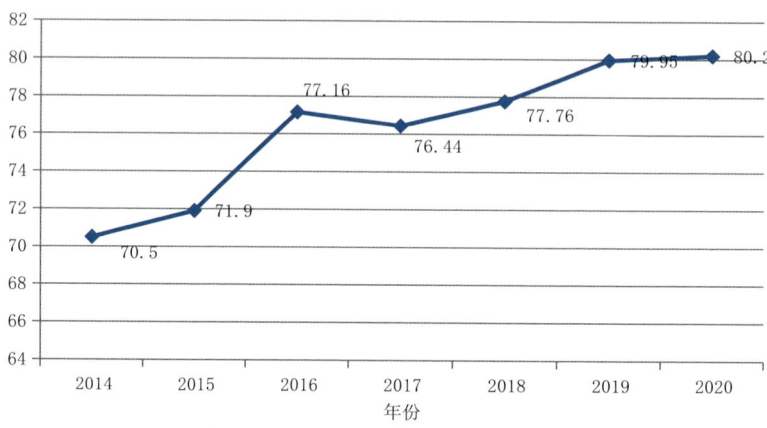

图 3.7　2014—2020 年全国气象知识普及率（单位：%）
（数据来源：中国气象局办公室）

积极打造有社会影响力的宣传科普载体和品牌。目前，有中宣部、科技部、教育部和中国科协联合命名的"全国青少年科技教育基地"17 个，中国科协命名的"全国科普教育基地"53个,教育部命名的全国中小学生研学实践教育基地10个,中国气象局、科技部联合命名的"国家气象科普基地"16个,中国气象局、中国气象学会命名的"全国气象科普教育基地"405个(包括综合类247个、示范校园气象站126个,基层防灾减灾社区(乡镇)类32个)。2020年12月31日浙江省绍兴市气象博物馆建成正式开馆,展陈面积达8136平方米,分设序厅、古代气象、近代气象、当代气象、竺可桢纪念展厅。

注重聚焦重点热点传播气象声音。2020年,中国气象局联合相关机构,继续推进媒体融合发展,推动构建气象大宣传科普格局。聚焦气象助力脱贫攻坚、生态文明建设、应对气候变化、气象防灾救灾第一道防线、气象事业"十三五"成就、风云气象事业50周年、我国首次高空大型无人机台风探测试验等国家战略任务和事业发展重点的宣传报道的显示度显著提升,针对上述主题,主流媒体发稿1600余篇,全网气象新闻报道总量同比增长14%。同时,围绕重要时段推出气象科技展馆直播和虚拟展示等线上活动,其中世界气象日当天浏览量达到81.5万;联合组织"气象主播进校园,防灾减灾智慧行""宝贝报天气"青少年气象科普主题活动,活动直播全网总观看人次超过650万,相关微博、微信及新闻发布平台总浏览量突破千万。

建立防汛抗灾应急科普联动机制,及时回应社会关切。2020年,中国气象局联合中国科协、应急管理部共建内外防汛抗灾应急科普联动机制,共享汛期气象科普资源,并在科普中国网站、中国应急信息网平台展示传播。《人民日报》推出整版报道《走近天气预报员》,央视《焦点访谈》《新闻1+1》栏目均结合汛期气象防灾减灾推出相关报道或专题。截至2020年11月,国家级主流媒体发稿1596篇,关于气象新闻的报道总量为1022万余条(同比增长14%),其中纸媒报道9.5万余条,网媒报道350.9万余条,微信、微博、手机客户端共计发布628.9万余条。

创新方式,分类施策,提升气象科普针对性。2020年,创新以"线上为主、线下为辅"的云端科普模式,开展了"气象科技活动周""3·23世界气象日""5·12防灾减灾日"等全国性主题气象科普活动。推进学术资源科普化,组织气象院士专家弘扬科学家精神,深入基层普及气象科学知识。组织参与全国科技活动周、科技列车行、全国科普微视频大赛、全国科普作品大赛、典赞·科普中国等科普活动。27名选手在科技部主办的全国科普讲解大赛上获奖,中国气象局获优秀组织奖。参与编制《全民科学素质行动计划纲要(2021—2035年)》。面向领导干部,完成每周一期中组部全国党员干部现代远程教育《气象万千》科普节目制播;面向青少年完成了年度全国中小学生研学实践教育基地考核工作;加强面向农村、社区的气象科普。同时,深入挖掘二十四节气与"吃、穿、住、行"内涵,积极研发多品类、多样态、具备文化创意与传播价值的中华节气文化衍生产品等,将"二十四节气"文化与其他创意产业相结合,形成一种文化符号;开发《未来气象家》系列课程,组织开展了气象文创产品的设计和生产。

2020年相关调查数据显示,我国气象科学普及效果显著。公众对气象服务信息表示"理解"和"比较理解"的比例达到87.3%,"不太理解"或"不理解"仅占3.0%。社会公众的气象科普需求持续高涨,公众希望获取天气气候科普知识的占75.7%,希望通过科普网站和新媒体普及气象科普知识的占78.4%。因此,继续做好气象科学普及工作仍然是各级气象部门的重要气象服务内容。

4. 气象服务信息传播呈现新的发展态势

融媒体是互联网时代的产物,是将新媒体与传统媒体进行整合与创新,具有传统媒体所不具有的新特点与传播优势。在融媒体快速发展的背景下,气象服务信息的传播呈现新的发展趋势。

(1)气象"两微一端"发展迅速

2020年,气象部门官方微博/微信数量达到25466个。通过广播电视、中国天气网、自媒体平台发布各类预警信息50余万条,覆盖超10亿观众,访问量约200亿次;各媒体平台发稿4000余篇(次),微博和抖音话题阅读量达10亿+;全面改版《新闻联播天气预报》节目,公共频道节目首播4.5万档,收视率同比大幅上升,其中《新闻联播天气预报》收视率4.466%,排名第一;与多部委联合发起"战胜疫情DOU行动"抖音话题,播放量达494.9亿次。统计数据显示,2018年气象部门官方微博微信数量为48118个,2019年为32031个,

2020年为25466个,由于微博微信的发展更加集中和规范,所以虽然总体数量有所减少,但用户的总量却在增加。

媒体融合持续推进。2020年中国气象局网站发稿11万篇。中国气象局官方微博超亿次阅读量话题11个、千万次阅读量话题28个。中国气象局官方微信阅读量过万产品达165条。共入驻15个新闻客户端。其中,人民日报客户端粉丝量624.6万,今日头条粉丝量达144万。中国气象局官方抖音号粉丝增长至193.3万。冬奥气象保障服务等视频在央视《新闻联播》播出;视频直播7次,累计参与人数超过2亿人次,合作媒体50余家;珠峰保障短视频、风云气象卫星系列动画视频等互联网播放量超过500万次;气象短视频素材被中央广播电视总台等中央媒体采用,网络总播放量破亿。加强与新兴媒体合作交流,推动与快手等新媒体平台开展战略合作。组织开设气象快手号百家,初步形成协同发力、矩阵发声、引导舆论的能力。

"中国天气"影响力持续提升。中国气象局制定《"中国天气"三年发展行动方案》,明确了"中国天气"——"百姓贴心人,天气通讯社"的定位;打造我的天空、天气头条、预警预报信息、全媒体灾害直播、网络化生活预警地图等一系列拳头产品;拓展"中国天气"传播渠道,形成央视频、人民网、新华社、快手、抖音等34余家媒体组成的传播矩阵;打造全国89位气象主播入驻的中国天气MCN机构,快手平台总排名第6,并形成国务院扶贫办认可的直播带货精准扶贫模式;重大天气气候事件主动发声,中国天气网原创并发布图文6913篇/条,被各大门户推送6598次,中国天气平台阅读量近2亿次,中国天气微博、微信阅读量50.8亿次,中国天气头条号、百家号、企鹅号三大自媒体账号总阅读量13.6亿次。

(2)天气类APP成为公众获取天气信息的重要方式

根据对公众获取天气信息情况的调查,2020年,有59.4%的公众表示获得的气象服务信息是手机自带的天气APP提供的,24.0%的公众表示由"当地气象部门"提供,10.3%的公众表示由"中央气象台"提供,2.7%的公众表示由"中国天气"提供(图3.8)。

近四分之三的公众通过手机APP获取气象信息。根据对公众获取气象

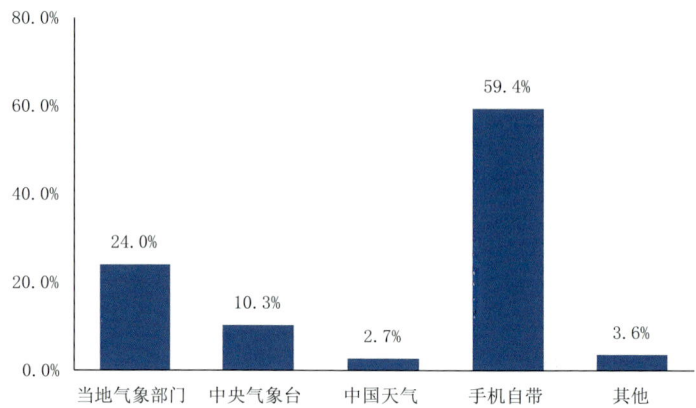

图 3.8　2020 年公众获取的气象服务信息来源占比情况

信息常用渠道的调查结果分析,2020 年,有 72.3% 的公众通过手机 APP 获取气象信息,比 2015 年(40.4%)增加了 31.9 个百分点。相对应的,通过手机短信和电视获取气象信息的公众比例显著减少,分别为 27.3% 和 25.7%,较 2019 年有所下降(图 3.9)。

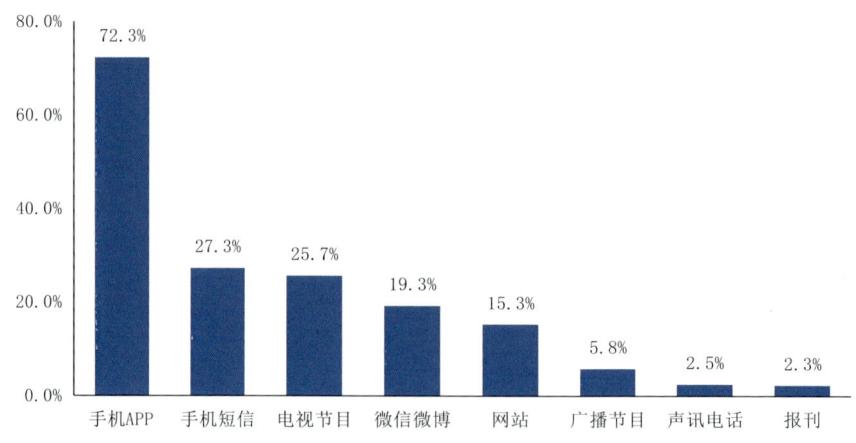

图 3.9　2020 年气象服务传播渠道使用占比情况

相关数据也显示,近年来天气类应用(如墨迹天气、最美天气、天气通、彩云天气等)发展态势良好,市场格局也继续保持相对集中态势,其中墨迹天气的活跃用户和市场份额近年来始终居于前列。

(3)传统媒体仍是基本公共气象服务的有效方式

数据显示,2009—2020年传统媒体气象服务发展总体持稳。其中,电视和广播气象服务量基本持稳,略有增长;短信和电话服务数量有所下降。这一发展态势表明,传统气象服务传播手段仍然有较多的相对固定的用户群体,特别是地处偏远地区的公众和中老年群体,传统媒体气象服务仍然是提供基本公共气象服务、确保服务覆盖面的有效手段。2020年,传统媒体气象服务发展态势各不相同,其中,电视频道数量和短信气象服务定制户数有所回升,广播频道数量和电话拨打数量略有下降。

电视服务渠道持续发展,但用户比例持续下降。从图3.10可以看出,近十几年来,提供气象服务的电视频道数虽有所波动,但总体呈缓慢上升趋势。2020年的电视频道数量是2002年数量的大约两倍;比2019年增加了675个,增幅达15.4%。但根据调查,通过电视渠道获取气象信息的公众比例却逐渐减少。2010年,城市与乡村公众主要通过电视获取气象服务信息的比重分别为87.8%和92.1%,2015年,通过电视获取天气信息的用户比例为59.8%,到2020年则下降至25.7%。上述数据在一定程度上说明,随着手机APP等传播方式的发展,电视渠道的比重在逐年减少,但电视的普及以及电视传播技

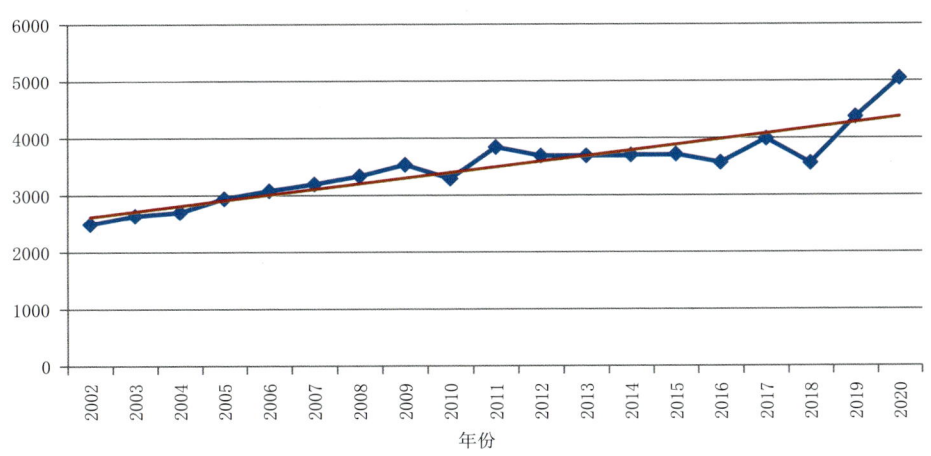

图3.10 2002—2020年提供气象服务的电视频道数量(单位:个)

(数据来源:《气象统计年鉴》,2004—2020)

术和服务内容的优化使电视媒体仍然是公众获取基本气象服务信息的有效途径,而且公益性电视媒体更是法定的气象预报发布载体,未来需进一步强化通过公共电视频道发布公众天气预报职责。

广播气象服务总体呈波动上升趋势。2020 年,提供气象服务的广播频道数量比 2010 年增加 411 个,比 2015 年增加 492 个,但比 2019 年下降近 200 个(图 3.11)。总体来看,近十几年来,广播气象服务呈现出波动式发展,其主要原因是城市交通气象服务的发展,比如许多城市设立了交通广播台增加了整点天气预报,有的还将整点天气播报室设在气象部门。同样,公益性广播媒体不仅是传播气象服务信息,更是法定的气象预报发布载体。

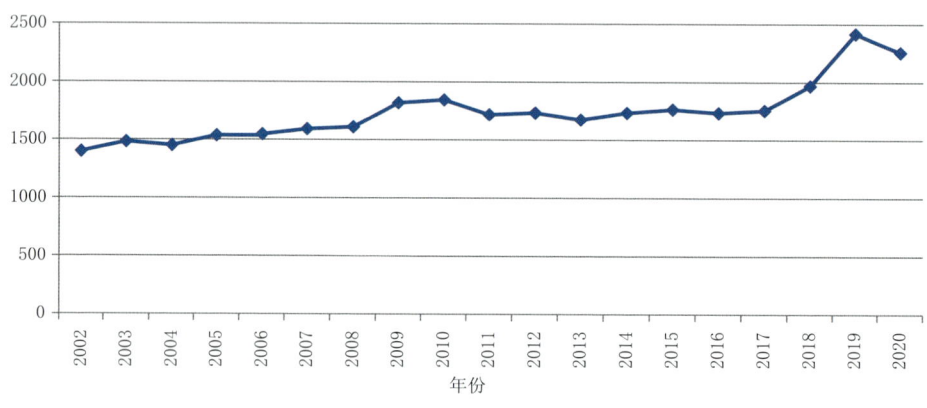

图 3.11　2002—2020 年提供气象服务的广播频道数量(单位:个)

(数据来源:《气象统计年鉴》,2004—2020)

短信和电话气象服务数量下降明显。短信气象服务的定制户数和电话拨打数量自 2009 年达到峰值后,近 11 年基本呈下降趋势(图 3.12)。2020 年短信定制户数为 1.03 亿,比 2019 年增长 1344 万,虽略有回升,但比 2010 年减少 6540 多万户,比 2015 年减少 2250 多万户。2020 年电话拨打数量为 4.38 亿次,比 2019 年减少 1.6 亿次,比 2010 年减少约 5.3 亿次,比 2015 年减少约 4.3 亿次(图 3.13),降幅明显。虽然短信和电话服务的数量持续下降,但从变化分析情况看,其仍然有特定的、相对固定的用户群体,下一步可以考虑从省级层面推进服务系统的升级集约,并努力提升服务产品精细化水平,来提升短信和电话气象服务的质量,而不宜简单放弃。

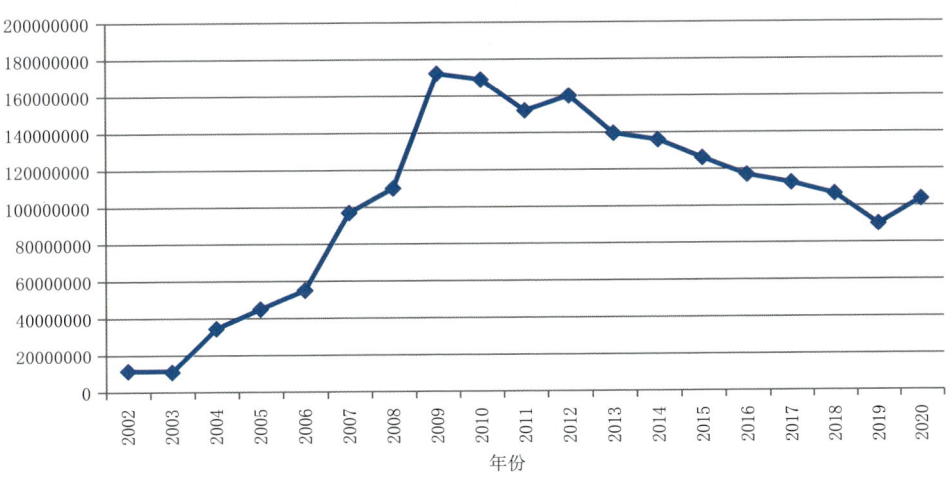

图 3.12　2002—2020 年短信气象服务的定制户数(单位:户)

(数据来源:《气象统计年鉴》,2004—2020)

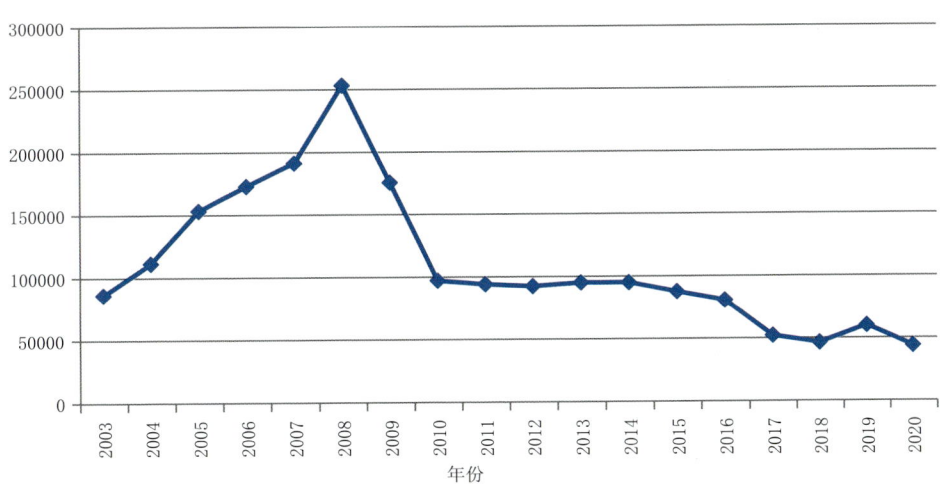

图 3.13　2003—2020 年气象服务电话的拨打数量(单位:万次)

(数据来源:《气象统计年鉴》,2004—2020)

(二)面向国家重大战略的气象保障

2020年,全国气象系统全面学习贯彻习近平总书记关于气象工作的重要指示精神,扎实推进面向国家重大战略的气象保障能力,主动服务国家战略实施,取得了显著成效。

1. 京津冀协同发展气象保障规划深入实施

2020年是检验京津冀协同发展气象保障规划实施成效的重要年份。中国气象局首次研发了全国370个城市和地区臭氧中期(10天)客观预报系统,升级有毒(害)气体应急扩散平台。开展生态修复型人工影响天气作业,组织开展了地面增雨(雪)和防雹作业。建成京津冀环境气象评估系统。优化京津冀站网建设,京冀雷达组网观测试运行,数据共享应用。北京9个区气象局与津冀交界地市县气象局建立合作机制,探索"通武廊"大运河场景式服务。

通过实施京津冀协同发展气象保障规划,京津冀地区气象部门统筹协调京津冀综合气象观测系统建设;构建京津冀一体化精细预报预测业务系统;启动京津冀一体化"云+端"信息服务系统建设;加强气象灾害风险管理能力建设;建立一体化交通和旅游气象服务体系;统筹区域内人工影响天气作业需求和资源,优化作业布局。有效支撑首都"两区"生态环境保护与修复。建立了雄安新区白洋淀水资源和水位预测模型,开展了京津冀水源涵养区生态服务功能气象影响评估。实现了24小时空气污染气象条件落区预报等服务产品优化,环境气象业务由最初以主观判断为主逐渐发展为目前完备的短临、短期、中长期客观化预报体系,实现了北京地区的智能格点环境气象预报。结合京津冀大气污染实际情况,率先在全国开展规范化的臭氧气象预报业务,制定臭氧预报业务流程,发展"臭氧污染天气分型"并建立臭氧污染客观预报产品。

在国内实现了常态化开展环境气象评估工作,构建了基于大数据挖掘算法和大气化学数值模拟的空气质量气象和排放归因的定量分离技术体系,发展了污染物区域和行业来源解析技术,科学、全面、客观地评估减排和气象条件对空气质量的影响,实现了科技创新、环境气象与经济社会发展的深度融合。

2. 大力推动长江经济带和长三角一体化发展气象保障赋能行动

2020年,长江经济带省份继续实施中国气象局制定的《长江经济带气象保障协同发展规划》,深入推进服务于长江经济带发展需求的气象与行业大数据应用与研发平台建设,有步骤推进综合立体交通、流域气象、生态和城市群气象等专业服务中心建设。在中国气象局大力支持下,经过相关省份的共同努力,依托大数据、云计算的监测预报已覆盖长江流域,依托气象信息、专业数据的生态保护与绿色发展态势已经形成,根据长江沿线气象雷达和监测站反馈形成的气象实时监测产品已实现与长江经济带多个省份相关部门共享。同时,气象部门还为长江流域航运、沿江大小水利设施和农业生产安全提供一体化、精准化、智能化的服务。

2020年,长三角区域省份积极行动,推动长三角区域一体化发展气象保障赋能行动。组织编制了《长三角区域一体化发展气象保障行动方案》,积极探索规划统筹、项目共建、标准共用和政策协同等配套制度体系建设创新,推动长三角一体化气象保障示范项目建设,加强与长三角一体化绿色生态示范区工作机制的融合。一是强化气象防灾减灾的第一道防线作用。加快区域融合,一体化灾害性天气联防步入常态,建立长三角常态化会商机制,开展长三角暴雨天气红色预警发布与响应演练、长三角台风"黑格比"过程复盘总结交流。二是区域数值预报模式水平进一步提高。华东区域1千米模式准业务化运行,WARMS 3.0开展批量测试,长江经济带数值预报联盟运行机制更为成熟。三是区域一体化气象服务能力有效提升。长三角区域环境气象一体化业务平台组网观测污染输送,气象和环保部门联合制作发布5天区域空气质量指导预报。成立长三角气象科普联盟,共办科普活动、共推科普作品、共用和共培科普队伍。根据一体化发展气象保障赋能行动要求,2020年江苏省气象部门牵头建设长三角一体化交通气象服务中心和能源气象服务中心;宁波市发布全球首条航运气象指数和国内首个港航气象预警地标,强化中欧班列商贸气象服务,义乌市"一带一路"气象台挂牌。根据规划的要求,将逐步建成环境气象、航空航运气象和远洋气象导航、公路交通气象、能源气象、海洋资源气象、生态气象、人工影响天气、旅游气象、现代农业气象等长三角分布式气象服务九大分中心,带动提升区域发展一体化气象服务能力。

> **长江流域气象服务中心建设取得显著成效**
>
> 2020年,长江流域气象中心积极联合流域各省气象局,密切会商联动,不断完善关键核心技术支撑,提升长江流域防汛气象服务能力;通过开展长江航运联盟试点建设,打造长江航运气象服务中心,推进长江航运气象风险预警服务业务,取得积极进展。
>
> 2020年,长江流域发生多次强降雨过程,形成5次编号洪水,长江干流及主要支流多站超警戒水位、超保证水位甚至超历史水位,尤其是三峡水库发生成库以来最大入库洪峰75000米^3/秒,防洪形势十分严峻。长江流域气象中心积极服务长江水旱灾害防御工作大局,及时启动应急响应,强化值守和联合会商,加强气象监测预报,准确研判流域降雨范围、持续时间和过程变化,及时发布了长江流域重要气象报告等500余期,为长江防洪调度决策提供了强有力的技术支撑。

3. 加快推进粤港澳大湾区气象发展规划实施

粤港澳大湾区(简称大湾区)包括广东省广州市、深圳市、珠海市、佛山市、惠州市、东莞市、中山市、江门市、肇庆市,香港特别行政区和澳门特别行政区,是我国开放程度最高、经济活力最强的区域之一,也是典型的气候脆弱区,台风、暴雨、雷电、大风、高温等灾害性天气多发。气象服务关系大湾区发展,关系"一带一路"建设全局。2020年,中国气象局组织编制实施《粤港澳大湾区气象发展规划》,提出了粤港澳大湾区智慧气象发展先行区、气象科技深度合作示范区、气象全球战略辐射基地发展战略。

规划提出,通过实施智慧气象发展先行区战略,共建具有世界领先水平的智能气象观测网,打造智能化、众创型业务发展平台,发展精准型、个性化、多元化的智慧气象服务,搭建国际一流的气象科技创新平台和科技创新服务体系,着力激发以新一代信息技术为基础的智慧气象创新活力,建成资源高效利用、数据充分共享、流程高度集约的智慧气象发展先行区。通过实施气象科技深度合作示范区战略,创新体制机制,共创专业平台,推进粤港澳气象部门与企事业单位、科研院校合作,实现气象科技发展和业务应用更加协同、气象人才交流互动更加便利、气象信息产业发展更加蓬勃,建成我国气象科技深度合作示范区。通过实施气象全球战略辐射基地战略,利用粤港澳各地区位优势,强化大湾区气象科技人才创新资源配置能力,构建推动气象高质量发展体制机制。以"一带一路"倡议为依托,推进全球监测、全球预报、全球服务,为推进气象强国建设注入新动能,将大湾区建设成为气象全球战略辐射基地。

2020年,粤港澳大湾区气象监测预警预报中心正式运行。中心将致力于研发具有自主知识产权的世界先进的快速同化系统、大湾区高分辨率模式系统以及人工智能短临预报技术,推进粤港澳三地科技创新合作,提升气象工作对大湾区生命安全、生产发展、生活富裕、生态良好等方面的基础性保障作用。

4. 气象助力精准扶贫成效显著

气象助力精准扶贫是近些年气象服务重点之一。到2020年,实现了贫困地区乡镇自动气象站和气象防灾减灾"六个一"标准化建设100%覆盖,完成了22个省(区)832个建档立卡贫困县景区和森林火险精细化预报服务产品。设立了气象观测和人工影响天气扶贫公益岗1282个,累计建设贫困乡镇自动气象站1185个,观测数据已全部上传[①]。面向26.9万新型农业经营主体开展直通式气象服务。多渠道多方式组织开展消费扶贫,利用中国天气网等平台加大贫困地区农产品宣传。做好定点帮扶,组织开展消费扶贫,中国气象局定点帮扶的内蒙古突泉县获全国脱贫攻坚组织创新奖。

加大贫困地区气候资源开发利用力度。做好光伏扶贫气象服务,推进贫困地区风能太阳能监测预报评估能力提升,实现精细化到村的太阳能资源实时评估。支撑贫困地区宜居宜业宜游优质气候资源开发利用,推动国家气候标志标准技术体系建设。助推27个贫困县获评"中国天然氧吧"、41个县农产品获"中国气候好产品"。强化了贫困地区人工影响天气能力建设,增强了区

---

① 资料来源:中国气象局减灾司。

域工程保障,将农业、生态、减灾等需求纳入区域工程保障范畴,解决贫困地区雨水资源短缺和冰雹频发等问题。加大人工影响天气作业力度,贫困地区共开展飞机作业797架次,飞行时间2335小时,开展地面作业3.6万次。

强化贫困地区气象科技支撑。2020年,围绕气象为农服务和防灾减灾关键技术需求,部署国家重点研发计划项目。推动了气象科技成果转化助力脱贫攻坚,组织实施"科技助力经济2020"重点专项项目。组织开展多项气候变化对区域特色农作物和经济作物的影响研究,为地方扶贫工作提供科技支撑。强化贫困地区气象科普工作,推进气象科技成果在农业防灾减灾和农业生产中的应用。

(三)面向行业生产的气象服务

2020年,中国气象局面向行业生产的需要,继续深化与农业农村部、应急管理部、自然资源部、生态环境部、国家发改委、国家卫健委、国家林草局等相关部门的合作,着力推动面向行业的气象服务的集约化和规模化发展,努力提升气象服务国民经济重点行业的质量和效益。

1. 为农气象服务

为农气象服务始终是气象工作的重点,是气象服务的重要领域。2020年,气象部门结合我国农业生产制度的新特点,更加注重为农气象服务的实用性和针对性,在推进常规农业气象服务的同时,加快推进特色农业气象服务的发展。

农业气象服务供给侧结构性改革持续深化。2020年,国家气象中心、安徽、河南、重庆、陕西5个农业气象服务供给侧改革试点取得初步成果,并在业务服务中应用。一是进行用户需求调研,梳理服务需求清单,初步实现根据需求制作差异化服务产品,提高了服务产品的可用性和针对性。二是调整优化大田作物普适性气象服务和特色农业个性化服务流程。主要农作物农业气象服务产品加工制作集约到国省两级,国家级下发客观网格指导产品,省级结合本省的实际制作本省业务服务产品和市县级服务指导产品。市县两级根据当地农业产业发展需求,应用上级指导产品因地制宜开展特色农业气象服务,国省两级提供技术支撑。三是推进研究型业务发展。开展农业气象指标、技术方法和模型的研发，以及农业气象自动观测和卫星遥感监测的资料融合。强化大数据、物联网等新技术的应用。其中，安徽建立汇集涉农部门综合性数据资源的"农气徽云"，建立决策服务类、公众服务类、社会化服务类的分类服务产品清单，形成"1＋3＋16＋63"业务服务布局。河南探索商水"业务在云、服务在端"农业气象服务模式和梁园"资源中心化、服务去中心化、产品分众化"的融入式社会化多元化服务模式。重庆清理重复低效产品15种，优化升级重庆市农业气象精细化智能服务平台和农业天气通APP。陕西组建全国苹果气象观测联盟和陕西农业气象观测团队，构建省市县三级一体化农业气象业务平台和全国苹果业务服务系统。国家气象中心优化国家级农业气象基础客观产品体系和业务技术流程，下发8大粮棉油作物产量预报分省份客观指导产品，全国农业气象数据共享平台实现相关数据产品共享共用。

现代农业气象服务组织体系不断完善。目前，形成了健全的"省级—区域—市级—县级"的农业气象业务服务组织体系，形成了逐级指导、上下联动的服务模式。以智慧农业气象服务平台为基础，构建以数据为中心、适应农业气象服务布局、国省市县级上下贯通、结构扁平的农业气象业务流程。实现数据在业务链条中运转。完善业务监控流程，按照数据流节点编制数据业务的全链条监控，实现由人工制作转变为自动化生成、业务员审核的全新业务体系。

粮食安全气象服务水平持续提升。继续做好春耕春播、夏收夏种、秋收秋种等关键农时气象服务。强化倒春寒、暴雨洪涝、霜冻、寒露风等农业气象灾害监测预警，以及草地贪夜蛾、小麦赤霉病等病虫害发生发展气象条件预报预警和防治气象服务。为国务院及相关部门提供冬小麦种植面积遥感监测分析，全年粮食产量预报准确率达99.7%。各省级气象部门向省委省政府报送316期农业气象专题决策材料，获省级领导批示72次。各级基层气象部门积极探索利用快手、抖音等新媒体方式开展农业生产气象服务。积极开展人工影响天气作业，做好山西、河南、四川、云南、西藏等多省（区）森林草原防灭火及春耕春播、抗旱减灾等人工增雨防雹作业。

特色农业气象服务扎实推进。2020年,中国气象局和农业农村部联合认定第二批5个特色农业气象服务中心,两部门联合创建的特色农业气象服务中心达到15个(表3.2)。设施农业气象服务中心制发设施农业气象专报,为疫情期间设施蔬菜稳产提供保障;经初步评估,2020年首个全国性寒潮过程设施农业气象服务效益达12.3亿元。苹果、枸杞、茶叶、都市农业等特色中心制作的全国苹果花期冻害预报及防御、春季枸杞剪枝和病虫害预防气象预报、茶叶霜冻精细化预报及防御建议、京津冀杨柳飞絮预报等在央视播出,影响良好。特色农业气象服务支撑能力持续提升,以特色农业气象数据共享为抓手,建设完成全国特色农业气象农田小气候、作物实景观测数据共享平台。特色作物的天气指数保险持续发展,为特色农业的发展提供多重保障。

表3.2 特色农业气象服务中心情况简表

批次	特色农产品	依托单位
第一批(2018年)	苹果	陕西省农业遥感与经济作物气象服务中心
		陕西省苹果研究发展中心
	设施农业	山东省气候中心
		山东省农业技术推广总站
	甘蔗	广西壮族自治区气象科学研究所
		广西农业科学院甘蔗研究所
	茶叶	浙江省气候中心
		浙江省农业技术推广中心
	都市农业	天津市气候中心
		天津市农业科学院现代都市农业研究所
	烤烟	云南省高原特色农业气象服务中心
		云南省农业信息中心
		中国烟草总公司云南省公司烟叶管理处
	柑橘	江西省农业气象中心
		江西省经济作物技术推广站
	枸杞	宁夏气象科学研究所
		宁夏农林科学院枸杞工程技术研究所

续表

批次	特色农产品	依托单位
第一批(2018年)	棉花	新疆维吾尔自治区农业气象台(新疆兴农网信息中心) 新疆农业技术推广总站
	橡胶	海南省气候中心 海南省天然橡胶质量检验站
第二批(2020年)	马铃薯	内蒙古气象部门与农业农村部门相关单位
	花生	河南气象部门与农业农村部门相关单位
	油茶	湖南气象部门与农业农村部门相关单位
	淡水养殖	湖北气象部门与农业农村部门相关单位
	热带水果	福建气象部门与农业农村部门相关单位

农业气象灾害保险取得重要进展。2014年8月，国务院印发《关于加快发展现代保险服务业的若干意见》，明确提出"鼓励各地根据风险特点，探索对台风、地震、滑坡、泥石流、洪水、森林火灾等灾害的有效保障模式"，"探索天气指数保险等新兴产品和服务，丰富农业保险风险管理工具"，"健全保险经营机构与灾害预报部门、农业主管部门的合作机制"。这为气象参与农业气象灾害保险提供了充分的依据。各地气象部门根据农业保险的要求，努力提供多种适用性的农业保险气象服务产品。

(1)开展农业气象灾害风险评估，指导农业种植结构和生产布局调整。到2020年，全国各级气象部门通过收集、整理现在各种气象要素资料以及各地主要粮食、经济作物灾害指标及各种的生育期总量指标，建成了农业气象灾情数据库，构建分灾种、分作物的农业气象灾害预警模型和风险评估方法，完成了影响主要作物的气象灾害风险区划，这在许多地方不仅成为保险区划、费率区划的基础，也成为指导农业调整种植结构和生产布局的科学避灾的重要依据，如根据气象灾害风险区划，涝区不搞旱作、旱地少搞水田，旱涝年调整生产布局等措施，不仅可从源头上就农业生产避免农业气象灾害的发生，而且还可以化不利而为有利。农业气象灾害风险评估产品在许多地方已经成为重要农业保险指导服务产品。如浙江省气象局完成了基于GIS的水稻、油菜、柑橘等作物的产量风险区划,对台风、雨涝、干旱等主要气象灾害进行了风险评估;开发了气象理赔指数,并研制业务平台;设计不同免赔额下的保险费率及保险合同,利用这些成果先后为浙江省政府、省政策性农业保险领导小组办公室等单位和部门提供了《浙江省农业气象灾害风险分析》《浙江省晚稻生产风险区划》《关于政策性农业保险条款费率调整修改方案的反馈意见》等研究成果,相关部门在保险费的计算中增加了"区域风险系数",根据风险区域划分,设置不同费率,改变了不同区域使用同一费率的状况,优化了费率设置。这些成果还在完善浙江省政策性农业保险制度、运行方案设计等方面发挥重要作用。

(2)提供经常性农业保险气象服务。到2020年,全国各级气象部门已经向保险部门和参保对象提供有针对性的灾害性天气预报、农用天气预报、气象灾害警报等,直接应用于农业生产防灾避灾。气象部门在提高农业气象灾害预测预警水平的同时,还建立了专业农业保险气象监测预警服务平台,利用手机短信、计算机网络等手段为保险部门和农户提供重要天气预报信息和气象灾害预警信息,以让农户能及时采取适当措施减轻农业气象灾害损失,进而减少保险部门的保险赔付。如湖北省咸宁市气象局与保险公司合作开展农业保险气象服务,通过保险公司的服务平台将农业气象灾害预警信息和农作物保险、畜牧业保险、"两属两户"住房等保险专项服务产品传给基层农业技术人员、农业种植、养殖大户和房屋参保群众,为防灾减灾、指导生产提供服务。北京市气象局联合北京市农村工作委员会、北京市财政局、北京市保监局、北京市统计局等单位,开发建立了北京政策性农业保险气象灾害实时监测预测预警评估服务系统,并建立农业保险气象灾害监测预警预估的业务流程和联合发布机制,达到防止保险理赔的道德风险、降低气象灾害的损失、减少保险理赔中政府和保险公司的理赔开支等目的。

(3)实施气象灾害农业损失评估。多年来,气象部门一直在开展农业气象灾害损失评估研究和业务试验工作,已初步形成了一些可供保险理赔应用的灾损评估方法和指标等,从而可以科学合理地确定灾害现场勘查的抽样方式和样点,并大大减少勘灾定损的人力财力投入,同时将灾害现场勘灾定损的结果与气象评估结果相结合,可以提高定损的准确性、客观性,提高保险部门在农民中的信誉度。如内蒙古自治区气象局利用综合气象监测评估、卫星遥感、航空遥感、地面调查等定量评估手段,为内蒙古境内安华农业保险公司所承保的9个盟市、36个旗县,提供了洪涝、冰雹、干旱等灾害的农业保险精细化评估气象服务,解决了保险部门在确定勘损标准、核损结果的科学性等方面存在的问题,在有效实现快速查勘定损的同时,提高了理赔的时效性和科学性。安徽省气象局联合国元农业保险公司采用"局企共建"形式打造了国内首个"农业气象灾害评估和风险转移联合实验室",开展了基于GIS的安徽省农业气候资源要素空间分析、遥感地面监测试验,研发了农作物长势遥感监测与定量分析系统和作物灾害损失评估模型。设计开发了全国首套农业保险气象服务业务系统——"安徽省农业保险气象服务业务系统",为保险公司提供"一站式"气象服务,制订《农业气象灾害现场调查规范》和《政策性农业保险勘灾定损气象认证业务规范》,详细规定灾害调查和定损认证操作的流程,以及各个环节的技术要求,减少政策性农业保险理赔工作的主观性和盲目性。

(4)推广天气指数保险。气象部门通过收集作物产量数据、气象环境数据、主要气象灾害数据、保险理赔数据等资料,并在此基础上构建农业气象灾害指数,建立主要气象灾害与作物产量间的关系模型,分析影响作物的主要农业气象灾害风险,探索性地开发了天气指数保险产品。从理论上讲,有可能因天气变化而遭受损失的行业,都可以发展相应的天气指数保险,如农业天气指数保险、养殖业天气指数保险、巨灾保险等。天气指数保险是根据客观气象数据决定是否理赔和理赔量级的客观方法,可减少核灾过程中保险部门和保户的争议以及可能出现的"道德风险"。未来,天气指数保险可能成为通过保险手段转移气象灾害风险的重要方式。

天气指数保险的发展

2007年,上海安信农业保险公司推出了我国第一个西瓜天气指数保险,为西瓜种植过程中因强降雨及连续阴雨天气造成的损失提供保险。此后,天气指数保险的试点范围不断扩大。

2014年8月,国务院发布《关于加快发展现代保险服务业的若干意见》,提出"探索天气指数保险等新兴产品和服务"。

2015年9月,中国保监会出台《关于做好农业气象灾害理赔和防灾减损工作的通知》,要求各财产保险公司"加快推进天气指数保险"。

到2020年,我国已经开发了种类繁多的天气指数保险产品。从保险标的来看,国内天气指数农业保险主要以特色作物为主,占天气指数保险试点产品的95%以上。从保险的覆盖领域看,天气指数保险已覆盖十几个省份,如浙江的茶叶天气指数保险、山东的苹果天气指数保险、广西的荔枝天气指数保险、海南的橡胶树天气指数保险等,甚至某些省份有数十份天气指数保险产品。

2. 交通、海洋和能源等领域的气象服务

(1)交通气象服务

2020年,中国气象局与交通运输部共同努力,确保春运防疫运输安全。中国气象局与交通运输部联合全年发布逐日全国主要公路气象预报,中国气象局业务单位与交通运输部路网中心联合发布"重大公路气象预警"54期,为交管和发改部门制作提供交通气象服务产品60余期,统筹保障交通出行和抗疫物资运输安全。三维大气航空产品在地方机场试点应用保障低空飞行。

2020年航空交通气象服务成效显著。气象服务保障国产客机C919,ARJ21试飞顺利进行。针对特殊危险天气提供精细化预报,为大兴机场、深圳机场提供运行影响分析。开展基于主客观融合的机场预报技术研究,三维大气实况产品在地方通航机场推广应用。建成全球天气系统卫星监测及闪电监测系统,提升全球航危天气监测服务能力。中国气象局与中国民用航空局及航企合作开展技术交流,联合成立航空气象创新应用示范中心暨联合开放实验室,联合研发航路颠簸等预报技术产品。民航系统强化气象预报质量控制,实施新版《民用航空气象预报规范》。6—9月因天气原因启动大面积航班延误应急响应机制(MDRS)160次,其间重要天气预报准确率达80%,空管气象系统机场预报准确率达92.31%。气象服务于航天、航空、科研等多领域,编制空间天气日报、周报、月报、中长期指数预报、分析专报等各类产品达2000余期,完成天问一号发射、嫦娥五号返回等重大航天任务保障服务。中俄联合体全球空间天气中心2020年4月获得国际民航组织(ICAO)理事会正式批准,成为中国民航气象领域首个国际中心,完成国际民航组织空间天气咨询报发布测试,有效支撑全球民航飞行安全。

(2)海洋气象服务

2020年,西北太平洋和南海台风24小时路径预报平均误差不断缩小。成立远洋导航气象服务联盟,建设支撑远洋导航气象服务的全球大气海洋大数据平台。启动船舶导航专用气象监测数据管理系统建设,重构航线推算算法,提升船舶导航服务能力。开发海上大风客观预报方法,持续改进海洋天气系统自动识别技术,开展人工智能技术在台风强度及海雾识别上的应用。初步完成全球各大海域热带气旋官方报文解读入库工作,开展北大西洋飓风预报试验。自主研制的海洋气象传真图在交通运输部东海航海保障中心(上海)投入应用。

到2020年,我国海洋运输气象服务实现了对海上航行的客轮、货轮、油轮等船舶提供气象保障,包括近海海洋运输气象服务和远洋海洋气象导航,近海海洋气象服务,主要执行交通、海事管理部门的有关规定当预报海上6~7级及其以下风力时,航班正常开行;当预报海上平均风力或阵风7级及其以上大风时,客船必须停航。近海海洋运输气象服务由于航程较短,航线固定,班期固定,需要气象部门提供所航海区天气、海况情报,以保障航行安全。同时,在因大风浪停航期间,需要了解天气海况转好时间,以安排最新航运计划。近海海洋气象服务主要是根据运输需求,结合航运特点,与航运管理部门和航运服务对象联系,分海区、分时段给出海上天气实况和预报。近海海洋运输气象服务产品包括海洋天气公报(警报)、海区预报、航线天气预报、专家咨询等。

至2020年,我国中央气象台提供海洋气象服务产品,包括台风快讯与报文、台风路径预报、台风公报、台风预警、海区预报、海事公报、海洋天气预报、海上大风预报预警、北太平洋分析与预报、全球热带气旋监测预报等。

(3) 能源气象服务

2020年,中国气象局建立了风能太阳能资源监测—评估—预报业务体系,为1177个风电场、126个太阳能电站提供服务支撑。启动海上风电台风工况预警服务技术应用研究,建立高分辨率海浪预报系统,海上风电智慧化运行平台正式上线。《2020年全国风能太阳能资源年景公报》首次增加中国近海主要海区风能资源年景评估。编制风电场气候效应评价技术指南,开展光伏电站/风电场运行的气候效应评估,为气候友好型清洁能源电站规划设计提供决策依据。评估中国风能和太阳能资源的技术可开发量,绘制2020年中国风能、太阳能开发的度电成本地图和最优配比地图。构建高时空分辨率新能源电力供需与空间优化模型,描绘碳中和情景下风能、太阳能开发的最优空间格局,为制定新能源"十四五"规划和中长期规划提供决策依据。

(四) 面向特定领域的气象服务

1. 民航气象服务

(1) "十三五"时期民航气象发展

"十三五"时期,民航气象通过实施了《民航局关于加强民用航空气象工作的意见》,进一步明确主要任务和具体措施,增强了气象服务能力、提升了核心技术实力、提高资源利用能力、强化了气象人才支撑,全面加强了民用航空气象工作。

一是气象服务机制逐步完善。截至2020年底,民航气象系统已建立起"1个民航气象中心+7个地区气象中心+241个机场气象台"的一体化航空气象服务体系,实现了职责清晰、安全有序的分级分类服务,负责提供全国性的航空气象预警预报产品和服务,服务于飞行全过程,服务于航空全链条。同时,在新疆、黑龙江等气候特点相近或相似的区域试点开展了集中制作天气预报产品的研究和实践,探索改进中小机场气象预报和气象服务方式的途径。

二是民航气象服务质量和效益显著提升。"十三五"时期,持续实施"民用航空气象服务能力提升年"行动,以气象服务助力航班正常为主题,以促进航班正常为目标,提升气象服务八个方面的能力;开展气象计量器具使用和管理专项治理,全面清查排除民航气象计量器具使用和管理存在的隐患,强化民航气象计量能力;开展民航飞行气象情报质量提升专项行动,系统梳理优化飞行气象情报交换工作程序,改进和升级质量控制技术手段,持续提升飞行气象情报交换工作质量。优化大面积航班延误应急响应机制(MDRS)气象服务工作,及时发布各类天气预警和针对性讲解,提高协同服务能力。与管制部门联合建立"天气与运行情况复盘"机制,有效提升天气预警信息与管制运行的融合程度,提高安全保障能力和运行效率。"十三五"期间,民航气象部门圆满完成G20峰会、"9·3阅兵"、南中国海新建岛礁机场试飞、"一带一路"高峰论坛、C919成功首飞等重大活动的航空气象服务保障任务。空管系统年平均发布气象报文约70万份,机场预报准确率由90%以上稳步提升至92%以上。在全国运输机场实现了自动气象观测数据实时共享和天气雷达数据联网共享,实现重要天气预告图、高空风温预告图、京沪穗区域数值预报产品、航空器下传数据等气象信息的共享。

三是民航气象科技创新及应用能力明显增强。"十三五"时期,围绕提升气象服务保障能力,先后开展了《面向航空安全和效率的气象大数据提供》《民航气象服务产品化发展与质量评估法治体系研究》《基于多源数据支持的航空气象一体化服务平台》等民航安全能力建设项目。大力推进数值预报技术应用,重点开展区域数值预报与强对流短临数值预报建设,有效提高精准预报能力。开展低空气象服务研究,试点开展通航气象服务业务。在智能计算方面,遵循"信息化—数字化—智能化"转型的技术路线,民航气象中心建立了大数据处理框架,全面应用云计算、分布式计算技术,达成了业务系统的信息化转型,开启了数字化转型之路。在精准预报方面,基于每秒浮点运算次数约一千万亿次的高性能计算平台,实现定量化、数字化的240小时全球中期、72小时亚洲区域、12小时中国区域快速循环同化的数值天气模式预报,以及覆盖亚洲区域的72小时集合预报。在智慧服务方面,遵循"集合化数据—可视化数据—数据可视化"的技术路线,建立了资料标准化、时空归一化、数据集合化的四维数据集,并按照SWIM实施框架构建飞行气象情报的可视化数据服务和基础气象预警预报服务产品的可视化,助力民航运行的安全与效率。

四是民航气象国内外交流合作不断深化。跟进国际航空气象发展,重点参与地区危险天气咨询中心、空间天气中心、航空系统组块升级、世界区域预报系统、国际民航组织气象信息交换模式、航空气象国际标准等领域的工作。与柬埔寨在重要气象情报发布、业务培训等方面深度交流,完成援建柬埔寨民航风云二号静止气象卫星接收处理系统。开展中美航空合作项目《量化天气对空域容量的影响以支持华东大面积航班延误应对系统的空管业务决策》研究。与我国香港、澳门在"珠三角"航空气象资料共享、预报服务、新技术开发应用等多个领域深入合作。组织对台交流工作,开展业务观摩活动。

(2)2020年民航气象主要进展

一是注重强化民航气象情报质量控制,从源头上提升及时性与规范性。2020年,深化气象服务与管制融合,加强了重要天气预报预警,特别是针对机场重点区域提升复杂天气条件下的气象服务工作质量。正式实施新版《民用航空气象预报规范》,空管气象系统机场预报准确率达92.31%。受疫情影响,民航空管系统全年保障航班754万架次,发布机场天气报告523731份,机场预报98013份,重要天气预告图25457份、高空风温预告图263294份,区域预警1069份,机场警报11271份,终端区预警6459份。6—9月因天气原因启动大面积航班延误应急响应机制(MDRS)160次,MDRS重要天气概率预报准确率达到80%。

二是针对新冠疫情开展服务。2020年,针对所有航空气象综合服务平台(含APP)及航空气象数据服务的用户,推出"疫情无情,服务真情"相关举措,惠及航空气象服务平台上各类航空气象用户2200余位,累计为20家签约航空公司提供免费顺延服务期限等费用减免服务。中南局组织开发"中南地区疫情防控通用航空气象服务平台",打造全国唯一公共通用航空气象服务平台。

三是继续拓展国际合作与交流。2020年,完成了国际民航组织(ICAO)空间天气咨询报发布测试。积极参与WMO、ICAO相关国际合作,推进斯里兰卡、老挝和柬埔寨的雷电探测系统援助,完成柬埔寨雷电探测预警系统二期系统硬件系统建设。

2. 森工气象服务

黑龙江森工林区森林物候气象工作起步于20世纪50年代初，主要为解决苗圃气象因子观测及防止苗木遭受自然灾害开展服务。经过几十年的改革发展，森工气象取得了长足的进展，现有气象站23个，气象哨96处，从业人员134人，基本上实现了森林物候气象工作为林区生产生活服务的宗旨。

2020年，森工集团各林业局气象站以提高预报预测准确率和服务效益为中心，以建设现代化气象体系为重点，建设气象科技创新体系和气象人才体系为支撑，强化气象防灾减灾工作，在推动林区物候观测事业取得持续进展的同时，进一步提高预报准确率，提供多元化气象服务。

在防火、防汛服务方面，春秋两季为防火部门提供全年防火趋势预报，火险预报，全部利用防火预测模型，分浅山区、中山区、深山区和海拔高度进行预测预报，使防火工作做到"心中有数"，基本上实现"预防为主、积极消灭"。夏季汛期，为防汛指挥部门提供每日、每旬天气预报。为防汛工作的顺利开展提供了可靠的信息服务。

在气象为营林生产服务方面，每年春季为造林提供最佳造林期气象数据，使造林生产真正能够做到顶浆造林，确保造林成活率。春季为苗圃提供最佳播种期，夏季防日灼灾害，春秋两季早霜、晚霜预报，全力为培育优质壮苗保驾护航。

在为其他生产生活服务方面，在通信网络等基础设施不断完善前提下，气象预报准确率大大提高，预报向精细化发展，服务范围不断扩展。服务范围包括为旅游业、各中小学运动会提供最佳日期信息，为养鱼专业户防洪提供服务信息，为多种经营个体户提供晴好天日预报，为林区环境建设、观赏花卉摆放提供晴雨预报。为农户提供全年无霜日期，秋季采种提供最佳采种期，为营林生产秋整地提供冻土深度信息等等。努力为林区人民生产、生活提供最佳服务。

3. 农垦气象服务

垦区气象台站建站年代早，气候资料积累时间长，记载气候资料在50年以上的气象站50余个。历经60余年的发展，垦区已建成较完善的气象保障，成为现代化农业的重要组成部分,在垦区的经济社会建设中,在为农业生产服务和防灾减灾工作中,一直发挥着重要的作用。目前,垦区共建有气象台站94个(具有地面观测业务的台站92个),其中集团及分公司层级气象台站7个、农场气象站86个,北大荒通用航空公司气象站1个,形成了体系比较完备,独具农垦特色的专业气象队伍。垦区气象台站分别隶属于集团、分公司、农场的农业部门,集团及分公司气象台承担所属农场气象站业务工作的管理与指导。

(1)垦区气象服务概况

垦区气象工作重点服务于农业生产,服务对象主要是农业生产的决策指挥部门和生产单位,主要开展测报、预报、人工影响天气等气象业务和服务工作。

测报业务:按国家地面气象观测规范的要求,开展对云、能、天、压、温、湿等项目的三次定时观测。积累了建站50余年的完整气候资料,填补和加密了三江平原和松嫩平原的气候资料,成为垦区乃至黑龙江省气候资源的开发利用的重要依据。

预报业务:根据农业生产需要,为各项农事活动提供长、中、短期天气预报,发布各类突发性、灾害性短时预报。短时和短期天气预报准确率达到85%以上,中长期天气趋势预报准确率达到75%~80%,短期气候预测和农业年景分析达到趋势基本准确,成为有效指导农业生产、防灾减灾不可缺少的重要信息。

人工影响天气:垦区气象灾害种类多、发生概率高,在农业灾害中占90%以上。从20世纪70年代开始开展人工防雹增雨工作,近年来防雹增雨规模不断扩大,效果明显提高,气象台站承担着天气监测、战机确定、作业指挥等综合服务,有效地保证了作业质量和投入的效益。每年作业期的4—10月,组织实施人工增雨防雹作业平均1000次,防控面积3000余万亩,为粮食生产减灾,保障国家粮食安全做出了重要贡献。

(2)垦区气象装备能力水平

建成C波段新一代天气雷达2部、X波段多普勒天气雷达10部。建成风云3、风云4遥感卫星接收系统各一套,气象极轨卫星云图接收系统6套,新型静止卫星云图接收系统10套,实现了对大、中、小不同天气尺度天气系统的有效监测。建成自动气象站92个,全面完成了新型自动站建设,并对原有自动气象站进行了升级改造,实现了新、老自动站互为备份运行,建成自动雨量监测站460个,基本实现地面探测自动化。人工影响天气作业体系健全,拥有作业高炮297门,火箭发射器243部,辐射垦区85个农场的3000余万亩耕地,形成了比较完备的气象灾害防御网。

(3)2020年农垦气象主要进展

在整个生产阶段,密切关注天气变化,完成雨量、温度数据采集,并对天气变化趋势做出分析预测,为农业生产决策指挥提供气象依据。针对三次台风侵袭,垦区气象台站24小时值班值守,为农业防灾减灾提供气象支撑。

积极推进信息共享。各气象台站数据上传率稳步提升,平均上传率达到90%左右;协调省气象部门向垦区气象台站开放信息资源,提升预测预报水平,通过可视化会商系统实现与省、市气象台的预报会商,使垦区天气预报准确度进一步提高。

提升业务基础能力。组织垦区气象业务骨干积极参与气象行业职业技能竞赛;举办气象业务培训班,邀请省气象部门专家授课,全面提升垦区气象台站工作人员业务水平。

(五)重大工程、重大活动和突发事件气象服务

2020年,全国气象系统主动服务,全方位做好冬奥会筹办、珠峰登顶测量、嫦娥五号返回、国产大飞机试飞、川藏铁路建设等重大活动和重大工程气象服务保障。

川藏铁路建设气象保障服务

川藏铁路建设是党中央、国务院立足全局、着眼长远作出的重大战略部署。中国气象局积极与国家发改委、国铁集团沟通协作,配合完成各项部署任务,为川藏铁路规划建设提供了有力支撑。

中国气象局制定并印发了《川藏铁路建设气象保障服务2020

年重点任务分工方案》,明确了气象部门2020年重点开展川藏铁路气象条件及灾害特征对工程影响研究、开展气象服务需求分析和气象防灾预警服务系统研究、参与重大科技攻关、做好川藏铁路技术创新中心筹建科研技术支撑等四项重点工作任务、目标和进度安排。将川藏铁路建设气象保障服务工作纳入到正在编制的"十四五"交通气象保障规划中加以谋划推进。

2020年,大力推进川藏铁路气象条件及灾害特征对工程影响研究。开展川藏铁路沿线高时空分辨率的相对湿度、温度、风速等气象条件变化规律及其趋势研究,面向陆地综合需求的气象灾害影响与风险评估研究,确定了川藏铁路沿线的36条山洪沟和15个气象观测站的山洪灾害临界雨量阈值;开展了川藏铁路沿线8座特大桥桥位处工程抗风参数研究,建立了针对川藏铁路沿线区域预报时效12小时、时间分辨率30分钟、空间分辨率1千米×1千米的短临预报产品制作系统;开展川藏铁路沿线积雪覆盖、积雪风险和降水分布特征分析,完成了川藏铁路雨和雪监测点布局方案编制。

国产大飞机试飞气象保障[①]

极端气象条件下的测试检验是飞机试飞的重要内容,侧风、高温、高温高湿、高寒以及自然结冰等都是飞机适航审定科目中需要开展的试验。自2011年起,中国飞行试验研究院(以下简称"试飞院")、中国商飞公司试飞中心、上海飞机设计研究院相继与中国气象局相关单位和上海、陕西、新疆、内蒙古等省(区、市)气象部门建立合作机制,开展国产大飞机试飞气象技术攻关和保障服务。

---

① 资料来源:中国气象局应急减灾与公共服务司。

(一)试飞气象服务情况

2014年,中国商飞公司与中国气象局达成试飞气象条件保障合作意向。2015年,中国商飞公司试飞中心与上海市气象局签署战略合作协议。截至目前,中国气象局相关直属单位和省(区、市)气象局先后提供了16次试飞气象保障服务,涵盖自然结冰、地面大侧风、高温、高温高湿、高寒等试飞科目,以及首飞、转场等常规试飞。试飞外场试验地点布及10多个城市,精密监测和精准预报能见度、大风、云、降水、颠簸等试飞气象安全关键条件,累计发送天气服务专报1200余次。其中,地面大侧风、自然结冰等试飞科目指标多次刷新国内纪录,打破了国产民机依赖国外机构在北美地区开展结冰试验的垄断。

2018年,西安市气象局与试飞院签署《共同推进试飞气象保障服务合作协议》。近3年来,西安市气象局结合不同型号国产飞机的试飞任务,加强地面观测、探空、数值预报、雷达及卫星云图等资料的应用,制作试飞航线气象要素预报与航空运行决策融合的气象服务产品,实时提供高低空风切变、雷暴、大风等危险天气精细化格点预报预警,累计发布试飞气象专报1000余次,多次为试飞试验提供实时有效的飞行决策判据,保障了试飞重要任务安全开展。

2020年11月,中国商飞公司定于2020/2021年冬季在内蒙古海拉尔进行高寒试飞试验,应其需求,国家气候中心对海拉尔冬季气候进行预测,为中国商飞公司确定专项试验进场和转场时间提供决策服务。试验期间,中国气象局相关单位从延伸期、中期、短期和临近不同时间尺度对专项试飞进行保障,成功预测到了出现-35℃的窗口期,专项试验取得圆满成功。

(二)开展大飞机试飞气象条件分析技术研究

2017年,中国气象局相关直属单位开展"民机适航性验证自然结冰气象条件研究"项目研究。目前,已完成结冰气象条件预报算法的研发,建成了大飞机试飞航空气象保障平台,实现精细化预报产品的实时生成,正在进行系统集成和测试。其中积冰预报产品在2020年春季试飞试验中取得了较好的应用效果。

此外,上海市气象局与中国商飞公司试飞中心联合共建的试飞气象工程研究中心开展了民机试飞气象条件研究尤其是特殊气象条件、资料收集、试飞窗口期捕捉、机场信息库等方面的全面合作研究,组建了国内气象部门首个试飞气象保障团队,针对试飞气象服务培养了一批包括预报服务、气候条件分析与预测、数值模式研发与释用、观测设备与气象数据支持等方面的业务骨干。陕西省气象局与试飞院共同组建研发团队,联合开展积冰、颠簸、风切变等试飞危险天气短时预报方法研究,取得突出进展。

三峡工程建设气象服务保障

自1991年开始提供三峡工程建设气象服务起,气象服务在三峡工程的建设和运营中发挥了重要作用。

(一)为防洪蓄水提供气象服务

防汛抗洪、蓄水发电是发挥三峡工程经济社会效益的重中之重。湖北气象部门坚持趋利避害,为三峡工程防洪蓄水取得实效奠定坚实基础。

2020年汛期,长江流域出现梅雨期持续强降水和盛夏期长江上游强降水。8月20日08时,三峡枢纽迎来入库流量每秒7.5万米^{3}的建库以来最大洪峰,防洪形势异常严峻。

长江流域气象中心提前十天发布《长江流域重要气象报告》,第一时间与三峡水利枢纽梯级调度通信中心(以下简称"三峡梯调中心")开展视频天气会商,通报长江上游持续强降水的预报结论,指出需高度注意防范上游来水。此后，每日两次滚动更新预报服务材料，为长江上游洪水灾害防御和水库群联合调度提供决策支撑。洪峰过境期间，长江流域气象中心与三峡梯调中心、长江水利委员会及其水文局等经过多次联合会商，决定开启11孔泄洪，确保长江全流域安全。

为三峡蓄水提供精准预报预测是保障三峡取得发电效益的重要支撑。从2010年起，三峡工程每年汛末开展175米试验性蓄水，在枯水期至次年汛前逐渐释放并腾出库容，最大限度地发挥通航、发电、补水、抗旱等综合效益。在这期间，湖北气象部门及时制作《长江流域重要气象报告》《长江流域雨情快报》《长江上游面雨量预报》等，助力三峡水库连续11年实现蓄水目标，实现防洪减灾和经济效益双丰收。

2020年，长江流域气象中心进一步发挥气象现代化建设成果优势，除常规预报预测外，每日向三峡梯调中心发布长江流域未来1至10天空间分辨率为0.05度、时间分辨率为3小时的网格预报。在防汛抗旱应急服务期间，增设滚动更新网格预报，开展流域降水趋势定制预报，更加精准预测未来30天内的降水趋势。

(二) 为新能源开发和航运提供气象服务

三峡清洁能源开发利用、生态功能区保护与修护、航道安全通行成为湖北绿色发展的新引擎。据测算，2019年三峡电站发电量为968.77亿千瓦时，可减排二氧化碳7514万吨、二氧化硫90万吨，10年发电量相当于减少使用约3亿吨标准煤。

气象部门围绕经济社会发展需求，大力提升气象监测、评估及服务能力，为三峡新能源开发利用提供全方位气象保障服务。通过分析旱涝年、冷热年等不同年份特征，评估气候变化对长江流域水资源的影响，建立气象条件与水电能的统计关系模型，为三峡电站科学调度提供支撑。加强对气候资源的开发利用，主动挖掘绿色经济发展价值。

目前,长江干线航道年货运量超过20亿吨,位居全球内河第一;年客运量达3.2亿人次。日益壮大的长江航运,对气象保障服务提出了不小挑战。气象部门进一步强化监测,截至2019年,在沿长江干线通航水道全程建成15部新一代天气雷达,布设200余个自动气象站,建成覆盖全干线的闪电定位监测系统。

长江流域气象中心与交通、航运、水利、自然资源等部门不断加强信息共享和数据互换,打通长江航道信息获取渠道;通过长江流域气象中心气象云平台开展涵盖实时监测、气象网格预报和预警服务,基本建成航运气象服务产品智能生产的基础支撑体系;通过开展差异性分析、数值模拟和卫星遥感分析,形成长江主航道气象灾害区划图,建立长江主航道高风险区及分地形、分灾种、分等级的风险预警指标体系,为服务三峡工程提供坚实安全保障。

(三)强化气象科技创新

中国气象局与三峡集团签订合作协议,加强沟通,强化人才、技术等方面的合作。长江流域气象中心联合流域各省(市)气象及相关部门合作开展科技攻关,努力推动项目合作开发、人才培养等。

自2011年合作协议签订以来,到目前长江流域气象中心开发的水文气象信息共享平台投入运行;研发形成8大类46种业务产品,覆盖包括金沙江流域和长江中下游在内的整个长江流域,预报时效涵盖短时、短期、延伸期、中长期,实时共享流域内58部多普勒雷达、13000多个区域加密气象自动站及卫星、国内外数值天气预报等信息;与三峡集团联合出版《三峡工程水库调度关键期流域气候特征及预测方法》;建立长江上游首场强降水出现时间和金沙江雨季预测模型,推进气象分析预测产品评价方法研究和软件开发投入业务应用,进一步提升预报预测准确率。同时,大力发展气候变化影响评估和风险预估技术,增强三峡库区防灾减灾能力,为长江流域防汛抗旱和三峡工程发挥效益提供有力气象支撑。

(六)人工影响天气

2020年是我国人工影响天气工作发展的重要一年。各相关单位认真贯彻全国人工影响天气工作座谈会精神,强化人工影响天气顶层设计,突出科技创新和业务能力建设,努力提升作业安全管控能力,推动人工影响天气持续发挥趋利避害作用。

1. 人工影响天气服务效益显著

2020年,组织制定和实施《全国人工影响天气服务周年方案》,开展山西、河南、云南、四川、西藏等多省(区)森林草原防灭火及春耕春播、抗旱减灾等人工增雨防雹作业。紧密结合生态文明建设需求,在三江源、祁连山等生态修复型特定目标区开展人工影响天气作业示范,人工增雨(雪)和防雹作业取得显著效果。

据初步统计(图3.14),2020年,全国各地共组织开展飞机人工增雨(雪)作业1234架次,比2006年(590架次)增加一倍多,比2010年(1049架次)增加17.63%,比2015年(1006架次)增加22.66%。2020年火箭作业7122枚,地面增雨作业20307次。每年增雨和防雹作业面积主要根据当年灾情而定,2020年由于全国自然降雨偏多,因此增雨作业目标区面积只有416.8万千米^2,比2010年和2015年的增雨面积减少约19%;防雹作业保护面积达56.1万千米^2,比2010年(51万千米^2)增加10%,比2015年(61.4万千米^2)减少了8%。

2. 人工影响天气现代化水平稳步提升

2020年,进一步加快推进了人工影响天气工程项目建设。东北区域人工影响天气工程完成竣工验收,组建西北、中部区域人工影响天气工程负责人员团队,继续实施国家级和西北、中部区域人工影响天气工程,西南区域人工影

图 3.14　2006—2020 年人工影响天气作业量

（数据来源：《气象统计年鉴》，2006—2020）

响天气工程可研报告编制基本完成。由雷达、卫星和飞机等探测系统组成的空中云水资源"天基—空基—地基"立体监测能力显著增强。

人工影响天气作业能力稳步提升。到 2020 年，已经形成了由 50 多架作业飞机、5560 多门高炮、9400 多部火箭作业系统、5 万余作业人员组成的空地一体化协同作业体系，研制并应用推广了雷达指挥、自动发射、立体播撒的火箭作业系统。"四级业务纵向到底、五段流程横向到边"的业务体系更加完善，作业指挥平台实现省级全覆盖，国家（区域）—省—市—县—作业点逐级指导的作业指挥体系全部建成。卫星、雷达、数值预报等作业指导产品覆盖率达 100%，人工影响天气作业精确指挥、精准调度水平大幅提升。

到 2020 年，全国人工影响天气作业可用高炮 5562 门，较 2016 年减少 758 门；可用火箭 9407 架，较 2016 年增加 1457 架（图 3.15）。从图 3.15 可以看出，2009 年开始，火箭配置呈明显增加趋势，高炮门数略有减少，但高炮更新较多。从各省份人工影响天气作业装备配置（图 3.16，图 3.17）分析，2020 年，可用高炮数量最多的是黑龙江省，达 897 门，火箭最多的是云南，达 824 架。

第三章 气象保障生产生活与国家重大战略

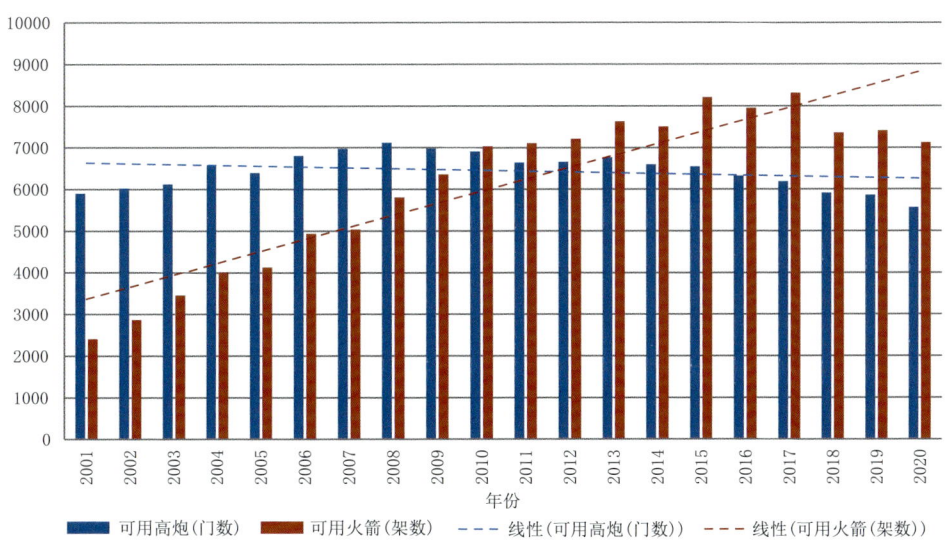

图 3.15　2001—2020 年我国人工影响天气作业可用火箭、高炮数量

（数据来源：《气象统计年鉴》，2001—2020）

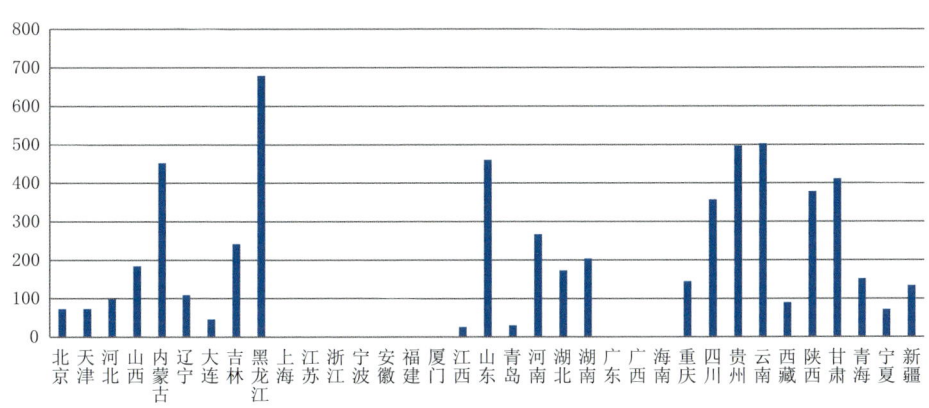

图 3.16　2020 年人工影响天气作业可用高炮数量（单位：门）

（数据来源：《气象统计年鉴》，2020）

3. 人工影响天气安全管控持续加强

2020 年，多方位健全了人工影响天气安全监管制度。工业和信息化、公安、气象等部门规范管理人工影响天气作业弹药生产、运输和存储，完善作业

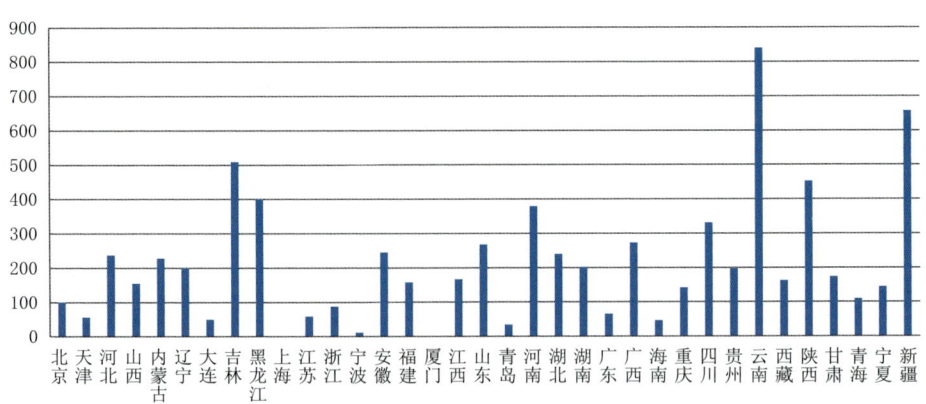

图 3.17　2020 年人工影响天气作业可用火箭数量（单位：架）

（数据来源：《气象统计年鉴》，2020）

人员备案制度。先后印发《人工影响天气弹药物联网系统业务运行管理办法（试行）》《关于强化人工影响天气焰条、焰弹安全管理的通知》《关于进一步加强人工影响天气安全管理工作的紧急通知》等，深入推进人工影响天气弹药全生命周期的信息化管理，加强基层人工影响天气作业环境、装备等安全监管。

同时，采取多手段提高人工影响天气安全防控能力。完成高炮安全锁定装置、火箭发射控制器加密改造试点任务，对人工影响天气高炮、火箭安全锁定装置试点应用情况进行总结，完成产品测试定型，组织发布合格产品清单。印发《人工影响天气安全技术提升项目建设指南》，启动高炮火箭安全锁定装置改造任务。多渠道推进人工影响天气弹药规范化管理。针对基层人工影响天气弹药存储难点问题，联合工业和信息化部研究推进人工影响天气弹药纳入民爆库房管理。制定焰条、焰弹性能要求和技术测试规范，全部纳入出厂验收范畴。

三、评价与展望

在党中央、国务院的坚强领导下，在全国气象系统的共同努力下，我国已经建立了精细化气象服务业务，基本实现任意时间、任意位置、智能推送的气象服务,通过全媒体融合发展提升公众气象服务能力和影响力;建立了以政府决策、社会公众、专业专项等为主要内容的公共气象服务体系;建成了全国一张网的突发事件预警信息发布系统和由广播电视、移动通信、应急广播和社会媒体等组成的多渠道立体化预警信息发布与传播体系;公共气象服务能力显著增强,气象服务成为受众面最广、社会普及度最高的公共服务之一。

"十四五"时期是气象服务发展的重要战略机遇期。践行以人民为中心的发展理念和贯彻落实习近平总书记对气象工作重要指示精神,对气象服务的发展提出了新要求。5G、大数据、云计算、物联网、人工智能等新一轮信息技术的发展,也为气象服务发展提供了新的动能。

面对新的形势和新的需求,气象服务发展面临的问题和短板更加凸显。一是气象服务有效供给能力还显不足。当前气象服务发展方式侧重于供给数量和规模,个性化、专业化、精细化程度仍然不足;保障国家重大发展战略切入点不深,区域发展协调不够;气象防灾减灾能力与综合防灾减灾救灾理念尚未完全适应,气象趋利避害的保障作用发挥不够充分。二是气象服务与现代化要求仍有差距。气象服务核心技术仍显薄弱,基础模式、基础产品等关键核心技术较国际先进水平存在明显短板。三是气象服务信息化水平有待提升。大数据、人工智能等新技术在气象服务领域的应用尚处于初期阶段,气象服务数据收集整理、加工处理、服务挖掘能力亟待加强。四是气象服务管理规范有待完善,气象服务发展的动力不足,社会气象服务活力不强,气象服务市场培育、开拓、监管体系有待进一步完善。

针对未来公共气象服务发展,2020年,中国气象局组织编制《公共气象服务发展规划(2021—2025)》,明确了公共气象服务发展的指导思想和基本原则,提出了发展主要目标、主要任务、重点工程和保障措施,对努力构建现代公共气象服务体系,为新时代中国特色社会主义现代化建设提供高质量的气象服务保障进行了系统部署。

未来公共气象服务的发展,需要重点推进《公共气象服务发展规划(2021—2025)》的实施,面向人民群众美好生活需要,提升智慧气象服务能力与效益。一是丰富气象服务产品供给,面向公众衣食住行游购娱学康等生活需要，不断丰富产品内涵；建立智慧城市生活气象保障产品体系，开发精细消费气象产品系列；创新气象服务内容，重视 5G 技术对服务创新的价值挖掘。二是基于大数据创新气象服务产品，构建细分场景、智能感知的分众气象服务体系；推动气象服务融入智慧家居、无人驾驶、智慧出行等公众生活领域；打造高质量的媒体气象服务，拓展气象服务覆盖面。提升公民气象科学素养，繁荣科普创作，加强气象科普基础设施多元化建设和改善力度，促进气象科普事业和产业融合发展。三是融入生产发展，构建现代为农气象服务体系，优化农业气象站网布局与观测项目，开展重点领域关键技术研发，加快农业气象服务供给侧改革；增强综合交通气象保障，聚焦公路、铁路、内河航运、海洋、物流五大重点方向建设跨行业的交通气象大数据平台，持续推动交通气象服务关键技术攻关，发展深度融合交通生产、运输、调度、维护等各个环节的智慧交通气象服务体系。强化和拓展旅游、森林草原火险、能源电力、金融保险等行业气象服务。

第四章　应对气候变化[*]

2020年,是全球应对气候变化的关键一年。气候变化成为重大的政治议题,新冠肺炎疫情突然爆发并持续蔓延,对应对气候变化行动产生了全方位的影响,全球正面临"气候紧急状态"。为进一步动员国际社会强化气候行动,推进多边进程,联合国及有关国家倡议举办了气候雄心峰会。中国国家主席习近平在气候雄心峰会上发表重要讲话,宣布中国国家自主贡献一系列新举措,展现了中国应对气候变化的坚定决心和重信守诺的责任担当,为全球应对气候变化进程注入了强大正能量。

一、2020年国内外应对气候变化概述

2020年,全球面临诸多共同挑战,极端天气加上新冠肺炎疫情给全球数千万人造成双重打击,与疫情有关的经济衰退未能抑制住气候变化驱动因素和不断加速的影响。面对单边主义和保护主义带来的挑战,中国在促进多边主义及全球应对气候变化方面发挥了重要作用。气象部门在应对气候变化关键技术领域,为国家应对气候变化和参与全球气候治理提供了强有力的科技支撑。

---

[*] 执笔人员:龚江丽　杨丹

(一)全球气候变化加剧气温升高

世界气象组织(WMO)发布的《2020年全球气候状况报告》(简称《报告》)指出,全球平均温度比工业化前(1850—1900年)水平约高1.2℃。尽管出现了具有降温作用的拉尼娜事件,但2020年仍是有记录以来三个最暖的年份之一。自2015年以来的六年是有记录以来最暖的,2011—2020年是有记录以来最暖的十年。

2020年,海洋热含量延续了2019年以来最高水平趋势。2020年,超过80%的海域至少经历了一次海洋热浪。全球平均海平面继续上升。近年来海平面一直以更快的速度上升。冰冻圈风险加大,格陵兰冰盖质量继续损失,南极冰盖呈现出明显的质量损失趋势。根据《报告》,2020年全球气候变化呈现以下特点。

1. 多地气温突破历史最高纪录。2020年全球多地气温突破历史最高纪录,年初,澳大利亚打破了其高温纪录,彭里斯气温达48.9℃,是悉尼西部澳大利亚大都市区观测到的最高温度;俄罗斯首都莫斯科经历了141年来最暖一月份平均气温约0℃。在西伯利亚北极的广大地区,2020年气温较以往平均水平高出3℃多,维尔霍扬斯克镇的气温达到创纪录的38℃,随之而来的是长时间的大范围野火。2020年8月16日,加利福尼亚死亡谷气温达到54.4℃,这是至少过去80年以来全球已知的最高温度。在加勒比地区,4月和9月发生了大型热浪事件。东亚部分地区夏季十分炎热。2020年夏季,欧洲经历了干旱和热浪,不过强度不及2018年和2019年。

2. 洪水和干旱事件频发。2020年,非洲和亚洲大部地区发生暴雨和大范围洪水。暴雨和洪水影响了萨赫勒和大非洲之角大部分地区,引发沙漠蝗虫爆发。印度次大陆及周边地区、中国、韩国、日本以及东南亚部分地区在这一年不同时期降水量均异常偏高。2020年,严重干旱影响了南美洲内陆许多地区,其中受灾最重的是阿根廷北部、巴拉圭和巴西西部边境地区。长期干旱在非洲南部部分地区持续,尤其是南非北开普省和东开普省。南部非洲国家遭遇持续干旱等气候灾害,造成粮食严重减产,不少国家面临粮食安全危机,南部非洲发展共同体的16个成员国中约有4500万人面临饥荒。

3. 北大西洋飓风季命名风暴生成数量为历史最多。2020年北大西洋飓风季共生成30个命名风暴,是有记录以来生成命名风暴数量最多的一年。登陆美国的风暴数量达到创纪录的12个,打破了之前9个的纪录。2020年5月20日在印度和孟加拉边境附近登陆的气旋"安攀"是北印度洋有记录以来造成损失最大的热带气旋,印度报告的经济损失约达140亿美元。该热带气旋季最强的热带气旋是台风"天鹅"。2020年11月1日,它穿过菲律宾北部,最初登陆时10分钟平均风速达220千米/小时(或更高),使之成为有记录以来最强登陆台风之一。

4. 疫情加重气候相关灾害风险。根据红十字会与红新月会国际联合会的数据,2020年有5000多万人受到气候相关灾害(洪水、干旱和风暴)以及新冠肺炎疫情的双重打击。2020年上半年,受水文气象灾害主要影响,大约980万人流离失所,并且主要集中在南亚、东南亚以及非洲之角地区。

(二)应对气候变化国际合作持续推进

2020年,欧盟委员会为加快推进"欧洲绿色协议",实现既定目标,进行了8个方面的探索。一是确定在2050年前实现"碳中和"的愿景,并将其写入《欧洲气候法》草案。二是提供清洁、可持续和安全的能源。采取多项措施促进技术创新和基础设施建设,并为实现能源系统的智能一体化提供帮助。三是发展绿色和循环经济。以纺织、建筑、电子和塑料等资源密集型行业为重点出台了"循环经济行动计划",还制定与废弃物处理有关的法律法规和市场激励措施。四是促进建筑业的绿色转型发展。计划推出涵盖建筑管理部门、地方政府、建筑师和工程师的开放平台,为绿色发展企业提供更好的融资条件。五是发展可持续和智能交通。公布了"可持续和智能交通战略",对欧盟的交通系统和基础设施进行数字化和智能化改造,削减交通运输领域二氧化碳排放。六是建立公平、健康、环保的食品体系。发布了"从农场到餐桌战略",邀请各界人士参与讨论,探索制定可持续的食品政策。七是保护恢复生态系统和生物多样性。公布了新的"生物多样性战略",同时扩大陆地和海洋保护区范围,有效开展植树造林,充分发挥可持续的"蓝色经济"在应对气候变化方面的作用。八是构建零污染的无害环境。将出台防范空气、水和土壤污染的"零污染行动计划",恢复地下水和地表水的自然功能,减少乃至消除来自城市径流和其他污染源的污染。

2020年,联合国及有关国家倡议举办了气候雄心峰会,以纪念《巴黎协定》签署五周年。会上,各国国家元首和政府首脑以及非国家行为体作了发言,内容涉及根据《巴黎协定》缓解、适应和融资承诺三大支柱做出新的、富有雄心的气候变化承诺。有75位世界领导人发表声明,其中45位涉及新的和加强的《巴黎协定》国家自主贡献,24位净零排放承诺,以及20个新的适应和复原力计划。

2020年,中国积极推进与各国的合作,力求形成合力共同应对气候变化。中老合作建设万象赛色塔低碳示范区,中国与博茨瓦纳签署应对气候变化南南合作文件,中非加强环境合作建立中非环境合作中心。第十一届彼得堡气候对话会召开,30多个国家的部长级官员出席视频会议,就新冠肺炎疫情影响下国际社会合作推动绿色复苏、全面有效履行《巴黎协定》和推动构建人类命运共同体发表看法。2020年读懂中国国际会议"气候行动:中美省州合作"专题对话会在广州召开,会议探讨新形势下多种合作机制,进一步推动双边合作。同时加强研究领域的合作,与英国学者专家合作研究预测未来生物如何适应气候变暖,探讨塑料污染的影响与解决方案。

(三)中国积极倡导疫情后推动经济"绿色复苏"

气候变化是当今全球面临的重大挑战之一。积极应对气候变化是我国实现可持续发展的内在要求,是推动生态文明建设的强劲动力,也是坚持多边主义、完善全球治理的重要领域。党中央、国务院高度重视应对气候变化工作。习近平主席在第七十五届联合国大会一般性辩论上宣布我国力争于2030年前二氧化碳排放达到峰值的目标与努力争取于2060年前实现碳中和的愿景,并在气候雄心峰会上进一步宣布国家自主贡献的最新举措。随后,在党的十九届五中全会、中央经济工作会议、全国两会以及最近召开的中央财经委员会第九次会议等一系列重要会议上党中央对碳达峰碳中和工作作出部署,明确基本思路和主要举措。其中党的十九届五中全会首次将碳达峰和碳中和目标纳入"十四五"规划建议,并在2020年12月召开的中央经济工作会议上将其作为2021年的重要任务进行部署,充分展示了我国重信守诺、积极参与国际治理、为全球应对气候变化作出更大贡献的责任担当。

2060年碳中和承诺及决策部署,彰显了我国积极应对气候变化的坚定决心,体现了我国推动构建人类命运共同体的责任担当,表明了我国积极倡导疫情后推动经济"绿色复苏"的鲜明态度,对全球积极应对气候变化起到重要推动作用。碳中和愿景也将加速我国能源系统革命,促进产业结构升级,提升国际贸易竞争力,为我国经济高质量增长注入新的活力。然而,也必须认识到,作为世界最大的发展中国家和全球第一碳排放大国,我国排放体量大,减排时间紧,低碳转型任务艰巨,需要在涵盖能源、建筑、工业、交通等关键部门的长期战略指引下,从政策保障、试点示范、科技创新、金融支持和多目标协同等角度探索碳中和实现路径。

(四)中国积极参与全球气候治理

中国政府把适应气候变化作为积极应对气候变化国家战略的重要组成部分,积极建设性参与气候变化多边进程,在人类命运共同体理念指导下,努力推动全球气候治理框架的形成、推进南南气候合作、加强碳排放交易管理、大力推广可再生能源,推进低碳转型发展,为有效实行全球气候治理贡献了中国力量。

2020年,中国加强气象灾害风险管理,加强农田水利气候韧性基础设施建设,提高森林、草原、湿地等生态系统服务功能,不断强化适应行动和实践。目前,我国正在积极开展适应气候变化工作现状评估,并开始组织编写《国家适应气候变化战略2035》,以加强气候风险和脆弱性评估,强化对地方适应工作的指导和能力建设,为推动建立公平合理、合作共赢的全球气候治理体系作出努力和贡献。

二、2020 年应对气候变化主要进展

(一)适应气候变化主要进展

一直以来,我国高度重视适应气候变化工作。2020 年,在农业、水资源、森林和其他生态系统、海岸带和沿海生态系统、城市建设、气候变化决策支撑保障、综合防灾减灾等领域积极采取措施,适应气候变化取得积极进展[①]。

1. 农业领域

2020 年,扎实开展国家农业绿色发展先行区建设。实施《农业绿色发展支撑体系建设管理办法》,组织先行区试点县编制三年实施方案,开展绿色技术综合试验,布局建设一批长期固定观测试验站,探索建立绿色农业技术、标准、产业、经营、政策、数字体系,总结形成一批不同生态类型不同作物品种的农业绿色发展典型模式。

2020 年,继续加强耕地资源保护利用。继续实施耕地轮作休耕制度试点,坚持轮作为主、休耕为辅。逐步退出地方积极性不高、试点效果一般、三年试点到期的休耕任务。以东北玉米主产区为重点,启动东北黑土地保护性耕作行动计划,推广秸秆覆盖还田免(少)耕播种等关键技术,面积达 4000 万亩。继续实施耕地质量提升行动,开展耕地质量监测评价。

2020 年,加快发展节水农业。以玉米、马铃薯、棉花、蔬菜、瓜果等作物为重点,大力推广膜下滴灌水肥一体化、集雨补灌软体集雨窖、全膜覆盖、半膜覆盖等农业旱作节水技术,提高天然降水和灌溉用水利用效率。以粮食生产功能区和重要农产品生产保护区为重点,完成 2000 万亩高效节水灌溉建设任务。在华北、西北等旱作区建立高标准旱作节水示范区 220 个,辐射带动旱作节水农业技术大面积应用,示范区水分生产力提高 10%。

---

① 参考《中国应对气候变化的政策与行动 2020 年度报告》。

2. 水资源领域

2020年,水生态治理保护扎实推进。加强重点区域水土流失治理,完成水土保持规划评估和工程建设以奖代补试点,完成水土流失治理6万千米^2。推进华北地区地下水超采综合治理,补水河道有水河长1958千米,形成水面面积554千米^2,京津冀浅层地下水水位有所回升。持续推进南水北调东、中线受水区地下水压采工作,受水区城区累计压采23.56亿米^3,超额实现压采目标。永定河综合治理和生态修复稳步实施,北京段25年来首次全线通水。创建278座绿色小水电示范电站。开展农村水系综合整治试点县建设,水美乡村建设积极推进。

2020年,水资源节约管理更加严格。实施水资源管理全过程监管。大力推进国家节水行动,国家用水定额体系基本建成,节水评价制度深入实施,叫停118个节水不达标项目。建立重点监控用水单位名录。完成第三批350个县区节水型社会达标建设,建成1790家节水机关、298所节水型高校。江苏探索打造丰水区节水标杆,基本形成省、市、县节水协作推动机制。全国制定215条跨省和省区重点河湖生态流量保障目标,完成235条江河水量分配任务。严格取用水监督管理,长江、太湖流域取水工程整改提升完成率99.8%,其他流域核查登记取水口数量超过500万。福建对全省重要取用水单位全部实行水量在线监控。完成国家年度最严格水资源管理制度考核,严格水资源论证工作,推进区域水资源论证评估。在黄河流域7个省区实行超载地区暂停新增取水许可。全面开展地下水管控指标确定工作,建立地下水水位变化通报督导机制,加强地下水保护和动态监管,河北实行了通报约谈制度。对全国调水工程开展摸底调查,有序推进26条跨省重要江河水资源统一调度。

2020年,江河湖泊监管力度加大。制定河湖长履职规范,压紧压实责任,强化正向激励,推动河湖长"有名""有实""有能"。推动河湖"清四乱"常态化规范化,加强日常巡查监管和进驻式暗访督查,累计清理整治"四乱"问题16.4万个。公布全国河道采砂管理2455个重点河段、敏感水域相关责任人名单,规范涉河建设项目和采砂管理。开展黄河岸线利用项目、河道采砂等专项整治,完成长江干流岸线利用项目清理整治,腾退长江岸线158千米。长江经济带小水电清理整治任务基本完成,退出电站3528座,2.1万多座电站落实生态流量目标。基本完成规模以上河湖划界工作,建立河湖健康评价体系,建成18条示范河湖。水利风景区生态质量和文化内涵稳步提升。

2020年,水土保持监管持续强化。制定水土保持监测、信用监管、问题认定及责任追究等制度,基本形成水土保持强监管制度体系和监管督查常态化机制。完成水土流失动态监测全覆盖,首次实现人为水土流失遥感监管全覆盖,认定并查处违法违规项目3.8万个,遥感监管范围较上年增加60%,违法违规项目数量减少28%。首次开展水土保持信用监管,黄委、太湖局和重庆、贵州、广东等省份实行"重点关注名单"和"黑名单"管理,形成强大震慑。进一步完善水土保持技术标准体系,创新性地提出水土保持率概念并研究确定计算方法,已纳入美丽中国建设评估指标及黄河流域生态保护和高质量发展的约束性指标体系。

3. 林业和生态系统

2020年,全民义务植树创新发展。义务植树尽责形式不断丰富拓展,各级各类义务植树基地体系逐步完善,"互联网+全民义务植树"持续推开,"云端植树""码上尽责"让广大公众足不出户就能履行植树义务。全民义务植树网年访问量突破2400万人次,网络捐资企事业单位达640多家,线上发布项目60多个,发放尽责证书860多万张。2020年,22个省份积极动员部署统筹做好疫情防控和春季造林绿化工作进行。北京市率先建成国家、市、区、街乡、社村等5级"互联网+全民义务植树"基地,方便市民身边尽责。上海市连续6年举办市民绿化节,选择认种认养尽责方式的参与人数和捐赠金额分别比2019年增长57%和134%。吉林省开展"全民共建绿美吉林"主题月活动,规划建设89个"互联网+全民义务植树"基地。其他各省份,结合当地实际,积极开展植抗疫林、天使林、健康林、英雄林、民族团结林等造林活动。2020年,草原保护修复有力加强。编制全国草原保护修复和草业发展规划,印发《全国草原监测评价工作指南》。出台《草原征占用审核审批管理规范》,明确征占用生态保护红线内草原的限制条件,严格限制建设项目征占用基本草原。启动首批国家草原自然公园试点建设39处,覆盖11省(区)14.7万公顷草原。启动人工种草生态修复试点。落实草原禁牧8200万公顷、草畜平衡1.74亿公顷,天然草原综合植被盖度达56.1%,天然草原鲜草总产量突破11亿吨。在全国范围开展以"依法保护草原 建设美丽中国"为主题的草原普法宣传月活动。

2020年,湿地保护修复持续强化。实施一批湿地保护修复项目,扎实推进红树林保护修复专项行动,开展国际重要湿地生态状况监测,印发《中国国际重要湿地生态状况》白皮书。发布《2020年国家重要湿地名录》,新增国家重要湿地29处。80处国家湿地公园试点通过验收,国家湿地公园建设成效明显。加大云南抚仙湖国家湿地公园生态保护修复力度,水质常年保持在Ⅰ类。加大广州海珠国家湿地公园投入力度,形成千亿元级产业集群,成为绿水青山就是金山银山的生动实践。目前,全国湿地保护率达50%以上。

2020年,防沙治沙扎实推进。制定实施《国家林业和草原局创建全国防沙治沙综合示范区实施方案》《全国防沙治沙综合示范区考核验收办法》,高质量推进示范区建设。开展荒漠生态补偿研究,推动建立荒漠生态补偿机制。完成省级政府"十三五"防沙治沙目标责任中期督促检查。在内蒙古、青海等黄河流域5省(区)启动实施了规模化防沙治沙试点项目,建设沙化土地封禁保护区13个。目前,全国沙化土地封禁保护区面积扩大到177.17万公顷,荒漠化沙化面积和程度持续降低。开展第六次荒漠化和沙化监测,全国30个监测省(区、市)已基本完成外业调查,建立现地图片库46.53万个,采集照片近190万张。

2020年完成天保工程建设任务24.6万公顷,天然林保护范围扩大到全国,基本实现把所有天然林都保护起来的目标。退耕还林还草、退牧还草工程分别完成建设任务82.7万公顷和168.5万公顷。长江、珠江、沿海、太行山等4项重点防护林工程完成营造林32.9万公顷。三北工程完成营造林47.4万公顷,11个百万亩防护林基地和3个规模化林场试点稳步推进。京津风沙源治理工程完成营造林18.5万公顷,固沙0.7万公顷。石漠化综合治理工程完成营造林24.7万公顷,探索出一条"封、造、改、迁、建、扶"的综合治理新路。建设国家储备林44.8万公顷。支持地方开展红树林生态修复。完成水土流失治理 6 万千米^2，其中国家水土保持重点工程治理 1.34 万千米^2。因地制宜布设农田防护林网，提高农田抵御自然灾害的能力。

4. 海岸带及相关海域

2020 年，生态环境部继续实施水污染防治行动和海洋污染综合治理行动，大力推进"美丽河湖""美丽海湾"保护与建设，推动重点流域、湖泊生态保护修复，持续推动城市黑臭水体治理，加强入河（海）排污口监督管理，推进乡镇级集中式饮用水水源保护区划定。加强陆海统筹，继续开展渤海入海排污口溯源整治，加强海洋垃圾污染防治监管。深入开展土壤污染防治行动，完成重点行业企业用地土壤污染状况调查成果集成与上报，持续推进农用地分类管理，严格建设用地准入管理和风险管控，推进重点地区开展化工园区地下水环境状况调查评估，继续推进"无废城市"建设，开展黄河流域"清废行动"，继续强化重点行业重点区域重金属污染防治。

2020 年，健全区域流域海域生态环境管理体制，建立地上地下、陆海统筹的生态环境治理制度。推动省以下生态环境机构监测监察执法垂直管理制度改革落实落地，切实按照新体制运行，做到真垂改，释放改革红利。鼓励地方探索开展区域环境综合治理托管服务模式和生态环境导向的开发模式试点。推动建立完善生态产品价值实现机制和重点流域生态补偿机制。

5. 城市领域

2020 年，持续推进森林城市建设，编制完成京津冀、长三角、中原、关中平原等 4 个国家级森林城市群发展规划，加快沿大江大河森林城市带和雄安新区全国森林城市示范区建设。发布 2019 年度国家森林城市动态监测结果。新增 66 个城市开展国家森林城市建设，开展国家森林城市建设的城市达 441 个。加强国家园林城市动态管理，持续推进海绵城市建设。城市人均公园绿地面积达 14.8 米^2。印发《城镇绿道工程技术标准》，科学开展绿道建设，全国建成绿道近 8 万千米。

2020 年，建设"无废城市"促高质量发展。"无废城市"是以创新、协调、绿色、开放、共享的新发展理念为引领，通过推动形成绿色发展方式和生活方式，持续推进固体废物源头减量和资源化利用，最大限度减少填埋量，将固体废物环境影响降至最低的城市发展模式,也是一种先进的城市管理理念。为贯彻落实《国务院办公厅关于印发"无废城市"建设试点工作方案的通知》(国办发〔2018〕128号)要求,生态环境部组织各省(区、市)推荐"无废城市"候选城市,并会同相关部门筛选确定了"11+5"试点城市和地区[①]。自启动以来,各试点都在积极探索"无废城市"建设,"11+5"试点取得积极进展,并初步总结凝练出一批可复制可推广的示范模式和创新做法。

6. 气象领域

2020年,加强气候变化工作顶层部署。贯彻落实党中央国务院关于应对气候变化的重大决策部署,组织编制应对气候变化"十四五"发展规划。积极参与编制国家应对气候变化"十四五"专项规划,推进相关任务纳入国家布局。认真落实国家应对气候变化及节能减排工作领导小组有关工作,切实加强与发改委、科技部、生态环境部等部门合作,推动将重点区域生态环境气候变化适应能力建设任务纳入国家相关重大工程。制定实施年度工作计划,推进省级应对气候变化支撑体系建设。

2020年,强化气候变化科技支撑服务。推进气候变化影响评估工作,完成了8个区域共135万字的第二次区域气候变化评估报告编制,为提高气候变化适应的科学认识、制定适应气候变化政策措施等提供重要科学依据。合作完成了第四次国家气候变化评估报告、《中国气候与生态环境演变:2021》等,为国家和地方应对全球气候变化提供重要的决策依据。稳步推进全球和区域模式研发,深入开展检测归因研究,强化基础数据建设,加强全球气候治理关键问题研究。

2020年,提高应对气候变化决策支撑保障能力。积极做好国家气候变化专家委员会支撑工作,针对全球应对气候变化新形势与对策分析、我国二氧化碳达峰与碳中和宣言及国内外反响、国家自主贡献等关键议题,完成咨询报告

---

① 11个试点城市分别为广东省深圳市、内蒙古自治区包头市、安徽省铜陵市、山东省威海市、重庆市(主城区)、浙江省绍兴市、海南省三亚市、河南省许昌市、江苏省徐州市、辽宁省盘锦市、青海省西宁市;5个地区分别为河北雄安新区(新区代表)、北京经济技术开发区(开发区代表)、中新天津生态城(国际合作代表)、福建省光泽县(县级代表)、江西省瑞金市(县级市代表)。

2份。参与组织生物多样性和生态系统服务政府间科学政策平台（IPBES）交流会议。扩展完善气候变化报告体系建设,组织发布了《中国气候变化蓝皮书(2019)》《2019年中国气候公报》《温室气体公报2019》和38期《气候变化动态》,联合社科院出版了《应对气候变化报告(2020):提升气候行动力》,参与编写《长江治理与保护报告》,10个省(区、市)气象局发布了气候变化监测公报。

7. 应对自然灾害领域

2020年,面对多地罕见雨情汛情灾情,应急管理部积极履行国家防办职能,提请国家防总16次启动应急响应,其中2次启动Ⅱ级应急响应共维持24天;充分发挥应急管理部门综合优势和有关部门专业优势,加强统筹协调,把人员转移避险摆在突出位置,提前预置力量,科学高效组织抢险救援;会同有关部门建立救灾资金和物资快速调拨机制,有序开展救灾救助。经过各方面共同努力,因灾死亡失踪人数和倒塌房屋数量较近5年均值分别下降52.7%和47.0%。

2020年,加快构建应急管理能力体系。国家综合性消防救援队伍加速转型升级,新组建地震灾害救援队461支,建设"10＋2"森林消防综合应急救援拳头力量;推进国家航空应急救援体系建设,会同民航等有关方面健全航空应急联动保障机制;建成"国家应急指挥综合业务系统",实现灾害事故信息报送"一张网"、指挥调度"一键通";推动健全统一的应急物资保障体系,搭建应急资源管理平台,实现应急物资全程监管、溯源和一物一码精细化管理;推动提高自然灾害防治能力,部署开展第一次全国自然灾害综合风险普查;"应急一张图"持续升级,危化品重大危险源、煤矿和三等以上尾矿库全面联网监测。

(二)减缓气候变化主要进展

我国一直高度重视通过减缓措施应对气候变化,在减少碳排放、优化能源结构、增加碳汇、加强温室气体与大气污染物协同控制、推动低碳试点和地方行动等方面持续采取一系列措施,取得积极成效。

1. 减少碳排放

2020年,全国万元国内生产总值二氧化碳排放下降1%,万元国内生产总值能耗①比上年下降0.1%。近年来中国单位国内生产总值(GDP)能耗不断下降,2015—2020年,单位GDP能耗分别下降5.3%、4.8%、3.5%、3.0%、2.6%和0.1%(图4.1)。历年降低幅度有所减缓,2015—2020年平均降幅为3.2%,2020年的降低幅度减缓更多,与我国力争2030年前实现碳达峰,2060年前实现碳中和有关。

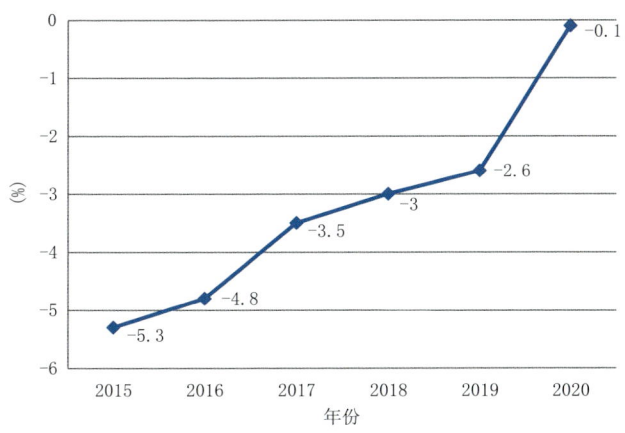

图4.1 2015—2020年万元国内生产总值能耗降低率(单位:%)

(数据来源:2020年国民经济和社会发展统计公报)

2020年,天然气、水电、核电、风电等清洁能源消费量占能源消费总量的24.3%,上升近1.0个百分点。2014—2020年清洁能源消费量占能源消费总量的比重逐年上升,分别为17.0%、18.0%、19.5%、20.8%、22.1%、23.4%、24.3%(图4.2),清洁能源比重呈明显稳步提升,能源消费结构不断优化。

2. 增加森林碳汇

2020年全年完成造林面积677万公顷(图4.3),种草改良面积283万公顷。截至年末,国家级自然保护区474个。新增水土流失治理面积6.0万千

---

① 万元国内生产总值能耗降低率=[(本年能源消费总量/本年国内生产总值)/(上年能源消费总量/上年国内生产总值)−1]×100%。

万元国内生产总值能耗按2015年价格计算,根据第四次全国经济普查结果对历史数据进行了修订。

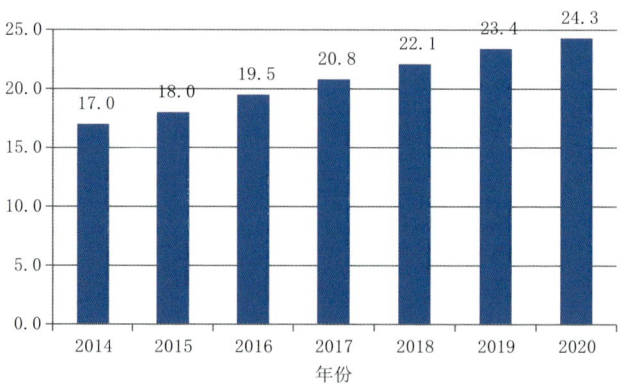

图 4.2　2014—2020 年清洁能源消费量占能源消费总量的比重（单位：%）

（数据来源：2014—2020 年国民经济和社会发展统计公报）

米^2。到 2020 年，全国森林面积达到 2.2 亿公顷，森林覆盖率达到 23.04%，森林蓄积量达到 175 亿米^3。

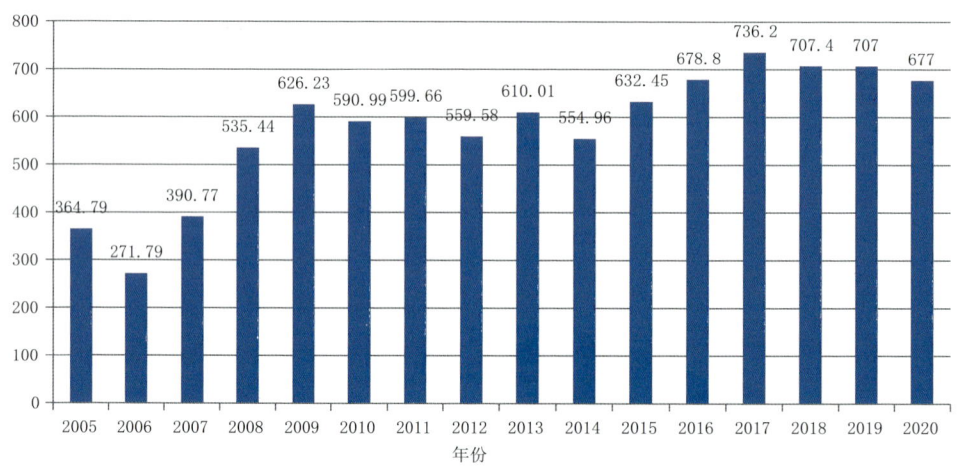

图 4.3　2005—2020 年全国造林面积（单位：万公顷）

（资料来源：2005—2020 年中国国土绿化状况公报）

3. 全国碳排放交易市场

碳排放权交易是利用市场机制控制和减少温室气体排放、推动绿色低碳发展的一项重大制度创新。中国从 2011 年开始在北京、天津、上海、重庆等 7

个地方开展了碳排放权交易试点工作,为全国碳市场建设积累了经验。截至2020年底,7个试点碳市场完成交易量4297万吨,比2019年翻一番。其中交易量最多的是广东碳排放交易所,达到1949万吨,占比45.36%;其次是湖北和天津,占比分别达到33.09%、12.1%;其余碳排放交易所的交易量相对较小(图4.4,图4.5)。有效推动了试点省市应对气候变化和控制温室气体排放工作,为我国正在积极推进的全国碳市场建设积累了宝贵经验。

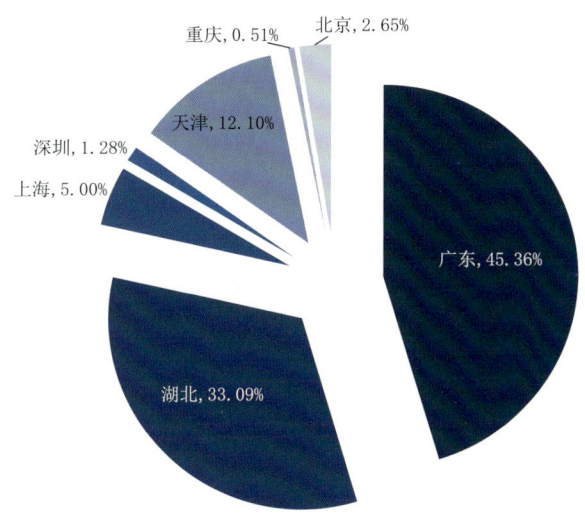

图4.4 2020年7个试点碳市场交易量占比情况

(数据来源:中国碳排放交易网)

(三)应对气候变化科技进展

应对气候变化气象科技工作,在气候变化监测归因、气候变化影响评估、适应性分析、决策支撑等方面关键技术取得明显进展,气象部门在应对气候变化工作中,持续为应对气候变化决策提供科技支撑。2020年,中国气象局贯彻落实党中央国务院关于应对气候变化的重大决策部署,组织编制应对气候变化"十四五"发展规划,参与编制国家应对气候变化"十四五"专项规划,推进了气象部门应对气候变化支撑体系建设。

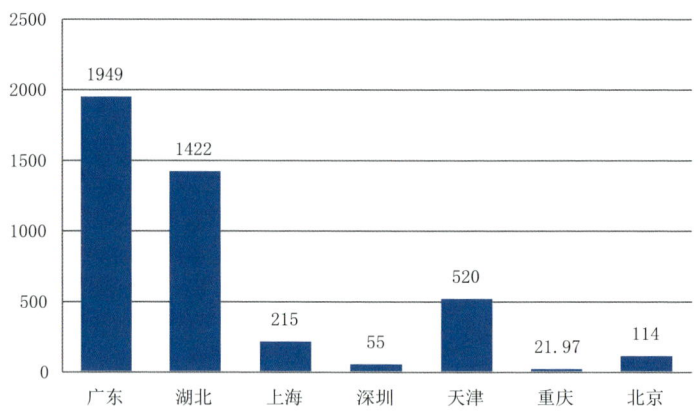

图 4.5　2020 年 7 个试点碳市场交易量情况（单位：万吨）

（数据来源：中国碳排放交易网）

1. 应对气候变化关键核心技术进步明显

气候模式性能进一步改进。高分辨率气候模式和第二代气候预测系统总体性能达到国际先进水平。基于新一代高分辨率气候系统模式建立了次季节—年一体化的第三代气候预测模式系统（BCC-CPSv3），大气模式全球分辨率达到 45 千米，提升了对春、夏季全球环流系统的预报性能，对全球海温预报技巧较高，针对东亚夏季风、中国降水和气温的预报能力高于当前业务系统。中国多模式集合预测系统（CMME1.0）正式投入业务化运行后，为基本气候要素和全球主要气候现象集合预测业务提供了可靠的数据支撑。CWRF 高分辨率区域气候模式气候预测系统取得新机制，开展 2020 年汛期（6—8 月）及冬季（12 月—翌年 2 月）气候趋势预测，为冬奥会提供冬季预测意见。延伸期平均气候预测产品和全球未来 8 候环场预测检验一体化产品完成建立，实现东亚重要环流预测系统业务化。

气象灾害风险（预）评估模型产品成果丰硕。研究开发了面向气象灾害损失评价的多维灾体模型、台风灾害风险预评估检验模型、流域水资源预估模型、洪水风险预估模型等，初步实现了对台风、暴雨、流域洪峰等重大灾害的风险预评估，决策服务成效显著。

气候变化研究深入开展。进一步凸显在气候变化检测归因研究领域的领先地位。全球极端事件长期变化和中国重大极端事件归因研究取得重要进展,实现了对自然和人为因子相对贡献的量化。完成2019年中国西南地区春夏降水异常事件的归因研究,开展中国重点区域未来极端气候事件及风险预估,为黄河流域、长江经济带、雄安新区、川藏铁路建设等区域发展提供了科技支撑,科技能力不断提升;参与政府间气候变化专门委员会(IPCC)第六次评估进程,组织完成IPCC第六次评估报告(AR6)第一工作组报告政府评审工作及联合国气候变化框架公约线上活动,从科技角度强化全球气候治理。合作完成了《第四次国家气候变化评估报告》和《中国气候与生态环境演变:2021》等科学评估报告的编制,完成了8个区域的第二次区域气候变化评估报告编制,科技支撑国家和地方应对全球变暖工作。

2. 应对气候变化基础支撑能力明显提升

推进国家气候观象台建设。国家气候观象台是气候系统多圈层(包括大气圈、水圈、冰雪圈、岩石圈和生物圈)及其相互作用进行长期、连续、立体观测的国家级地面综合气象观测站,也是开展相关领域科学研究、开放合作和人才培养的平台。2020年,《中国气象局国家气候观象台建设发展方案(2020—2025年)》通过专家评审,从科学目标、建设要点、设计思路、数据产品质量控制流程、业务转化和保障体制机制等方面,对发展方案提出指导性意见,为进一步加强国家气候观象台建设奠定基础。河北启动建设以"一主八辅"为空间布局的雄安新区国家气候观象台,通过采集气象观测数据,为雄安新区城市、林地、农田、湿地等提供系统性全方位的综合观测;湖南积极推进岳阳国家气候观象台建设,初步形成沿长江航道岳阳段、东洞庭湖、湘江湘阴段的气象监测精密能力;山东启动长岛国家气候观象台建设,西藏开展墨脱、日喀则国家气候观象台建设,成立学术委员会,编制建设发展方案;河南以研究型业务为抓手大力推进安阳国家气候观象台建设。此外,江苏、湖北、广东、海南、云南、甘肃等地也大力加强气候观象台建设。

深化卫星遥感气候产品研制。初步建立了包括生态模拟、生态预测、气候监测评估、草地生态系统服务功能与价值评估等模块的生态系统预测及影响评估业务系统。统筹整合10米分辨率全国土地利用分类数据、中等分辨率长时间序列卫星数据、生态模型模拟数据、生态系统服务功能评估及气候生态要素数据，初步构建绿水青山一张图。

稳步提升生态文明保障能力。组织推进生态气候模式研发，初步建立月一季尺度的生态气候预测和影响评估业务系统，实现全国10千米月尺度草地、森林生态气候监测评估。

2020年，中国气象局扩展完善中国气候变化公报体系建设，与中国社会科学院生态文明研究所联合编写了2020年度气候变化绿皮书——《应对气候变化报告（2020）：提升气候行动力》；发布了《中国气候变化蓝皮书（2020）》和《2020年中国气候公报》，得到决策部门、业内专家及媒体的高度关注，科技助力国家应对气候变化能力逐步提升。

3. 气候影响评估和气候可行性论证工作持续推进

2020年，气候影响评估和气候可行性论证工作持续发展。系统开展了气候与农业、气候与水资源、气候与能源、气候与植被、气候与交通、气候与大气环境、气候与人体健康等领域的气候影响评估工作（图4.6），相关成果通过《2020年中国气候公报》《2020年全国生态气象公报》和《中国气候变化蓝皮书》等向社会公布。

加强气候可行性论证能力建设。完成"一个平台，两个系统"建设，印发风电场群对局地气候影响评估等3个技术指南。推动25个省（区、市）政府将气候可行性论证纳入区域性评估制度，完成251项开发区、485项重大规划和重点工程的气候可行性论证，完成7个气候资源评价标准编制。探索建立宜居、宜业、宜游气候生态评估技术和标准体系。

气候资源保护与开发利用助力乡村振兴。组织建立风能太阳能资源实时监测评估业务，建立精细化到村的太阳能扶贫电站预报业务，为国家新能源消纳工作提供季度趋势预测。完成2019年太阳能光伏扶贫年景评估工作报告。为风电场太阳能电站提供选址评估和预报服务累计2185个。

制定"中国天然氧吧""中国气候好产品""国家气象公园"评价管理规范，"中国天然氧吧"和"中国气候好产品"获得中国气象局授权准入。2020年中国

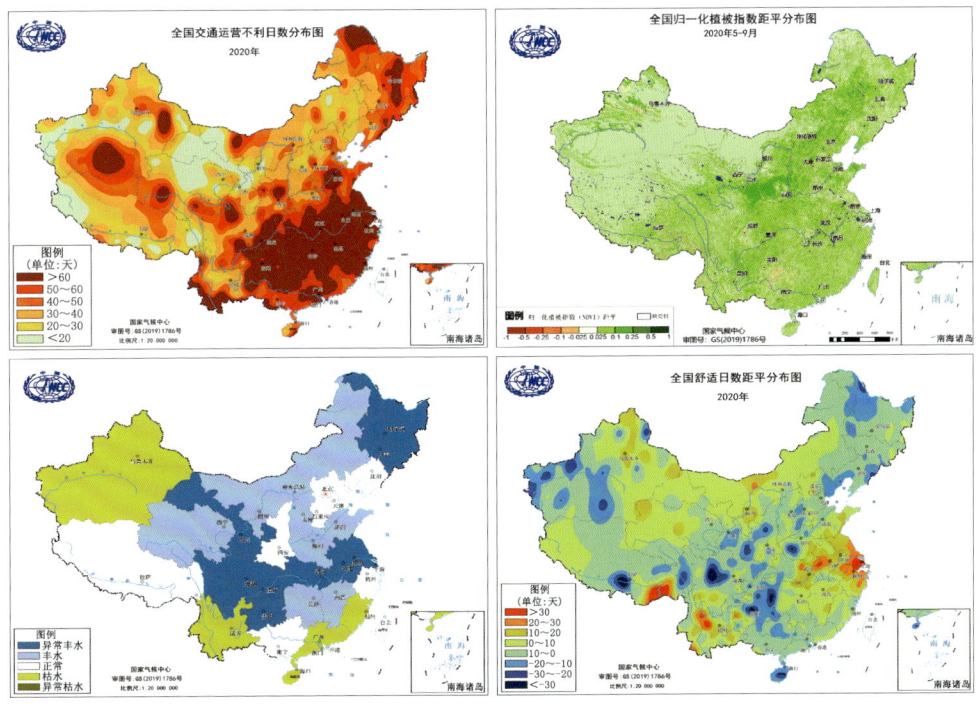

图 4.6　气候影响评估（交通、植被、水资源、人体舒适日数）

（资料来源：国家气候中心）

气象局公共气象服务中心、中国气象服务协会、成都信息工程大学等单位联合发布了《2020 中国天然氧吧绿皮书》，全国新增 79 个"氧吧"地区（表 4.1），是

表 4.1　全国天然氧吧、气候标志县、气候宜居城市认证进展

年份	天然氧吧市县总数（个）	气候标志市县总数（个）	气候宜居城市总数（个）
2016	9	—	—
2017	19	—	—
2018	36	23	3
2019	51	2	2
2020	79	—	4
总计	194	25	9

数据来源：中国气象服务协会，国家气候中心。

2016年以来历史最多年,其中云南共有18个县市获评该称号,占总数的22.8%,其中红河州有12个县市获评,占云南省总数的66.7%。其余县市主要分布在东北、华北、东部南部沿海及西南大部。启动国家气候标志评价业务管理平台建设,进一步加强"寻找避暑旅游目的地""气候养生康养地"等创建评选工作。

4. 应对气候变化决策科技支撑能力进一步提升

积极做好国家气候变化专家委员会支撑工作,针对全球应对气候变化新形势与对策分析、我国二氧化碳达峰与碳中和宣言及国内外反响、国家自主贡献等关键议题,完成咨询报告2份。参与了组织生物多样性和生态系统服务政府间科学政策平台(IPBES)交流,参与编写《长江治理与保护报告》,10个省(区、市)气象局发布了气候变化监测公报。

围绕国家重大战略需要,开展疫情防控、东非蝗虫灾害、脱贫攻坚、长江中下游持续强降水、阶段性气象干旱、东北台风三连击、湄公河流域水资源、厄尔尼诺与拉尼娜、全球高温等研究,为党中央、国务院及各级政府部门提供决策咨询服务材料。2020年共编辑发布《气候变化研究进展》6期。

5. 参与国际应对气候变化能力显著增强

2020年,全力克服新冠肺炎疫情带来的影响,圆满完成2次IPCC全会、2次主席团会议,2名中国作者入围综合报告编写,会议决议充分接纳中方意见,在气候外交中维护国家利益。高效完成IPCC工作组报告政府和专家评审,组织科研机构、高校和气象部门的140余位专家参与审议,汇总意见1400余条,凝炼提交中国政府意见63条,为维护评估报告的全面性、科学性和平衡性作出中国贡献。提名30位中国专家为IPCC排放因子数据库编辑委员会成员,我国气候变化领域的国际影响力和话语权进一步增强。科学支撑联合国气候变化框架公约(UNFCCC)谈判,完成相关议题谈判任务。

6. 气候变化培训工作持续开展

推进了气候变化科学知识进入教材,在大学课程中增加了"气候变化科学概论"优质课程,课程内容包括了气候变化事实、归因与预估、气候变化的影响与适应、气候变化减缓与可持续发展、气候变化国际谈判与中国的减排行动等领域的最新成果和进展。截至2020年,全国共有16所高校及科研院所开设了大气物理学与大气环境专业。

积极履行WMO区域培训中心职责,加强气候监测预测业务人员岗位素质和能力建设,2020年成功举办短期气候监测预测技术远程国际培训班、气候预测技术与应对气候变化国际培训班。围绕气象卫星服务"一带一路"建设及国家总体外交布局,开展风云卫星产品应用国家培训,来自92个国家和地区的700多名学员参加培训。

7. 地方适应气候变化影响科技支撑能力增强

2020年,各省份气候变化影响适应于科技支撑能力提升明显,展示了气象部门在地方应对气候变化科技支撑服务中的积极作为。全国31个省(区、市)依托气候变化工作团队或工作组,积极参与中国气象局气候变化专项项目,为地方经济发展和应对气候变化决策提供科技支撑的力度加大、范围更广、成效显著。

2020年,各地加快推进气候变化影响评估和气候可行性论证工作。河北、山西、浙江、河南、广西、江西等地印发了区域性气候可行性论证工作管理办法或实施意见,内蒙古、吉林、湖北、湖南、广东、云南、陕西、甘肃、新疆等地加强气候可行性论证管理,有力规范了区域性气候可行性论证工作,高质量完成了经济开发区、工业园区及大型工程项目等区域气候可行性论证,并发布区域气候变化评估报告。河北、湖北开发了气候可行性论证通用系统,提高应对气候变化科技支撑能力。河南15个省辖市政府将区域性气候可行性论证纳入《工程建设项目区域评估工作方案》,气象部门先后与129个开发区建立了管理服务联络机制。江苏推进开发区气候可行性区域评估,60余个开发区已和评估单位洽谈,已签约开展评估20家,已经有15个评估报告通过评审。北京发挥卫星遥感监测技术优势,制定水体和植被生态气象监测评估系统方案,西安、长春两地开展了城市气候可行性论证。

气候品质评估工作稳步推进。2020年,天津、河北、山西、内蒙古、辽宁、黑龙江、河南、湖南、广西、四川、贵州、云南、甘肃等地开展当地特色农产品气候品质评估认证,打造气候好产品,提升农产品附加值,助力地方形成增收服品牌。福建新认定两批28个"清新福建·气候福地",14家茶企获气候品质"特优"贴标。江西农产品气候品质评价首次纳入江西省有机产品认证示范区创建考评体系,初步完成农产品气候品质评价规范技术指南、业务流程,探索推进与农产品质量可追溯平台对接。重庆编制了《优质气候品牌评价管理办法》,进一步规范气候好产品评估工作。

省级气候变化科技支撑能力不断提升。内蒙古进一步加强专业气象服务能力,风能、太阳能精细化预报服务能力增强,市场占有率稳中有升。海南初步形成了"1个重点实验室+3个气候观象台+1个野外科学试验基地"的海洋气象科技创新基地框架,开展临高风能太阳能资源普查及精细化评估。天津组建气候变化与弹性城市、大数据应用等6支创新团队,初步建成"3+2+X"科技创新体系。陕西组建气候监测预测和区域数值模式应用省级创新团队。甘肃积极应对气候变化,做好气候系统模式本地化应用,开展积雪、植被、干旱、水库面积、火情等生态遥感监测。推进卫星遥感综合应用,监测分析、森林草原火情火烧迹地遥感提取分析等高分卫星应用研究。各地加强制度规范建设,青海编制《气候变化观测工作青海实施方案》,宁夏印发落实《宁夏气候预测技术体系发展规划(2020—2025)》《宁夏气候预测技术体系发展规划》,研发客观化预报预测关键性技术,升级改进气候预测业务系统功能。新疆编写完成省级《气候业务手册》,加强新疆及中亚区域气候变化及其影响。

(四)气候资源开发利用气象保障

2020年,气象部门参与国家和地方风能、太阳能等新能源发展规划编制工作。实现风能太阳能预报系统业务化。完成全国1千米分辨率精细化太阳能资源评估,各地为1500余个风电场、太阳能电站做好选址评估和预报服务。开展光伏扶贫电站太阳能资源实时监测,为国家扶贫主管部门提供技术支撑。

1. 太阳能开发利用气象服务

(1)太阳能资源年辐射总量分布评估*

根据太阳能监测数据评估,2020年全国陆地表面水平面总辐射照量为1490.8千瓦时/米^2,较近10年(2010—2019年)平均值1475.5千瓦时/米^{2}偏高 1.03%，比 2019 年(1470.5 千瓦时/米^2)偏高 1.38%。

2020 年，我国西北大部、西南地区中南部、内蒙古大部、山西北部、河北北部、辽宁西部和东北部、吉林东北部等地年水平面总辐照量超过 1400 千瓦时/米^2，其中甘肃西南部、内蒙古西部、青海西部、西藏中西部及四川西部等地年水平面总辐照量超过 1750 千瓦时/米^2，太阳能资源最丰富。新疆大部、内蒙古大部、青海中东部、甘肃中部、宁夏、陕西北部、山西中北部、西藏东部、云南、海南西部等地年水平面辐照量 1400～1750 千瓦时/米^2，太阳能资源很丰富。西北东南部、内蒙古东北部、黑龙江大部、吉林大部、山西南部、河北中南部、北京、天津、黄淮、江淮、江汉、江南及华南大部年水平面总辐照量 1050～1400 千瓦时/米^2，太阳能资源丰富。四川东部、重庆、贵州中北部、湖南中西部及湖北西南部地区年水平面总辐照量不足 1050 千瓦时/米^2，为太阳能资源一般区。

从全国及各地区水平面总辐射年辐照量距平分布来看，大部分省(区、市)水平面总辐照量距平百分率接近于常年，辽宁、黑龙江偏大，其他地区偏小，其中浙江明显偏小。

(2)光伏发电增长明显

2020 年全国光伏新增装机 4820 万千瓦，其中集中式光伏电站 3268 万千瓦，分布式光伏 1552 万千瓦。从新增装机布局看，中东部和南方地区占比约 36%，"三北"地区占 64%。

2020 年，全国光伏平均利用小时数 1160 小时，平均利用小时数较高的地区为东北地区 1492 小时，西北地区 1264 小时，华北地区 1263 小时，其中蒙西 1626 小时、蒙东 1615 小时、黑龙江 1516 小时。

近五年，光伏发电累计装机量增长 232%，光伏发电量增长 292%，光伏发电行业整体呈现快速发展态势(表 4.2)。

(3)太阳能开发利用气象服务稳步开展

2020 年，从对光伏发电的影响来看，2020 年全国平均的固定式光伏电站首年利用小时数为 1342.49 小时，比近 10 年(2010—2019 年)平均值 1395.11 小时偏低 52.62 小时，比 2019 年(1339.03 小时)偏高 3.46 小时。

表 4.2 2011—2020 年光伏发电发展情况

年份	新增光伏发电装机量（万千瓦）	光伏发电累计装机量（万千瓦）	光伏发电量（亿千瓦时）
2011	196	212	6
2012	129	341	36
2013	1248	1589	84
2014	897	2486	235
2015	1732	4218	395
2016	3413	7631	665
2017	5311	12942	1166
2018	4421	17463	1775
2019	3022	20485	2238
2020	4820	25300	2605

数据来源：光伏行业协会前瞻产业研究院。

从全国近 13 万个原建档立卡贫困村太阳能资源变化来看，华北、华南、东北北部等地 2020 年的太阳能资源明显偏高，其中太阳能资源偏高的村占比约 20.6%，偏高百分比超过 5% 的村占比约 0.5%，最高值出现在黑龙江省漠河县兴安镇，距平百分率为 12.6%；西北、西南及东北大部 2020 年的太阳能资源明显偏低，其中太阳能资源偏低的村占比约 79.4%，偏低百分比低于 −5% 的村占比约 12.5%，最低值出现在西藏自治区比如县香曲乡，距平百分率为 −16.4%。

2.风能开发利用气象服务逐步深入

(1)全国风能资源年度评估

2020 年，气象部门利用全国陆地 70 米高度层水平分辨率 1 千米×1 千米的风能资源数据，得到 2020 年全国陆地 70 米高度层的风能资源年景。

根据风观测数据评估，2020 年全国陆地 70 米高度层平均风速均值约为 5.4 米/秒。大于 6 米/秒的地区主要分布在东北西部和东北部、华北平原北部、内蒙古中东部、宁夏中南部的部分地区、陕西北部、甘肃西部、新疆东部和北部的部分地区、青藏高原大部、云贵高原中东部、广西、广东沿海以及福建沿海等地,其中内蒙古中东部、新疆北部和东部的部分地区、甘肃西部、青藏高原大部等地年平均风速达到 7 米/秒,部分地区甚至达到 8 米/秒以上。山东北部和东部、华南大部、江浙沿海等地年平均风速也达到 5 米/秒以上,其他地区年平均风速不到 5 米/秒。

(2)全国风电发展势头强劲

2020 年,全国新增风电并网装机 7167 万千瓦(表 4.3)。其中陆上风电新增装机 6861 万千瓦、海上风电新增装机 306 万千瓦。从新增装机分布看,中东部和南方地区占比约 40%,"三北"地区占 60%。到 2020 年底,全国风电累计装机 2.81 亿千瓦,其中陆上风电累计装机 2.71 亿千瓦、海上风电累计装机约 900 万千瓦。

表 4.3　2011—2020 年风能发电发展情况

年份	新增风能发电装机量（万千瓦）	风能发电累计装机量（亿千瓦）	风能发电量（亿千瓦时）
2011	1763	0.46	741
2012	1296	0.61	1030
2013	1609	0.77	1383
2014	2320	0.97	1598
2015	3297	1.31	1856
2016	1930	1.47	2409
2017	1966	1.63	3034
2018	2059	1.84	3660
2019	2574	2.1	4057
2020	7167	2.81	4665

数据来源:光伏行业协会前瞻产业研究院。

3. 风能资源开发利用气象服务深入推进

2020 年,气象部门利用气象台站 2010—2020 年地面观测资料,统计分析 2020 年我国陆地 10 米高度层的风速特征,得出 2020 年全国地面 10 米高度层年平均风速较常年(2010—2019 年)偏小 1.55%,属正常略偏小年景,但分布不均,地区差异性较大。河南、安徽、甘肃、陕西、浙江、北京、宁夏、湖南等 10

个省（区、市）偏小，上海、江苏、青海、河北、山东5个省（市）明显偏小，广西、云南、四川、吉林、福建5个省（区、市）偏大，其他省（区、市）年平均风速属于正常年景。

2020年，青海、山东、浙江、江苏、甘肃、上海、宁夏、河南、新疆、河北、安徽、湖北、陕西、北京14个省（区、市）70米高度层年平均风速较常年偏小；福建、吉林、黑龙江、云南、广西5个省（区）偏大；其他省（区、市）与常年接近。绝大多数省（区、市）年平均风速和年平均风功率密度接近，偏小的区域主要分布在新疆西部、西藏东部、青藏大部、甘肃中西部、宁夏东部、辽宁中部、河北北部以及山东沿海地区；偏大的区域主要集中在云南北部和东部、贵州东南部、广西、广东西部和北部、黑龙江中北部的部分地区以及吉林东部等地，云南东部以及广西东部的部分地区年平均风速明显偏大。更好利用风电资源，降低碳排放量，有助于实现生态环境可持续发展。

三、评价与展望

中国是全球气候变化的敏感区和影响显著区之一，气候变化对中国粮食安全、水资源、生态、环境、能源、重大工程、经济发展等诸多领域构成严峻挑战。经过多年努力，我国应对气候变化工作取得了突出成效，不但彰显了我国负责任大国形象，更有力推动了国内经济发展方式的转变和实现可持续发展。气象部门立足于基础性科技型部门定位，持续为应对气候变化工作提供科技支撑，围绕气候变化监测预测、气候影响评估、气候变化决策、生态文明建设、气候变化科普等方面，为国家应对气候变化提供了"全链条"式的支撑服务，发挥了重要作用。然而，应对气候变化是一项长期任务，气象部门在应对气候变化关键技术领域，为国家应对气候变化和参与全球气候治理提供科技支撑还将继续加大力度。

立足"十四五"开局，应对气候变化已成为我国可持续发展的内在要求和推动构建人类命运共同体的责任担当，气象领域应从以下方面积极作为：一是聚焦国家重大战略部署，坚持问题导向，进一步加强科技创新驱动能力。着眼前瞻技术和自主创新研究,在地球系统模式发展、气候变化综合评估模式研发等方面重点发力,发挥应对气候变化在经济社会转型发展中的导向作用。二是突出全球视野,加强开放合作,提高气象部门气候变化科技支撑水平。以全球视野谋划和推动气候变化应对工作,发展全球气候业务,利用好国内外创新资源,着力构建全方位、多领域、多层次的开放合作新格局。三是强化气候变化人才培养,加强气候变化科学监测、数值模拟、决策预警等方面的基础设施建设,夯实"硬件"支撑和"软件"保障;加强高层次人才的引进与培养,全面提升人才队伍科技素质与水平。四是参与制定碳达峰行动方案,优化气候变化工作布局,加强应对气候变化科技能力建设,开展气候变化监测和适应对策研究,为国家实现碳达峰和碳中和目标提供气候科技支撑。五是参与联合国气候变化框架公约谈判,开展政府间气候变化专门委员会三个工作组报告政府评审等工作,支撑国家气候变化专家委员会围绕碳达峰开展决策咨询,为中国积极参与国际气候治理提供科技支撑。

第五章　气象保障生态良好[*]

生态环境气象保障是面向政府决策部门、社会公众、相关行业部门提供的与人民健康直接相关、与人类活动密切联系的大气环境质量监测、预报、预警、评估等气象服务保障活动。2020年,国家发展改革委、自然资源部印发《全国重要生态系统保护和修复重大工程总体规划(2021—2035年)》,明确提出要实施生态气象保障任务,增强气象监测预测能力及对生态保护和修复的服务能力。这是生态气象有关工程首次纳入国家规划,为推进生态气象保障能力建设提供了政策依据。

一、2020年生态环境气象保障概述

(一)生态气象保障融入国家顶层设计

2020年,《全国重要生态系统保护和修复重大工程总体规划(2021—2035年)》明确要求,完善生态气象综合观测体系,加强重大气象灾害和气候变化对生态安全的影响监测评估和预报预警。强化森林草原火灾预防和应急处置、沙尘暴预警及有害生物防治等气象保障服务。加强人工影响天气装备建设,提高生态修复型作业能力。中国气象局围绕上述要求,明确了重点建设任务。一是加强生态气象综合观测能力,计划在国家重点生态功能区、生态保护红

---

[*] 执笔人员:林霖

线、自然保护地等重点区域，针对各类生态系统以及气候变化敏感区不同下垫面的观测需求，建立以气候观象台和大气本底站为核心，以基准气候站和卫星遥感校验站为骨干，以基本气象站、应用气象观测站和其他气象观测站为辅助，与卫星遥感观测互补的天空地一体化生态气象综合立体观测体系。二是加强生态气象保障服务能力，将建立覆盖"山、水、林、田、湖、草、沙、气、海、城"各种生态类型，满足生态文明建设需求的国家、区域、省三级生态气象服务体系。三是加强生态修复型人工影响天气能力建设，重点提升青藏高原生态屏障区、黄河重点生态区、长江重点生态区、东北森林带、北方防沙带、南方丘陵山地带等六大生态功能区的常态化生态修复型人工影响天气保障能力和应急救灾型（森林草原灭火）人工影响天气应急服务能力。四是加强生态气象基础支撑能力建设，将从强化生态气象数据处理和应用能力、生态气象数值模式支撑能力、生态气象培训及科普能力三方面推进落实。此外，印发《生态气象业务服务能力建设实施方案（2020—2022年）》，明确到2022年初步建立面向需求、国省协同、点面结合的生态气象业务服务体系，强化核心技术攻关，坚持集约、协同、特色发展，大力提升生态文明建设气象保障服务能力。

（二）生态修复与保护气象服务保障初具规模

开展生态气候及遥感领域前沿核心技术研究和业务应用，建立叶面积指数（LAI）、净生态系统生产力（NEP）、净初级生产力（NPP）等生态系统关键要素预测业务。开发绿水青山"一张图"的三维展示平台，充分展示全国及不同区域空间格局与变化趋势。建立国省级协同的生态气象业务体系，推进陆地生态质量气象监测评估和气象灾害生态影响评估，24个省（区、市）试点开展气象灾害对生态质量的影响评估，为秦岭生态评估、黄河流域生态环境保护与高质量发展、长江三峡库区生态监测、极端事件对生态影响等提供气象保障服务。为"三线一单"编制和落地实施等提供生态气象服务。发布《2020年全国生态气象公报》，以及海河流域涵养水源、北方荒漠化区防风固沙、西南石漠化、祁连山区植被生态环境等精细化气象监测评估报告。开展全国植被覆盖度以及防风固沙能力气象影响分析，发布月度北方荒漠化区生态气象监测评估产品。发展生态景观气象预报,在青海、甘肃、江西、广西以及内蒙古等地开展生态气象服务。建立卫星遥感生态要素基础数据集,完善全国卫星遥感生态环境质量评估。

(三)大气污染防治攻坚战气象保障更加有效

2020年是"十三五"收官之年,受新冠肺炎疫情影响,排放强度有所降低,对完成目标起到了一定的"助推"作用。沙尘和霾天气过程预报准确、服务及时有效。中国气象局印发《国家级大气污染气候预测业务规范(试行)》,提升对秋冬季大气污染中长期防控的支撑能力。准确把握秋冬季霾和夏半年臭氧的总体趋势、污染过程的月内阶段性变化及重污染的发生区域。建立次季节至季节环境气象预测系统,增强次季节大气污染预测能力。做好京津冀及周边地区、长三角和汾渭平原等地区大气污染防治气象服务。发布《大气环境气象公报(2020年)》。中国气象局与生态环境部首次联合开展臭氧污染气象条件气候预测会商,联合发布《大气污染扩散气象条件预测》。

(四)生态修复型人工影响天气效果提升明显

2020年,继续围绕三江源、青海湖、祁连山、石羊河、天山、南水北调中线丹江口等生态重点保护区和主要流域源头,加强常态化人工增雨(雪)作业,促进了湖泊湿地面积扩大,草地生物量和覆盖度增加,生态系统涵养水分功能逐步恢复,水库库容增加、水电效益明显。针对四川凉山、云南大理、山西忻州、西藏林芝、河南新乡等地森林火灾以及东北、华南部分地区的区域性持续干旱,开展防扑火和抗旱人工增雨服务,取得良好效果,特别是在火灾扑灭、余火清理及防止复燃等方面发挥了重要作用。持续实施人工影响天气"耕云"行动计划,生态修复型作业覆盖近四分之三的国家重点生态功能区、全国近一半的大中型水库。紧密结合生态文明建设需求,在三江源、祁连山等生态修复型特定目标区开展作业,祁连山增水量达11.98亿吨。

(五)生态相关气候资源利用效益突出

近年来,气象部门持续开展宜居、宜游气候服务,先后推出了中国天然氧吧、国家气候标志、国家气象公园等系列生态气象品牌,助力地方生态旅游发展,为"美丽中国"建设增添气象元素,助力国家绿色发展战略实施。中国气象局制定印发《中国气象局国家气候标志评价工作管理办法(试行)》,规范国家气候标志评价类别、实施流程、评价标准。"避暑旅游目的地""中国天然氧吧"纳入第二批全国创建示范活动保留项目。开展"中国气候宜居城市(县)""中国天然氧吧""中国气候好产品(农产品)"等国家气候标志品牌评价活动。2020年,北京市延庆区等79个地区入选"中国天然氧吧"。《2020中国天然氧吧绿皮书》首次发布"氧吧"品牌效益指数,4个市(县)入选"中国气候宜居城市(县)",四川蒙顶山茶入选"中国气候好产品"。广西北海市、云南华坪县获评"中国避寒宜居地",重庆横山镇、四面山风景区及新疆特克斯县获评"中国气候康养地"。

二、2020年生态环境气象保障主要进展

(一)生态气象保障能力显著增强

1. 生态气象监测体系不断完善

积极参与全国环境监测网络建设,到2020年,气象部门已建成由酸雨监测站、环境气象站、大气成分监测站、沙尘暴监测站、大气本底站等共同组成的大气环境地面监测站网,建成了由7颗在轨运行的风云气象卫星和1颗碳卫星组成的大气环境监测星座,开展了温室气体、气溶胶、沙尘暴等观测。到2020年,全国建有345个酸雨观测站、28个沙尘暴观测站、270个大气成分观测站、1个全球大气本底站和6个区域大气本底站(表5.1),653个农业气象观测站,2488个自动土壤水分观测站、72个农业气象试验站。近5年来生态气象监测网站保持了基本稳定。

表 5.1 2003—2020 年气象部门大气污染相关观测站点与项目情况

年份	PM_{10}观测站	$PM_{2.5}$观测站	PM_1观测站	酸雨观测	主要大气污染物观测	沙尘暴观测	臭氧观测	紫外线观察站	大气成分站	全球大气本底站	区域大气本底监测站
2003				220		85	10	100		1	3
2004				277		94	9	121		1	3
2005				299		85	14	178	21	1	5
2006				513		86	18	178	73	1	6
2007				327			4	174	29	1	6
2008				330			20	203	35	1	6
2009				337			17	150	35	1	6
2010				342		29	22	164	28	1	6
2011				342		29			28	1	6
2012				365		29	36	157	28	1	6
2013				365		29	41	157	28	1	6
2014				365		29	48	168	28	1	6
2015	272	264	156	365	50	29	71	158	28	1	6
2016	45	264	156	376	50	29	53	164	28	1	6
2017	45	264	156	376	50	29	68	155	28	1	6
2018	45	264	156	398	50	29	53	111	168	1	6
2019	45	264	156	399	50	29	53	111	277	1	6
2020	45	264	156	345	50	28	60	108	270	1	6

数据来源：《气象统计年鉴》，2003—2020 年。全国气象观测站点（设施）数量统计表，统计截止日期：2020 年 12 月 31 日。

PM_{10}观测站、$PM_{2.5}$观测站、PM_1 观测站、主要大气污染物观测，延续 2019 年数据。

边界层气象观测能力加强，全国气象部门建有 120 个 L 波段雷达探空观测站，可提供每日 00 时和 12 时的秒级探空数据。156 部风廓线雷达组成的业务试验网，可实现垂直风场的分钟级全天候、连续观测。同时，中国气象局在卫星遥感监测方面也开展了大量的研究工作，并形成了一定的业务能力。基于风云极轨和静止气象卫星，开展霾（光学影像监测）、霾污染指数、霾光学厚度、雾、沙尘（光学影像、沙尘指数、沙尘光学厚度定量监测）等的实时监测，利用全球卫星的环境气象相关产品(二氧化氮、二氧化硫、二氧化碳、甲烷),定期开展中国区域大气空气质量、温室气体等时空分布和长期变化趋势的评估等。

卫星遥感生态监测能力水平显著提升。2020年进一步开展我国风云3D卫星产品质量检验评估和业务应用。初步建立了生态系统预测及影响评估业务系统,开发了生态模拟、生态预测、气候监测评估、草地生态系统服务功能与价值评估等功能模块。利用最新的10m分辨率全国土地利用分类数据,结合中等分辨率长时间序列卫星数据,生态模型模拟数据,生态系统服务功能评估以及气候生态要素数据,初步建立绿水青山一张图。2020年,制定水体、植被、沙尘、台风等遥感监测技术导则和监测业务规范。国、省两级遥感应用会商业务化、常态化开展,在洪涝、火情监测等方面发挥重要作用。国、省两级共发布各类监测报告近6000余期。升级全国天气遥感应用平台(SWAP)和生态环境遥感应用平台(SMART),增强业务监测服务能力。高分卫星产品气象保障服务稳步推进,带动气象部门高分应用能力提升。

2. 生态气象监测评估工作取得积极进展

2020年,组织推进了全国生态气象监测评估,国省级协同的生态气象业务体系初步建立,重要生态功能区和脆弱气象保障服务能力明显增强。卫星遥感围绕秦岭、黄土高原、黄河流域、密云水库等重点生态监测区和敏感区开展卫星遥感生态质量评估工作。组织推进生态气候模式研发,初步建立月-季尺度的生态气候预测和影响评估业务系统,实现全国10千米月尺度草地、森林生态气候监测评估。启动了水体、陆地植被、海表温度、绿潮等4项全国卫星遥感监测业务。组织编制2020年度国家级和省级生态遥感年报以及省级高分卫星应用年度报告。24个省份试点开展了气象灾害对生态质量的影响评估,14个省份积极为地方"三线一单"编制、生态保护红线划定等提供气象保障服务。青海、辽宁、黑龙江、贵州等省气象局联合相关部门开展自然资源资产离任审计。

3. 生态气象监测评估为生态文明建设提供科学支撑

根据评估,2020年全国大部地区气象条件较好,利于森林、草原、荒漠等植被和农作物生长,全国植被生态质量指数为68.4,较常年提高7.3%,生态质量处于较好和很好等级①的面积比例达68%。2020年全国植被净初级生产力②(NPP)和平均植被覆盖度③分别为457克碳/米² 和35.0%，较常年均值分别增加43克碳/米² 和3.0个百分点。与上年相比，2020年全国植被生态质量指数增加1.2%，其中全国植被净初级生产力增加26克碳/米²，但植被覆盖度减少0.1个百分点。新疆北部、西藏西部、内蒙古西部、甘肃中西部、陕西北部、吉林大部、黑龙江西部等地植被生态质量指数下降3%~15%，植被覆盖度减少2.0~10.0个百分点，阶段性高温干旱、低温以及局地暴雨洪涝、台风等灾害是造成其降低的主要原因。

2000—2020年全国92.6%的区域植被生态质量指数呈提高趋势，中东部大部地区平均每年增加0.25~1.5个百分点，植被生态质量明显改善。植被净初级生产力和覆盖度也呈增加趋势，中东部大部地区植被净初级生产力和覆盖度平均每年分别增加2.5~12.0克碳/米² 和0.25~0.9个百分点；但四川南部、云南北部、西藏中部等地受2000年以来降水量呈减少趋势等影响，植被生态质量指数呈下降趋势。整体来看，2000—2020年全国植被生态质量指数实现了"三级跳"，2012—2020年植被生态质量指数较2000—2001年、2002—2011年两个阶段明显提高，2020年为2000年以来最高（图5.1）。

4. 生态系统气象影响评估稳步推进

全国主要生态系统气象影响评估结果表明，2020年全国林区气象条件总体偏好，林区植被生态质量指数和固碳释氧量达2000年以来最高；全国草原区大部降水偏多，水热条件利于牧草生长，草原植被净初级生产力达468.9克碳/米²，产草量为2000年以来最高；全国农区气象灾害影响总体偏轻，加之农

---

① 植被生态质量等级：以植被生态质量指数的距平百分率表示（＜−10%，生态质量很差；−10%~−3%，生态质量较差；−3%~3%，生态质量正常；3%~10%，生态质量较好；＞10%，生态质量很好）

注：植被生态质量指数：以植被净初级生产力（NPP）和覆盖度的综合指数来表示，其值越大，表明植被生态质量越好。本指数来源于GB/T 34814—2017。

② 植被净初级生产力：绿色植物在单位面积、单位时间内所能累积的有机物数量，一般以每平方米干物质的含量（克碳/米²）来表示，简称植被NPP。

③ 植被覆盖度：植被地上部分垂直投影面积占地面面积的百分比。

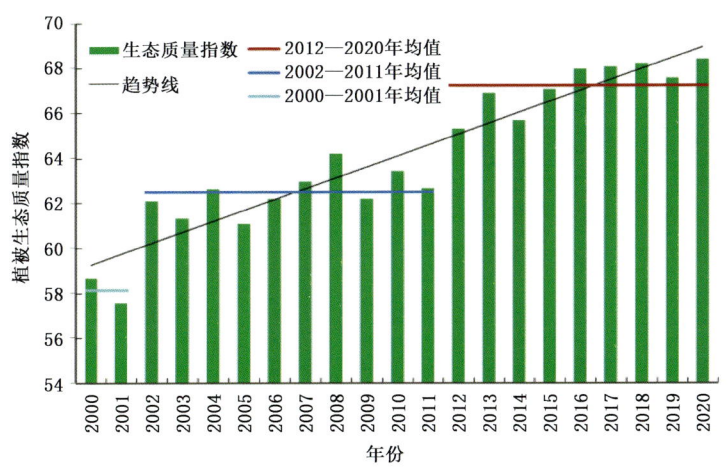

图 5.1　2000—2020 年全国植被生态质量指数变化
(资料来源：中国气象局，《2020 全国生态气象公报》)

业措施得力，全国粮食平均单产创 2000 年以来新高，全年粮食喜获丰收；北方地区 2020 年高度和极易起沙尘等级的面积比例较 2019 年减少 1.5 个百分点，荒漠化地区大部生态持续向好。

(1) 全国农业气象条件较好

2020 年全国农区气象条件较好，粮食单产达 2000 年以来最高。全年农区主要生长季(3—10 月)≥0℃积温较常年同期增加 207.2℃·日，降水量较常年偏多 109.2 毫米，日照时数接近常年，灾害影响总体较轻，有利于农作物生长发育和产量形成。特别是东北地区、华北、黄淮等主要产粮区热量充足，大部降水偏多，加上农业防灾减灾、增产增收等措施的有力实施，保障了 2020 年全国粮食平均单产再创新高。2000—2020 年全国农区平均植被覆盖度呈上升趋势，平均每年增加 0.46 个百分点，农区植被覆盖度的增加对提升农田生态系统生产力、绿化地表、增强农田生态系统稳定性等起到重要作用。2020 年全国农区平均植被覆盖度达 52.8%，创 2000 年以来最高，较 2000—2009 年平均水平增长 6.9 个百分点，较 2010—2019 年平均水平增长 2.7 个百分点。

(2) 全国林区气象条件偏好

2020年全国大部林区气温正常偏高、降水略偏多,林区植被生态质量好于常年,全国林区植被生态质量指数整体较常年偏高7.3%,其中植被净初级生产力整体偏高7.6%。与2019年相比,2020年全国林区植被生态质量指数偏高3.8%,其中江西、辽宁林区植被长势较好,净初级生产力较2019年分别上升13.8%、12.7%。但2020年内蒙古东北部、吉林东部等林区气温较2019年偏低,热量略有不足,且夏季大部林区出现不同程度旱情,不利于林区植被生长,生态质量有所下降;西南地区东部2020年受冬、春干旱的影响,林区植被长势偏差,大部林区植被生态质量指数较2019年偏低3%～10%。总体来看,2020年全国林区植被生态质量指数和固碳释氧水平达2000年以来最高。

(3)全国草原区水热条件偏好

2020年全国大部草原区主要生长季(4—9月)降水量较常年和2019年同期偏多,其中内蒙古中部和东部、青藏高原大部等草原区偏多3～5成,有利于牧草生长;全国大部草原区热量条件好于常年和2019年同期,特别是2020年春季和秋季气温偏高,牧草返青早、黄枯推迟,有利于牧草产量提高。甘肃西部、内蒙古西部、西藏西部以及新疆北部等部分草原区2020年降水偏少3～5成,出现了阶段性干旱,牧草生长受到一定影响。草原生态气象模型综合估算结果表明,2020年全国草原牧草长势总体好于2019年,产草量较2019年增加1.8%,达2000年以来最高,其中内蒙古中部、西藏中北部、青海南部等地产草量较2019年增加3～8成。但新疆北部、甘肃西部、西藏西南部等地受阶段性干旱的影响,牧草产量出现不同程度减产。2020年全国草原区平均植被净初级生产力达468.9克碳/米^2,较常年偏高10.7%,达2000以来最高,其中2012年以来全国草原区植被净初级生产力较2000—2001年、2002—2011年平均水平分别提高19.2%、10.1%。草原区植被净初级生产力明显增加的区域主要位于内蒙古东部、东北地区西部、华北西部、西北地区东部等地。

(4)荒漠化地区大部生态持续向好

2020年北方大部地区降水偏多,为植被生长提供了较好的水分条件,植被长势偏好,覆盖度高于常年和2019年。地表植被覆盖状况的改善对表层土壤的保护能力增强,利于抑制沙尘天气的发生。易起沙尘指数计算结果显示,

2020年北方地区高度和极易起沙尘等级的土地面积比例较2019年减少1.5个百分点,荒漠化面积减小、程度减轻。地面监测结果表明,2020年我国出现10次沙尘天气过程,较2019年少5次,沙尘天气日数和沙尘暴天气日数总体偏少,沙尘天气强度明显偏弱。2000—2020年北方地区高度和极易起沙尘的土地面积比例从2000年的48.1%降至2020年的40.4%,下降了7.7个百分点;轻度和不易起沙尘的面积比例从2000年的30.3%上升至2020年的40.4%,增加了10.1个百分点。这表明我国北方地区高度和极易起沙尘的土地在逐渐向中度、轻度和不易起沙尘过渡,荒漠化程度减轻,植被防风固沙生态功能显著提升。其中陕西北部、山西西部、宁夏大部、内蒙古东南部等区域地表易起沙尘指数平均每年下降0.05~0.1个百分点,生态明显向好发展。

5. 全国重点区域生态气象评估持续推进

全国重点生态工程区域气象影响评估结果表明,三江源地区2020年以来降水呈增多趋势,生态持续改善,主要湖泊面积持续增加。祁连山区近10年降水呈增多趋势,有利于区域植被生态改善和湖泊水库蓄水,青土湖2020年平均水体面积达2010年以来最大;但内蒙古居延海水体面积2020年受降水偏少的影响,出现小幅萎缩,额济纳绿洲生态质量较2019年略有下降,总体为2000年以来第三高。呼伦湖2020年湖泊面积达2064.7千米^2,维持在2000千米^{2}以上。海河流域大部2020年降水偏多,涵养水量较常年和2019年提高30%以上,北京密云和官厅水库2020年水体面积达2000年以来最大。黄土高原2020年气象条件利于植被生长,水土保持功能好于常年和2019年。西南石漠化区大部2020年降水正常偏多,植被生态质量好于常年,但区域总体仅为2000年以来第四高值年。2020年洞庭湖、鄱阳湖流域降水偏多,最大水体面积达2000年以来最大,但流域全年植被生态质量好于受旱较重的2019年。2020年太湖气象条件利于蓝藻水华发生,但蓝藻水华发生面积小于2019年。

(1)湖泊湿地生态气象评估。多源卫星遥感监测结果表明,2020年入汛后洞庭湖面积随着流域降水量的增加而扩大,6—7月水体面积增加明显,其中7月达年最大值2453.71千米^2;8月、9月、10月水体面积分别为2352.2千米^2、2009.8千米^2、1985.2千米^2;最小值出现在12月,为401.05千米^2。2020年洞庭湖全年平均水体面积为1282千米^2，为1998年以来最大。鄱阳湖最大水体面积随着流域降水量的增加而扩大，6—7月水体面积增加明显。其中年最大值出现在7月份，水体面积为4403千米^2，为1998年以来水体面积第二高值；8月份水体面积为4110千米^2，为2000年以来同期最大值；年最小值出现在12月，为1217千米^2。2020年全年鄱阳湖平均水体面积为2703千米^2，为1998年以来第六高值年份；最大水体面积为2000年以来最大。太湖蓝藻水华气象评估模型计算结果显示，2020年太湖蓝藻水华强度指数为0.57，小于2017年和2019年；2020年蓝藻水华气象条件适宜指数为0.62，为非常适宜等级，仅次于2017年。综合来看，太湖2020年气象条件总体有利于蓝藻生长和水华形成，但由于防控力度加大，措施得当，蓝藻水华发生程度较2019年明显减轻。

（2）石漠化生态气象评估。2000年以来西南石漠化区大部植被生态改善，但局部2020年仍在恶化。2000—2020年西南石漠化区植被生态质量指数总体呈上升趋势。其中，贵州有98.5%的区域明显变好，2020年石漠化区植被生态质量指数为2000年以来第三高位；云南石漠化区2000年以来有89.2%的区域植被生态质量呈变化趋势，其中东部大部石漠化区植被生态改善较为明显，西北部和中部石漠化区植被生态质量上升较慢，局部还有下降；广西有99.2%的石漠化区植被生态质量呈变好趋势，仅0.8%的区域植被生态质量下降。

（二）大气环境气象监测预报预警持续推进

1. 环境气象业务能力明显提升

经过多年建设，全国环境气象预报预警业务能力不断增强。到2020年，国家级环境气象业务基于数值天气预报和环境气象数值预报产品，结合天气分析、概念模型判断、释用技术和检验评估分析等技术方法，持续制作并发布全国空气污染气象条件、全国地级以上城市空气质量、能见度、雾、霾以及沙尘落区预报预警产品。针对春节节日，开展烟花爆竹燃放气象指数预报业务。同时，中央气象台还与国家环境监测总站联合开展京津冀及周边地区重污染天气监测预警业务。制作并发布《环境气象公报》，打造集监测、分析、评估、预报和预警为一体的国家级环境气象综合产品。建立形成了每天滚动发布每周全国八大区域，即京津冀及周边区域、长三角区域、汾渭平原区域、珠三角区域、华中区域、西南区域、东北区域、西北区域，涉及大气扩散、空气污染、臭氧污染气象条件和扬沙或浮尘等内容的环境气象公报。

到2020年，全国省级以上气象部门已经形成了利用大气成分及相关气象观测数据，对大气污染实况、污染天气、气象条件的特征及变化趋势进行客观分析，利用历史比对及数值模拟的方法，对大气污染防治措施效果进行评估，为相关决策部门提供大气污染防治对策及建议，形成评估报告。

2020年，进一步完善国省级联动、区域联防的大气污染防治气象服务机制。加强多尺度污染天气监测预报预警。着力构建国家、区域、省、市四级污染天气监测预报预警体系，提高环境气象业务精细化和定量化水平。加强大气颗粒物与臭氧协同控制气象预报预警能力。发展全球大气环境监测预报服务能力。

2020年，继续开展多污染物协同控制评估。面向重点区域多污染物协同控制需求，加强国家、区域、省、市级环境气象精细化评估能力，开展酸雨、大气颗粒物、臭氧及其前体物、霾天气、生物质燃烧烟雾等气象条件影响分析评估。提升大气污染与天气、气候变化相互影响评估能力。提升核及危化品泄露气象应急保障能力，建立国家、省、市三级的危化品泄露应急气象保障联动机制，提供高时空分辨率的污染区风险预报服务。加强沙尘天气监测预报预警。建立国家、区域、北方地区省份沙尘天气监测预报预警体系，提升沙尘天气精细化预报预警能力。加强全球及"一带一路"沿线主要国家沙尘暴天气预报预警及溯源能力，提供全球沙尘暴气溶胶质量浓度产品，实现对全球主要沙尘天气影响区的预报预警服务。

2. 服务大气污染防治攻坚战取得成效

2020年，通过详细分析全国大气环境和大气污染气象条件，相对于2019年及过去5年平均情况的变化。2020年全国平均霾日数为24.2天，较2019年减少1.5天，较近5年平均减少8.1天。全国大部分地区霾日数持续下降。

霾天气过程强度明显下降。京津冀等区域2020年霾日数继续减少。全国共出现10次沙尘天气过程，较2019年和近5年平均偏少。中国环境监测总站数据显示，2020年全国$PM_{2.5}$和臭氧平均浓度较2019年分别下降8.3%和6.8%。卫星监测显示，2020年大部分区域二氧化氮和臭氧对流层总量较2019年下降。气象服务大气污染防治攻坚战取得实质性成效。

(1)全国大部地区酸雨污染维持改善状态。2020年全国气象条件整体有利于大气环境改善。受降水偏多影响，2020年气象条件可使全国平均$PM_{2.5}$浓度较2019年和近5年平均分别下降5.5%和5.0%。

(2)蓝天保卫战三年行动计划期间大气环境持续改善。2017年以来，全国平均霾日数减少3.3天，$PM_{2.5}$浓度下降17.5%，其中京津冀和汾渭平原霾日数分别减少17.9天和30.0天，$PM_{2.5}$浓度分别下降27.9%和22.6%。相比2017年，2020年气象条件，可使全国平均$PM_{2.5}$浓度下降4.4%，京津冀地区$PM_{2.5}$浓度升高3.9%，汾渭平原$PM_{2.5}$浓度下降5.1%。

(3)大气环境整体呈现前期转差后期向好趋势。2000年以来，全国大部分地区霾日数由上升转为下降，但冬季持续性、大范围霾天气过程时有出现。东部地区PM_{10}和$PM_{2.5}$浓度下降趋势明显。2000—2007年全国酸雨污染恶化，2008年以来酸雨污染状况持续改善。

3. 我国大气质量分析与评价

(1)臭氧监测浓度分析

根据中国环境监测总站资料分析显示，2020年全国臭氧浓度为138微克/米^3，较2019年下降6.8%。2020年，京津冀地区臭氧浓度为176微克/米^3，较2019年下降7.9%；长三角地区臭氧浓度为152微克/米^3，较2019年下降7.3%；汾渭平原臭氧浓度为161微克/米^3，较2019年下降5.8%；珠三角地区臭氧浓度为148微克/米^3，较2019年下降15.9%。

(2)大气颗粒物浓度分析

根据中国环境监测总站资料分析显示，2020年全国PM_{10}平均浓度为56微克/米^3，全国和重点区域PM_{10}浓度均较2019年下降明显。2020年，京津冀地区PM_{10}平均浓度为77微克/米^3，比2019年下降13.5%；长三角地区PM_{10}

平均浓度为 56 微克/米³，比 2019 年降低 13.8%；汾渭平原 PM_{10} 平均浓度为 83 微克/米³，比 2019 年降低 11.7%；珠三角地区 PM_{10} 平均浓度为 38 微克/米³，比 2019 年下降 19.1%。

中国气象局国家大气本底站观测资料显示，2020 年阿克达拉、香格里拉、金沙、临安站 PM_{10} 浓度分别为 23.9 微克/米³、5.5 微克/米³、34.8 微克/米³、47.0 微克/米³，较 2019 年分别升高 17.9%、11.9%、6.3%、57.0%；龙凤山站 PM_{10} 浓度为 16.2 微克/米³，较 2019 年下降低 22.8%。

根据中国环境监测总站资料分析显示，2020 年全国 $PM_{2.5}$ 平均浓度为 33 微克/米³，全国及重点区域 $PM_{2.5}$ 平均浓度均较 2019 年下降。2020 年，京津冀地区 $PM_{2.5}$ 平均浓度为 44 微克/米³，比 2019 年下降 12.0%；长三角地区 $PM_{2.5}$ 年均浓度为 35 微克/米³，比 2019 年下降 14.6%；汾渭平原 $PM_{2.5}$ 年均浓度为 48 微克/米³，比 2019 年下降 12.7%；珠三角地区 $PM_{2.5}$ 年均浓度为 21 微克/米³，比 2018 年下降 25.0%。

中国气象局国家大气本底站观测资料显示，2020 年阿克达拉、香格里拉站 $PM_{2.5}$ 平均浓度分别为 13.1 微克/米³、4.2 微克/米³，分别比 2019 年升高 14.0%、16.2%，而上甸子、金沙站 2020 年 $PM_{2.5}$ 平均浓度分别为 30.6 微克/米³、23.2 微克/米³，比 2019 年分别降低 14.8%、1.3%（图 5.2）。

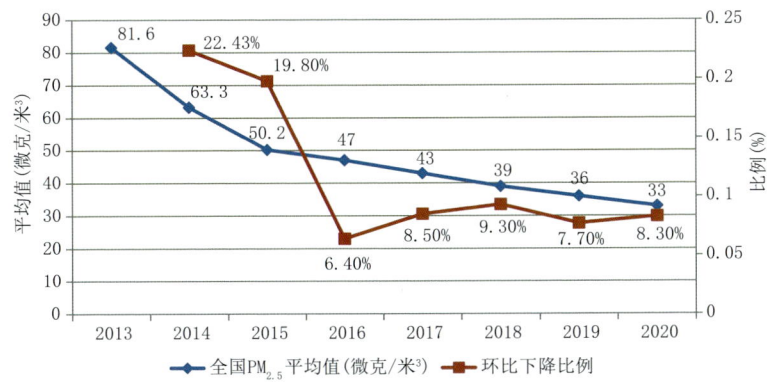

图 5.2　2013—2020 年全国 $PM_{2.5}$ 平均值（微米/毫克）和环比下降变化

(3)雾霾、沙尘与大气酸沉降监测评估

——雾霾天气过程。2020年全国共出现7次大范围霾天气过程(表5.2),与2019年持平,较近五年平均(8次)减少(图5.3)。2020年霾天气过程主要发生在京津冀及周边、汾渭平原、苏皖北部等地。2020年共发生轻度霾过程2次、中度霾过程4次、重度霾过程1次;而2019年共发生轻度霾过程1次,中度霾过程2次,重度霾过程4次。2020年重度霾天气过程次数明显减少,强度整体弱于2019年。

表5.2 2020年霾天气过程纪要表

编号	起止时间	主要影响区域
202001	1月2—6日	天津、河北中南部、河南中北部、山东中西部、陕西关中、辽宁中南部等地
202002	1月16—18日	陕西关中、山西中南部、天津、河北中南部、山东西部、河南北部等地
202003	1月22—26日	河南中东部、陕西关中、河北南部、山东西部、山西南部等地
202004	11月10—16日	北京、天津、河北、山东中西部、山西中南部、河南、陕西关中等地
202005	11月29日—12月6日	北京、天津、河北、河南等地
202006	12月10—12日	北京、天津、河北、山东、陕西关中、山西南部、安徽、江苏、上海、湖北、湖南北部等地
202007	12月21—28日	北京、天津、辽宁、河北、山东、河南、安徽、江苏、湖北、湖南、四川、陕西关中、山西等地

资料来源:中国气象局,2020年大气环境气象公报。

注:相邻三个及以上省份大部分地区持续三天及以上出现中度及以上霾天气记为一次霾天气过程(参照《霾天气过程划分:QX/T 513—2019》)。

2000年以来,全国霾天气过程次数呈现先上升再下降后趋于平稳的变化。2000—2013年呈上升趋势,2013年达到峰值(15次);此后至2017年呈下降趋势;2017—2020年霾天气过程基本稳定在5~7次,受气象条件变化略有波动(图5.3)。

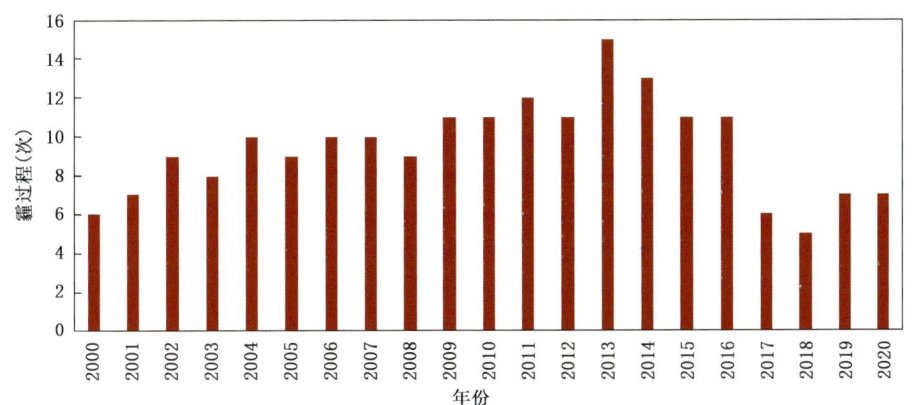

图 5.3　2000—2020 年全国霾天气过程次数

(资料来源:中国气象局,《2020 年大气环境气象公报》)

全国及重点区域平均霾日数长期变化均呈现先上升后下降的趋势。各重点区域转为明显下降的时间存在差异。全国平均霾日数自 2016 开始明显下降,其中珠三角自 2012 年开始明显下降,京津冀和长三角区域自 2014 年开始明显下降,汾渭平原自 2015 年开始明显下降(图 5.4)。

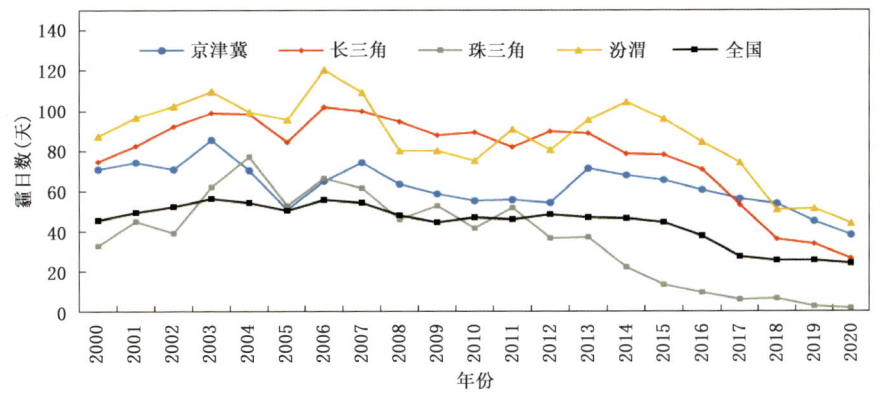

图 5.4　2000—2020 年全国及重点区域霾日数

(资料来源:中国气象局,《2020 年大气环境气象公报》)

——沙尘天气过程。2020 年春季,北方地区共出现 7 次沙尘天气过程(表 5.3),比常年同期(17 次)偏少 10 次(图 5.5),其中沙尘暴和强沙尘暴过程共 2

次。北方地区平均沙尘日数为2.6天,比常年同期偏少2.4天。2020年首次沙尘天气过程发生在2月13日,较2000—2019年平均(2月17日)偏早4天,较2019年(3月19日)偏早34天。

表5.3　2020春季北方地区沙尘天气过程简表

序号	起止时间	过程类型	主要影响系统	影响范围
1	3月8—10日	强沙尘暴	地面冷锋	新疆南疆盆地和沿天山地区东部、青海北部、甘肃东部、内蒙古中西部、宁夏、陕西北部等地出现扬沙或浮尘天气,新疆南疆盆地部分地区出现沙尘暴,塔中、且末、铁干里克等地出现强沙尘暴。
2	3月12日	扬沙	地面冷锋	新疆南疆盆地、青海北部、甘肃中部等地的部分地区出现扬沙和浮尘天气。
3	3月17—18日	扬沙	地面冷锋	新疆南疆盆地、青海东部、甘肃东部、内蒙古中西部、宁夏、陕西北部、山西北部、北京、天津、河北、山东中西部、河南等地出现扬沙或浮尘天气。
4	3月25—26日	扬沙	地面冷锋	新疆南疆盆地、甘肃东部、内蒙古西部和东部、宁夏、陕西、黑龙江西南部、吉林西部、辽宁西北部等地出现扬沙或浮尘天气,新疆南疆盆地部分地区出现沙尘暴,且末、若羌出现强沙尘暴。
5	4月10—11日	沙尘暴	地面冷锋	新疆沿天山北麓和南疆盆地、甘肃西部、内蒙古西部以及青海东部等地出现扬沙或浮尘天气,其中新疆南疆盆地等地部分地区出现沙尘暴,铁干里克、轮台出现强沙尘暴。
6	5月10—11日	扬沙	蒙古气旋	内蒙古东南部、辽宁中北部、吉林中西部等地出现扬沙或浮尘天气。
7	5月11—12日	扬沙	蒙古气旋 地面冷锋	内蒙古中部,北京,天津,河北中北部,山西北部、山东西南部等地部分地区出现扬沙或浮尘天气。

资料来源:国家气候中心,2020年年中国气候公报。

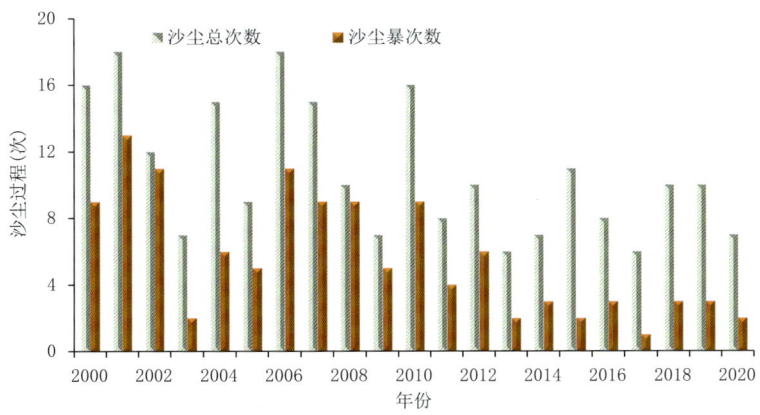

图 5.5　2000—2020 年春季北方沙尘天气过程历年变化
((资料来源:中国气象局,《2020 年气候公报》))

——大气酸沉降。2020 年,全国平均降水 pH 值为 6.03,平均酸雨频率为 24.3%,保持了近年来酸雨改善的较好水平。2020 年,全国酸雨区(降水 pH 值低于 5.60)主要位于江淮、江南、华南大部及四川盆地等南方地区,其中浙江西部、江西北部、湖南东南部、广东西部、广西东北部等地平均降水 pH 值低于 5.00,酸雨污染较明显;酸雨频发区(酸雨频率①高于 50%)主要位于江南中部、华南中部等南方地区,其中江西北部、湖南东部和南部等地区酸雨频率高于 80%,为酸雨高发区。

2020 年,广东、湖南等 8 个南方省(区、市)的平均降水 pH 值在 5.0~5.6 之间(图 5.6);全国没有平均降水 pH 值小于 5.0 的省份。湖南、广东、江西、广西等 4 个南方省(区)的平均酸雨频率在 50%~80% 之间,为酸雨频发区域;重庆、浙江等 8 个省(区、市)的平均酸雨频率在 20%~50% 之间,为酸雨多发区域。

气象部门 74 个酸雨观测站的长期观测资料显示,自 1992 年以来,全国酸雨污染经历了改善、恶化、再次改善的阶段性变化。1992—1999 年为酸雨改善

---

① 酸雨频率:某一时段(月、季、年)内,日降水 pH 值小于 5.6 的次数占该时段内所有酸雨观测次数的百分率。

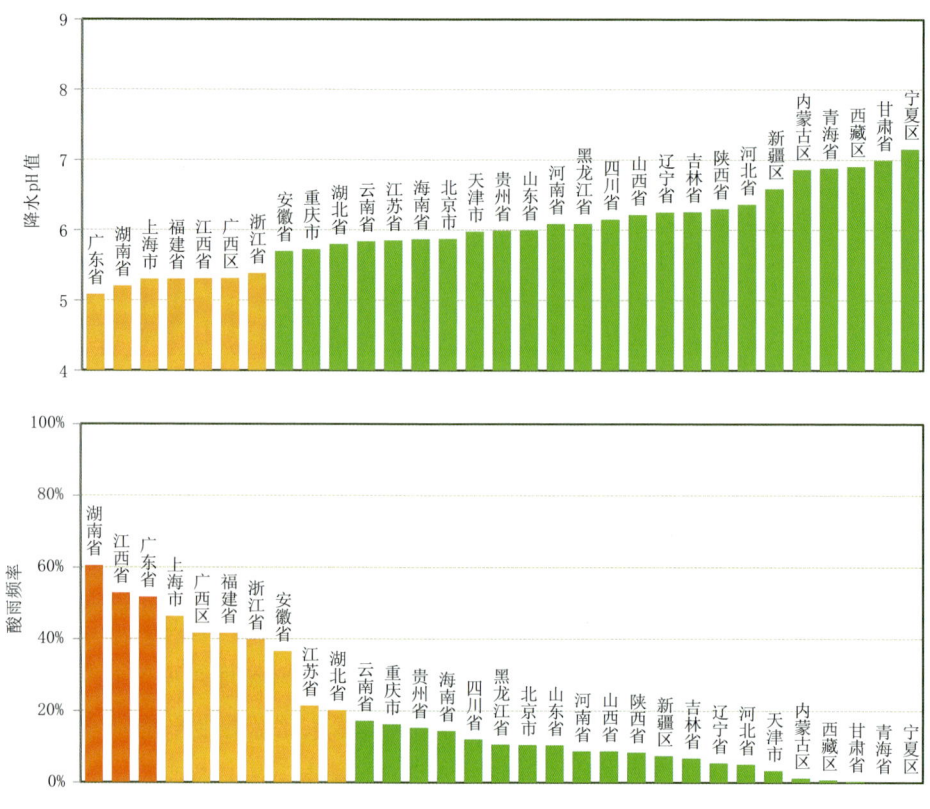

图 5.6　2020 年各省(区、市)降水 pH 值(上)、酸雨频率(下)

期,平均降水 pH 值、酸雨频率、强酸雨频率的年变率分别为 0.03/年、-0.7%/年、-0.7%/年;2000—2007 年酸雨污染恶化,平均降水 pH 值、酸雨频率、强酸雨频率的年变率分别为-0.06/年、2.1%/年、1.6%/年;2008 年以来酸雨污染状况再度改善,平均降水 pH 值、酸雨频率、强酸雨频率的年变率分别为 0.05/年、-1.8%/年、-1.4%/年(图 5.7)。

4. 各地积极开展城市环境空气质量评价

2020 年,全国 337 个地级及以上城市平均优良天数比例为 87.0%,同比上升 5.0 个百分点。202 个城市环境空气质量达标,占全部地级及以上城市数的 59.9%,同比增加 45 个。$PM_{2.5}$ 浓度为 33 微克/米^3,同比下降 8.3%;PM_{10} 浓度为 56 微克/米^3,同比下降 11.1%;

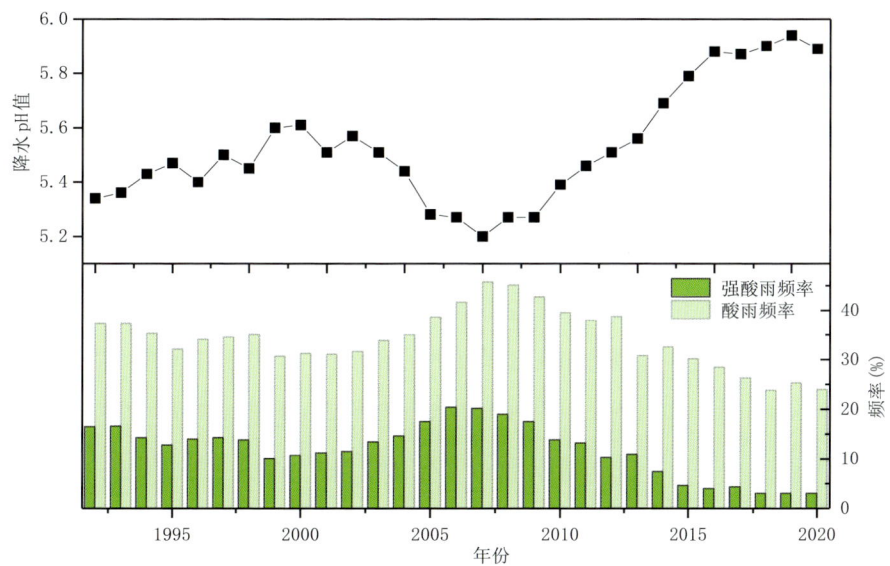

图 5.7　1992—2020 年全国平均降水 pH 值、酸雨频率和强酸雨频率时间序列
（资料来源：中国气象局，《2020 年大气环境气象公报》）

按照环境空气质量综合指数评价，2020 年全国 168 个重点城市中，环境空气质量相对较好的 20 个城市（从第 1 名到第 20 名）依次是海口、拉萨、舟山、厦门、黄山、深圳、丽水、福州、惠州、贵阳、珠海、雅安、台州、中山、肇庆、昆明、南宁、遂宁、张家口和东莞市。环境空气质量相对较差的 21 个城市（从第 168 名到第 149 名）依次是安阳、石家庄、太原、唐山、邯郸、临汾、淄博、邢台、鹤壁、焦作、济南、枣庄、咸阳、运城、渭南、新乡、保定、阳泉、聊城、滨州和晋城市（滨州和晋城市并列倒数第 20 名）。

京津冀及周边地区"2+26"城市平均优良天数比例为 63.5%，同比上升 10.4 个百分点；$PM_{2.5}$ 浓度为 51 微克/米^3，同比下降 10.5%。北京优良天数比例为 75.4%，同比上升 9.6 个百分点；$PM_{2.5}$ 浓度为 38 微克/米^3，同比下降 9.5%。

长三角地区 41 个城市平均优良天数比例为 85.2%，同比上升 8.7 个百分点；$PM_{2.5}$ 浓度为 35 微克/米^3，同比下降 14.6%。

汾渭平原 11 个城市平均优良天数比例为 70.6%，同比上升 8.9 个百分点；$PM_{2.5}$ 浓度为 48 微克/米³，同比上升 12.7%。

(三)稳步开展大气环境容量分析

大气自净能力反映大气对污染物的通风扩散和降水清除能力。2020 年，全国平均大气自净能力指数 4.2 吨/(天·千米²)以上，较常年值 4.4 吨/(天·千米²)略偏低。东北大部、青藏高原大部及新疆东北部、内蒙古大部、山东东部、海南大部、云南东部、四川西北部和西南部等地的大气自净能力在 4.5 吨/(天·千米²)以上，大气对污染物的清除能力较强；新疆西部部分地区大气自净能力小于 2.5 吨/(天·千米²)，大气对污染物的清除能力较差；全国其余大部地区在 2.5～4.5 吨/(天·千米²)之间，大气对污染物的清除能力一般。

2020 年 1—3 月和 10—12 月，京津冀地区平均大气自净能力指数为 2.6 吨/(天·千米²)，较常年同期偏低 20%，较近十年(2010—2019 年)同期偏低 4%，较 2019 年同期偏低 4%，大气对污染物的清除能力减弱；长三角地区为 3.5 吨/(天·千米²)，较常年同期偏低 13%，较近十年同期偏高 2%，较 2019 年同期偏高 3%，大气对污染物的清除能力略有提高；珠三角地区为 2.3 吨/(天·千米²)，较常年同期偏低 25%，与近十年同期和 2019 年同期水平相当；汾渭平原为 2.7 吨/(天·千米²)，较常年同期偏低 14%，但较近十年同期偏高 5%，与 2019 年同期大气对污染物的清除能力基本持平。

三、评价与展望

近些年来，我国生态文明建设气象服务取得了重大进展，气象融入生态文明建设有了突破，气象为生态文明建设作出了重大贡献。但生态文明建设气象保障能力还有待进一步提高，特别是国家重点生态功能区、生态环境脆弱区生态气象观测能力不足，其他部门资料共享有限；生态文明建设气象保障机制有待完善，特别是运行和投入保障的机制和制度尚需健全。还需要从以下方面推进生态气象保障能力建设。

继续深化融入生态文明建设。一是细化生态气象相关规划落实。主动对接国家和地方需求,深入研究不同生态系统保护和修复的难点重点痛点问题,充分发挥气象保障趋利避害的作用,推动将气象保障工作深度融入地方生态文明建设工作,将生态气象业务能力建设纳入地方"十四五"规划,推动项目落地实施。二是要强化关键技术研究。培养打造生态气象领域高层次气象科技创新人才梯队。围绕生态文明建设气象保障服务需求,进一步加强生态气象服务业务核心技术研发,提高生态气象保障能力和水平。三是要加强部门合作和信息共享。加强部门沟通合作,推进部门间数据共享和业务合作,推动气象保障服务更加有效融入各地生态文明建设工作[1]。

强化重点区域环境气象服务。一是要助力深入打好污染防治攻坚战。提升多源卫星遥感产品在大气环境监测业务服务中的应用能力,提高气溶胶光学厚度及颗粒物卫星遥感产品的时空间分辨率。提升臭氧污染气象条件监测预报能力,实现国、省级大气污染气象条件月、季预测业务化。提升京津冀、长三角、汾渭平原、珠三角等重点区域大气污染气象条件评估能力,推进市级环境气象服务试点。二是要加强森林草原生态保障服务。建立草原和森林生态系统重大病虫害发生气象风险监测预测预警模型和风险预警指标,开展森林、草原多时效、多尺度的病虫害气象风险预警业务。推进森林草原防灭火气象服务[2]。

强化气候资源保护利用。一是要加强气候可行性评估。构建国家、区域、省、市、县五级生态保护与修复工程气候可行性评估体系,发展精细化气候可行性评估数值模拟系统,形成生态保护和修复工程气候可行性评估指标体系,提升不同尺度国土空间规划、通风廊道、电力交通等重大规划和重点工程对生态影响的气候可行性评估能力。二是要强化国家气候标志生态系列品牌服务。面向绿色发展气象服务保障需求,充分挖掘宜居、宜业、宜游、宜养气候品质价值。

---

[1] 资料来源:中国气象局办公室,中国气象局办公室关于提供国家生态文明试验区评估材料的函,2020 年 11 月 20 日。

[2] 资料来源:中国气象局,中国气象局关于印发《高质量推进气象现代化建设行动计划(2021—2023 年)》的通知(气发〔2020〕101 号),2020 年 11 月 23 日。

核心能力篇

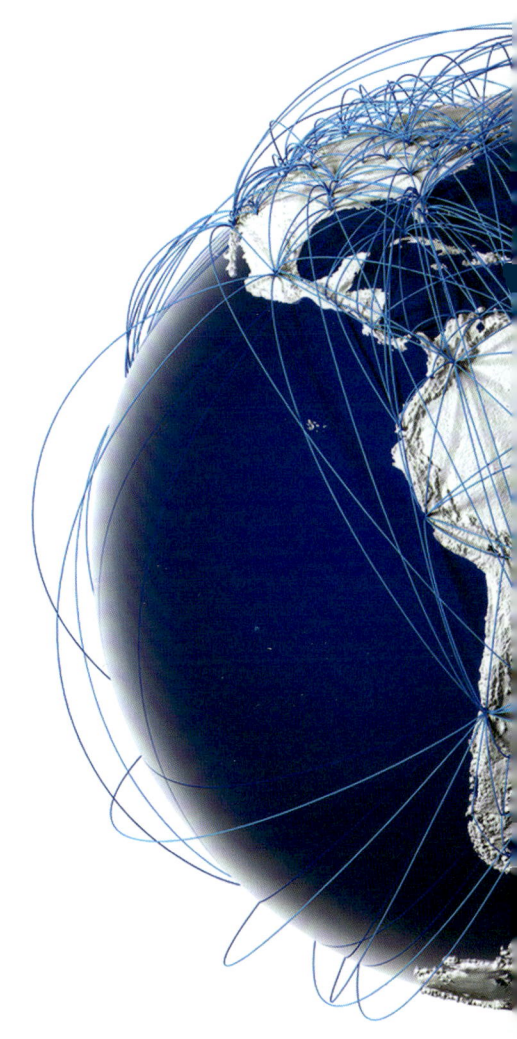

第六章　气象综合观测[*]

气象综合观测是气象事业的立业之基、立足之本,是气象防灾减灾第一道防线的前哨,是气象服务保障生命安全、生产发展、生活富裕、生态良好的基础。以习近平同志为核心的党中央高度重视包括风云卫星在内的气象事业发展,在上海合作组织青岛峰会、中国—阿拉伯国家合作论坛第八届部长级会议开幕式和中非合作论坛北京峰会等多个重要场合,习近平总书记反复强调要利用风云气象卫星和气象遥感卫星技术为相关各方提供服务。习近平总书记的系列重要指示,为推动包括风云卫星在内的气象事业高质量发展指明了努力方向、提供了根本遵循。2020年,全国气象系统围绕党中央重大战略部署,以广覆盖、细分辨、高精度、深应用为目标,以装备、站网、运用、管理为抓手,谋划实现"监测精密"的战略任务,着力补短板、强弱项,观测质量效益进一步提升。

一、2020年气象观测业务发展概述

(一)风云气象卫星事业取得巨大成就

2020年是风云气象卫星事业50周年,李克强总理作出重要批示,指出风云气象卫星是我国重要的空间基础设施,是气象现代化的重要标志,要求广大气象和航天工作者要坚持以习近平新时代中国特色社会主义思想为指导,认

---

[*] 执笔人员:王喆

真贯彻党中央、国务院决策部署,始终践行服务国家、服务人民宗旨,聚焦国家重大战略和经济社会发展新需求,不断开拓创新、勇攀科技高峰,实施好气象卫星规划,深化成果运用,加强国际合作,加快建设气象强国,进一步提升防灾减灾救灾能力,为保护生命安全、服务生产发展、促进生活富裕、建设生态文明提供有力支撑,为推动高质量发展作出更大贡献。胡春华副总理在风云气象卫星事业50周年座谈会上的讲话指出,要深入贯彻习近平总书记重要指示精神,落实李克强总理批示要求,按照党中央、国务院决策部署,回顾总结风云气象卫星事业50年的发展历程和取得的成就,分析当前形势,研究谋划下一步工作,推动风云气象卫星事业发展在新起点上开创新局面。

我国风云气象卫星事业经过半个世纪的风雨兼程,取得了巨大的成就,我国相继摆脱发达国家对气象卫星的技术和业务垄断,迈进世界上少数几个同时拥有极轨和静止轨道气象卫星的国家行列,成功实现了气象卫星事业发展从无到有、从追赶跟跑到部分领先的跨越。风云气象卫星已经成为服务经济社会发展和人民安全福祉的国之重器,有了风云气象卫星以来,影响我国的在西北太平洋生成的566个台风无一漏网、均被监测,有效提高了台风、暴雨、干旱等灾害性天气的预报准确率,为生态环境、农业、林业、水利、交通等上百个行业、近十万用户提供有效服务。为落实习近平总书记重要指示精神,风云二号H星被调整到能够更好地覆盖"一带一路"沿线国家和地区的位置,成为服务"一带一路"卫星,更为全球用户提供不可替代的气象观测服务。风云气象卫星事业始终坚持科技创新和现代化建设,在卫星性能、遥感核心技术攻关、气象预报预测应用等方面不断实现突破,风云气象卫星的综合性能已经达到世界先进水平,部分指标世界领先,风云气象卫星已经成为国家气象现代化的重要标志。

(二)注重以系统观念加强综合观测顶层设计

全国气象综合观测进一步优化顶层设计,从气象事业全局的高度谋划精密监测发展。从推动监测、预报、服务等业务协同发展角度出发,组织编制了《综合气象观测业务发展规划(2021—2025年)》,确定了"十四五"气象观测业务发展的思路、目标和重点任务。组织编制《我国气象卫星及其应用发展规划（2021—2035年）》《气象雷达发展专项规划（2021—2025年）》，研究提出了气象卫星和气象雷达的发展思路和建设任务。编制印发《全国农业气象观测现代化建设指导意见》，明确农业气象观测自动化建设发展方向。通过规划引领，以系统观念整体谋划落实"监测精密、预报精准、服务精细"目标要求，使"监测精密"成为"预报精准、服务精细"的支撑和保障。

一是将"监测精密"总要求细化为"广覆盖"的气象观测站网、"细分辨"的气象观测装备、"高精度"的气象观测数据和"深应用"的气象观测产品体系四个方面，初步完成了以自动化为基础、以数据为中心、以质量管理体系为保障的更高水平的现代化综合气象观测业务体系设计。二是以装备、站网、运用、管理为抓手，按照"列装一代、研制一代、探索一代"的思路制定观测装备发展计划，充分利用先进的观测预报互动技术持续优化和强化观测站网设计，以预报、服务和科研需求为导向强化观测资料综合分析和应用，用气象综合观测质量管理体系实现对观测业务的科学化管理。

（三）扬优势补短板加快气象监测能力建设

注重设计与工程同步推进，完成全国分省份观测站网布局设计方案，特别是针对预报急需，优先完成了西南区域站网优化设计。通过山洪工程、雷达工程和补短板建设项目，在西南地区、边境地区、长江黄河等大流域增补X波段天气雷达，新建垂直观测系统，升级和补充自动气象站，着力弥补天气监测短板。

面向碳达峰目标和碳中和愿景，提升气候及气候变化监测能力。按择优支持方式，重点打造6个示范性观象台，快速推进青藏高原等关键区域观象台建设发展方案落地；新建1个大气本底站。开展高精度温室气体观测站遴选，着手构建国家温室气体观测网；充分调动地方积极性，遴选部分高山站新建高精度温室气体观测站，提升温室气体观测检测保障能力，并发展风云卫星温室气体监测能力。

充分发挥立体监测的优势，开展以遥感观测与就地观测相结合的天空地一体、标准统一的生态系统监测评价体系建设,针对重点生态功能区、气候变化敏感区的生态、环境和气候系统关键要素动态监测。围绕"山水林田湖草沙"等生态类型,试点省份先行,开展生态特色遥感应用服务。聚焦生态文明建设需求,为相关行业提供生态气象监测产品,在生态红线保护和生态质量评价中发挥生态气象监测作用。持续优化遥感业务流程和规范,不断完善遥感生态监测数据集,着力提升数据产品质量,为国家和各地高质量的生态评价提供支撑。

联合交通、公安等部门推动在高速公路及国省干线公路沿线建设公路交通气象监测站网;建设作物气象自动监测系统等,持续推动农业气象观测站网技术更新,增强乡村振兴气象基础支撑作用;在重点区域及气候敏感区开展物候、植被等自动监测试点;优化风能太阳能监测体系设计,开展风能专业气象观测能力建设;继续扩大河流及海洋船载气象观测规模。

(四)持续推进改革与创新不断提升观测效能

持续推进自动化改革,深化应用已列装的新型观测设备,通过优化完善多源数据自动综合判识技术、天脸识别技术等,从技术层面提升观测效能;同时通过完善与自动化业务运行相适应的管理办法、标准规范和业务流程,建立科学的业务考核评价机制,从管理层面提升效益。

按照《业务技术体制重点改革意见和实施方案(2020—2022年)》,落实业务体制改革任务,优化业务运行流程,推进观测业务系统与气象大数据云平台深度融合,保障各业务系统间气象观测数据和元数据信息的准确性、完整性和唯一性。

同时,发挥各类创新主体作用,推进新型观测技术发展,进一步加强气象关键核心技术研发,推动自主可控的温度、气压传感器等新型传感器的研发试验;实施气象卫星先行计划,提前谋划新型卫星观测技术在气象业务中的应用;开展X波段相控阵雷达组网观测试验,开展S波段相控阵雷达试点建设;完成全自动探空系统国产化并制定业务规范;开展基于低轨互联网卫星的气象观测技术预研;继续推进雄安未来站建设。

二、2020年气象观测业务主要进展

(一)观测技术

2020年,气象部门聚焦高质量发展,深化科技创新,开始实施《气象观测技术发展引领计划(2020—2035年)》,赋能观测自动化智能化水平提升,不断推进装备技术研发试验和升级,不断引导相关企业、高校和科研院所参与共同研发,初步勾勒出包括五大类290余种设备,观测技术装备步入谱系化发展道路。

1. 有序推进装备技术升级。2020年,全自动北斗导航探空系统和全自动水电解制氢装备获得使用许可并开展业务试用。太阳光度计、国产大气成分观测设备、视觉全天空成像仪、云量云高云状实现全天候观测设备等10余种新设备研发顺利。完成22个省份211个台站风传感器防冻装置改造,解决了雨雪天气下风传感器冻结问题。完成9个省份73个国家级雷电监测站升级改造。完成89部雷达技术升级及技术标准统一和65部雷达(含2部冬奥服务雷达)双偏振升级,X波段双偏振雷达、自动探空系统等21个新装备首次获入网许可。天气雷达探测性能进一步提升,S波段和C波段天气雷达定标精度分别为<$0.15°$和<$0.3°$,整体技术水平与国际先进水平相当。探空系统具备施放、数据获取等自动操作能力,主要性能指标满足世界气象组织要求。

2. 地面观测全面实现自动化。2020年,地面气象观测全面实现自动化并正式业务运行,全国统一布局的32项地面气象观测项目实现仪器观测或自动综合判识,观测频次较人工观测提高4至8倍,数据量大幅提升,观测能力明显增强,为数值预报提供更为精密的初始场资料,有力促进气象预报更加精准、气象服务更加精细,为提升气象防灾减灾能力提供有力支撑。同时,地面气象观测自动化也加快了广大基层业务人员转型,推动了观测业务体制改革和技术创新。

3. 稳步推进智慧气象观测建设。2020年,智慧气象观测建设稳步推进,

设计完成河北雄安新区"未来站"技术框架,编制了雄安新区气象大脑建设实施方案,确立了"一主八辅"的站网布局和"一脑三网"的业务架构,启动了相关工程建设。组织天津、上海、杭州、深圳开展国际智慧城市气象示范区试点建设,住建部新发布的《城市信息模型(CIM)基础平台技术导则》将气象观测作为智慧城市物联感知的重要组成部分。

4. 持续开展气象观测技术试验。2020年,印发《气象观测技术试验指南(2020—2025)》。组织全国18个试验基地开展了台风、生态等14项观测试验,成功实施了高空大型无人机台风观测试验,搭载自主研发气象载荷的高空大型无人机完成了对台风"森拉克"的综合探测,获取了21中高分辨率观测资料,验证了无人机海洋台风观测的业务可行性,填补基于高空大型无人机开展海洋综合观测的空白。集气象观测和装备保障等业务运行及管理功能为一体的"观测通"APP正式上线运行,采用"人机互助"方式提升基层业务人员观测能力和智能气象观测水平。开展微波辐射计等装备入网许可测试评估,冻土自动观测仪等取得突破并开展试用。

5. 协力突破卫星应用关键技术。2020年,卫星资料业务定标定位质量显著提升,风云三号卫星定位精度优于1千米,风云四号优于3千米;卫星红外定标精度0.2~1K,可见光近红外为5%。打造自主可控快速辐射传输模式ARMS,这是卫星资料反演和同化的"芯片"级技术,性能比肩美欧CRTM和RTTOV模式。

6. 有序推进气象观测重大工程建设。积极推进风云三号E星和风云四号B星的研制与地面系统的联调联试。完成6部S波段和C波段双偏振雷达、5部X波段双偏振雷达建设并投入业务试运行。山洪工程项目中,2345个国家级地面气象观测站建成气温/降水多传感器标准系统和天气现象智能视频观测仪,冻土日数较多的424个基准站和基本站建成冻土自动观测仪,106套辐射站自动观测设备完成升级。

(二)观测站网布局

2020年,观测站网顶层设计更加科学合理,观测布局更加完善,多圈层观测能力迅速发展。开展第三极(四川、西藏)地空天一体化、风廓线雷达布局设计，推进省级气象观测站现代化发展，重点推进青藏高原、重点流域航道的观测空白区建设，将扶贫攻坚与补齐观测网短板相结合，实现自动气象站全国乡镇全覆盖，气象观测站网科学化水平显著增强。

1. 地面气象观测

至2020年底，国家级地面气象观测站数为10675个，包括观象台24个、基准站217个、基本站626个、常规站9781个。其中，共有289个行业站纳入国家级地面气象观测站序列，包括建设兵团186个、农垦80个、森工23个，全部为常规气象站。全国省级常规气象观测站数为58087个，其中单要素13034个、两要素12160个、三要素67个、四要素15652个、六个及以上要素12151个。2020年，批复迁移气象站69个(基准站2个、基本站11个、常规站53个、雷达站3个)。全国历时21年累计建成地面气象观测站数较10年前增长近1倍，较5年前增长6%(图6.1)。虽然近年来新建站数增长放缓，但中国气象局通过践行新发展理念，转变发展方式，推进提质增效，不断优化站网布局，推进"一站多用""一网多能"，开展自动站观测要素升级，全国应建四要素及以上自动气象站建成率(建成数与规划数之比)达到83.8%，其中天津、河北、北京、上海、宁夏、广东、河南、湖北、江苏、浙江、福建、江西等省(区、市)四要素以上自动站建成比达到或超过100%(图6.2，图6.3)。同时，增补云、能见度、天气现象等观测设备，统筹各方观测资源，发展志愿气象观测，不断满足中小尺度天气系统监测和数值预报模式应用的需求，逐步消除局地气象灾害监测盲区，助推了气象事业整体实现高质量发展。

2020年，地球系统多圈层观测不断拓展。全国共有7个大气本底站(表6.1)和覆盖全国13个气候观测关键区的24个国家气候观象台(表6.2)。成立了中国气象局国家气候观象台、大气本底站科学指导委员会，指导各省(区、市)按照"一台站一方案"完善观象台建设顶层设计。各省份按照"一站四平台"的功能定位，初步建立研究型业务。24个国家气候观象台增加近地层通量、基准辐射、大气垂直观测等观测项目，武夷山等9个观象台实施大气圈和生态系统观测能力建设，在西藏布设1套冰川、积雪、冻土综合气象观测站，瓦里关、阿克达拉本底站实施升级改造,提升地球气候系统多圈层观测能力。

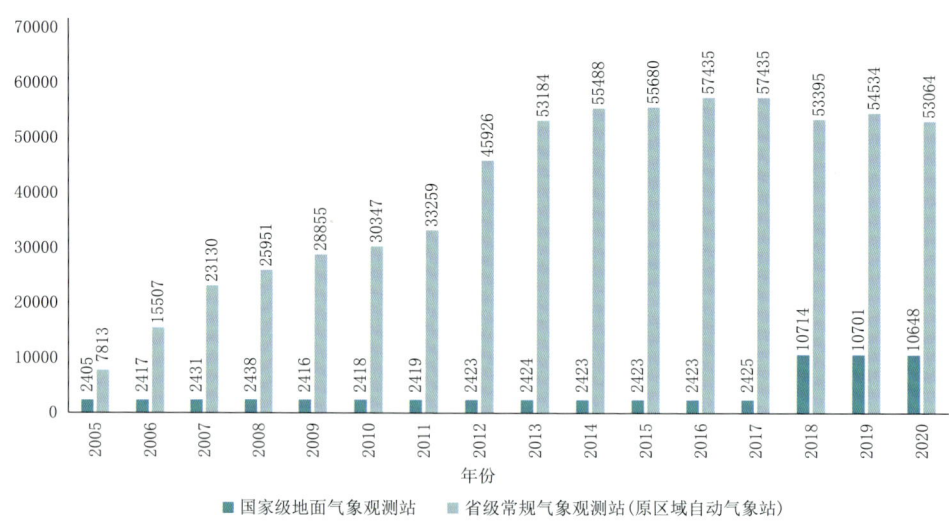

图 6.1 2005—2020 年气象台站数(单位:个)

(2018 年,中国气象局对全国气象观测站网布局和名称进行了新的规范)

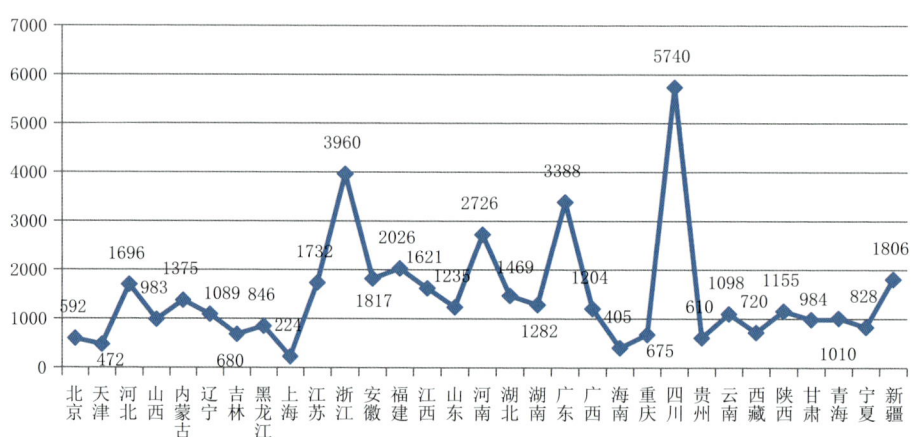

图 6.2 2020 年各省份已建四要素以上气象自动观测站数量(单位:个)

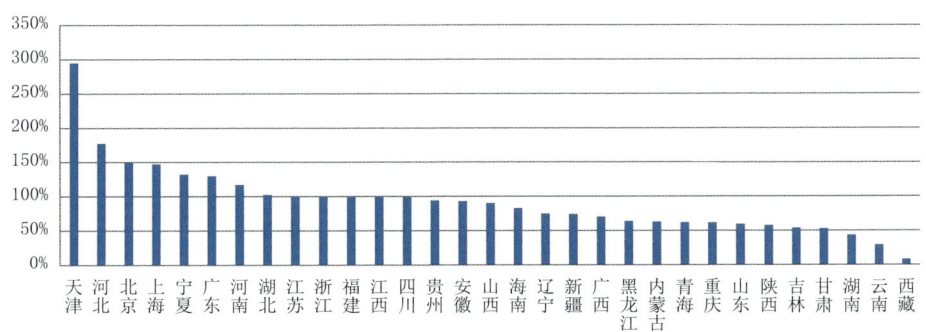

图 6.3 2020 年各省份四要素以上气象自动观测站建成比

表 6.1 全国大气本底站布局

序号	大气本底站	气候系统关键观测区（站址代表性）	级别	业务状态
1	瓦里关	青海瓦里关大气本底与三江源生态综合观测区	全球	已建 参与 GAW 组网
2	上甸子	京津冀经济圈环境观测区	区域	已建 参与 GAW 组网
3	龙凤山	东北林带及松嫩平原生态综合观测区		
4	临安	长三角经济圈环境综合观测区		
5	香格里拉	川滇水分循环过程及高原边缘带生态综合观测区	区域	
6	阿克达拉	天山冰川与水文生态综合观测区		
7	金沙	洞庭鄱阳两湖平原河湖综合观测区		

表 6.2 24 个国家气候观象台

锡林浩特国家气候观象台	北海国家气候观象台	金坛国家气候观象台
电白国家气候观象台	西沙国家气候观象台	南昌国家气候观象台
张掖国家气候观象台	温江国家气候观象台	安阳国家气候观象台
呼和浩特国家气候观象台	墨脱国家气候观象台	深圳国家气候观象台
五营国家气候观象台	寿县国家气候观象台	三亚国家气候观象台
武夷山国家气候观象台	大理国家气候观象台	南沙国家气候观象台
长岛国家气候观象台	饶阳国家气候观象台	日喀则国家气候观象台
岳阳国家气候观象台	盘锦国家气候观象台	武威国家气候观象台

专业气象观测方面,截至2020年底,有499个国家级地面气象观测站包含雷电观测项目,太阳辐射观测138个,大气成分观测270个,风能观测142个,沙尘暴观测28个,臭氧观测60个,紫外线观测108个,酸雨观测345个。表6.3可以看出,随着应对气候变化和气象保障生态文明建设的深入推进,太阳辐射观测、大气成分观测、臭氧观测等站数近几年增长较快。农业气象观测方面,全国共建有72个农业气象试验站(其中一级站40个,二级站29个),653个国家级地面气象观测站开展农业气象观测(其中一类站398个,二类站255个);自动土壤水分观测点2488个,数量较2015年增长20%、较2010年增长1倍以上(表6.3)。在交通观测方面,主要针对水上交通、公路交通、铁路交通增加了有针对性的观测点。

表6.3 2010—2020年专业气象观测站点数统计表

年份	雷电观测	太阳辐射观测	大气成分观测	风能观测	沙尘暴观测	臭氧观测	紫外线观测	酸雨观测	农业气象试验站	农业气象观测业务	自动土壤水分观测点
2010	425	100	2	400	29	22	164	342	68	653	1210
2011	319	100	28	400	29	36	156	342	68	653	1669
2012	334	100	28	371	29	36	157	365	68	653	2075
2013	334	100	28	351	29	41	157	365	68	653	2075
2014	391	100	28	351	29	48	168	365	68	653	2075
2015	490	100	28	275	29	71	158	376	70	653	2075
2016	490	100	28	275	29	53	164	376	70	653	2075
2017	490	100	28	275	29	68	155	376	70	653	2075
2018	476	103	166	175	29	53	111	399	69	653	2312
2019	489	137	261	151	29	60	108	399	69	653	2386
2020	499	138	270	142	28	60	108	345	72	653	2488

数据来源:《气象统计年鉴》,2010—2020。

海洋观测方面,经过多年建设和发展,尤其是近几年在"环渤海及其临近海域海洋气象灾害监测预警系统""气象监测与灾害预警工程""南海海洋气象浮标站网建设""南海东海海基自动气象观测系统建设""南海东海海域气象监测预报预警服务系统建设""近海海洋气象观测建设项目""南海岛礁海洋气象观测系统建设"以及"海洋气象综合保障工程建设（一期）"等一系列工程的实施，我国已初步建成了包括海岸、海岛、塔台自动气象观测站、海上锚锭浮标观测站、志愿观测船、气象雷达以及气象卫星遥感等构成的以沿岸海域为主的海洋气象观测系统。截至2020年底，气象部门已经建设并纳入业务运行414个海岛自动气象站、882个沿海自动气象站、46个塔台自动气象站、72个海上石油平台自动气象站、25个船舶站、40个浮标站，初步建立了以沿岸海域为主的近海海域预报责任区海洋气象观测网（表6.4）。

表6.4　2010—2020年海洋气象台站数统计表

年份	2010	2011	2012	2013	2014	2015	2016	2017	2018	2019	2020
海洋气象台站数	109	90	95	96	120	117	103	95	95	81	1433

数据来源：《气象统计年鉴》，2010—2020。2020年数据含加密自动观测站。

2. 大气垂直观测

截至2020年底，气象部门共有120个高空气象观测站开展L波段二次探空业务。其中，8个站开展全球气候观测系统探空业务（GCOS），分别为北京，内蒙古二连浩特、海拉尔，甘肃民勤，湖北宜昌，云南昆明，西藏那曲，新疆喀什；87个站参加全球资料交换。西藏还布设了3个自动探空站，用于填补西部气候敏感区的资料空白，满足天气预报和气候监测需求。

按照《风廓线雷达布局指导意见》，建设符合技术要求的风廓线雷达，提升大气垂直观测能力。截至2020年底，全国已建成风廓线雷达156部，其中国家级67部、省级90部，最大探测高度3千米的（边界层）66部，最大探测高度8千米的（低对流层）83部，最大探测高度16千米的（高对流层）7部。目前，风廓线雷达建成比（建成数与规划数之比）为23%左右，还需按"十四五"规划和风廓线雷达布局方案，统筹各类工程项目，全面推进风廓线雷达建设，并逐步开展地基遥感垂直观测系统（含风廓线仪、毫米波测云仪、微波辐射计、气溶胶激光探测仪和GNSS/MET）建设，不断强化大气风、温、湿、水凝物、气溶胶廓线的连续探测，推动大气垂直观测整体满足天气预报、灾害预警的需求。除风廓线雷达外，各省份根据需要已投资建设毫米波测云仪、微波辐射计和激光雷达等共343部。

3. 天气雷达观测

全国新一代多普勒天气雷达布网数稳步增长,到 2020 年,气象系统共有 229 部新一代多普勒天气雷达业务运行或试运行(含兵团 5 部、农垦 2 部、试运行 6 部)(图 6.4),较 2015 年增加了 48 部。开展了新一代天气雷达双偏振技术升级,使其能够准确识别降水相态、判断降水量级,可在监测暴雨、台风、冰雹、雷暴等强天气系统中发挥重要作用,目前双偏振雷达占已建天气雷达比例为 23%。为强化局地小尺度天气的精细化观测,省级气象部门还布设了结构轻便、易于车载和复杂地理状况下架设的 X 波段天气雷达 116 部(其中固定抛物面天线 46 部、固定相控阵天线 25 部、移动 45 部),用于人工影响天气、应急指挥系统等,在上海、福建和广东还进行了 X 波段相控阵雷达建设和应用试点工作,发展气象雷达精细化观测和快速扫描技术,增强中小尺度强对流天气快速捕获能力。图 6.5 可以看出,截至 2020 年底天气雷达覆盖率超过 80%的省份共有 8 个,分别是天津、吉林、上海、江苏、浙江、安徽、福建、江西,中东部省份(平均覆盖率分别为 66%、56%)明显高于西部省份(图 6.5)。目前天气雷达 0.5°仰角 1 千米高度观测平均覆盖了 29%的国土面积,雷达布网依然具有较大的提升潜力。未来需按气象"十四五"规划和天气雷达布局方案,重点弥

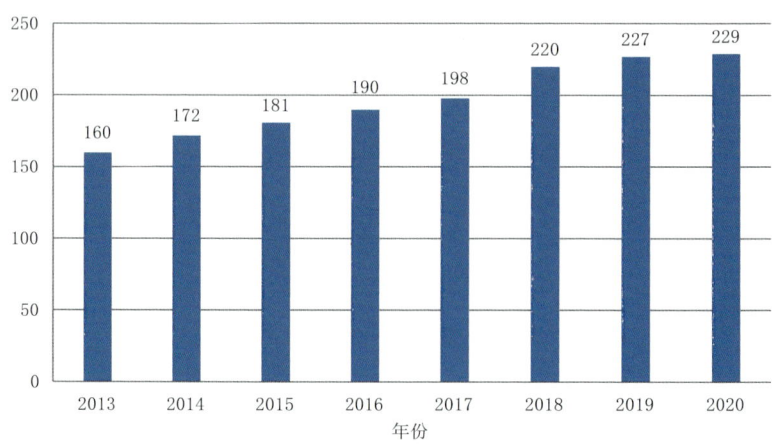

图 6.4 新一代天气雷达布网数量(单位:部)

补重要流域、易灾偏远地区、灾害高影响地区等重点气象保障服务区域的雷达观测盲区。

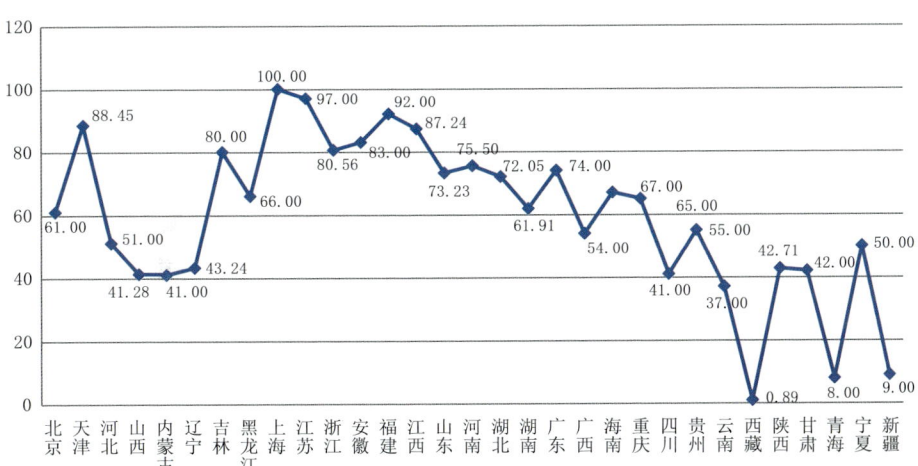

图6.5　2020年各省份天气雷达覆盖率（单位：％）

4. 卫星与空间天气观测

2020年是我国风云气象卫星事业发展50周年。50年来，我国风云气象卫星事业从零起步，发展到目前已经成为世界上少数同时拥有极轨和静止气象卫星的国家或地区之一。

50年来，从风云一号、风云二号到风云三号、风云四号，我国已成功发射了"两代四型"共17颗风云气象卫星，目前7颗卫星在轨业务运行。在轨业务运行3颗风云三号卫星，可以实现每日6次全球全天候多谱段的观测，为"一带一路"服务提供各种天气、生态环境、气候遥感产品。风云四号A星可对亚太地区实现15分钟一次的全圆盘和5分钟区域观测。风云二号H星定点东经79°，可有效覆盖"一带一路"沿线国家和地区，成为名副其实的"一带一路"服务星。经过50年的发展，风云气象卫星的科技水平和应用效益不断提升，从过去的单一观测发展到现在的全天候综合观测，从最初的看云图说天气发展到如今为多个领域和行业提供服务。风云气象卫星显著提升了我国气象现代化水平和国际地位，成功实现了我国气象卫星从无到有、从跟跑到并跑再到部分领跑的跨越。

我国卫星地面应用系统目前已形成北京、广州、乌鲁木齐、佳木斯和喀什5个国内站加北极瑞典基律纳站和南极毛德皇后站组成的数据接收网络,同时包括31个省级卫星遥感应用中心和多个卫星资料接收利用站。全国气象系统静止气象卫星中规模接收站221个,风云三号气象卫星资料接收站31个,"地球观测系统/中分辨率光谱成像仪"(EOS/MODIS)卫星接收应用站21个,省级风云四号气象卫星资料接收站30个;民航气象系统有卫星资料接收系统247套;农垦系统建成风云三号、风云四号遥感卫星接收系统各1套,气象极轨卫星云图接收系统6套,新型静止卫星云图接收系统10套。卫星遥感全球监测产品时效5.5小时,静止和极轨卫星遥感产品全球覆盖率分别为85%和70%,基本满足国际服务的需要。

空间天气观测方面,新建70个台站,形成"三带六区"地基观测布局,目前在轨的7颗风云卫星上,装载有8类17台空间天气监测仪器,全部实现在线业务。不断完善预报规范体系,完成天宫、神舟、嫦娥、天问等系列重大航天任务的空间天气保障服务。2020年,中国民用航空局、中国气象局、俄罗斯气象局共同建设中俄联合体全球空间天气中心(CRC),监测全球范围内影响航空运行的太阳活动、电离层等空间天气现象,提供空间天气情报服务,这是全球第四家空间天气预报中心,具备向全球用户提供空间天气情报服务的运行能力,推动民航的气象服务水平再上新高度。

5. 移动气象应急观测

移动气象观测系统主要为重大气象灾害事件、重大安全事件、重大公共活动等现场提供气象要素定点定时和定量的监测、实时跟踪区域天气状况和天气预报服务,并对突发性事件如森林火灾的监测响应等。这是进入21世纪气象技术发展最快的领域之一,到2020年底,我国已经建成的移动气象观测系统包含1部L波段探空雷达、45部天气雷达、31部风廓线雷达,以及241部便携自动气象站和708部便携式自动土壤水分观测仪(图6.6)。在"十二五"时期移动气象应急观测布网数量增长较快,"十三五时"期则保持稳定。

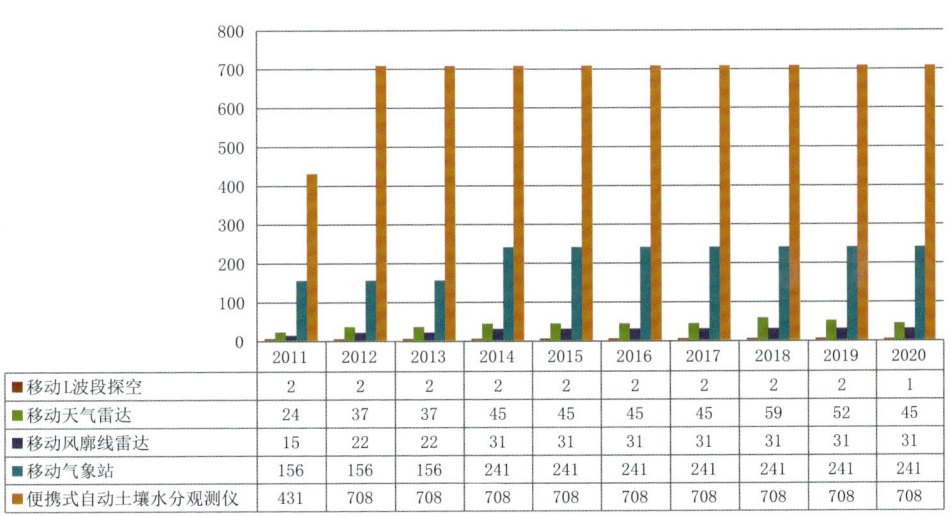

图 6.6　2011—2020 年移动观测设备数（单位：部）

（三）观测业务运行

2020 年，综合观测业务信息化、综合化、集约化水平进一步提升。综合气象观测业务运行信息化平台投入业务试运行，实现横向覆盖综合气象观测全业务链条，纵向贯穿国省市县四级业务应用，基本实现气象观测的数据支撑一体化、业务应用一体化、业务融合一体化和产品应用一体化。其中，国家级气象观测实时业务平台发挥指导作用，气象观测质量控制系统（"天衡"）、气象观测综合产品系统（"天衍"）完成了版本固化，在 6 个省份开展了属地化应用，年访问量 2.5 亿次。平台新增 GNSS/MET、气溶胶质量浓度业务 2 项，台风、冰雹识别等 5 种产品多次应用于预报会商服务，取得良好效果。同时，主要业务系统融入大数据云平台等工作进展顺利，完成了信息化平台环境、整体架构与数据库迁移。云平台接入定量估测降水产品并逐渐形成了业务能力，其服务时效提高了 30%。以观测业务运行信息化平台为基础，综合观测业务管理信息系统开发完成，业务管理信息化能力得到提升。

2020 年，继续推动实现地面观测自动化。通过测试验证、完善 ISOS 软件和加强技术支持，自动云观测站点增加到 2423 个，观测频次由每日 5 次增加到24次,露、霜、雨凇、雾凇、结冰、积雪观测由每日3次提高到24次,数据到报率提高到99%,传输频次从5分钟提升至1分钟。

2020年,风云卫星业务系统开展优化升级,实现了风云二号观域自动调整、风云二号区域观测一键式业务运行。同时,建设了系统运行质量监控系统,完成质量管理体系建设,通过ISO9001质量管理体系认证,业务系统长期保持高水平运行成功率。建立卫星数据资源池,做好信息系统平台集约化,天地一体化数据服务系统投入业务,新增卫星数据资源池服务方式,实现PB级卫星实时与历史数据直达用户桌面。"十三五"期间,卫星数据服务网站访问总数达到10417万次,每日实时专线分发数据达到950G。

全网观测装备高水平运行,2020年新一代天气雷达业务可用性99.19%、国家级自动站99.99%、常规气象观测站98.13%、自动土壤水分98.36%、雷电98.22%、气溶胶质量浓度94.49%、卫星业务成功率99.68%、探空系统继续保持100%。实时监控业务稳定开展,发布观测快报、月报363期,监控短信742条6.7万人次,对全国各级台站和设备厂家提供技术支持4500余次。观测数据质量进一步改善,八大类观测数据质控38421余万站次,勘误2251次。天气雷达数据较上年正确率提升0.4%,风廓线提升1.7%,探空提升1.6%,GNSS/MET提升14.3%,大气成分提升7.6%(图6.7—图6.11)。

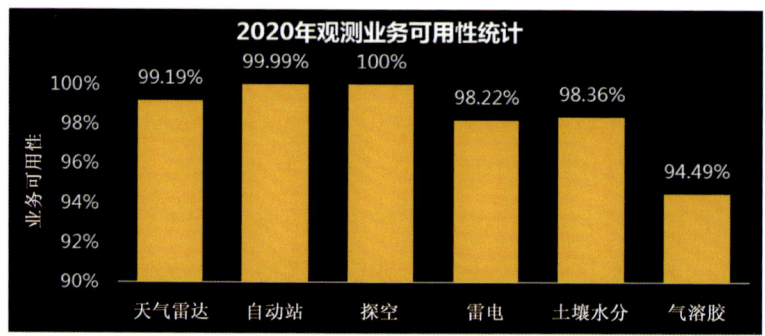

图6.7　2020年观测业务可用性统计

(数据来源:中国气象局气象探测中心)

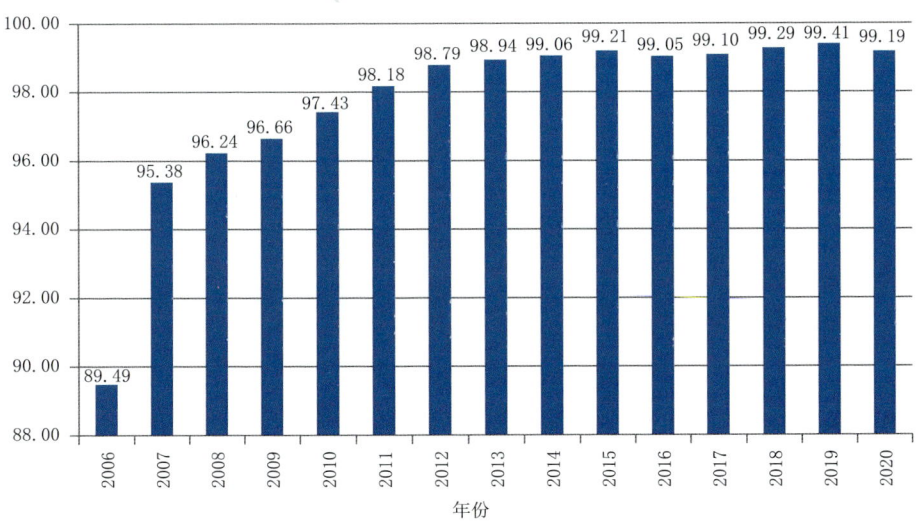

图 6.8　2006—2020 年天气雷达业务可用性（单位：%）

（数据来源：中国气象局气象探测中心）

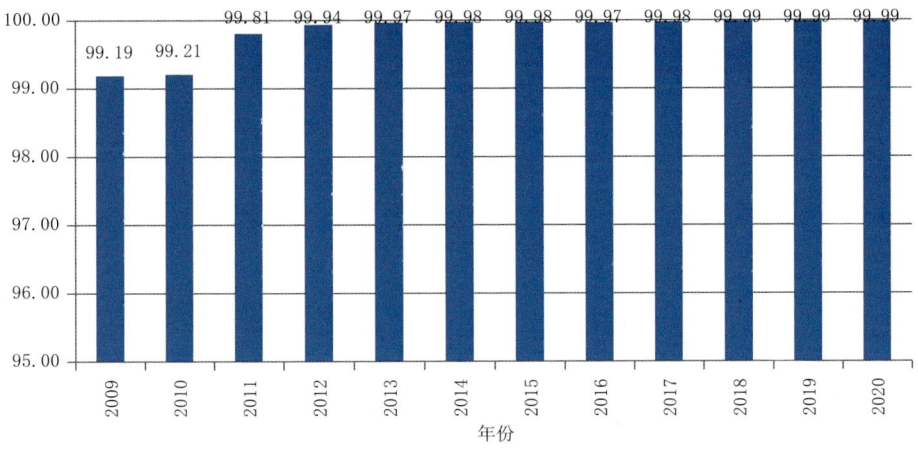

图 6.9　2009—2020 年国家级自动站业务可用性（单位：%）

（数据来源：中国气象局气象探测中心）

2020年，气象计量能力不断提升。制定地市计量检定试验室业务技术要求、智能化风洞业务技术要求、自动日照计较准规范等技术要求3项，在33个地市建设气象计量检定实验室，启动2个省级气象计量风洞技术升级，完善日

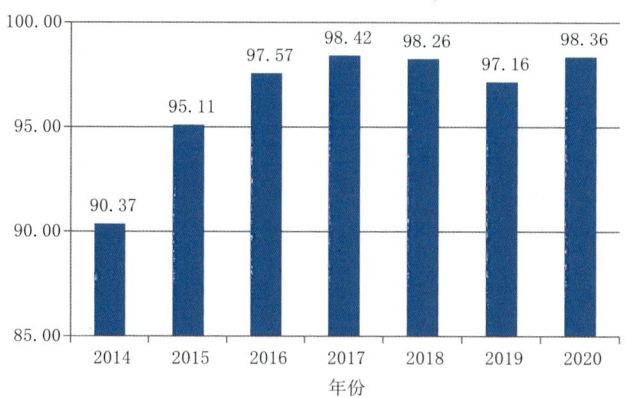

图 6.10 2014—2020 年自动土壤水分站业务可用性(单位:%)

(数据来源:中国气象局气象探测中心)

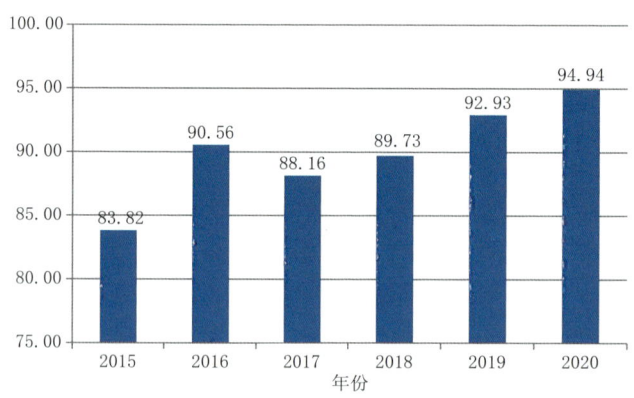

图 6.11 2015—2020 年气溶胶质量浓度观测业务可用性(单位:%)

(数据来源:中国气象局气象探测中心)

照计量、土壤水分、探空仪和降水现象仪试验室计量检测能力。规范气象计量管理,制定自动日照计计量管理暂行规定,组织编制气象计量业务准入退出管理办法。

2020 年,观测业务管理水平再上新台阶。气象观测质量管理体系实现全面认证,新增 19 个省(区、市)气象局完成气象观测质量管理体系建设并通过 ISO 9001 认证,气象观测领域质量管理体系全部实现认证。质量管理体系运行机制已经建立,质量管理水平进一步提升,质量管理体系信息化支撑系统上线运行。平均故障持续时间由17.44小时缩短至8.51小时,故障修复及时率由89%提升至98%。装备使用许可管理更加规范,制定《气象专用技术装备使用许可管理目录更新与发布管理办法》,修订气象专用技术装备使用审批事项服务指南和审查细则。印发《卫星导航探空仪功能规格需求书》等5部技术要求,编制《X波段双偏振多普勒天气雷达测试大纲》等7部测试大纲。核发装备使用许可证48件,34个型号装备获得入网许可。

到2020年,通过气象观测质量管理体系建设,梳理标准制度493个,制度化观测业务流程1109个,确定业务风险801项,制定预防和事前控制措施1026项,提出废改立清单385项。"十三五"期间,共发布气象观测类国家标准58项、行业标准107项,印发规章制度129项,其中2020年发布33项观测行标,综合观测全流程标准化率达96.5%,覆盖综合观测全流程的标准化体系基本建立。

(四)观测效益

2020年,综合气象观测业务继续提质增效,不断提升观测的自动化智能化信息化水平,提升台风、暴雨和强对流等灾害性天气的监测能力,强化风云气象卫星国际应用,完善遥感应用业务体系,观测综合应用服务水平进一步提升,更好支撑精准预报和精细服务。省级运行监控和数据质量控制业务得到强化,观测信息化水平稳步提升,观测数据实现即采即传,地面观测数据传输时效从1小时提升到1分钟,雷达传输时效从442秒提升到50秒。观测业务运行更加集约,数据获取、数据处理、运行保障、装备管理等四大业务功能集成一体。装备保障能力不断强化,国家级地面气象观测站和新一代天气雷达维修时间缩短近25%,移动校准维修系统实现全国地市气象部门全覆盖。

1. 全面实现观测自动化,为精准预报精细服务提供更加有力支撑

全面实现观测自动化后分钟级观测数据为数值预报提供了更为精密的地面初始场资料,实现最新实况信息和中尺度模式产品的纳入。利用分钟级实时观测数据、综合判识结果和高密度的气象观测站点数据,预报员可连续追踪并提前研判天气系统生消和演变过程,有效提高了客观预报产品的更新频次、预报精度及灾害性天气监测能力。自动化后地面气象观测实况资料的时效和时间、空间分辨率得到有效提升,为精细化预报提供了更好的资料基础。湖北省气象局依托获取的更高频次的观测数据以及新建火神山、雷神山医院自动气象站数据,精心制作发布了雷神山、火神山以及32个方舱医院的定点定量天气预报,为疫情防控贡献了气象智慧。内蒙古自治区气象局据此开发了0~12小时内1千米分辨率、10分钟快速更新的网格化融合分析预报产品,海南省气象局应用更高时间和空间分辨率地面观测数据,进一步优化网格预报产品,2020—2021年度台风降水预报TS评分和暴雨预警信号准确率分别较上一年度提高7.4%和11.4%,有效改进数值模式释用。

地面气象观测频次加大、空间加密,为精细化气象服务产品研发提供了坚实支撑。中国气象局公共气象服务中心基于分钟级的站点观测数据和模式产品,研发了面向冬奥赛区的精细化实况、精细化预报、人工智能三类产品,并实时推送至冬奥服务组开展试用和产品检验。内蒙古自治区气象局根据2020年12月7—17日的"嫦娥五号"着陆任务需求,应用地面分钟级观测数据开发了着陆场精细化预报模式产品,并滚动提供专项预报服务,护航"嫦娥五号"安全着陆。

准确、及时、高效的自动观测数据使气候可行性论证、精细化风险区划、区域雷击风险评估结果更为科学;应用于实时航运调度、海上作业保障等,可为航运企业寻找窗口、增加班期、提高运力发挥积极作用。如海南省气象局利用自动观测产品捕捉航线范围内能见度超过500米、风力小于七级的短时天气开展"粤海铁"客滚轮专项服务,2020年下半年增加窗口期220余小时,涉及55余次航班及渡海车辆6000余辆,为物资顺利入岛、保障供应发挥了重要作用。

2. 天气雷达助力灾害性天气监测和预警,显著提高短临预报的效益

通过"十三五"建设,我国已形成一定规模的天气雷达观测网,灾害性强对流天气的短时临近预报准确率比原来提高3%~5%,时效提前几十分钟到数小时,在灾害性天气监测和预警服务方面发挥了重要作用,取得了较好的社会

经济效益。

天气雷达的建设明显改善了台风、暴雨和强对流等灾害性天气的监测能力和预报准确性,其业务化应用使短时临近预报的准确率在现有基础上提高了3%～5%,时效提高几十分钟至数小时,显著提高了短临预报的效益,极大减少了灾害性天气带来的经济损失。天气雷达资料在业务区域数值天气预报中得到应用,24小时降水预报准确率提高5%～18%,建成全国及区域1～3千米分辨率的以雷达为核心的多源资料同化预报业务系统和精细化数值预报服务系统。同时,天气雷达在国家一系列重大活动气象保障服务中发挥了不可替代的作用。风廓线雷达能够提供风场演变信息,为灾害性天气监测、预报、航空安全和航线选择提供了高时空频次的观测数据。"十三五"以来,结合L波段探空雷达、风廓线雷达以及激光雷达在雾霾沙尘监测预报预警方面开展了大量的研究工作,针对雾霾沙尘等灾害性天气生消发展等方面做了大量创新性成果研究,有效弥补了气象雷达资料在环境气象领域应用的空白。

天气雷达网的建设推动了我国气象业务软件的自主研发及相关行业的发展,其中新一代天气雷达建设业务软件系统(ROSE1.0),能够提供39种气象应用产品,灾害天气短时临近预报预警系统(SWAN2)能生成雷达拼图产品、降水估测产品、对流天气识别产品和临近预报产品,并能将雷达观测数据与其他观测数据融合,计算山洪沟、中小河流面雨量及地质隐患点雨量,生成风险等级产品,为临近预报业务提供了技术支撑。

3. 风云气象卫星观测综合应用服务效益充分发挥

服务"一带一路"成果丰硕。2020年,制定印发《2020年气象卫星国际服务计划》,聚焦提升服务水平、增强数据服务能力、开展产品推广三方面统筹推进22项阶段任务,向全球118个国家和地区提供风云卫星资料和产品,截至2020年底,使用风云卫星数据的国家数量已增加至118个(包括81个"一带一路"沿线国家和地区),开通绿色通道国家39个,使用SWAP国家数61个,公有云客户端31个,29个国家注册成为《风云卫星国际用户防灾减灾应急保障机制》(FY_ESM)用户。风云卫星遥感数据服务网注册用户98199个,新增国内用户15936个,新增国际用户93个,新增国家6个,通过网站为国际用户提供数据12 TB,绿色通道为39个国家的用户提供实时数据13T。据世界气象组织调查显示,风云气象卫星数据服务在亚洲和西南太平洋地区处于领先位置,国际用户数据共享服务满意度达到80%。同时,组织推动新疆等5个省区气象局探索建立风云卫星服务"一带一路"机制。协助老挝和蒙古开展站网布局设计,完成《寒温带气象灾害监测和早期预警系统建设规划》《老挝气象现代化发展规划(2021—2030)》编制。

建设全国遥感应用业务体系,遥感服务能力大幅度提升。建立规范化遥感应用业务,升级全国天气遥感应用平台(SWAP)和生态环境遥感应用平台(SMART),增强业务监测服务能力。气象卫星台风、暴雨、强对流、火情、洪涝、雾霾、沙尘等灾害监测能力显著增强,监测精度大幅提升。研发出生态质量遥感评估方法、天然氧吧卫星遥感评估技术、生态红线遥感监测技术等多种技术。启动水体、陆地植被、海表温度、绿潮等4项全国卫星遥感监测业务。综合国内外多源卫星数据和产品,建立遥感生态监测数据集,围绕秦岭、黄土高原、黄河流域、密云水库等重点生态监测区和敏感区开展卫星遥感生态质量评估工作,服务生态文明建设。国、省两级遥感应用会商实现业务化、常态化,在洪涝、火情监测等方面发挥重要作用。推进地市级卫星遥感综合应用体系试点建设。

重大活动和汛期气象服务保障更加有力。利用卫星遥感资料,对疫情影响复工复产、夏秋作物长势、火情等情况进行监测分析,为疫情科学防控提供了参考依据。汛期期间,在水体洪涝、森林和草原火灾、藻类、秸秆焚烧、重大地表灾害等进行了监测服务,为防灾、减灾工作提供支撑,为各级部门和公众提供卫星遥感监测信息和数据。全力做好第三届中国国际进口博览会等重大活动和汛期气象观测服务保障。根据防灾减灾服务需求,组织启动4次风云四号卫星加密观测,充分发挥卫星效益。

4. 综合气象观测产品系统在全国范围实现应用

近年来,随着我国综合气象观测系统的不断进步,天气预报、气候分析、公众服务、科学研究等观测数据应用端对综合气象观测产品提出了新的需求。同时,随着观测自动化的不断推进、遥感观测技术的业务应用、大数据技术创新发展等为综合气象观测产品的发展创造了有利条件。"十三五"时期，中国气象局提出要推进观测产品综合化，大力发展实时观测产品制作业务，利用多源数据融合、人工智能同化、大数据识别等技术，加工制作描述大气实况及相关圈层真实状态的三维格点产品，形成气压、气温、湿度、风场、云和降水等要素的三维实况场，形成大气运动矢量、降水估计等融合产品，形成台风、暴雨等天气系统监测产品。经过多年发展，国家级气象业务部门设计开发了综合气象观测产品系统（"天衍"），实现了地面、探空、天气雷达、风廓线雷达、雷电、大气成分、土壤水分、GNSS/MET 水汽等 8 大类观测设备三位组网融合产品，实现了对冰雹、雷暴、大风、强降水、高温等高影响天气过程实时、精准的识别与监测。系统主要面向预报、服务以及探测业务专业人员，其天气雷达组网拼图、三维组合风场、融合实况分析场、强天气识别定位跟踪等产品充分助力汛期服务，提高了我国气象灾害的监测和预报预警水平，创造了良好的经济效益和社会效益。

三、评价与展望

我国已基本建成布局科学、技术先进、功能完善、效益显著的综合气象观测系统，为气象现代化整体水平提升提供了有力支撑。进入新时代，国家一系列重大战略对气象服务保障提出了新的更高要求，装备科技和新一代信息技术发展为综合气象观测业务带来了新机遇，落实碳达峰目标与碳中和愿景、加快建设气象强国对综合气象观测业务提出新需求新挑战。面对新形势和新要求，综合气象观测业务还存在发展不平衡、观测要素不充分的问题，尚未全面形成"立体化布局、智能化协同、精细化观测"的气候、天气、专业气象观测能力。综合气象观测业务发展，必须在以下方面取得新突破。

一是围绕碳达峰目标与碳中和愿景，加强气候多圈层观测及共享，提升大气辐射观测能力，结合卫星遥感及空基观测，构建长期稳定、覆盖全面的气候及气候变化观测系统，提升气候及气候变化观测能力。

二是以消除西部重点易灾地区和人口聚集地区监测盲区，提高对中小尺度致灾天气的精密观测能力为目标，补充地面气象观测能力、完善气象雷达观测、升级探空观测系统、建立地基垂直遥感观测、加强海洋气象观测、发展空基移动气象观测，推动观测系统更新换代，形成与卫星遥感观测互补的、更加精细立体的天气观测系统。

三是以服务国家重大战略为目标，强化农业气象观测和生态气象观测、提升雷电观测、加强风能太阳能气象观测、推进交通气象观测、完善空间气象观测，不断提升专业领域气象服务的观测支撑能力，并为智能提供实况气象观测服务进行拓展。

四是面向智慧协同的目标，系统设计协同观测体系架构、完善观测数据质控和检验评估、开发高精度天气实况产品、加强观测产品与预报服务互动、拓展重点领域专业气象观测，提高观测数据定量应用率，为精细化预报服务提供应用支撑。

五是以观测业务的高效稳定运行和可持续发展为目标，加强运行保障和计量能力、提升观测业务发展的支撑能力、完善气象观测质量管理体系、发展先进气象观测技术装备、加强科技创新和人才队伍建设。

第七章　气象预报预测

2020年,全国气象系统瞄准提高预报准确率和精细化这一核心目标,大力推进构建多圈层一体化数值预报,发展无缝隙全覆盖天气气候预报预测业务,推进智能型精准化气象灾害及影响预警,发展针对行业需求的专业气象预报,完善气候变化与气候资源监测评估,建立全流程全要素气象产品质量检验评估,基本构建形成了从零时刻到年代际、从局地到全球、从天气、气候到环境及其影响的全覆盖、无缝隙、精准化、智能型气象预报预测业务体系。

一、2020年气象预报预测业务发展概述

无缝隙气象预报业务体系趋于成熟。到2020年,初步建立了从零时刻到月季年,从中国区域到全球,涵盖基本气象要素、灾害性天气和气候事件及影响预报等较为完整的无缝隙气象预报业务体系。气象实况和预报实现了从站点、落区到格点、数字跨越。智能网格预报正式业务运行,产品空间分辨率中国区域陆地达到5千米、海洋达到10千米,全球达到10千米;时间分辨率0～24小时1小时间隔、逐小时更新,1～10天3小时间隔、逐12小时更新;气候预测空间分辨率达到45千米,延伸期逐日、次季节逐周、季节逐月更新;风能、太阳能资源监测评估精细到1千米,全国风能预报时间分辨率达到15分钟,未来3天太阳能光伏预报逐小时更新。

---

* 执笔人员:刘冠州　陈鹏飞　唐伟

数值预报业务体系基本形成。到2020年,基本形成了从短临、短中期、次季节、季节到年际,从区域高分辨率到全球的确定性与集合预报相结合的完整数值预报业务体系。GRAPES数值模式建立了从全球到对流尺度、短时到中期、确定性到集合的技术体系,基本实现了核心技术自主可控;全球模式分辨率达25千米,可用预报天数达7.7天;区域模式分辨率达3千米,每天8次快速同化更新,中国区域大雨量级以上评分优于欧洲中心。基本形成国家级与北京、上海、广东"1+3"的区域模式发展格局。全球气候模式分辨率达到45千米,区域气候模式分辨率达到10~30千米。建成区域高分辨率数值预报检验评估业务平台。

业务系统和支撑环境向集约化达到较高水平。积极引入现代信息技术,MICAPS4海量气象数据应用效率显著提升;形成了MICAPS4专业版平台,有效支撑各类预报业务需求;实现了MICAPS4、CIPAS2等系统升级版本在全国业务中的应用;预报预测业务支撑环境向"云+端"架构转变,实现了海量实时数据的集约、高效网络服务和更加安全、可靠的用户端服务。

气象预报预测准确率稳步提升。2020年,暴雨预警准确率达到89%,强对流天气预警时间提前至38分钟;台风路径预报24小时误差减小到65千米,稳居国际先进行列;提前6个月的ENSO预测技巧达到0.8,MJO预测技巧超过20天,接近世界先进水平。与2015年相比,基本气象要素短期预报准确率平均提升2.28%,气温和降水月预测评分提高2分,气象灾害预警准确率提升3.5%。

二、2020气象预报预测业务主要进展

(一)天气预报业务

2020年,中国气象局进一步完善天气预报业务顶层设计,设计编制《关于数值预报体制机制的改革思路》,印发《中国气象局关于推进气象业务技术体制重点改革的意见》《气象业务技术体制重点改革实施方案(2020—2022年)》,

实现了气象大数据云平台"天擎"业务试运行和智能网格预报系统、气候业务系统、观测业务系统的核心功能融入。对标预报精准要求,大力发展了智能预报业务,实现了数值预报业务系统升级换代,气象实况业务体系基本建立,天气预报业务能力稳步提升。

1. 数值预报业务系统升级后能力显著增强

2020年,数值预报核心技术实现重大突破。组织完成了GRAPES_GFS升级至V3.0,提高模式层顶至0.1百帕。北半球可用预报天数提高至7.7天,较2019年、2018年可用预报时效提高了0.2天,较2017年提高0.5天,达到业务化以来最高值。72小时各量级降水预报评分提高5%~10%。

2020年,GRAPES区域数值预报系统升级至5.0版本,短时临近预报业务能力进一步提高,满足了局地强对流天气特别是灾害性和极端天气事件的数值预报需求,为全国无缝隙智能网格预报业务服务提供科技支撑。该系统整合了3千米分辨率GRAPES区域模式系统(GRAPES_MESO 3 km)和GRAPES_MESO快速循环同化预报系统,建立了3千米分辨率逐3小时快速循环同化预报系统,实现对全国192部实时业务雷达资料的同化应用,推动国家级区域高分辨率数值预报系统实现千米级循环同化预报;在原有云分析系统基础上,增加观测质量较高的常规探空资料、局地稠密近地面观测资料、雷达径向风以及大量卫星资料等融入同化应用,不断丰富同化资料种类,推动实况产品应用,进一步提升数值模式预报准确率;发展快速循环同化技术,将运行时次由一天4次增加至8次,预报时效为36小时,有效支撑全国各省(区、市)气象局开展局地强对流、极端天气预报预警工作。该系统性能超越了原有GRAPES_MESO 3 km系统对强天气预报的能力,特别是弱强迫下的暖区对流预报性能明显提高。2020年,主要针对准业务运行的GRAPES_MESO 3 km模式存在融合同化资料种类有限、模式应用中难以保留中小尺度信息、未能实现近地面资料融合应用等不足,通过攻关破解了难题,建立面向中小尺度资料的高分辨率同化系统和陆面资料同化系统,实现多种观测资料的循环同化应用,有效支撑了精细化预报和强对流天气预报业务。东亚可用预报时效达到7.9天,较2019年7.4天增加0.5天,较2018年7.8天、2017年7.4天分别增加 0.1 天和 0.5 天，为业务化以来第一高水平(图 7.1)。实现了全国 3 千米每天 8 次快速同化更新。改进区域高分辨率数值预报评估系统，完善检验算法与流程，发布评估季报。BCC-CPSv3 通过准业务化评审，分辨率达到 45 千米。

图 7.1 2015—2020 年 GRAPES_GFS 可用预报天数变化(北半球和东亚)

(数据来源：中国气象局预报与网络司)

区域模式改进效果明显。GRAPES_3 km 实现覆盖全国范围的对流尺度数值预报后，有效提高了对我国强对流预报特别是西部地区天气预报业务的支撑能力，对夏季强降水预报准确率明显超过 ECMWF 全球模式。GRAPES_TYM 扩大模式区域，覆盖西北太平洋、北印度洋及亚洲大部分地区，模式分辨率由 12 千米提升为 9 千米，垂直层次由 50 层加密为 68 层，为更好服务"一带一路"建设提供了模式支撑。GRAPES 区域集合预报 15 千米分辨率升级到 10 千米分辨率。2020 年，实现了多海区多台风路径预报产品上线，产品支持西北太平洋及北半球五个海区(阿拉伯海、孟加拉湾、中北太平洋、东北太平洋、北大西洋海区)预报路径图的海区切换与 GRAPES 台风预报产品快速显示(GRAPES_TYM 台风强度、GRAPES_集合预报台风袭击概率、GRAPES_集合预报台风路径、GRAPES_集合预报轨迹及登陆点、GRAPES_集合预报登陆时间及中心最低气压、GRAPES_集合预报登陆时间及中心最大风速)，实现产品图与台风名称的关联对应，并且支持多海区、多台风切换，实现了从低压编号到正式编号流程的自动化处理。该功能还解决了不同海区路径图混合一起的问题,通过规范设置,在原有文件名的基础上,增加了海区、台风编号、台风热压编号等标示信息。2020年,开展冬奥产品开发,完成次千米级、次百米级和站点的订正集成产品,误差显著减小。面向下一代天气气候模式发展,成功研制了高精度可扩展区域/全球一体化数值预报模式。

2. 智能天气预报技术支撑能力明显提升

全球智能网格预报技术和方法持续改进。2020年,在全球范围内,GRAPES_GFS全球模式业务系统实现升级,四维变分同化分析效果明显优化。"基于GRAPES_GFS模式的精细化气象要素预报系统V2.0"与"全球城市天气客观预报系统V1.0"均已业务运行。这两个系统可以直接支撑全国和全球城市预报业务。在此基础上,智能网格预报质量不断提升。基于全网格滚动建模理论的"格点化模式输出统计快速更新系统GMOSRRV1.0"实现业务试运行,实时提供气温、风、相对湿度等连续要素滚动订正产品,直接支撑全国和全球城市预报业务。人工智能也出现在预报技术的"储备库"中,基于AI的天气分析预报技术研究,在雷达回波、闪电外推、台风强度分析、海雾智能判识等方面已经初步显效。

组织开展雷达基数据流传输在SWAN中应用升级,全国拼图时效缩至观测后3分钟内。组织升级智能网格预报处理系统,实现24小时内智能网格预报由逐3小时提升到逐小时。实现对国家级、省级网格预报的实时监视、到报统计和实时检验,实现异常数据的一键溯源。优化动态滚动预报流程和小时滚动更新预报,基于APP实现基于临近点实况的气温订正。

组织人工智能等技术在温度、能见度预报订正中应用,开展基于机器学习的强降水短临预报研究,推进智能网格预报产品在灾害预警、风险预警和气象服务中应用。2020年汛期,中国气象局公共气象服务中心利用人工智能机器深度学习技术研发气象服务产品,这款基于深度学习超分辨降尺度法研发的全国范围1千米×1千米精细化格点降水预报产品将开展试用和检验,将提供0~3天逐小时,4~10天逐3小时的降水预报。精细的格点,对地形、温度、湿度、风速、风向的综合考虑,都将提升降雨预报的精准程度。

目前,智能网格预报与ECMWF预报相比各要素误差减小15%~40%。

发展频率匹配和最优背景场融合技术以及全格点回归滑动建模技术,实现24小时逐时滚动订正网格预报业务化,气温预报相对ECMWF提升10%～27%,强降水预报提升12%～15%,其中临近时效(0～3h)提升50%以上。发展基于集合预报的"神经网络—自忆"法,实现基本气象要素延伸期网格预报业务化。国家级网格预报指导产品质量持续提升,2020年全国高温、低温、时刻温度和相对湿度的准确率为2017年以来最高。

气象实况业务体系基本建立。2020年,组织改进业务流程,实现了卫星、雷达等资料在实况分析的应用,提升网格实况产品时效与质量,实现5千米产品升级和1千米产品试用,时效由2018年15分钟、2019年12分钟提高到2020年的8分钟,并广泛用于预报服务业务。中国第一代全球大气/陆地再分析产品(CRA v1.0)投入业务应用。初步建立实况检验评估与监控业务,实时共享评估结果。印发基于位置的实况服务策略,组织建设统一的实况服务接口并提供应用。

灾害性天气预报技术有新发展。在2019年基于多中心全球及区域中尺度模式,构建多模式自适应集成降水客观预报技术基础上,开展了全国分钟级QPF临近预报研发和建设,实现逐10分钟滚动更新,临近网格预报业务运行;研发冬季降水精细化预报技术,提高冬奥科技支撑水平;开展人工智能技术在台风定强中的试用,改进台风定强模型;开发天气系统自动识别技术,提高海洋气象分析业务自动化和准确率;开展大雾逐小时订正预报产品应用试验,有效提升大雾生消时间和强度等级的短临预报准确率。在超大城市上海,推进了城市精细化管理气象"先知系统"2.0升级,使健康气象、城市网格化管理、交通和建筑工地4个场景的气象服务技术、产品和机制将得到重点强化。用户收到的气象服务产品除了常规强天气预警信息外,还包含强天气对城市带来的影响等。适应各大城市运行管理系统和基层应急管理单元需求提供的多源气象服务数据接口"气象智能插件1.0"可供政府决策、城市运行管理部门等"即插即用",在强天气发生前提供决策支撑。

3. 各类预报准确率持续提升或基本保持

定量降水预报准确率进一步提升。主客观融合定量降水预报(Quantitative Precipitation Forecast,QPF)业务产品中,2020 年预报员小雨、中雨、大雨累加 24 小时站(格)点预报 TS 评分分别达到 0.606、0.435、0.322(图 7.2)。

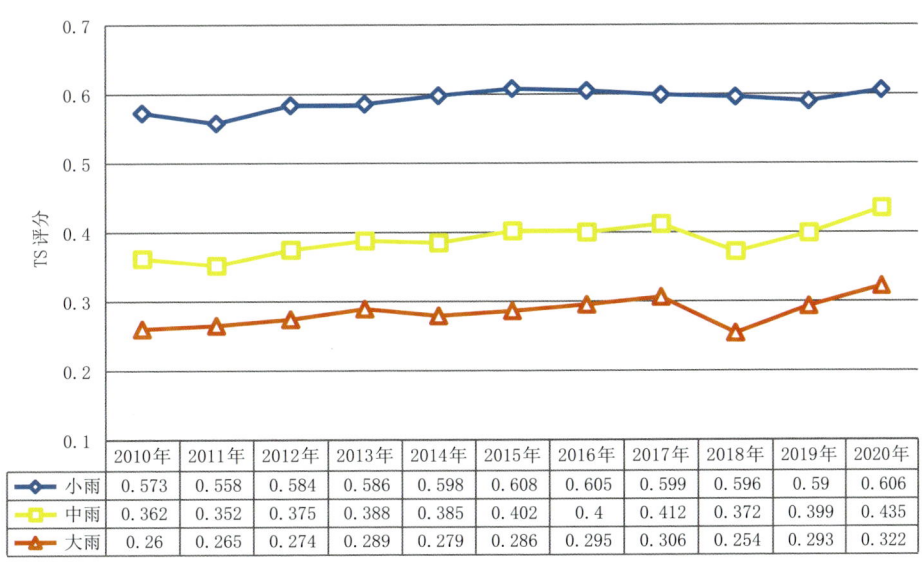

图 7.2　2010—2020 年中央气象台预报员主观 08 时次累加 24 小时
定量降水预报 TS 评分对比

(数据来源:中国气象局天气业务网)

2020 年各量级降水预报准确率均保持在较高水平,较 2019 年有明显提升,其中暴雨 24 小时 TS 评分达到近 10 年第 2 高水平。对比欧洲中期天气预报中心(EC)模式、GRAPES 模式预报,预报员 24 小时、48 小时定量降水预报各量级预报准确率均较高(图 7.3,图 7.4),充分体现了预报员的模式订正能力。

台风长时效路径预报取得明显进步。2020 年,中央气象台台风路径 24 小时、48 小时、72 小时、96 小时和 120 小时预报时段预报误差分别为 65 千米、117 千米、169 千米、222 千米、276 千米(图 7.5),台风路径预报性能总体保持稳定。日本各时段台风路径预报误差分别为 79 千米、126 千米、192 千米、256 千米、314 千米,美国分别为 74 千米、108 千米、180 千米、260 千米、315 千米。2020 年我国台风路径预报继续保持世界先进水平,除台风 48 小时路径预报误差和日本、美国相当以外,其他各时段路径预报误差均优于日本和美国(图 7.6),

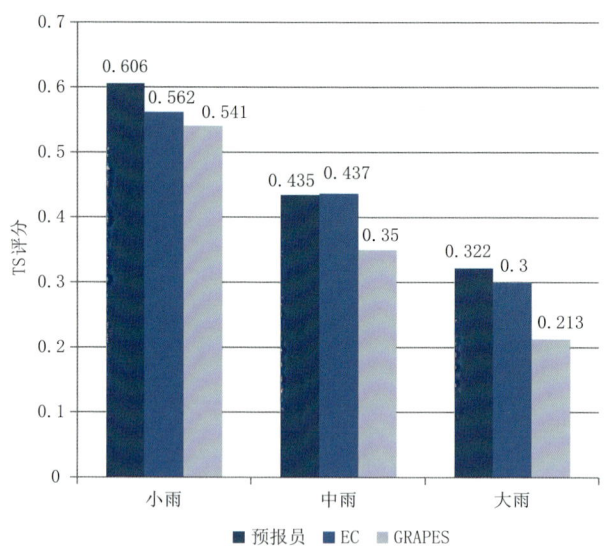

图 7.3　2020 年 08 时次 24 小时定量降水预报 TS 评分的中央气象台预报员
和 EC,GRAPES 模式预报对比

(数据来源:中国气象局天气业务网)

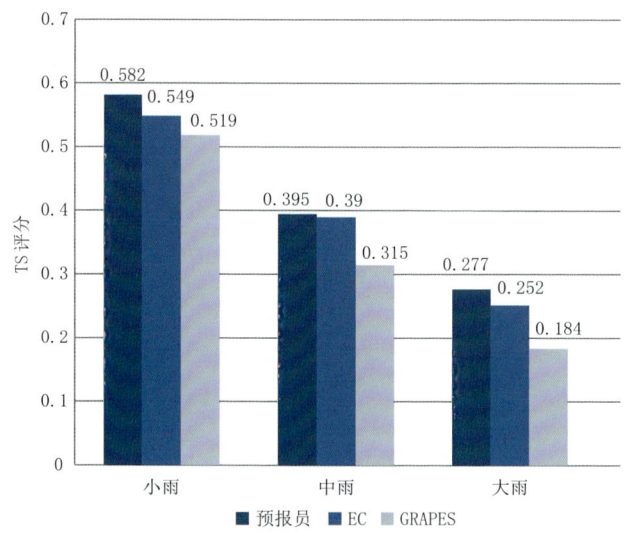

图 7.4　2020 年 08 时次 48 小时定量降水预报 TS 评分的中央气象台预报员
和各模式预报对比

(数据来源:中国气象局天气业务网)

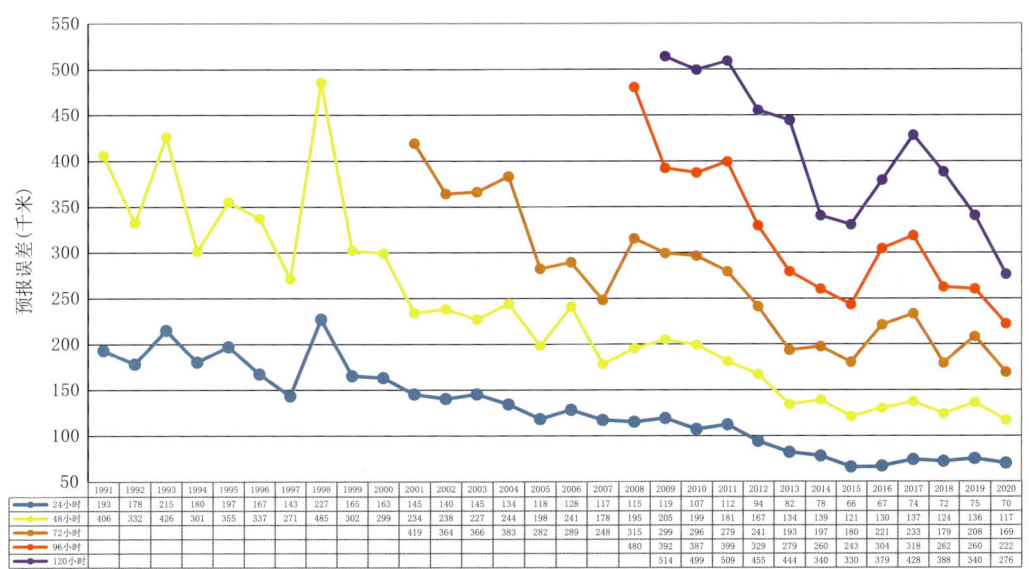

图 7.5 1991—2020 年中央气象台西北太平洋和南海台风路径各预报时段预报误差

(数据来源:中国气象局预报与网络司)

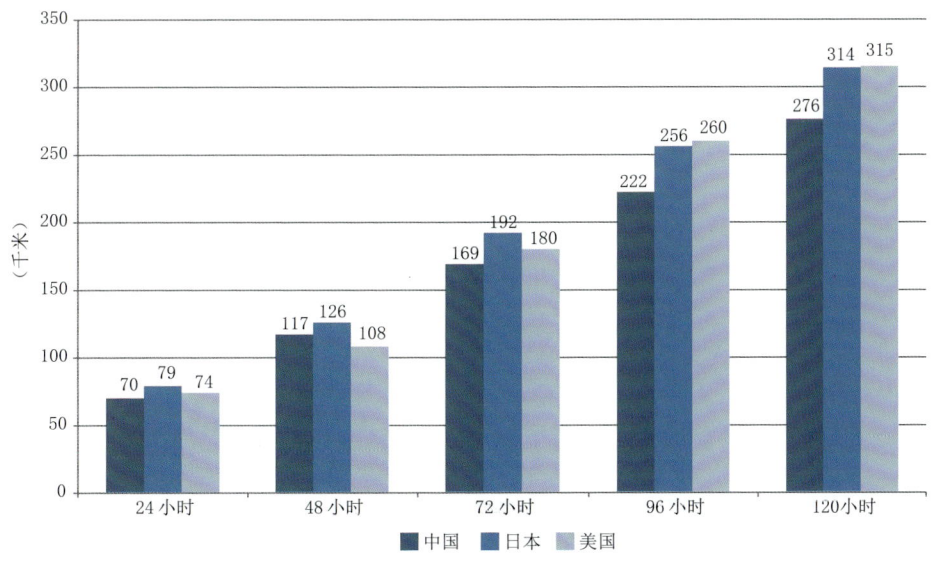

图 7.6 2020 年中国、美国、日本台风路径预报误差对比

(数据来源:中国气象局预报与网络司)

长时效路径预报准确率取得明显进步;24 小时强度预报误差 4.0 米/秒,连续 3 年台风 24 小时强度预报误差在 4.0 米/秒以下。

天气预报准确率水平保持稳定。2010—2020 年,全国 24 小时晴雨、最高温度和最低温度预报准确率平均分别为 87.1%、78.2% 和 82.4%。2020 年全国 24 小时晴雨、最高温度和最低温度预报准确率分别为 86.2%、82.2% 和 84.0%,与 2019 年比较分别降 1.7%、升 0.9% 和降升 0.1%,分别较 2010—2020 年平均值降 0.9%、升 4.0%、升 1.6%(图 7.7—图 7.9)。

图 7.7　2005—2020 年全国 24 小时晴雨预报准确率评分(全国所有站点独立统计结果)
(数据来源:中国气象局预报与网络司)

2020 年,各省(区、市)24 小时晴雨、最高温度和最低温度预报准确率中,24 小时晴雨预报准确率大于 90% 的有 9 个省份,分别是北京、天津、河北、内蒙古、辽宁、山东、河南、宁夏、新疆,其中新疆最高达到 93.09%,主要为北部和西北部省份;24 小时最高温度和最低温度预测准确率高于 90% 的分别为 2 个省份和 9 个省份,上海和海南分别取得 24 小时最高温度和最低温度预测准确率的最好成绩(图 7.10—图 7.12)。强对流预报准确率近年取得稳步提升,雷暴、短时强降水、风雹天气预报质量均优于过去三年,强对流预警时间提前量保持在 38 分钟,暴雨预警准确率提高到 92.9%。

图 7.8　2005—2020 年全国 24 小时最高温度预报准确率评分(全国所有站点独立统计结果)
(数据来源:中国气象局预报与网络司)

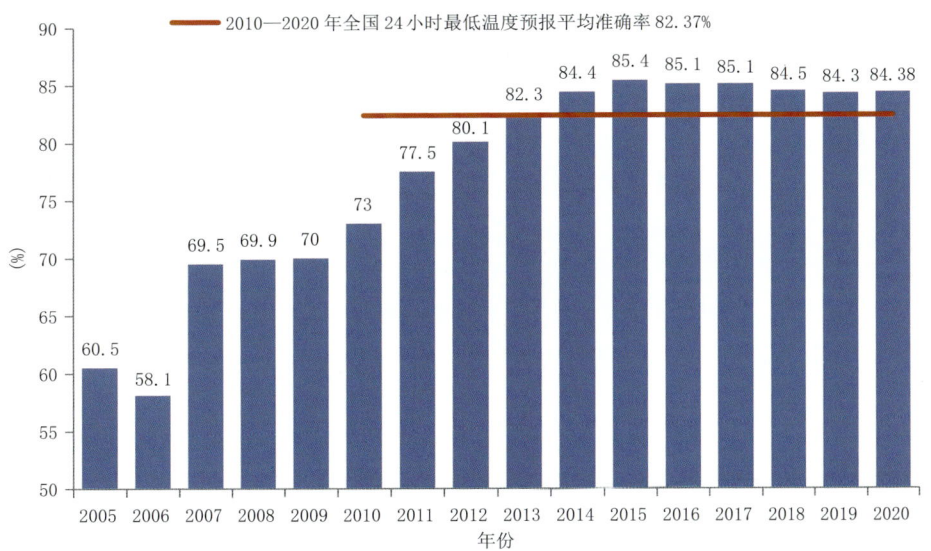

图 7.9　2005—2020 年全国 24 小时最低温度预报准确率评分(全国所有站点独立统计结果)
(数据来源:中国气象局预报与网络司)

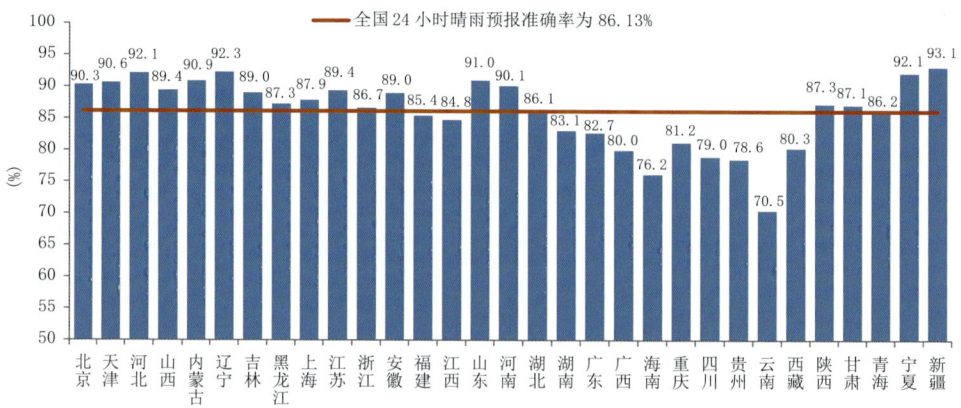

图 7.10 2020 年全国 24 小时晴雨预报准确率评分（全国所有站点独立统计结果）

（数据来源：《气象统计年鉴》，2020）

图 7.11 2020 年全国 24 小时最高气温预报准确率评分（全国所有站点独立统计结果）

（数据来源：《气象统计年鉴》，2020）

另外，还完成 MICAPS4、SWAN、MESIS 等系统对天擎平台、SDK 二次开发接口及天擎—分布式数据库的测试评估。提升了 MICAPS4 平台支撑和 MICAPS-GFE 格点编辑能力，台风海洋一体化平台实现智能文本生成。新版 NMC 官网正式发布，栏目实现重大升级。

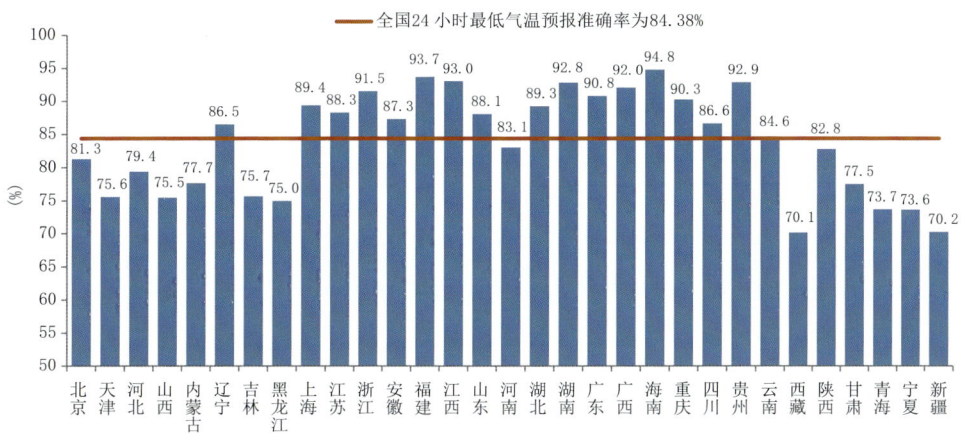

图 7.12 2020 年全国 24 小时最低气温预报准确率评分(全国所有站点独立统计结果)
(数据来源:《气象统计年鉴》,2020)

(二)气候预测业务

2020 年,气候预测业务按照监测精密、预报精准、服务精细的总要求,深入研究气候科学规律,依托科技创新,积极推进气候预测精准化、风险评估定量化、业务系统智能化发展,努力推动预测能力的提升。

1. 气候预测水平稳步提高

2020 年,较好把握了"我国气候状况总体偏差,极端天气气候事件偏多""涝重于旱"的总体特征,准确预测了"长江中下游、黄河中上游、海河流域以及松花江流域降水较常年同期偏多,暴雨过程和日数较多,可能有较重汛情"。准确预测西南雨季开始偏晚、梅雨开始偏早、华北雨季开始偏晚等季节进程。准确预测汛期台风"前期少、后期多"的阶段性变化特征。中国气象局与水利部等部门联合开展汛期旱涝趋势预测。正式发布的降水预测为 70 分,6 月和 8 月降水预测均为 76 分,分别为历史第 2 和第 1 名。准确预测 ENSO 演变趋势,6 月份就预测出秋冬季将形成一次拉尼娜事件。

2020 年,国家级逐月气温预测 81.4 分、逐月降水预测 65 分,分别较上年减少 2.8 分、4.0 分;汛期降水预测 69.6 分,较上年增加 4.2 分。从国家级和省级气候预测水平分析,气候预测水平总体稳定,但呈微小波动稳定状态,总体上升较缓。

近10年全国月降水、月气温、汛期降水和汛期气温预测评分平均分别为67.2分、79.9分、70.1分和85.1分,分别较2001—2010年的平均值提高3.7%、6.8%、2.2%和11.5%(图7.13—图7.16)。

图7.13 2001—2020年全国月降水距平百分率趋势预测评分

(数据来源:中国气象局国家气象业务网)

图7.14 2001—2020年全国月平均气温趋势预测评分

(数据来源:中国气象局国家气象业务网)

图 7.15 2001—2020 年全国汛期(6—8 月)国家级降水距平百分率趋势预测评分

（数据来源：中国气象局国家气象业务网）

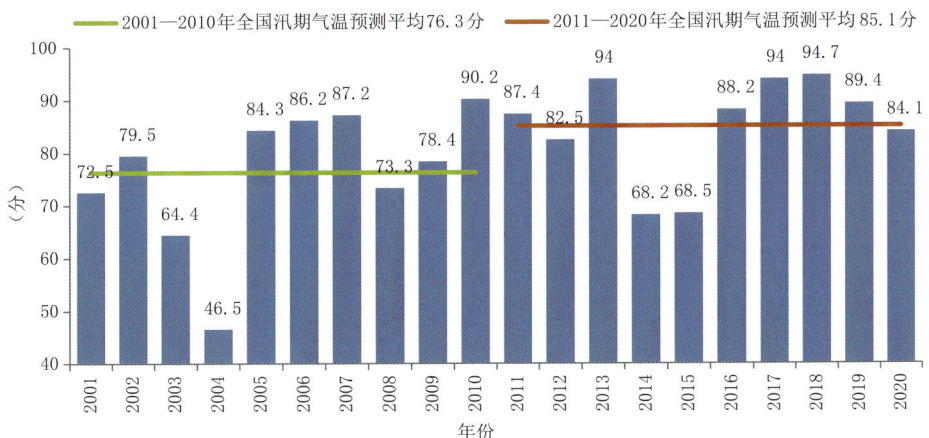

图 7.16 2001—2020 年国家级全国汛期(6—8 月)平均气温趋势预测评分

（数据来源：中国气象局国家气象业务网）

2020 年，全国省级汛期降水预测准确率 71.2 分，较上年提高 3.6 分；逐月气温预测、逐月降水预测分别为 82.6 分、70.9 分，较上年分别增加 0.2 分和降低 0.7 分。各省(区、市)气候预测总体有较高的正订正技巧，汛期降水、气温预测的全国平均评分分别达到 70.8 和 91.2 分。月降水和气温预测国家级发布评分平均分别为 69.0 分和 84.2 分，分别较 2018 年保持持平和提高 3.8%，其中月降水预测评分位列历史第三,月气温预测评分位列历史第一(图7.17)。

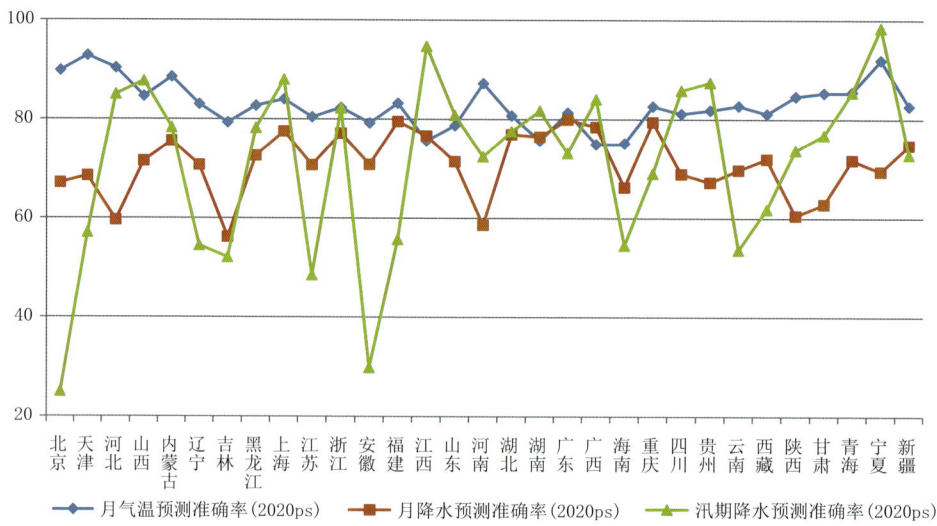

图 7.17　2020 年全国省级汛期降水预测、逐月气温预测、逐月降水预测准确率(单位:分)

2. 高分辨气候系统模式核心技术取得显著进展

(1)建立了次季节—季节—年际气候一体化预测模式系统 BCC-CPSv3。2020 年,基于新一代高分辨率气候系统模式建立了次季节—年一体化的第三代气候预测模式系统(BCC-CPSv3),大气模式全球分辨率达到 45 千米。该系统于 2020 年底通过了专家评审,可以进行准业务试运行。BCC-CPSv3 对于春、夏季的全球环流系统有较好的预报性能,对全球海温预报技巧较高,对东亚夏季风、中国降水和气温的预报技巧普遍高于目前的业务系统,对中国降水预测能力与国际先进业务机构的模式预测水平相当。

(2)地球系统模式研制取得明显进展。2020 年,在 BCC-ESM1 的基础上进一步发展了中等分辨率地球系统模式 BCC-ESM2,水平分辨率由 T42(约 280 千米)提高至 T159(约 75 千米),垂直分层由 26 层增加至 70 层,模式顶由 2.914 百帕提高至 0.01 百帕。

(3)中国多模式集合预测系统(CMME1.0)业务化。2020 年,中国多模式集合预测系统(CMME1.0)实现正式业务化运行,实现了基本气候要素和全球主要气候现象集合预测业务,为多模式集合预测的业务和科研工作提供可靠的数据支撑,在当年汛期业务中应用良好,降水 PS 评分达到 80.6 分。

(4)CWRF 高分辨率区域气候模式气候预测系统取得新进展。完善 BCC_CSM-CWRF 汛期气候预测系统,开展 2020 年汛期(6—8 月)气候趋势预测;初步建立 BCC_CSM-CWRF 冬季气候预测流程,开展 2020 年冬季(12 月—翌年 2 月)气候趋势预测,自 2020 年 6 月起为冬奥会提供冬季预测意见和全国气候趋势预测。

(5)开展人工智能预测技术研发,实现汛期业务应用。2020 年,针对汛期降水开展多模式集成预测技术研发,将降水分为正常级降水和异常级降水,并针对不同类型的降水研发不同的预测模型。针对正常级降水开展模式主模态观测约束订正,利用历史观测资料针对模式回报结果建立统计降尺度模型,预测降水的主要模态;针对异常级降水,利用决策树、随机森林、自适应增强、支持向量机等多种机器学习算法构建预测模型,在模型参数调整过程中重点考察异常级降水预测准确率的表现,通过采用了两种模型的结合获得最终的预测结果。基于该方法对 2020 年中国夏季降水进行了实际预测,准确预测长江流域、淮河流域和黄河中下游流域的严重汛情。

(6)气候预测业务体系不断完善。建立多尺度智能预测系统,完成区域气候模式冬季预测试验,实现中国多模式集合预测系统业务化运行,CMME、FODAS 等汛期降水预测突破 80 分,为历史最好成绩。建立了全国 50 千米延伸期候平均气候预测产品和全球未来 8 候环流场预测检验一体化产品,实现东亚重要环流预测系统业务化。

(7)研发实时灾害风险(预)评估模型及产品。2020 年,研发了面向气象灾害损失评价的多维灾体模型、台风灾害风险预评估检验模型、流域水资源预估模型、洪水风险预估模型等,初步实现了对台风、暴雨、流域洪峰等重大灾害的风险预评估,在决策服务中发挥了重要作用。

3. 其他气候业务全面加强

(1)有序推进全国气象灾害综合风险普查工作。2020 年,参与完成《全国自然灾害综合风险普查总体方案》和《试点方案》的编写;主持编写《全国气象灾害综合风险普查技术规范》，协助风险普查系统开发，主持编制10万余字的综合风险普查培训教材，指导全国试点各地区普查技术工作；依据客观化灾害事件识别和评估方法，初步完成全国台风、暴雨、干旱、高温等灾害的致灾危险性调查和危险性评估工作，形成部分综合风险普查产品。

(2)继续推进了气候变化研究。2020年，全球极端事件长期变化和中国重大极端事件归因研究取得重要进展，量化了自然和人为因子的相对贡献。完成了上年中国西南地区春夏降水异常事件的归因研究，揭示出人类活动引起的气候变化大大增加了西南地区降水极端匮乏事件的发生概率。开展了中国重点区域未来极端气候事件及风险预估，为黄河流域、长江经济带、雄安新区、川藏铁路建设等重点区域发展提供科技支撑。发布了《中国气候变化蓝皮书(2020)》和《应对气候变化报告(2020)：提升气候行动力》，得到了决策部门、业内专家和媒体的高度关注，其中《应对气候变化报告(2019)》获得全国优秀皮书一等奖。强化全球气候治理科技支撑，积极参与政府间气候变化专门委员会(IPCC)第六次评估进程；组织完成IPCC第六次评估报告(AR6)第一工作组报告评审工作；顺利完成联合国气候变化框架公约线上活动。

(3)扎实开展CIPAS研发，融入大数据云平台工作。2020年，持续改进和完善CIPAS业务系统，CIPAS新版本通过了专家评审，新版本业务功能更丰富、性能更高效、部署更快捷、具有国省级一体化等特点，气候监测预测业务支撑能力明显提升。积极开展气候业务系统集约化改造工作，完成《气候中心CIPAS业务系统融入大数据云平台实施方案》，完成了"云"＋"端"的技术架构设计，通过"四改造一扩充"最终实现CIPAS业务全面融入气象大数据云平台。

(4)建立了生态系统预测及影响评估业务系统。加强卫星遥感产品的研制。开展了我国FY3D卫星产品质量检验评估和业务应用。初步建立了生态系统预测及影响评估业务系统，开发了生态模拟、生态预测、气候监测评估、草地生态系统服务功能与价值评估等功能模块。利用最新的10米分辨率全国土地利用分类数据，结合中等分辨率长时间序列卫星数据、生态模型模拟数据、生态系统服务功能评估以及气候生态要素数据，初步建立绿水青山一张图。

卫星遥感气候应用业务平台投入业务应用以后,在建立全国范围1986年以来30m Landsat卫星遥感数据集基础上,2020年继续实现全国和典型区域的植被、生态环境、重要水体等的实时动态监测。加强了风云卫星气候应用,基本实现全球、中国及典型区域多时间尺度射出长波辐射、海冰、植被指数、积雪等监测,提高气候要素自主检测能力。完成了气候生产潜力模型构建,改进了迈阿密模型、桑斯维特模型以及综合模型。建立了光能利用效率模型,模拟了近20年NPP和GPP等生态要素。利用BCC_CSM开展LAI、NPP等生态要素的预估。

组织推进生态气候模式研发,初步建立月—季尺度的生态气候预测和影响评估业务系统,实现全国10千米月尺度草地、森林生态气候监测评估。加强气候可行性论证能力建设,完成"一个平台,两个系统"建设,印发风电场群对局地气候影响评估等3个技术指南。推动25个省(区、市)政府将气候可行性论证纳入区域性评估制度,完成251项开发区、485项重大规划和重点工程的气候可行性论证,完成7个气候资源评价标准编制。

三、评价与展望

气象预报预测是气象工作的核心业务,经过长期努力发展,我国无缝隙气象预报业务体系已趋于成熟,完整的数值预报业务体系基本形成,业务系统和支撑环境集约化达到较高水平,气象预报预测准确率稳步提高。但是,根据新时代气象预报预测高质量发展要求,仍然存在有待解决的问题。一是数值预报模式系统资料同化、动力框架、物理过程等技术与国际领先水平还存在差距,针对模式产品解释应用的二次算法还需完善。二是预报检验评估作用发挥不够充分,面向数值预报、客观技术、预报产品全流程检验评估还没有形成体系,精细化预报检验技术还不够成熟。三是科研和业务融合还需要强化,气象预报新业态建设有待加强。四是新阶段发展理念与智能预报业务的适应问题应引起高度重视。

"十四五"气象预报预测工作,应加快推进气象预报预测产品精细、算法先进、检验科学、流程高效、管理规范的无缝隙全覆盖、智能数字预报业务体系;统筹发展数值预报业务,提升数值预报模式系统资料同化、动力框架、物理过程等技术水平,推进无缝隙全覆盖智能数字预报业务建设,提升精细精准智能预报能力,持续提升气候预测业务能力,进一步提升全球气象基本要素预报和气象灾害预警水平;强化气象科研和气象预报预测业务融合,加快形成气象预报新业态。

第八章 气象服务业务*

2020年,全国气象系统按照服务精细的要求,充分发挥气象防灾减灾第一道防线作用,主动融入国家重大战略和现代化经济体系建设,为各行各业提供气象服务,围绕人民群众生产生活需求,大力发展智慧气象服务业务,构建了覆盖多领域的气象服务保障体系,形成了应对气候变化、人工影响天气、气候资源保护利用、气候可行性论证、大气污染防治、生态修复与保护等服务品牌[①],有力推进了气象服务业务高质量发展。

一、2020年气象服务业务发展概述

2020年,气象服务业务按照更加精细更加智慧的要求,推进气象服务融入数字城市,试点开展分时段、分区域、分要素的智能化天气服务。科技创新引领气象服务业务大力发展,夯实气象服务核心技术根基,加强智能网格预报和实况格点产品的对接应用,制定实况产品服务策略。围绕人民群众衣食住行娱购游等多元化需求,大力发展智慧气象服务。进一步推进了专业气象服务集约化发展,31个省份出台了促进专业气象服务改革发展政策。为保障国家粮食安全,大力发展智慧农业气象业务,努力提升农业气象服务水平。

---

* 执笔人员:龚江丽　张阔
① 本书已有应对气候变化、气象保障生态良好、气象保障生产生活与国家重大战略、气象防灾减灾保障生命安全等章专门阐述相关内容,因此,本章主要涉及公众气象服务、农业等行业气象服务业务方面的内容。

科技创新引领气象服务业务发展。2020年,加强科技协同创新,与三所高校共建4家气象相关研究机构,与三大运营商合作开展5G技术应用;激发科技创新活力,设立全国气象服务创新基金支持58项创新技术研发。完善科技成果转化和科技创新奖励机制,遴选3项科技成果通过中试基地业务转化应用,新增6项科技成果转化项目落地实施。国省级气象部门充分利用5G、大数据、云计算、物联网、人工智能等新一代信息技术飞速发展,开辟了公共气象服务变革的广阔空间,为气象服务业务合理布局、服务结构不断优化、智慧气象深入发展提供了新动能。改变气象服务技术,创新了服务模式,提升了气象服务集约化水平,智慧气象服务新业态正在形成。

专业气象服务集约化升级发展。2020年,进一步推进了专业气象服务集约化发展,湖北、上海、浙江相继牵头组建跨区域跨单位的长江航运、远洋导航、中欧班列气象服务联合体,探索专业气象服务集约化、规模化发展新机制。规范国家气候标志评价业务,实施了《中国气象局国家气候标志评价管理办法（试行）》,建立健全了国家气候标志评价业务管理制度、工作流程、评价标准、授权机制,首次实现国家气候标志申请、评审、复核等环节闭合管理和国省级互动协同。

气象服务业务体制改革稳步推进。2020年,继续开展1个国家级和7个省级单位气象服务业务体制改革试点,深入推进实施5项任务、20个单位的气象服务业务体制改革试点,包括河南、安徽、重庆、陕西的气象服务供给侧改革（农业、环境）,上海、浙江、湖北的远洋导航、中欧班列、长江航运气象服务联盟,北京、贵州、福建、青海、内蒙古的基层人工影响天气业务规范化建设和安全管理。并与部委组织联合试点,如与公安部门开展恶劣天气交通预警处置试点、与国家广电总局开展气象预警信息应急广播播发试点、与工信部开展精准靶向预警信息发布试点。

公共气象服务业务系统建设持续深化。到2020年,我国已经形成了以政府决策、社会公众、专业专项气象服务等为主要内容的公共气象服务业务,气象服务业务已经涵盖农业农村、交通运输、海洋、旅游、能源、生态环境等社会生产生活的各个领域,建成了融合相关气象服务业务系统和平台。2020年,围绕与有关部门需求开展专业服务业务建设,先后与自然资源部、农业农村部、应急管理部、交通运输部等联合下发文件,以强化相关专业服务领域业务建设。

二、2020年气象服务业务主要进展

(一)公众气象服务业务

我国的公众气象服务业务最早开始于20世纪80年代的传播气象服务业务。经过几十年的发展,服务产品不断丰富,服务形式不断改进,已经形成了由气象部门主导,社会广泛参与的公众气象服务格局。到21世纪初,气象部门已经形成了责任明确、分工合理、上下协同、集约共享的国家、省、地市、县四级公众气象服务业务体系,在各级业务机构中已经建立了包括产品需求调研、产品设计、信息采集、产品加工制作、产品发布和公众气象服务响应与评估等的业务流程(《中国气象百科全书》总编委会,2016)。

目前,我国传播气象服务业务已经形成了包括"两微一端"、手机APP、网站、新媒体、电视、电台、电话和社会各类公共传播平台广泛参与传播体系;公众气象服务产品形成了包括实况类、预报预测类、气候类、气象灾害预警类、医疗和环境等生活气象指数类、气象资讯类、专题类等产品系列;公众气象服务越来越智能化、便捷化,越来越贴近人民群众的生产生活,气象服务精细化水平不断提升,越来越受到人民群众好评,人民群众气象服务满意感、获得感不断增强。2020年,我国公众气象服务业务得到进一步发展。

1. 公众气象服务产品更加精细。2020年,气象部门继续推进气象服务融入数字城市,开展分时段、分区域、分要素的智能化天气服务。加强中国天气品牌建设,发布中国天气网百度智能小程序和服务于分众人群的上下学天气微信小程序,发布感冒地图等系列生活预警地图的公众气象服务产品42种(如穿衣指数、舒适度指数、晨练指数、感冒指数、紫外线指数、洗车指数、中暑指数、空调指数、雨伞指数、空气污染指数、晾晒指数、旅行指数等)。加强智能

网格预报和实况格点产品的对接应用,制定实况产品服务策略。基于位置的16~45天精细化服务产品、三维大气实况专业服务产品正式业务运行。开展"义新欧"中欧班列沿线82个重点城市精细化气象预报服务产品研发。初步形成覆盖全国实况、全国短临预报、全球短期及中期预报的精细服务产品。卫星遥感、自动站视频及社会化观测资料在气象服务中进一步融合应用。

2. 公众气象服务内容更加亲民。2020年继续实施《智慧气象服务发展行动计划》,优化了基于订票行程的航线、航空公司会员个性化和主动推送气象服务。中国天气网开展用户画像、交互数据的收集,建立了基于用户画像、定制信息和应用场景的标签库,为用户提供上下班、户外活动等5个场景的气象服务产品。组织优化天气APP,基于用户生活轨迹,围绕通勤、差旅、老人和低龄童四类主要人群及场景,制作了向用户智能提供天气变化推送行事建议、生活参考、风险天气评估等服务信息产品。为复工复产提供精准气象服务,推动国家预警中心与国家邮政局联合以"战疫速递"微信小程序为载体,推出"气象预警"服务业务,为140万"快递小哥"精准推送气象灾害预警信息产品。与农业农村部联合为超过9万名跨区夏收农机手精准推送气象预警信息产品。与互联网企业滴滴出行开启全方位合作,推动滴滴互联网出行用户预警信息产品精准覆盖。

3. 公众气象服务方式更加智能。2020年,在完成短临多要素预报系统、全球气象服务评估系统一期建设,推进基于雷达的分钟级预报系统、自主预报系统SIVA等研基础上,实现新接入155个数据集,开发多源数据采集分发系统、搭建气象数据元数据平台。完成智能气象音视频节目自动生成系统并进行商业应用。推进了城市暴雨内涝预报预警建设,组织25个城市开展城市暴雨内涝预报预警业务试点,提升了城市暴雨内涝监测预报预警与信息发布能力。初步建立网格化、数字化的城市气象预报预警业务,通过手机APP实现基于任意位置的预报服务,形成了天气实况产品10分钟更新、灾害天气3~6小时产品滚动更新的业务能力。

4. 气象信息覆盖载体更加广泛。中国气象频道、中国天气网、中国天气通已发展为有影响力的公众气象服务品牌。2020年全年通过27个国家级广播电视媒体平台制作首播节目近 52100 档，约 2082 小时；中国气象频道在 31 个省(区、市)的 324 个城市实现落地，覆盖 1.25 亿数字电视用户，服务 4.4 亿人口，排名数字付费频道第一；中国气象频道制作各类节目 10894 档，节目时长 72972 分钟。中国天气通手机装机用户已达 1.5 亿。中国天气网阅读量超 3 亿次。全年全国气象服务热线拨打量为 133465 人次。目前，我国已构建了类型全、数量大、覆盖广的气象全媒体矩阵，包括图书、报刊、电视、网站等传统媒体以及以"两微一端"为代表的各类型新媒体。国家级层面，包括 1 家出版社、1 家报纸、1 个电视频道、10 家期刊、2 家网站、16 个政务新媒体；省级层面，包括 17 家期刊、31 家政府网站、183 个新媒体等；市县级也建立了以新媒体为主体的媒体阵地。

中国天气网

中国天气网(www.weather.com.cn)是中国气象局面向社会和公众、以公益性为基础的气象服务门户网站。2008 年 7 月正式上线以来，中国天气网凭借优质的服务，深受广大网民喜爱，并迅速成为国内气象门户网站的领头羊，在国际气象网站中排名前列，并多次获得重大气象服务先进集体及个人称号。

中国天气网秉承"以用户为中心、以需求为导向"的服务理念，以传播气象信息、服务防灾减灾为核心职责，集成中国气象局下属各业务部门的最新业务服务产品和资讯。实时提供 6 万个国内外城市、乡镇、景区、机场、海岛、滑雪场和高尔夫球场的气象信息和服务，最长预报时效达 40 天，最小时间分辨率精细到 5 分钟，并在手机网站提供基于用户位置的预报服务；紧跟大数据时代洪流，匠心打造天气大数据应用产创平台，覆盖全国省、市、县、乡镇、旅游景点等 10 万余站点、国外主要城市 8 万余站，支持天气预报、实况、指数、空气质量等几十种要素，实现多种数据接口自由定制；同时研发了一系列针对细分场景的个性化服务产品，如滑雪场精细化预报、高尔夫球场精细化预报、婴幼儿感冒趋势预测、沿途天气、蓝天预报、天气衣橱等;此外,精心打造了"灾害天气直播报道""数据会说话""应对气候变化·记录中国"等特色栏目。

中国天气网下设 31 个省级站和澳门特区站,以及台风网、英文网两个子网站,开设了预报、预警、临近预报、专业产品、资讯、气候变化、科普、生活、交通、环境等 20 余个频道、200 多个栏目。与人民网、新华网、百度、淘宝、腾讯、网易、凤凰等 30 多家网站深度合作,并共建天气频道,面向公众提供更加精准及时的天气预报、实况信息和天气新闻,并与主流媒体进行合作访谈、开展相关活动。经过多年的运行,中国天气网覆盖面和社会影响力不断加大,取得了良好的社会效益,单日最高浏览量超 6000 万页。作为公共气象服务的重要着力点,中国天气网的发展深受各级领导的关心与重视。中国天气网最大的任务就是把中国气象局发展公共气象服务的理念逐步融合,成为百姓最信赖的网站,打造出一个全国统一的公共气象服务品牌。以防御和减轻气象灾害为己任,以提高气象服务的社会效益为目标,着力打造"第一时间、权威发布"的气象服务平台,全面提升公共气象服务的质量和水平。

气象服务热线 400-6000-121

中国气象局气象服务热线 400-6000-121(免长话费),是中国气象局面向社会提供公益性气象服务的重要服务窗口,主要开展气象服务的问题解答、需求了解、网站合作和投诉建议等客户服务工作。

全国各地用户都可以通过固定电话、移动电话和小灵通拨打 400-6000-121,人工受理时间为每日 8:00—18:00,其他时间可以电话录音或网上留言,及时将对气象服务的意见、建议以及合作等信息反馈到气象服务热线,从而更好地满足社会公众的气象服务需求。

(二)农业气象服务业务

为适应新时代"三农"工作特别是乡村振兴战略实施对气象服务的新需求、新要求,2020年中国气象局在安徽、河南、重庆、陕西等省(市)气象局和国家气象中心,组织开展农业气象服务供给侧改革试点,着力发挥智慧气象服务手段,构建现代气象为农服务体系,为推进我国农业由传统农业向现代农业转变提供气象科技支撑。

1. 农业气象业务服务产品系列不断细化

农业气象服务产品更加丰富和实用。到2020年,气象部门提供的产品包括农用天气预报、作物发育期预报、病虫害发生发展等级气象预报等,还有农田土壤水分监测、农业干旱综合监测、关键农时农事、农业气象周报、农业气象月报、农业气象专报、生态气象监测评估、作物发育期监测等科学技术产品,以及其他更具专业性、针对性的农业气象服务产品。在加强服务大宗粮棉油作物同时,由中国气象局与农业农村部联合创建了特色农业气象中心,服务特色产业发展,气象监测和服务所提供的种植农业产品涵盖春玉米、夏玉米、冬小麦、春小麦、棉花、花生、早稻、一季稻、晚稻、马铃薯、大豆、油菜、牧草、各种水果、茶叶、林特、烟草、药等,农业气象服务的内容越来越丰富,服务的方式和手段不断改进和完善。

2020年以"中国气候好产品"品牌建设为依托,联合特色农业气象服务中心及社会企业共建农业气象服务团队,探索新型气象为农服务解决方案。完成中国兴农网改版,加强关键农时农事气象服务和重大节日旅游气象安全提示,形成了基于位置实时推送261个美丽乡村、115家"中国天然氧吧"的灾害性天气预警业务。开展季、年尺度主要农业气象灾害风险预估技术研发,重点研发作物模型与观测资料同化技术,发展主要粮食作物生长模拟、灾害影响评估、产量动态预测一体化集成技术体系,开展全国100米分辨率主要粮食作物、特色农产品精细化区划。构建全国一体化农业气象数据产品应用平台,开发基于"云+端"的国、省、市、县级集约化业务服务平台,持续推进全国农业气象"一张网"格点产品体系建设。基于农业气象业务格点客观产品,利用互联网、APP等平台,开展智慧农业气象直通式服务。目前,通过农业气象数据服务平台,农业生产部门、农业生产经营者和农户就可获取包括全国农业气象预报、全国农业气象周报、全国农业气象月报、生态气象监测评估、作物生长周期、春耕春播/夏收夏种/秋收秋种、农业气象监测、土壤相对湿度监测、农业干旱综合监测、光伏发电资源实况、乡村旅游精细化预报、突发气象灾害预警、农业气象影响预报与评估、渍涝风险气象预警、高标准农田气象预报等农业气象服务产品。由各省级气象部门提供的农业气象服务产品则更具有针对性和本地实用性。

2. 现代农业气象业务技术体系基本构建

近年来,中国气象局积极推动研究型农业气象业务发展,优化升级业务制作系统,目前已经实现定时生成农业气象光、温、水,作物长势、格点化产量预报等基础数据的格点化自动制作发布。制作主要作物农业气象指标库,编制网格化指标图。整合卫星遥感数据、地面高光谱数据和地面实测数据等多源信息,通过遥感数据时空融合技术,制作发布作物长势遥感监测产品。持续推动"耕云"行动计划实施,组织编制人工增雨抗旱和防雹服务作战图、周年服务一览表、年度工作计划。

同时根据服务需求,国家级气象部门利用省级制作的重要农产品、特色农产品气象监测评估预报产品,加工形成面向全国重要农产品保护区、特色农产品优势区的气象监测评估与预报服务产品。同时基于省级的农业气象业务格点客观产品,利用互联网、APP等平台,开展智慧特色农业气象直通式服务。提升特色农业气象服务支撑能力。省级深入开展需求调研,找准各级业务定位,围绕当地农业产业发展布局,选取地方特色产业开展农业气象供给侧改革试点,形成上下联动,以点带面的农业气象服务新格局。探索建立研究型业务开展环境及相关保障机制,试验开展国、省、市县、农业气象试验站及特色农产品中心成员单位协同运作的研究型业务。2020年,继续以特色农业气象数据共享为抓手,建设完成全国特色农业气象农田小气候、作物实景观测数据共享平台;完成第一批特色农业气象服务中心2018—2020年三年综合评估,并与农业农村部确立的第二批特色农业气象服务中心;建设完成全国特色农业气象业务系统二次开发基础框架平台,支持构建柑橘、茶叶、棉花三个特色气象中心业务系统。

3. 农业气象大数据和一体化业务平台基本建成

2020年,组织开发WebCAgMSS农业气象评价子系统和数据查询统计子系统,以及全国农业气象数据共享平台,实现地面气象、土壤水分、作物生长观测数据以及文档产品在全国范围内的共享,22项农业气象条件监测格点产品和14项预报产品纳入系统,完成8大粮棉油作物产量分省份指导预报,初步实现全国农业气象数据"一张网"。进一步升级改版"农业天气通"APP。正式发布"农业天气通"APP2.0版本,实现全国气象灾害、作物长势预报和全国逐月光、温、水等格点产品的分省份切割发布,增加了个性化提醒、互动和查询功能,实现跨区发布柑橘服务产品。印发数据应用接入说明,接入18省份36个本地特色功能和13个省份的服务产品。目前注册用户37.4万,发布产品1.5万份。

持续提升智慧农业气象服务能力。中国气象局印发《全国智慧农业气象能力建设2020年实施方案》,从农业气象大数据建设和分析应用、业务服务平台建设和互联互通、智慧型直通式服务等方面持续推进智慧农业气象服务能力建设。组织开发"云+端"国省级一体化智慧农业气象业务平台。发布81项5千米分辨率的农业气象基础产品,"直通式"服务覆盖近百万新型农业经营主体,升级改版"农业天气通"APP,智慧农业气象服务手机客户端注册用户达67.5万。

4. 农业气象服务业务精准化水平不断提升

2020年,气象部门与中国农业大学联合开展冬小麦面积估算合作,生成10米空间分辨率的冬小麦空间分布图,进行冬小麦主产区的种植面积监测,提高了冬小麦面积估算的准确性。对北方冬小麦主产区700余县进行了产量预报,实现了基于县级行政区的产量预报方法,提高了产量预报的精细化程度。遴选完成《农业气象适用技术汇编》。根据2020年农业气象服务精准化水平统计,全国省级农用天气预报精细化评分77.4分[1],其中有27个省份为80

---

[1] 省(区、市)气象现代化建设指标评估方法规定:省级主要农作物农用天气预报精细到乡镇,评分为100;精细到县级,评分为80;精细到市级,评分为60;未开展该项工作,评分为0。

分,表明这些省份农用天气预报已经精细到县级,占 87.1%;4 个省份农用天气预报只精细到市级,占 12.9%;省级主要农作物农用天气预报还没有精细到乡镇。

(三)交通气象服务业务

交通运输是国民经济中的基础性、先导性、战略性产业,是重要的服务性行业。我国台风、暴雨(雪)、大雾、高温、道路结冰等高影响天气多发频发,气象条件与交通安全密切相关。随着我国交通运输行业的快速发展,气象部门围绕不断增长的交通气象保障服务需求,在公路、铁路、内河航运、海运等领域持续加强交通气象综合保障服务能力建设。2020 年,与公安部联合推动恶劣天气交通预警处置试点工作。实现国家级交通风险预警服务产品业务化。制订川藏铁路气象保障服务年度工作方案,每月制送川藏铁路气象保障进展报告。完成全国 2985 条公路交通气象灾害风险隐患点数据采集和交管天气风险预警指标订正;与交通运输部路网中心联合发布"重大公路气象预警"产品 54 期,制作提供交通气象服务产品 60 余期,统筹保障交通出行和抗疫物资运输安全。三维大气航空产品在地方机场试点应用保障低空飞行。目前,我国交通气象服务业务呈现以下特点。

1. 交通气象监测站网基本形成

目前,江苏、安徽、河北、湖北、山西、宁夏等省(区)建成了覆盖全省高速公路的高时空分辨率的交通气象观测站网,站点平均间距 5~15 千米、团雾多发路段达到 3 千米。其他省份均加密开展了交通道路气象监测,尤其在华北、华东 15 个省(区、市)主要干线公路的交通气象灾害专业化监测网络建成以后,解决了公路交通气象业务发展中"监测体系"这一最薄弱环节和最突出问题。基于 WebGIS"公路交通气象服务系统",为交通服务业务搭建了平台。全国各省(区、市)均根据交通气象服务需求,相应加密建立了交通气象观测站点。海洋气象监测方面,已建设 304 个海岛(海上平台)自动气象站、200 个强风观测站、39 个船载自动气象站、33 个锚系浮标气象站等,初步形成了近海和部分大洋的海洋关键天气、气候要素的观测及保障能力。

2. 交通气象预报预警业务快速发展

气象部门不断丰富基于公路路段、高时空分辨率的主要路网交通气象预报服务业务产品,并作为指导产品向全国气象部门下发。各省(区、市)气象部门亦陆续开展了公路交通气象关键业务技术研发。中国气象局组织长江沿江省份建立了长江主干道航运气象灾害风险预警服务实时业务,铁路气象服务产品涵盖实况监测、水害警戒、地质灾害等八类共30多项。国家、区域、省、市四级海洋气象预报预警业务体系基本形成,预报范围涵盖了我国18个近海海域预报责任区和全球海上遇险安全系统(GMDSS)公海责任区的Ⅺ—印度洋区,台风24小时路径预报误差小于65千米,海上大风预报准确率达80%。

中国气象局与交通运输部联合发布全国主要公路气象预报。全国各省(区、市)均形成了交通气象服务业务,气象部门独立或与省级交通部门共同建成了交通气象服务平台,并分城市交通、高速公路、铁路、河运、海运提供了有针对性交通服务产品,其中江苏省气象部门就是推进交通气象研究型业务和服务最典型的代表。近年来,江苏气象部门大力拓展交通气象服务新技术,深化交通气象科学研究,用智慧科技铺就了一条交通气象"快车道"。江苏"智慧交通气象2.0"技术,解决了困扰交通气象多年以来的道路暗冰、团雾监测、少站点道路天气观测等难点问题,还融合社会化大数据,构建了车、路、人之间交互式服务网络。该项技术率先实现了可业务化运行的团雾监测系统,为保证业务化系统可靠性,依托6000路视频监控,从中收集不同类型、不同角度、不同能见度等级的568万张道路场景图像,建立海量训练样本集;并融合302套交通站能见度数据进行交叉验证,结合一线交管部门和气象预报人员不间断人工订正,不断优化网络结构,提高识别精度;在经典深度神经网络上改进算法,并在视频流源端处理,保证了毫秒级的识别效率,服务系统已覆盖全省,观测密度达到1千米,实现无死角观测。该项技术在京沪高速江苏段进行业务化试点运行和正式运行以来,取得了显著效果,其监测预警浓雾,平均预警时间比以往提前15分钟。同时,"江苏省交通气象APP"集地理信息系统(GIS)技术、全球定位系统(GPS)技术、现代通信技术、计算机网络技术、多媒体数据库技术、实时监控技术等多种高新技术于一体,具有数据输入、图形输出、信息发布等功能,可用于天气导航、天气实况监测、预警信息发布、预报产品查询等,其目的在于提高日常气象服务、交通气象服务应用的科学技术水平,从而达到提供准确的预报信息,进一步拓宽了气象服务信息发布面的要求。初始版本的功能包括天气导航:基于百度地图进行定位搜索,除了有常规导航功能以外,还能播放异常天气情况;行车秘书:根据用户当前位置,获取附近自动站的气象要素数据,包括能见度、湿度、降水和风向;路线天气:基于百度地图,将交通气象站实况数据发送到终端设备。

2020年,根据对全国各省(区、市)气象部门公路沿线交通气象监测预报产品制作能力与应用情况评价(图8.1),全国省级平均得分为72分①,其中得分100分省份有5个,分别为江苏、湖北、山西、宁夏和新疆,表明这些省份的公路沿线交通气象监测预报产品制作能力与应用情况得分已经达到很高水平,这5个省份既可向用户提供基于交通行业影响的气象评估和风险预警产品,专业气象服务产品又实现了与交通部门的联合发布。

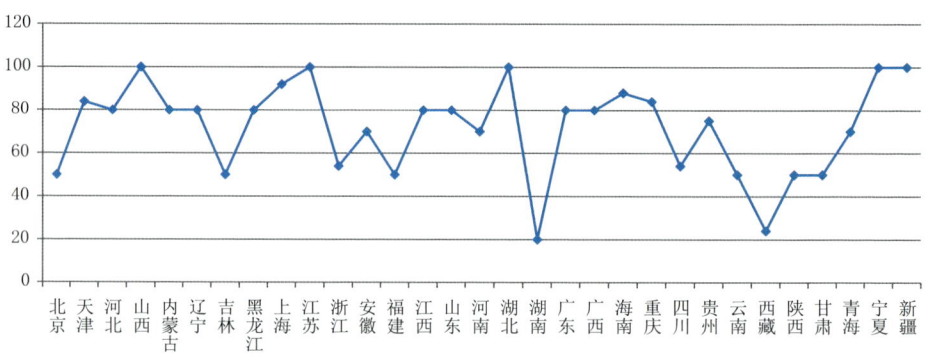

图8.1 2020年省级公路交通气象监测预报产品制作水平与应用评价得分(单位:分)

---

① 省(区、市)气象现代化建设指标评估方法规定:省(区、市)气象现代化建设指标评估方法规定:(1)表示针对特定行业专业气象服务产品的制作能力,最高为80分。制作能力分为3档:第一档为仅可向用户提供气象要素监测预报服务基础产品(如降水、气温、风、相对湿度等基本气象要素监测预报产品),为20分;第二档为可向用户提供针对行业需求的气象监测预报服务产品(如生态气象监测评估服务产品、环境气象预报服务产品、公路沿线交通气象监测预报产品、旅游气象预报服务产品),为50分;第三档为可向用户提供基于行业影响的气象评估和风险预警产品,为80分。(2)表示气象服务产品在行业部门的应用情况,专业气象服务产品实现与行业部门联合发布的,得20分。(2)制作能力+行业部门应用分=100分。

3. 交通气象部门业务合作持续强化

目前,全国各级气象部门均与交通、公安等部门建立了灾害性天气应急联动工作机制,运用多手段、多渠道为交通管理部门、高速公路联网中心、路桥公司和公众等实时提供交通气象预报预警信息。中国气象局与中国铁路总公司签署战略合作协议,进一步深化两部门合作,提升铁路应对气象灾害的防御能力。国家级和沿海气象部门面向海上搜救、港口及跨洋航运、海上捕捞、海洋旅游等提供了针对性的海洋气象服务,自主研发了远洋气象导航系统。

气象部门与交通和交管部门历来十分重要交通气象服务保障问题,一直保持着部门之间的气象业务服务联系。中国气象局与交通运输部互为部际联络成员单位。2005年,中国气象局与交通运输部签署了共同开展公路交通气象监测预报预警工作备忘录,推动建立公路交通气象监测预报预警业务。2012年,与交通运输部联合印发《公路交通气象观测站网建设暂行技术要求》,指导和规范全国公路交通气象观测站网的建设、运行和管理。2013年,公安部、交通运输部、中国气象局联合下发恶劣天气公路交通应急管理工作的通知,强化应急联动机制建设。2018年,与交通运输部联合建立了公路交通气象预报预警业务会商机制,针对重大活动或者重要节假日,联合开展视频会商或者现场会商。此外,在水运、铁路、航空等领域,也相继与交通运输部海上搜救中心、国家铁路局、国家铁路集团和中国民用航空局签署了合作协议推动面向不同交通领域的气象服务发展。截至2020年,全国有20个省(区、市)气象局与交通运输部门签署合作协议。山东、重庆、广东等3个省(市)气象局与公安交管部门签署合作协议。

(1)在公路交通气象服务业务及产品方面:一是建立了国省两级公路交通气象监测预报业务。到2020年,全国共建有交通气象观测站约1500个,中国气象局公共气象服务中心开发了1千米分辨率全国主要道路0~72小时公路交通气象监测预报产品,国省两级面向交通运输和公安交管部门常态化提供气象监测预报预警服务。二是与交通运输部联合发布产品并在交通指挥平台实时显示应用。交通运输部路网中心、中国气象局公共气象服务中心每日联合发布面向决策和公众的全国主要公路气象预报;针对交通高影响天气联合发布《重大公路气象预警》。遇有重要节假日、重大活动、突发灾害救援等，应交通运输部需求，提供交通气象专项服务产品。上述产品均在交通运输部路网监测与应急处置中心指挥大厅每日实时显示应用。7个省级气象、交通运输部门联合发布公路交通气象预报。三是与公安部交管局联合研发交管气象风险预警产品并开展融合应用。2019年，中国气象局公共气象服务中心、公安部交通科学研究所联合研发基于桩点的"全国交管天气风险预警产品"，已在公安部"公安交通集成指挥平台"融合应用。

(2)在铁路交通气象服务业务及产品方面：2007年起，中国气象局公共气象服务中心为国家铁路集团（原中国铁路总公司）建设了气象信息服务专网，至今一直提供铁路沿线气象预报预警信息服务。铁路气象服务领域不断拓展，从单一的天气信息服务逐步向铁路线路规划、建设的气候可行性评估服务拓展。2019年起，中国气象局与国家铁路集团共同开展了川藏铁路规划建设气象风险研究项目。在国家级的带动下，目前有23个省（区、市）气象局与地方铁路部门签订了铁路气象服务合同，提供多种形式的气象监测预报预警产品。

(3)在水运交通气象服务业务及产品方面：2019年，中国气象局与国家海事局共同推动建立了长江航运气象风险预警业务。我国五大湖泊所在省（区、市）气象局也相继开展了面向航务、海事管理部门的内河航运监测预报预警服务业务。上海市气象局首创远航导航领域气象服务业务，填补了我国远航导航领域气象服务空白。天津、大连、宁波、青岛、福建等地气象部门也创新性地开展了港口和近海航线气象服务业务。

(4)在民航交通气象服务业务及产品方面，2016年，中国气象局与中国民航局、香港天文台三方联合建设亚洲航空气象中心，开展了航空气象前端基础产品技术开发。先后研发了强对流识别、外推与追踪产品，沙尘、能见度、火山灰监测产品。开展强对流综合预警预报技术及产品研发。研发强风暴指数、最大风层高度和温度、积冰指数、不稳定区、颠簸指数、对流层顶高度和温度等航空气象指导产品。

(四)海洋气象服务业务

海洋气象业务包括对海雾、海上大风、海浪、风暴潮、赤潮、海冰等的监测和预报,为海上搜救提供海上天气和海况预报等。为应对海洋气象灾害,我国自20世纪60年代起开展海洋气象业务。改革开放以来,海洋气象业务不断发展,从最初单一为渔业捕捞作业提供海上大风、台风预报预警服务,逐步发展到中尺度海洋天气预报服务,海雾、海上对流风暴等海洋气象灾害的预报警报。经过几十年的建设,初步建立了由观测、预报、服务、信息网络等组成的海洋气象业务体系,台风预报预警等领域接近世界先进水平。

截至2020年底,我国海洋气象综合保障一期工程建设,主要推进了海洋气象观测、装备保障系统,开发海洋气象预报预警系统和公共服务系统,升级改造海洋气象通信支撑系统等建设。通过一期工程建设,已初步形成了覆盖重点区域和领域的海洋气象综合保障能力,海洋气象服务水平在现有基础上得到了较大提升。现阶段,海洋气象业务呈现以下特点:

1. 以沿岸海域为主的海洋气象观测系统基本建立

经过多年建设和发展,尤其是近几年在"环渤海及其临近海域海洋气象灾害监测预警系统""气象监测与灾害预警工程""南海海洋气象浮标站网建设""南海东海海基自动气象观测系统建设""南海东海海域气象监测预报预警服务系统建设""近海海洋气象观测建设项目""南海岛礁海洋气象观测系统建设"以及"海洋气象综合保障工程建设(一期)"等一系列工程的实施,我国已初步建成了包括海岸、海岛、塔台自动气象观测站、海上锚锭浮标观测站、志愿观测船、气象雷达以及气象卫星遥感等构成的以沿岸海域为主的海洋气象观测系统。

到2020年,我国已经建设了海岛(海上平台)自动气象站、强风观测站、船载自动气象站、锚系浮标气象站等,并建立了监控运行及保障天气雷达、自动气象站、探空雷达、GNSS/MET等气象装备的信息化业务应用系统(ASOM),岸基装备保障能力不断提升。气象卫星、海洋卫星等持续发射运行,初步形成了覆盖我国近、远海的卫星遥感探测能力。通过以上观测网的建设,我国近海和部分大洋的海洋关键天气、气候要素的观测及保障能力已初步形成，但与发达国家手段多样、覆盖完善、保障充分的海洋气象立体观测网相比，我国海洋气象观测尚属起步阶段。

中国气象部门已经建立了沿岸海域为主的近海海域预报责任区海洋气象观测网，截至2020年初，已经建设并纳入业务运行373个海岛（海上平台）自动气象站、175个沿海自动气象站、46个塔台自动气象站、43个海上石油平台自动气象站、200个强风观测站、52个船载自动气象站、40个锚系浮标气象站、沿海78个天气雷达站、34个探空站、62个风廓线雷达站、235个全球卫星导航定位水汽观测（GNSS/MET）站、96个雷电监测站，并建立了监控运行及保障天气雷达、自动气象站、探空雷达、GNSS/MET等气象装备的信息化业务应用系统（ASOM），岸基装备保障能力不断提升。初步建立了以沿岸海域为主的近海海域预报责任区海洋气象观测网，自动气象站平均业务可用性达到75%；高空大气观测作为大气科学的最核心基础支撑，占气象气候预报业务资料应用的90%以上，通过气象卫星、海洋卫星等工程的持续建设，我国气象卫星已建设形成极轨、静止两大系列、较为完备的观测体系，能够实时生产海风、海雾、海温、海上降水等多种海洋监测产品，初步形成了覆盖我国近、远海的卫星遥感探测能力。

目前，我国已经在太平洋、印度洋等海域投放了416个Argo剖面浮标，有106个浮标仍在海上正常工作，它们主要分布在西北太平洋、中北印度洋和南海（即"两洋一海"）海域，基本覆盖了由我国倡导的"21世纪海上丝绸之路"沿线海域。由此，中国不仅承担建设并维持了一个由100多个浮标组成的中国Argo大洋观测网（最多时海上活跃浮标的数量曾达到204个），而且已经成为国际Argo计划（全球约有30个沿海国家参加）中的重要成员国。这也是我国正式建成的首个全球实时海洋观测网，填补了国内实时海洋观测领域中的空白。

2. 以台风、海上大风预报为主的海洋气象预报预警业务基本形成

到2020年，气象部门基本形成国家、区域、省、市四级海洋气象预报业务体系，初步建成海洋气象业务平台，预报范围涵盖了我国18个近海海域预报责任区和全球海上遇险安全系统（GMDSS）公海责任区的Ⅺ—印度洋区；负责

制作和发布 72 小时的中国近海海洋天气预报、责任海区海上大风预警、世界气象组织责任海区海事天气公报，以及西北太平洋和南海台风 120 小时路径和强度预报，中国近海海上大风及海雾、近海强对流等监测分析和预报预警、中国近海及世界气象组织海事责任海区 5～10 千米的 120 小时风、浪、天气现象和能见度等海洋气象要素精细化预报产品；建立了利用卫星、雷达、地面常规观测和自动站加密观测、海洋观测、高空观测等多种资料的台风定位、定强业务系统。我国台风定位精度为 15～20 千米，台风预报预警等技术已接近世界先进水平，但数值预报和资料同化等核心技术与发达国家差距明显，海洋气象预报整体水平有待提高。

初步构建了海洋气象专业数值预报模式体系框架，形成了 0～15 天"无缝隙"海洋气象预报预警的全方位技术支撑保障。已建成了全球和区域海面风场及台风数值预报模式体系、中国近海海雾数值预报模式、黄渤海海雾数值预报模式、全球海浪预报模式、西北太平洋区域海浪模式、黄渤海精细化风浪数值预报模式、黄海和东海风暴潮数值模式，为实时业务提供了支撑。2018 年，中国自主发展的 GRAPES 全球数值预报四维变分同化系统和 50 千米水平分辨率、31 个集合预报成员的 GRAPES 全球中期集合预报系统实现了业务化；与国际上大部分全球模式（ECMWF 和 CMC 除外）同化分析都专门针对台风进行了 BOGUS 资料的同化处理技术相同，GRAPES 全球台风数值模式采用修改背景场办法来改善台风涡旋分析场质量。2019 年，国家级区域数值模式得到了长足发展：水平分辨率 9 千米覆盖西北太平洋和北印度洋的 GRAPES-TYM 模式和水平分辨率 10 千米覆盖中国大陆的区域集合预报均投入业务运行，集合预报成员达到 15 个。与此同时，区域海洋中心发展了高分辨率台风模式，包括：上海的 GRAPES-TCM 及基于 WRF 和 BDA 技术的东海区域台风模式（SHTM），广东的 GRAPES-Meso 南海区域台风模式以及辽宁的黄渤海区域台风模式等。海洋气候的监测、预测得到初步发展，开展了对太平洋区域海表面温度和次表层温度等要素的监测以及气候事件 ENSO 的监测、预测。初步建立了基于 MICAPS 或 CIMISS 的国家级和省级海洋气象实时监测预报业务平台，如国家级一体化台风和海洋气象 MICAPS 业务平台、广东省气象局的精细化海洋气象预报业务系统(SAFE-GUARD)、上海市气象局的责任海区海洋气象精细化预报预警制作系统等,为海洋气象监测预报预警服务的开展提供了重要的平台支撑,实现了海洋气象精细化产品的加工制作分发功能。

3. 以沿海、近海为重点的海洋气象服务已经展开

目前,气象部门依托现有的公共气象服务体系,初步建立了国家级海洋气象信息发布站,组成我国海洋气象广播网,通过实时播报中国海域的短期天气预报和警报,为近海海域海上作业船只和滩涂养殖用户提供实时海洋气象信息。沿海地区结合实际利用广播电台、海事电台等发布海洋气象信息,部分地区依托我国北斗导航系统试验性开展了北斗终端预警信息发布。面向海上搜救、港口及跨洋航运、海上石油开发、海上风能开发、渔业养殖、海上捕捞、海洋旅游等需求,提供了针对性的海洋气象服务。同时,海洋气象信息广播发布站还可为海洋油气、海洋资源开发、海洋运输、海洋渔业等领域提供气象信息服务。近五年以来,北斗卫星技术在海洋信息发布,尤其是面向渔业船只的信息发布取得了长足进步。

经过多年建设,基本具备了海洋专业气象服务的科技支撑研究和业务建设能力。基于 MICAPS 业务平台和数值预报产品,多次为中国海上搜救中心提供相关海域天气和海况预报,为海上搜救或演习提供了保障。近年来,气象部门逐步开展了钓鱼岛及周边海域、西沙永兴岛、中沙黄岩岛和南沙永暑礁等重点岛礁、海域的天气预报服务,既是维护国家主权之举,也为中国海监对我国管辖海域的维权巡航提供保障服务,在历次实际保障服务工作中,越发感受到亟需建设海洋专业气象服务的迫切需求。

开展了海上气象灾害风险区划和评估工作。到目前,国家海洋局在海岛/礁拥有监测点 477 个,先后开展了海洋功能区划,编制了海冰、风暴潮、海浪、海平面上升、海啸灾害风险评估和区划技术导则,正在进行海域灾害风险评估和区划试点。但对于海上大风(台风、寒潮和强对流)、浓雾等气象灾害风险区划和评估尚属空白。目前,我国海上气象灾害评估和风险评估工作基本处于起步状况,远不能满足近海经济发展、海上丝绸之路开拓和海上国土资源保护的需求。

探索建立海洋气候资源开发利用服务。目前,我国正式步入海上风电建设试验和探索阶段。近海风电场的开发迫切需要准确评估近海风能资源的开发潜力。采用数值模拟方法对风能资源进行评估可以获得模拟区域内所有空间立体网格点上的风能参数,可以全面的评估风能资源。

4. 以海洋气象数据收集、处理和分发能力初步具备

到2020年,我国气象部门信息网络基础设施极大完善,可为海洋气象业务提供骨干网络和高性能计算资源,但信息系统技术水平、海上通信传输手段等较世界先进水平还有较大差距。

在"十三五"期间,升级CIMISS存储架构和扩展存储能力,建立了海洋资料基础数据库,实现海洋观测系统所有站网资料和预报服务系统所需的基础资料都纳入CIMISS统一数据环境中。在海洋数据加工处理方面,CIMISS实现了基础海洋观测资料、相关预报产品等海洋数据的集中管理,具备初步的加工处理功能。目前,在国家级和12个涉海省(区、市)CIMISS数据环境中部署了海洋大数据处理平台,优化了海洋资料处理技术架构,实现了对海洋及其相关资料的解码处理、质量控制和统计加工,并基于收集的各类历史海洋观测资料,进行数据整编和数字化,形成实时历史一体化的规范、高质量、完整的海洋气象资料数据产品,提升了海洋资料处理能力,为沿海省份海洋气象业务体系建设和重点区域海洋气象综合保障提供了有力支撑。能够提供的气象资料种类包括各类海基、岸基、卫星、飞机等海洋气象观测资料以及我国责任海区的北印度洋海域的海事、渔业、交通、风能等。依托GTS国际交换的全球海洋多源观测数据,发布了全球海洋基础观测数据集,为国家级海洋业务体系和沿海省份海洋气象业务体系建设和重点区域海洋气象综合保障提供了数据支撑。

5. 以近海和部分大洋的海洋观测保障基础,已基本具备海洋气象综合保障能力

海洋气象装备保障业务信息化管理基础初具规模,目前已拥有中国气象局大气探测综合试验基地(北京)、广东博贺观象台试验场地和海南三沙海洋气象观测试验场。具备温湿压、淋雨、盐雾以及浪涌(冲击)抗扰度、电快速瞬

变脉冲群抗扰度、射频场感应传导骚扰抗扰度等试验能力,可开展海洋气象观测设备的实验室测试评估。依托海洋一期工程,在北京大气探测综合试验基地启动了国家级海洋气象观测试验基地建设、国家级海洋气象观测数据处理中心建设,初步具备了温湿度、气压和风观测数据比对研究和移动观测实验能力。

(五)生态与环境气象服务业务

建设人与自然生命共同体,推动绿色、循环、低碳发展,促进人与自然和谐共生的现代化,迫切需要气象在生态系统保护和修复中发挥服务支撑作用,气象工作关系到生态良好,在统筹山水林田湖草沙系统治理中发挥基础保障作用,在突出生态环境治理中发挥先导联动作用,在生态环境和资源保护中发挥法定职能作用。因此,中国气象局一直十分重视生态与环境气象服务业务建设,充分发挥了气象工作在生态文明建设的中重要作用。

1. 生态气象服务业务

2020年合理规划顶层设计,组织编制生态气象保障工程建设思路,编制并实施了《生态气象业务服务能力建设实施方案(2020—2022年)》,初步构建了以陆地植被生态质量为主、聚焦重点区域生态问题的气象监测与评估业务,取得了显著生态气象效益。

生态气象观测网基本建成。在充分利用气象基础性观测网的基础上,到2020年气象部门共建成7个大气本底站,开展5类生态系统的生态气象观测试验,新增国家气候观象台24个和生态应用气象观测站102个,共有2386个站点开展自动土壤水分观测、137个站点开展太阳辐射观测、399个站点开展酸雨观测、29个站点开展沙尘暴观测、261个站点开展大气成分观测,7颗风云系列气象卫星在轨运行,持续提供植被状况、积雪、土壤水分等基本生态气象产品。

生态气象业务体系基本建立。中国气象局和31个省份开展陆地生态质量气象监测评估业务,24个省份试点开展了气象灾害生态影响评估,16个省份试点开展了气候生产潜力评估,25个省份开展了气候生态宜居评估。14个省（区、市）气象局积极为地方"三线一单"编制、生态保护红线划定、生态园林城区创建提供气象保障服务。青海、辽宁、黑龙江、贵州等省气象局联合相关部门开展自然资源资产离任审计。植被固沙、森林固碳释氧、水源涵养、水土保持等生态功能气象评估试点稳步推进。青藏高原、长江、黄河、秦岭、祁连山、北方荒漠化等重要生态功能区气象保障服务能力明显增强。植树造林适宜期预报、荒漠生态气象监测评估产品获得国家发改委、国家林草局等部门肯定。

中国气象局和31个省（区、市）气象局制作生态气象公报和生态气象监测评估服务产品，为政府部门决策提供了生态保护修复支撑。2020年，国家林草局与中国气象局签署新一轮战略合作框架协议，进一步深化森林、草原、荒漠、湿地、国家公园生态气象服务合作。三峡集团与中国气象局签署创新发展合作协议，通过部企合作共同促进我国生态文明建设、"一带一路"倡议、防灾减灾公共事业发展。国家级合作协议的签署，推动了省级部门合作。全国29个省份生态环境、气象两部门签订了相关合作协议，19个省（区、市）气象局成为地方生态保护红线协调领导小组成员，共同参与完成全国生态保护红线划定工作。

全国生态气象公报网络访问量逐年递增，得到相关部门和社会广泛认可；河北、湖南、湖北、江苏、安徽、江西、云南、吉林、海南等9个省气象局开展了针对重点湖泊、水域面积、洪涝干旱以及水质的卫星遥感监测评估服务；陕西、内蒙古、广西、甘肃等省（区）气象局为京津风沙源治理、黄土高原地区综合治理、石漠化综合治理、沙化土地封禁保护试点、三北防护林建设、国家公园试点等重点生态保护修复工程提供生态气象监测预测评估服务。组织编制了气象灾害和气候变化对黄河流域上游生态保护修复的影响研究进展报告，配合自然资源部门完成了黄河上游生态保护专题调研。

中国气象局与自然资源部、国家林草局在生态气象领域的业务合作不断深化。早在1999年，气象部门与国家林业部门合作，共同开展森林火险气象预报服务。2005年以后，两部门先后签署了联合开展草原火灾气象预测预报工作协议，开展了草原火险气象等级潜势预报业务；签署了关于森林防火与气象合作的框架协议，共同推进森林防火、沙尘暴监测、林业有害生物防治、应对气候变化等工作。到 2020 年，全国有 25 个省级气象、林业部门联合签署合作协议。国家林业和草原局通过《荒漠化和沙化监测专题项目》支持沙尘气候监测、预测核心技术的发展，并就主要发生源地、发生路径、机理和影响等沙尘暴天气预警监测联合开展了研究。

生态气象服务业务和产品不断丰富。一是发布森林火险预警。目前，国省两级气象部门（除上海）均开展了森林火险气象预报，并通过电视天气预报节目等渠道向公众发布。针对节假日、重大气象灾害、重大活动等不定期开展森林火险气象保障服务。二是开展春季沙尘气候预测，定期制作提供月、季沙尘趋势预测结果，并根据荒漠化防治和应对重大沙尘天气需求，及时提供滚动预测产品。三是提供全国生态气象监测评估产品。国省两级已经建立了全国陆地植被生态质量气象监测评估业务，全年为各级政府及有关部门提供决策报告。已经连续 2 年开展了荒漠区生态气象监测评估服务。四是发布生态气象公报常态化，2020 年，研制发布了上年全国生态气象公报、报送 15 期生态气象监测报告。重点关注流域生态保护，充分发挥流域气象服务趋利作用，推进长江航道生态气象监测系统建设；推进黄河流域生态保护和高质量发展，提升流域内重大工程建设和气候资源开发利用的气候评估和气象保障服务能力。

生态修复型人工影响天气能力不断加强。2020 年重点提升青藏高原生态屏障区、黄河重点生态区、长江重点生态区、东北森林带、北方防沙带、南方丘陵山地带等六大生态功能区的常态化生态修复型人工影响天气保障能力和应急救灾型（森林草原灭火）人工影响天气应急服务能力，生态气象保障重点工程纳入《全国重要生态系统保护和修复重大工程总体规划（2021—2035 年）》。合理开发利用空中云水等资源，积极发挥人工影响天气在生态保护和修复、水源涵养等方面作用，推进特色农业区和生态保护区人工影响天气作业能力建设，常态化开展生态修复型人工影响天气作业，推进以修复"华北水塔"、涵养雄安新区海河流域上游水源区为主要内容的人工影响天气试点工程和"两山七河一流域"人工影响天气作业。

到 2020 年，国省两级生态气象服务业务体系基本建立，生态质量气象监测评估覆盖森林、草原、荒漠、湿地、河湖等多种自然生态类型,全国植被生态质量监测评估分辨率提升到百米级。全国空气质量预报指导产品预报时效由3天提高至7天。全国生态气象公报网络访问量逐年递增,得到相关部门和社会广泛认可。同时,紧密结合生态文明建设需求,在三江源、祁连山等生态修复型特定目标区开展人工影响天气作业示范,2020年,祁连山地区人工增雨(雪)共增加降水约11.98亿吨,祁连山地区的积雪面积、植被覆盖、内陆河水系径流量较去年同期显著增加。

2020年,根据对全国各省(区、市)气象部门生态气象监测预报产品制定与应用能力评价①(图8.2),全国省级平均为65.1分,其中5个省份为100分,分别为山西、山东、江苏、宁夏、新疆。表明这5个省份,既可向用户提供基于行业影响的生态气象产品,生态气象产品又实现与行业部门联合发布。从最高得分和最低得分比较分析,各省份的差距还比较大,后进省份还有很大的提升空间。

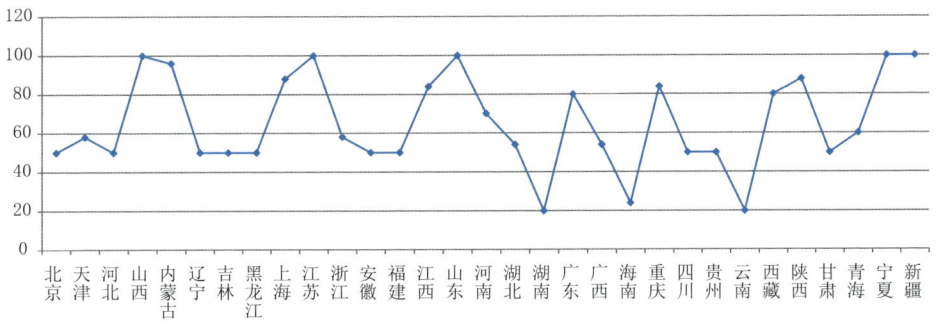

图8.2 2020年省级生态气象监测预报产品制定与应用能力评价得分(单位:分)

---

① 省(区、市)气象现代化建设指标评估方法规定:(1)表示针对特定行业专业气象服务产品的制作能力,最高为80分。制作能力分为3档:第一档为仅可向用户提供气象要素监测预报服务基础产品(如降水、气温、风、相对湿度等基本气象要素监测预报产品),为20分;第二档为可向用户提供针对行业需求的气象监测预报服务产品(如生态气象监测评估服务产品、环境气象预报服务产品、公路沿线交通气象监测预报产品、旅游气象预报服务产品),为50分;第三档为可向用户提供基于行业影响的气象评估和风险预警产品,为80分。(2)表示气象服务产品在行业部门的应用情况,专业气象服务产品实现与行业部门联合发布的,得20分。(2)制作能力+行业部门应用=100分。

2. 环境气象服务业务

气象和环保部门业务合作不断深化。气象部门一直十分重视环境气象业务建设,气象和环保部门十分重视在环境气象业务服务领域的合作。早在2000年环保、气象两部门印发了《关于开展环境保护重点城市空气质量预报工作的通知》,联合制作发布47个环境保护重点城市空气质量预报。2013年底,共同签署了合作框架协议,联合推动建立了重污染天气预警预报业务,直到2018年共同签署"1+8合作框架协议",即双方共签署1个总体合作框架协议和8个重点领域分合作协议。根据协议,两部门将进一步在科学技术领域加强重污染天气成因、空气质量预报、自然生态保护及环境遥感监测等方面的科研合作;在生态环境监测领域建立健全空气质量预报会商和信息发布机制,建立污染事故应急联动和响应机制;在大气环境管理领域积极开展区域重污染天气预测预报会商和中长期环境空气质量形势分析工作;在应对气候变化领域深化基础科学研究、政策研究和国际机制建设、科普宣传等方面合作;在海洋生态环境保护领域加强数据共享,建立海洋生态环境灾害应急联动和响应机制;在自然生态保护领域重点开展生态保护红线和各类自然保护地监管合作;在核与辐射安全领域共同研发精细化预报产品,提升核与辐射事故应急响应能力;在信息共享领域强化数据交换,推进信息化项目合作,形成"1+N"系列合作框架协议。"1+8合作框架协议"的签订,开启了重污染天气预警预报业务部门合作的新篇章,使气象合作领域进一步拓展、合作内容进一步深化。目前,两部门已建立完善了环境气象会商机制,遇有重污染天气时,联合开展加密会商,联合开展重大活动环境气象保障服务。

环境气象服务业务体系基本形成。到目前,气象部门已经构建形成了国省市三级一体的环境气象服务业务体系。国家级和省级对市级业务进行指导和支撑,省级制定环境气象服务业务标准和规范,并指导市级建立环境气象业务工作流程。由国家级提供支持、省级组织开展环境气象业务培训,不定期邀请专家做技术报告,提升环境气象业务人员的工作能力。同时,构建形成了省市级一体化的环境气象业务系统,省级气象预报预警业务一体化平台进行了"云化"改造,形成了"气象大数据云平台""省级气象预报预警业务一体化平台"为"端"的省市级一体化环境气象服务业务系统。将环境气象业务资料充分聚合,实现数据统计分析、资料共享查询、产品制作发布、突发事件应急等功能一体化,提升省市级环境气象服务业务支撑能力。近年,为提高环境气象服务的精准性,主要围绕大气污染防治一市一策精准治霾需求,2020年中国气象局组织开展市级环境气象服务试点,开发基于"云+端"技术的省市级一体化环境气象服务业务系统。强化国省两级对地市级环境气象业务的支撑保障,规范完善国省市级环境气象业务流程,提升市级环境气象预报时效和精细化评估能力。全面推进大气污染防治气象服务,发挥气象在打赢蓝天保卫战中的先导联动作用。

市级城市环境气象业务,主要根据地域特征、污染特点、地方政府需求等方面,结合自身优势因地制宜探索市级环境气象服务业务模式,国省级进行重点支持;鼓励基于现有基础建设环境气象特色工程。依托人工影响天气工程,开展人工增雨雪消减霾科学试验,省级加强大气污染降水湿清除作用的影响评估分析,确定分析指标和方法,支撑市级开展降水湿清除作用的影响评估服务,强化大气污染防治攻坚的气象干预能力。

环境气象服务业务及产品不断丰富。中国气象局与生态环境部联合发布空气质量预报和大气污染气象条件气候趋势预测。建立了每半月联合发布全国空气质量预报会商意见,秋冬季每月联合发布月度大气污染扩散气象条件预测的机制。2020年,国家级气象部门与生态环境部门进一步强化重大活动和月季污染气象条件会商,新增臭氧污染气象条件气候预测会商,全年累计会商40余次。22个省级气象、环保联合会商发布预报预警。198个市级气象部门与环保部门联合制作发布空气质量预报。同时,开展了基于EMI指数的气象条件对大气污染防治效果影响的定量评估业务,保证气象部门国省两级评估结果的一致性,为生态环境部提供了专题分析报告,为大气污染精准防治提供支持。提供了消耗臭氧层物质(ODS)监测评估服务,并提出"中国气象局参与《蒙特利尔议定书》受控物质监测和履约评估体系有关工作的建议"。

2020年,根据对全国各省(区、市)气象部门环境气象监测预报产品制定与应用能力评价①(图8.3),全国省级平均得分为71.5分,达到100分有4省份,分别为江苏、山东、山西、宁夏。表明这4个省份,既可向用户提供基于行业影响的环境气象服务产品,环境气象产品又实现与行业部门联合发布。但还有多数省份需要进一步提升环境气象监测预报产品制定与应用能力水平。

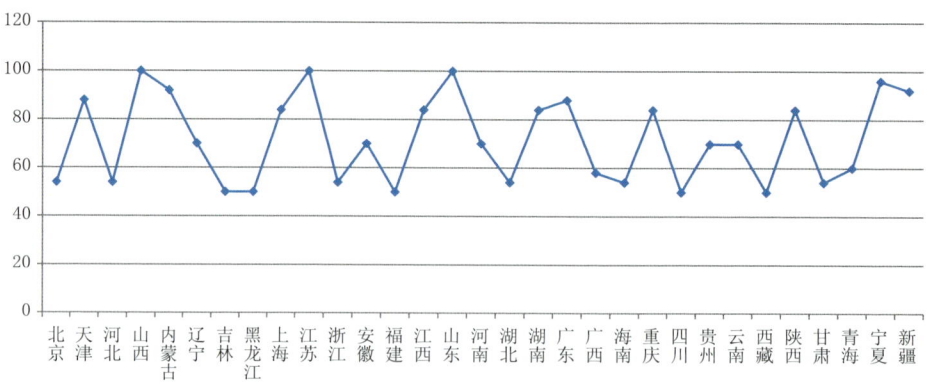

图8.3 2020年省级环境气象监测预报产品制定与应用能力评价得分(单位:分)

(六)旅游气象服务业务

进入21世纪,我国旅游业的快速发展对气象服务提出了许多需求,特别是近10年来,在国家旅游局与中国气象局联合提升旅游气象服务能力合作框架协议推动下,我国旅游气象服务进入快速发展阶段,为保障游客安全、合理安排旅游计划、促进我国旅游业的发展起到了积极作用。

2010年,国家旅游局与中国气象局联合签署《关于联合提升旅游气象服务能力的合作框架协议》,联合下发《关于做好旅游气象服务工作的通知》。由

---

① 省(区、市)气象现代化建设指标评估方法规定:(1)表示针对特定行业专业气象服务产品的制作能力,最高为80分。制作能力分为3档:第一档为仅可向用户提供气象要素监测预报服务基础产品(如降水、气温、风、相对湿度等基本气象要素监测预报产品),为20分;第二档为可向用户提供针对行业需求的气象监测预报服务产品(如生态气象监测评估服务产品、环境气象预报服务产品、公路沿线交通气象监测预报产品、旅游气象预报服务产品),为50分;第三档为可向用户提供基于行业影响的气象评估和风险预警产品,为80分。(2)表示气象服务产品在行业部门的应用情况,专业气象服务产品实现与行业部门联合发布的,得20分。(2)制作能力+行业部门应用分=100分。

此，各级旅游、气象部门加强合作，共同提升旅游气象服务业务能力，极大地促进了旅游气象服务业务的发展，为公众、旅游景区和服务机构提供精细化、个性化、专业化的旅游服务奠定了基础。2012年5月，中国旅游天气网上线，提供全方位、多角度、集约化的网络旅游气象服务。近些年来，气象部门围绕旅游气象服务业务建设做更多卓有成效的工作，到2020年，我国旅游气象服务业务取得显著发展，旅游气象服务产品已经成为人们出行的必需品。

1. 旅游气象服务产品不断丰富

目前，气象部门提供的旅游气象服务产品，除主要发布旅游安全气象预报预警信息，为旅游安全提供气象服务保障外，还包括旅游气象指数预报、旅游景区气候评价、景区客流量分析和预报、旅游气象安全预警服务和假日旅游气象服务等。

大众旅游气象服务产品不断推出。自开展旅游气象服务以来，各级气象部门基于气象信息向公众提供旅游线路、出行安全、衣物穿戴等个性化提示，并结合当地天气气候特征，开发和向公众发布日出、日落、云海、雪景、雾凇、植物花期和叶花观赏期等特色景观旅游气象服务业务，发布蓝天预报及滑雪场、高尔夫球场、钓鱼等运动休闲旅游服务产品，强化了季节性以及中秋、国庆、春节等重要节假日专题性旅游气象服务。开展生态旅游气候品质认证和国家气象公园试点建设，发布了避暑旅游发展报告和负氧离子高含量健康旅游示范景区，进一步丰富了旅游气象服务产品。

灾害性天气旅游安全监测与预警显著增加。旅游安全与天气气候息息相关，雨、雪、雾、雷、道路积冰、大风、沙尘天气对旅游交通造成极大影响，也对景区正常运行和游客人身安全构成威胁。为此，2018年文化和旅游部与中国气象局联合下发了《关于进一步做好灾害性天气旅游安全风险防控工作的通知》，各级气象部门进一步加强了灾害性天气旅游安全监测与预警。到2020年，各级气象部门根据本地气候特点，主要发布针对灾害性天气的旅游气象安全预警信号，向景区和旅客提示旅游风险，一些省份结合景区线路和交通影响建立了旅游气象安全预警服务业务。

不断丰富旅游气象指数预报产品。近年来各级气象部门对本地的旅游气象指数预报进行了研发,并应用于旅游气象预报服务。由于气象旅游资源具有明显的地域性特点,各级气象部门针对各地天气气候特点,开发了具有各自特色的旅游气象指数。目前,全国大多省份开发并为旅客提供有紫外线强度、风、气温等级别的旅游气象指数,有的省份旅游气象指数则是根据天气现象、气温、大风等气象因素和景点植被、特色景观、人文景观等景点因素,提供旅游气象指数产品。

假日旅游气象服务产品进一步精细。假日旅游气象服务主要针对国家法定节假日,给出各地天气情况,特别是出发地、旅游目的地和路经地的天气变化情况,为社会公众假日的出行提供帮助。在节假日旅游,人们在节假日来临之前会先计划出游目的地,除了当地的风景,天气情况也是选择目的地的标准之一。全国各级气象部门每次假期之前都会发布短期的天气预报,如中国气象局历年均组织发布春节、"十一"黄金周全国天气预报等,各地也会发布相关的天气预报,为人们的出行提供参考信息。

目前,全国各级气象部门都会针对节假日甚至双休日、高考日等特殊日期提供精细化天气预报。中国天气网还针对节假日出行制定了相应的专题计划,为人们的节日出行选择提供有力的参考,如国庆游、中秋节旅游、春节旅游等,中国天气网还推出出行搜索器,既可以选择目的地,同时也能查询出发地的天气预报及气候背景。推荐目的地均可查询当地天气实况和7天天气预报,同时将假日旅游的动态新闻和天气情况紧密结合,发布旅游气象资讯,为社会公众提供更为及时的气象服务。

发展嵌入式体验式文旅休闲气象保障服务。以景区为点、出行为线、全域旅游为面,助力泛旅游产业发展。加强趋利型旅游气象服务产品研发,因地制宜开展旅游路线规划和出行全线气象保障服务,构建魅力城市系列气象指数服务体系,开发花期、云海、佛光、日出景观观赏气象适宜度等趋利增值型旅游气象服务产品。

除此之外,一些省份和县市级气象部门还从定性和定量两个方面分析了旅游气候资源特点,依据气象基础观测资料,统计整理了30年的空气温度、空气湿度和风速的各月多年平均值,计算国内多个著名景区的温湿指数和风寒指数。通过对气候人体舒适度的时间分布、空间分布的查算分析,制定了各地的旅游气候区划。由于气候具有相对稳定性,在地方上旅游开发规划中,对旅游气候资源的评价较多,多以地方上依据各自特点制定旅游气候区划。还有省份将景区历史客流量与景区历史气候值做统计分析,建立相关性分析方程,以小长假、周末和特殊性活动的日期和气象数据输入参数,建立不同权重参数的计算公式,在各预报时段数据的基础上,经过计算得出景区客流量的预报值,为景区管理部门和社会公众提供出行参考。

2. 旅游气象服务业务建设深入推进

自2010年旅游与气象部门联合推动旅游气象服务以来,全国旅游气象服务业务建设不断推进。到2015年,建立了国家级旅游交通气象服务业务系统,研发了"景区公路沿线要素实况""景区灾害性天气预警"等5类共10项旅游气象服务产品,24个省级气象部门针对211个山岳型景区开展了旅游气象服务业务,试点开展了旅游气象灾害风险预警服务。全国31个省(区、市)将旅游气象服务纳入基本公共服务,全国景区气象服务从4A级扩大至3A级以上景区,全国22个重点景区开展了旅游气象服务标准化试点建设。建立了589个旅游气象灾害监测点和100余个雷电监测点,开展景区灾害性天气监测预警工作。

到2016年,推进了旅游气象服务标准化建设,在总结上海、安徽、湖北、湖南、海南省(市)旅游气象服务示范项目建设成果,制定山岳型旅游气象预报预警服务规范。全国大多数气象部门在旅游区进一步加密了旅游气象监测,除观测常规气象要素外,还增加了大气负氧离子、紫外线,大气电场和闪电定位监测数据,进一步开发丰富了旅游休闲气象服务产品,并向公众发布,提供旅游休闲气象服务,旅游休闲气象服务产品涉及到公众生活的方方面面,最多的省份达数十种旅游气象服务产品。从2017年到2020年,全国各省(区、市)气象部门旅游休闲气象服务产品进一步结合当地气候和旅游经济发展实际需要,增强了产品的适用性、互动性和智能性,动态清除使用率不高的产品,不断推出公众关注和需求旅游气象服务产品。同时,气象部门组织编制了《中国天然氧吧创建规划》。推进氧吧监测评价业务,建立气象公园评价指标体系,发布避暑旅游城市评价报告,确立避寒、康养、冰雪特色旅游的评价指标和标准。在中国气象行业协会指导下,各地还结合生态旅游,开展了"中国天然氧吧"评审,成功打造氧吧文化旅游节、穿越赛、旅游专列等衍生品牌,形成氧吧产业生态圈;启动了国家气象公园试点建设;打造"中国避寒宜居地"品牌,完成了评估创建试点;开展了气候康养旅游评估试点。到2020年,通过开展全国优质气候资源普查,建设全国优质气候基础信息库,已经形成了全国气候舒适度、气候旅游适宜性指数等全国气候资源基础信息"一张图",完成了宜居宜游宜业气候生态及气候品质的全国县域区划。研发特色气候资源监测和评估业务系统和特色气候品质可追溯服务平台,形成了"中国天然氧吧""全国宜居城镇""国家气象公园"等国家气候标志旅游气象品牌产品。

2020年,气象部门继续实施《智慧气象服务发展行动计划(2019—2023年)》,上海、广东气象局分别与东航、南航合作,基于订票行程为航线、航空公司会员提供个性化和主动推送气象服务。天津市气象部门确立了一网泛在感知、一云数算融合、一体智能创芯、一键可知全局、一端智享服务的"五个一"智慧气象发展新格局。中国天气网开展用户画像、交互数据的收集,建立了基于用户画像、定制信息和应用场景的标签库,为用户提供上下班、户外活动等5个场景的气象服务产品。组织完成"天气管家"APP建设,基于用户生活轨迹,向用户智能提供天气变化推送行事建议、生活参考、风险天气评估等服务信息。

3. 旅游气象灾害预警业务能力明显提高

到目前,已经建立了由16部委参与的重大节假日天气会商机制。气象与旅游部门建立了应急联动机制,利用电视、网站、广播、手机短信、景区电子显示屏在内的气象信息综合发布网络系统,其中旅游气象部门共建的中国旅游天气网,逐步成为旅游出行参考的重要信息网站,实现对社会公众、旅游管理、景点运行等部门和重点景区相关负责人预警服务信息的及时发布。旅游气象服务系统和平台建设,旅游气象服务示范区率先建设了旅游气象服务系统。一些省、市级气象部门也陆续初步开发了相应的旅游气象服务平台。开展了景区气象灾害风险普查,开发了雷电、暴雨、山洪等重点气象灾害监测预警指标和业务平台,为旅游气象景区气象灾害风险评估奠定基础。初步建立旅游气象灾害应急体系。随着全国和各地突发公共事件应急体系的建立,各级旅游与气象部门也初步建立了应急联动工作机制,在一定程度上提高了旅游气象预报预警的发布和传播能力。联合文化旅游部开展面向旅游行业各成员方和各个环节的综合专业气象服务技术研究和产品研发,建设高质量和高科技含量的旅游专业气象服务。充分利用5G、北斗卫星、AI等新技术,开展基于旅游气象服务需求的专业监测设备研发和监测业务系统建设。

2020年,根据对全国各省区市气象部门旅游气象监测预报产品制定与应用能力评价[①](图8.4),全国省级平均得分为57.9分,达到80分以上有6省份,其中宁夏为100分,海南88分,黑龙江、上海、重庆、西藏为80分。这说明其他省份提升旅游气象监测预报产品制定与应用能力水平还有很大空间。

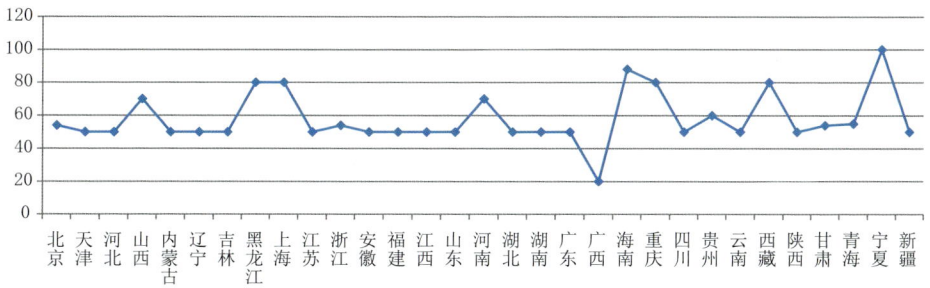

图 8.4　2020年省级旅游气象监测预报产品制定与应用能力评价得分(单位:分)

我国拥有着悠久历史和文化遗产吸引众多的国外游客。为满足国外游客的需求,气象部门还逐渐开展了多语种旅游气象服务。除了在电视台和报纸提供英语城市天气预报外,还通过网络积极尝试提供更多语种的服务。在重

---

① 省(区、市)气象现代化建设指标评估方法规定:(1)表示针对特定行业专业气象服务产品的制作能力,最高为80分。制作能力分为3档:第一档为仅可向用户提供气象要素监测预报服务基础产品(如降水、气温、风、相对湿度等基本气象要素监测预报产品),为20分;第二档为可向用户提供针对行业需求的气象监测预报服务产品(如生态气象监测评估服务产品、环境气象预报服务产品、公路沿线交通气象监测预报产品、旅游气象预报服务产品),为50分;第三档为可向用户提供基于行业影响的气象评估和风险预警产品,为80分。(2)表示气象服务产品在行业部门的应用情况,专业气象服务产品实现与行业部门联合发布的,得20分。(2)制作能力+行业部门应用分=100分。

大国际活动中，中国天气网还引进多语种气象服务，提供中、英、日、法、德、西班牙等多语种服务，同时提供语音播报功能，受到国外游客的青睐，向世界展示了我国的气象服务业务能力和水平。

三、评价与展望

我国历来十分重视公共气象服务业务建设，气象服务业务有效支撑了气象服务发展，并建立形成了具有中国特色气象服务体系。但对标"十四五"时期气象服务高质量发展的新形势新要求，仍然存在一些突出短板。

一是气象服务有效供给能力不够强。当前，气象服务发展方式仍侧重于供给数量和规模，个性化、专业化、精细化程度不足，保障国家重大发展战略切入点不深，气象防灾减灾能力与落实综合防灾减灾救灾要求还不能完全适应，气象趋利避害的保障作用发挥不够充分。二是气象服务业务与现代化技术要求仍有差距。气象服务业务核心技术仍显薄弱，基础模式、基础产品等关键核心技术较国际先进水平存在明显短板。三是气象服务信息化水平有待提升。气象信息服务业务基础设施建设水平、大数据应用和分析能力与不断增长的业务需求不相适应，大数据、人工智能等新技术在气象服务业务领域的应用尚处于起步阶段，气象服务数据收集整理、加工处理、服务挖掘能力亟待加强。四是气象服务行业活力不足，气象服务市场培育和开拓不够，市场力量参与气象服务业务活跃度不够高，气象服务市场监管有待加强。

根据以上气象服务业务建设存在的短板和新时代对气象服务高质量发展提出的新需求，做好新时代气象服务业务工作，应牢牢把握气象工作关系生命安全、生产发展、生活富裕、生态良好的战略定位，充分展现气象工作在经济建设、政治建设、文化建设、社会建设、生态文明建设中的责任担当。未来气象服务业务建设应突出以下重点：一是突出发挥第一道防线作用，以灾害影响为核心的灾害风险业务充分发展，进一步完善突发事件预警信息发布业务体系；二是突出重点行业专业气象服务业务能力建设，实现气象与交通、海洋、农业、能源、生态、环境、旅游、卫生健康等领域深度融合，补齐专业化监测与行业服务产品研发短板,创新生产和提供实用、互动、定位、智能化专业气象服务产品,进一步提升行业专业气象服务效益;三是充分利用云计算、大数据、物联网、移动互联网、5G通信等新技术,创新研发和提供公众生产生活气象服务产品,大力推进气象服务信息化,着力构建智慧气象服务,开发智慧气象服务插件,将精细化气象服务数据、产品进行集成,使其能够与最新的主流媒体平台、智慧生活场景、公共服务渠道等进行对接、融合,既拓展气象服务覆盖面,又提升气象服务产品利用效率;四是持续推动气象服务体制机制创新,完善业务机制、促进业务协同,转变联动思路、推进部门合作,构建开放格局、引入社会力量,充分利用各级气象部门与社会机构的气象服务资源,优化资源配置机制,激活气象服务市场动力,推进气象服务业务发展,让气象服务产生更大经济社会效益。

第九章 气象信息化建设*

2020年,气象部门以大数据云平台"天擎"为基础,积极推进业务技术体制改革,以实况业务为引领,努力增强数据精准供给能力,以推动专项规划的落实为重点,扎实推动气象信息化建设高质量发展。

一、2020年气象信息化发展概述

(一)气象信息支撑力稳步提升

"云+端"气象业务技术体制初见端倪。2020年,气象综合业务监控系统"天镜"通过业务验收并投入业务运行,实现了国省级监控覆盖基础设施资源池及487种数据全流程。省级本地化建设持续推进,省级对省地县级监控业务的基础支撑不断强化。2020年,北京市气象局建成以数据为中心的集约化信息支撑体系,大数据云平台投入业务使用,高性能计算能力提升26倍,核心网络带宽达到100GB。天津市气象局依托大数据云平台建成"云+端"一体化气象业务服务平台,实现气象监测、预报及服务的全流程智慧化转型升级。安徽省气象局完成气象大数据云平台省级部署,在全国第一批开展业务试运行,依托"天镜"建成了全业务、全流程、一体化、可视化监控平台。山东省气象局在全国率先完成省级气象大数据云平台建设,整合省级观测、预报、服务、信息

---

* 执笔人员:郝伊一 王喆 王妍

和政务系统,统一纳入大数据云平台运行。新疆维吾尔自治区气象局建设"云+端"智慧农业农村综合信息服务平台,发展基于需求的精准农业信息服务模式。河南省气象局充分应用天空地一体化智慧气象等物联网和人工智能先进技术,实施基于数据驱动的"云+端"服务新模式。

系统平台和信息化工作持续向好。2020年,印发实施《中国气象局关于推进气象业务技术体制重点改革的意见》和《气象业务技术体制重点改革实施方案(2020—2022年)》,编制《气象高性能计算专项发展规划(2021—2030年)》和《气象数据业务发展规划(2021—2025年)》,组织构建"云+端"业务技术体制,实现气象大数据云平台"天擎"业务试运行和智能网格预报系统、气候业务系统、观测业务系统的核心功能融入,有序推进业务技术体制改革。完成了气象信息化系统工程初步设计编制,启动工程任务建设。编制《国家气象中心业务系统融入大数据云平台三年计划》,完成 MICAPS4、SWAN、MESIS 等系统对天擎平台、SDK 二次开发接口及天擎—分布式数据库的测试评估。提升 MICAPS4 平台支撑和 MICAPS-GFE 格点编辑能力,台风海洋一体化平台实现智能文本生成。

研究型业务建设持续推进。2020年,研究型业务布局分工、岗位职责、业务流程进一步优化,以大数据为中心的集约化气象业务形态初步建立,气象信息化支撑研究型业务发展的体制机制进一步健全。部分省级气象局切实加强研究型业务建设,推进业务人员工作重心由"业务值班"向"边研究边业务"转变,推进科研岗位与业务岗位职能无缝融合,在省级单位针对研究型业务重新调整岗位职责,优化内部架构,建立值班、科研岗位轮换制度;新进人员到一线按预报员要求参与会商值班。基于智能监测、智能网格预报和智慧气象服务的业务特点,重构一体化业务流程。完善网格预报交互订正平台和解译平台。通过省级节点整合各类数据,建立起数据采集、产品加工、发布和检验评估相互衔接的业务流程。

(二)气象信息业务能力显著增强

数据资料质量控制和评估能力逐步完善。2020年,提升区域站资料错误甄别能力,实现快速质控。全球地面、高空和海洋基础数据集回溯至20世纪初。持续改进数据质量评估能力,完成中国地面、高空、卫星、雷达等7类数据质量实时动态评估,及时发现美国、巴西等数据质量问题,编制《全球气象观测数据质量评估报告》。研制60万样本260 TB强对流天气人工智能专项应用训练数据集,提供在线服务,开展基于机器学习的强对流天气智能识别、短临外推等应用研究。完成天气雷达基数据、高空、雷电产品、GNSS/MET水汽产品标准数据格式切换工作,完成气象资料二级分类编码标准5项、气象数据元标准3项,质量体系管理信息系统全国推广应用,通过了ISO9001年度审核。组织开发建设气象数据资源唯一标识体系,全国气象数据资源唯一标识管理平台试点应用。

数据资源整合和精准供给能力不断增强。2020年,以实况业务为引领,研制高质量气象数据产品,研制"全球-区域-局地"一体化实况"一张网"。整合天气气候观测信息、地表状况、生态资源、社会经济、产业信息等自然与社会环境信息,提升空间基础数据统一服务能力。涵盖地理信息、台站信息、人口经济、卫星遥感等近500套基础数据图层,发布在线空间分析、数据空间检索、空间基础信息服务等功能,推动空间基础数据的统一管理服务。海陆一体的全球实况分析系统实现业务试运行。全球大气实况产品分辨率提升至13千米,质量达到美国业务水平。1千米分辨率天气实况产品质量和精细度显著提升,升级5千米中国区域实况产品,降水产品5分钟内下发,提高预报预测准确性、时效性、稳定性。利用人工智能等新技术,面向特殊需求,研发百米分辨率实况产品。冬奥赛区百米级逐10分钟降水、气温、湿度、云量实况分析试验产品实时提供冬奥工作组。发布中国第一代全球大气/陆面再分析产品。优化完善1979年以来全球再分析产品,实现延时6.5小时实时更新。加强东亚和青藏高原区域评估,完成多种水平分辨率和时间尺度的25种后处理产品制作,推动应用于全国气候监测预测等业务。第三方评估表明,CRA40年在分析数据产品与国际第三代全球再分析产品质量相当,填补了国内空白、实现了国产替代。

数据资源开放共享服务水平明显提升。2020年,中国气象局强化数据汇交共享,初步构建地球系统科学数据资源体系。建立覆盖地球多圈层可动态持续更新的数据资源发现目录,为地球系统科学发展奠定数据基础。加强全球数据资源感知获取,建成国际通信系统互联网收集平台,新增收集资料44种,数据量441 TB(增长30%)。构建"基础数据资源一张图",提升空间基础数据统一服务能力。构建涵盖地理信息、台站信息、人口经济、卫星遥感等近500套基础数据图层,发布在线空间分析、数据空间检索、空间基础信息服务等功能,推动空间基础数据的统一管理服务。推进连续更新、实时在线的实况业务服务,发布基于任意位置的实况应用服务接口、微信小程序和APP示范应用,支撑全国开展实时、精准、统一的实况业务服务。加强CMACast国际用户需求调研,完成巴基斯坦等海外站远程服务10余次,有力支撑风云气象卫星服务"一带一路"。

(三)气象数据治理水平逐步改善

数据标准化建设深入推进。2020年,推进数据资源标准编制,形成标准试用稿22个,发布行标8个。组织编制印发天气雷达基数据、空间天气地基监测数据、大气成分反应性气体3种数据的标准格式。组织开展高空、雷达、农气、区域站标准格式数据评估、问题排查和软件升级,实现高空、雷达、农气人工观测气象数据标准格式单轨运行,气象数据体系的标准化、规范化水平进一步提高。研发适合气象海量数据管理、应用和服务的天擎技术。攻关多圈层资料质量控制、多源数据融合与再分析等核心技术,实现数据产品研制自主可控。研究中国模式在国产高性能计算机移植适应性和可扩展性。信息化标准体系完备率由37%提升至48%,完成高空、雷达基数据、农业气象等观测数据标准格式全国业务切换。

数据安全管理能力得到提高。2020年,印发并实施《气象数据管理办法(试行)》,推进气象数据全流程的规范化管理。组织开展气象数字资源唯一标识符(MOID)建设,标识符管理平台在9个省份业务试运行。组织开展基本气象资料和产品共享目录更新工作。继续推进气象与水利、海洋、林草、应急管理部等部门的数据交换共享,全年新增获取18类27 TB行业数据。全国气象数据资源唯一标识管理平台试点应用,实现数据"身份证"和服务"追溯码",保障权威查询标识内容和服务内容追溯监管。制定年度高性能计算资源分配方案,加强高性能计算资源使用监控。2020年,为加强数据安全管理,印发《关于加强气象数据安全管理的通知》,对利用网格平台违规出售气象数据问题进行了调查处置。并建立气象数据唯一标识,推动数据产权保护与安全分级管理,编制了《气象数据安全分级方案》,实现数据安全分级及用户权限分类管理。

二、2020年气象信息化建设主要进展

(一)气象信息系统和数据资源整合

业务系统集约整合取得明显进展。2020年,建设完成气象大数据云平台"天擎"1.0版,在国家级和28个省级业务试运行,实现高并发、大容量的观测数据流式汇入云通道,集成多样算力、数据源驱动调度的加工流水线,大规模分布试储存体系、支持大数据高效应用。实现数据直传入"云",国家级自动站、雷达基数据分钟级全国共享,区域站数据收集时效缩短90秒;11类57种历史数据和全部实时数据的管理与服务;算法调度"云"上直算,60000+自动站、200+雷达和多卫星遥感数据150秒完成实况融合应用。完成业务系统数据源从CIMISS到"天擎"的无感切换,以及核心业务系统与"天擎"的深度融入(图9.1)。

天擎天镜联手助力业务系统融入。气象综合业务监控系统"天镜"建设效益逐步显现,不断完善"天镜"的滚动改进、迭代升级,MICAPS4、CIPAS2.0等28个国家级业务系统纳入实时监控。2020年实现了国—省—地—县级业务监控与协同运维,国省级监控覆盖基础设施资源池及487种数据全流程,推进省级本地化建设,强化省级对省地县级监控业务的基础支撑。并制定SWAN(灾害天气短时临近预报预警业务系统)、智能网格预报、CIPAS(气候信息交互显示与分析系统)、探测一体化平台、人工影响天气业务系统等融入方案并开展实施。其中,CIPAS完成49个算法、382个产品改造融入。以大数据为

第九章　气象信息化建设

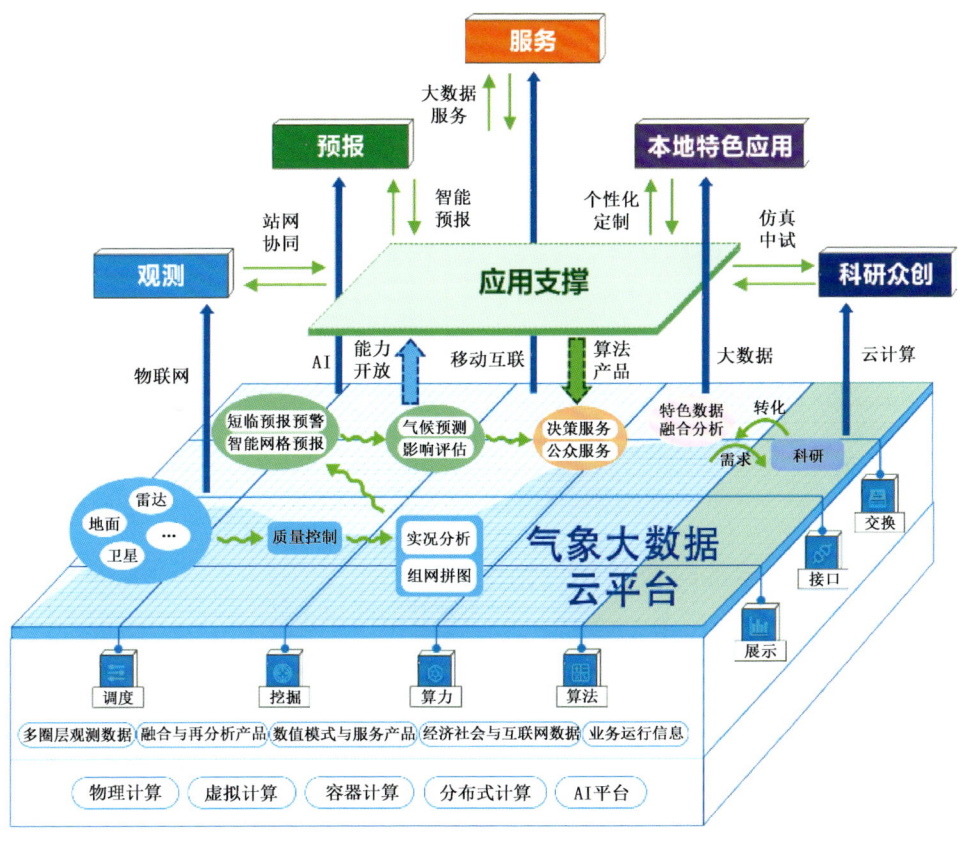

图 9.1　气象大数据云平台"天擎"

中心的集约化气象业务形态初步建立,"云+端"气象业务技术体制逐步形成。气象信息支撑系统从独立、分散建设逐步向集约统筹全面支撑气象事业建设方向迈进。

气象大数据平台建设全面推进。2020 年,持续改进和完善 CIPAS 业务系统,新版本业务功能更丰富、性能更高效、部署更快捷、具有国省级一体化等特点,气候监测预测业务支撑能力明显提升。积极开展气候业务系统集约化改造工作,完成"云"+"端"的技术架构设计,通过"四改造一扩充"最终实现 CIPAS 业务全面融入气象大数据云平台。2020 年,中国气象局气象探测中心将主要业务系统融入大数据云平台,完成信息化平台环境、整体架构与数据库迁移。监控信息在"天镜"系统展示。定量估测降水产品接入云平台并形成业务能力、服务时效提高30%。2020年,积极推进海淀园区建设,气象防灾减灾大数据应用研发中心通过节能审查,成为2020年海淀区唯一批准的新建大数据研发中心。2020年,气象大数据云平台"天擎"实现业务试运行,实现数据直传入"云",国家级自动站、雷达基数据分钟级全国共享,区域站数据收集时效缩短90秒。2020年,国省级业务系统融入天擎,统一制定融入标准规范,业务系统融入效益初显,CIPAS算法和产品改造融入,平均时效由3秒提速至100毫秒。2020年,有序推进南海气象云数据中心基础设施建设,完成国内气象通信系统2.1(CTS2.1)升级工作,市县级网络接入提升至双线路50M带宽;完成省级气象大数据云平台(天擎)的部署工作,业务系统数据源从CIMISS无感切换到天擎1.0并将作为第一批省份进入业务试运行。

(二)气象信息网络基础设施建设

高性能计算支撑能力持续提升。2020年,启动新一代高性能计算机系统和基础设施资源池建设,提高算力设施资源使用效率和管理水平。开展高性能计算技术调研及国产芯片测试,基于GPU异构众核系统完成GRAPES全球模式动力框架模块集成,GPU加速1.24倍。优化高性能资源调配和调度,完成气候变化项目模式支撑软件系统建设。研究中国模式在国产高性能计算机移植适应性和可扩展性。2020年,各省(区、市)配置CPU共153231个,其中最多的省份为广西,配置CPU个数9753个;最少的省份为辽宁省,配置CPU个数756个(图9.2)。

(三)气象资料业务和服务

风云气象卫星"一带一路"服务取得显著成效。截至2020年底,使用风云卫星数据的国家数量已增加至118个(包括81个"一带一路"沿线国家和地区),开通绿色通道国家39个,使用SWAP国家数61个,公有云客户端31个,29个国家注册成为《风云卫星国际用户防灾减灾应急保障机制》(FY_ESM)用户。通过网站为国际用户提供数据12 TB,绿色通道为39个国家的用户提供

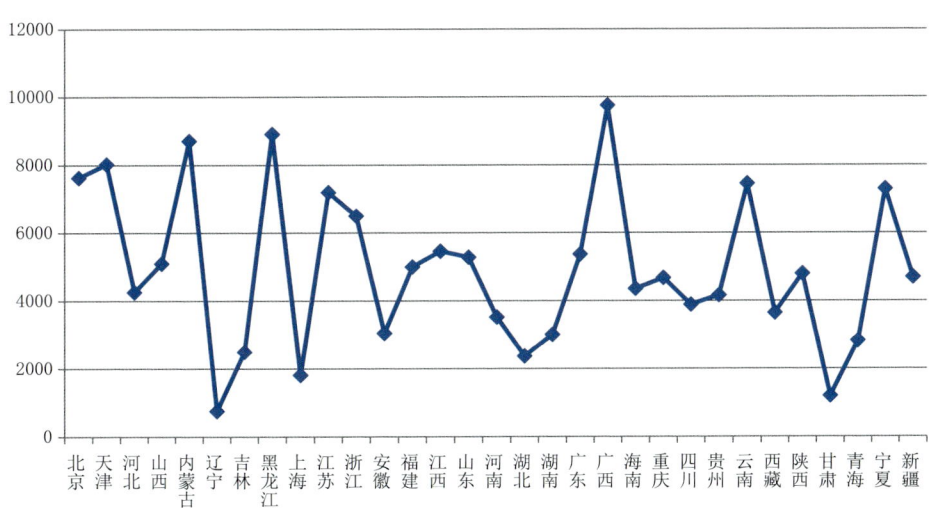

图 9.2　2020 年各(区、市)配置 CPU 个数

(数据来源：各省(区、市)气象信息网络现代化指标)

实时数据 13 TB。世界气象组织调查显示，风云气象卫星数据服务在亚洲和西南太平洋地区处于领先位置。2020 年，天地一体化数据服务系统投入业务，新增卫星数据资源池服务方式，实现 PB 级卫星实时与历史数据直达用户桌面。利用卫星遥感资料，对疫情影响复工复产、夏秋作物长势、火情等情况进行监测分析，为疫情科学防控提供了参考依据。在 2020 年汛期期间，针对水体洪涝、森林和草原火灾、藻类、秸秆焚烧、重大地表灾害等进行了监测服务，为防灾、减灾工作提供支撑，为各级领导部门和公众提供卫星遥感监测信息和数据。

气象档案业务信息化建设得到增强。印发《珍贵气象档案分级鉴定办法》，完成《中国珍贵气象档案名录(第一辑)》编制，开展珍贵气象档案分级鉴定专家库建设。组织完成 1123 万页风白记纸数据提取，建成 1212 站近 50 年分钟风数据序列，在极端天气监测预测中得到应用。组织完成 25.8 万卷案卷级元数据建设，气象档案业务系统在 10 省份业务试运行，实现了气象档案省际互访共用。

三、评价与展望

2020年,气象信息化工作认真贯彻落实习近平总书记关于气象工作的重要指示精神,落实中国气象局党组决策部署,积极开展业务技术体制改革试点,构建以气象大数据云平台为"云"、气象业务系统为"端"的"云+端"气象业务技术体系,建立完善集约、准确、高效的实况业务体系,强化数据安全监管和集约化建设,实现数据管理、加工处理、数据共享和应用服务的流程高度集约、有机衔接,支撑新时代气象现代化发展,顺利完成全年任务,各项工作取得显著进展。

新时代,气象信息化水平是建设现代化气象强国的重要标志,气象部门必须持续推动气象信息化建设集约高效发展,进一步加快气象大数据中心和共享平台建设,实况业务引领,研制高质量气象数据产品,增强数据精准供给能力,基本建成集约、准确、高效的实况业务体系,发展覆盖全球的精细化实况分析业务,提升实况产品质量和应用水平。持续强化网络安全与数据安全监管,推进网络安全等级保护工作,提高部门网络安全能力。必须加快政务信息化建设,继续推动气政通平台集约建设和示范应用,启动气象信息化系统工程建设,促进信息技术创新应用,夯实气象现代化发展基础支撑能力。

创新发展篇

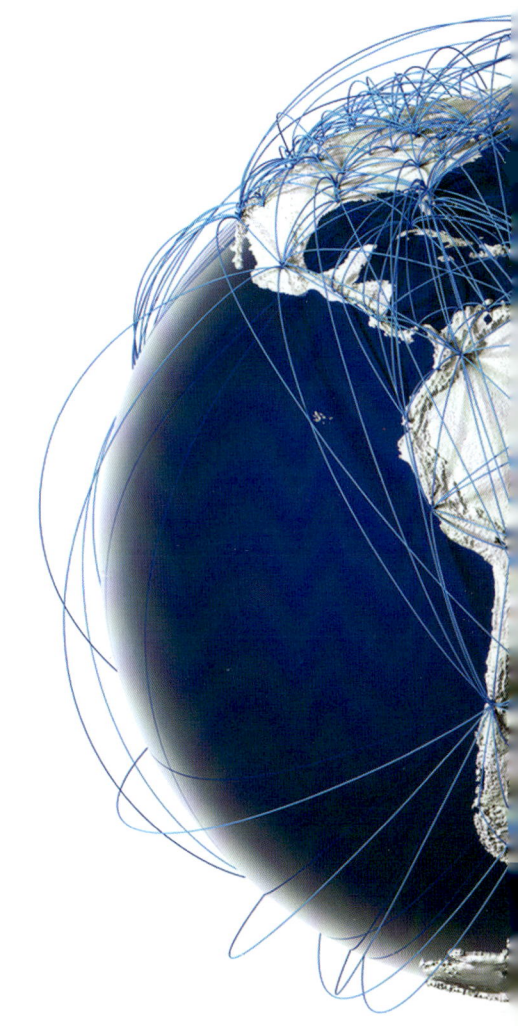

第十章　气象科技创新[*]

2020年,全国气象系统深入贯彻落实党中央、国务院决策部署,准确把握世界气象科技发展大势,继续加强气象科技创新顶层设计,深入推进核心技术攻关和青藏高原大气科学试验研究,不断深化科研院所改革,进一步增强气象科技研发能力,气象科技创新为气象事业实现高质量发展提供了强大动力。[①]

一、2020年气象科技创新概述

(一)科学谋划气象事业高质量发展

2020年,中国气象局组织编制气象发展"十四五"规划及气象科技、卫星等17项专项规划与4项区域规划,制定高质量气象现代化和全球气象业务发展两个三年行动计划。研究制定《中国气象科技发展规划(2021—2035年)》和《中国气象局野外科学试验基地"十四五"发展规划》,谋划对标世界一流水平和气象强国建设的气象科技整体部署,着力实现气象科技自立自强。研究提出"十四五"重大气象科研需求,积极参与编制国家科技发展中长期规划和防灾减灾、生态文明、气候变化、农业农村等4项"十四五"专项科技规划,推进气象科技创新任务纳入国家科技布局。

---

[*] 执笔人员:申丹娜　卢介然　杨梦
[①] 全国气象系统科技创新均取得积极成效,本章重点展示气象部门科技创新进展。

(二)气象核心技术攻关任务取得突出进展

2020年是气象现代化核心技术阶段性集中攻关任务实施的最后一年。四项攻关任务(即高分辨率资料同化与全球模式、气象资料质量控制及多源数据融合与再分析、气候系统模式和次季节至季节气候预测、多尺度数值预报系统)均圆满完成既定任务目标。通过专家组终期评估,在提升气象核心竞争力方面均取得重要突破。2017年,中国气象局被世界气象组织正式认定为世界气象中心,标志着我国进入了世界先进数值预报业务的行列,与世界先进水平的差距已经在缩小。研制出中国第一代全球大气/陆面再分析产品(CRA-40,1979年—今),质量达到国际第三代同类水平,有效降低了我国气象业务科研对国外同类产品的依赖。全球高分辨率气候系统模式自主研发取得重要进展,参与CMIP6国际耦合模式比较计划,BCC-CSM模式在东亚季风、QBO、MJO等方面性能达到国际先进水平。建立了稳定守恒的、高精度、高效率、可进行灵活区域加密的非结构网格大气动力模式原型系统,为后续多尺度、无缝隙预报系统的建设奠定了基础。

(三)气象科学数据共享服务效益突显

中国气象局是首个向全社会开放专业数据的国务院部门,国家气象科学数据中心(中国气象数据网)已正式成为科技部和财政部首批优化调整认定的20个国家科学数据中心之一。目前,已形成覆盖地面、高空、气象卫星、天气雷达等14大类气象资料,数据开放共享总量占数据总量的59%,气象数据已在农林牧渔、交通运输、制造业、金融业、教育业、科学研究、公共事务等行业广泛应用。气象数据全球服务成效显著,数据资源更加便捷可得,风云气象卫星数据已实现与全球118个国家和地区共享,服务"一带一路"国家和地区,气象数据服务积极保障国家重大战略,切实发挥气象防灾减灾"第一道防线"的重要作用,服务保障生态文明建设,强化应对气候变化科技支撑,气象数据保障国家重大战略能力不断增强。

(四) 气象科技研发能力进一步增强

"十三五"时期,获批国家重点研发专项项目58项,总经费12.07亿元。2020年争取中央预算科研经费3.46亿元,获批国家重点研发计划项目12项、课题17项,国家自然科学基金项目86项(含重大项目1项、国家杰出青年基金1项、重点项目5项),基金项目类型和经费均取得新突破。2020年中国气象局与国家自然科学基金委共同设立气象联合基金,聚焦灾害性天气、数值预报模式、气象大数据等核心领域前瞻性基础研究,完成项目指南编制和发布,气象部门统筹部门研发资源,组织实施创新发展专项,部署数值模式、预报预测、院所平台建设等94项任务,首期财政投入3795万元,集中优势资源,对气象部门"刚需"技术和任务进行研发。

二、2020年气象科技创新主要进展

(一) 气象科技创新顶层设计持续加强

积极推进将气象科技创新工作纳入国家总体科技发展布局。向科技部报送"十四五"重大气象科研需求建议。积极参与编制国家科技发展中长期规划和防灾减灾、生态文明、气候变化、农业农村等4项"十四五"专项科技规划,参与13项国家重点研发计划"十四五"重点专项实施方案编制,推进气象科技创新任务纳入国家科技布局。

强化气象科技创新顶层设计。中国气象局立足气象事业发展全局,对接国家科技总体布局,组织编制《中国气象科技发展规划(2021—2035年)》和《中国气象局野外科学试验基地"十四五"发展规划》,积极编制气象卫星、雷达、数值预报等相关专项规划,制定气象强国纲要和指标体系,编写《高质量推进气象现代化建设行动计划(2021—2023年)》《全球气象业务发展行动计划(2020—2022年)》,统筹谋划气象科技创新协调发展。

研究加强气象科技创新体系建设的政策措施,从优化科研布局、做大做强

科研队伍、强化协同创新、完善政策保障等方面提出增强科技创新能力的具体举措,着力提高聚焦业务的科技创新能力,促进科研与业务深度融合。继续推进研究型业务建设,调整优化国省两级业务流程和岗位职能,60%以上预报员实现班下科研。推进业务系统集约发展,开展核心业务系统"云化"改造,初步建立"云+端"业务形态。制定数值预报研发体制机制改革思路,编制数值预报改革实施方案。完成气象大数据和数值预报业务体制改革设计。

(二)气象核心技术攻关取得重大突破

1. 国家重大科技计划和重点专项

2020年,中国气象局获批国家科研项目经费1.7亿元,其中国家重点研发计划项目12项、课题17项,国家自然科学基金项目86项(含重大项目1项、国家杰出青年基金1项、重点项目5项)。总体而言,"十三五"期间围绕气象关键核心技术攻关任务,牵头实施国家重点研发计划重点专项项目58项,课题69项,经费12.07亿元,年均2.41亿元,2018年最高达到5.87亿元。其中自然灾害监测预警与防范类项目占比最多,为60.47%,全球变化及应对其次,为19.15%,大气污染成因与控制技术研究再次,为12.9%。(图10.1,表10.1)。

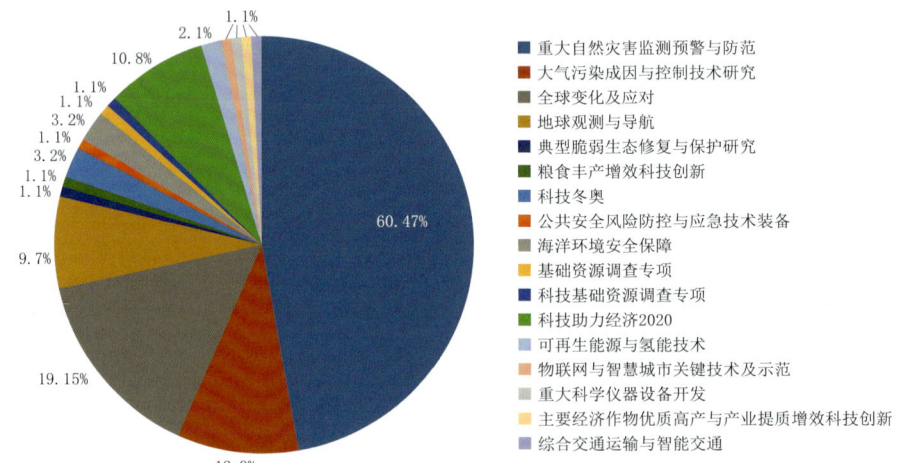

图10.1 十三五以来中国气象局牵头承担科研项目(课题)分类占比情况(单位:%)

(数据来源:中国气象局科技与气候变化司)

表 10.1 "十三五"时期重大项目主要进展

专项名称	项目名称	完成情况
"重大自然灾害监测预警与防范"重点专项	气溶胶对流云降水相互作用机理研究及京津冀区域模式应用示范	完善了京津冀地区气溶胶、边界层结构、雨滴谱、冰核浓度等地基观测,建立了CCN谱参数化和冰核参数化方案。研究了华北地区气溶胶对于对流云及其降水发生发展过程的影响、不同气溶胶类型对云影响的差异及其辐射强迫以及相对湿度对于气溶胶辐射强迫的显著影响,就气溶胶对降水的影响开展试验评估。
	雷暴云起放电过程和雷击效应研究	实现了基于低频脉冲特征的闪电通道实时定位,建设了多套不同频段、不同基线的闪电探测阵列,初步开展了雷暴电活动的多时空解析协同观测;构建了多源异构时空数据融合的雷电短时预报模型,初步建立了基于机器学习的雷电短时预报系统;实现了雷电发展—连接过程的三维高效计算模拟和不同类型上行闪电在模式中的启动;应用雷击全过程损伤效应平台开展了试验,揭示了飞机及其油箱的接闪特征、浪涌保护器的失效机制与损害模式、碳纤维复合材料雷击全电流过程下的损伤效应和机理。
	超大城市垂直综合气象观测技术研究及试验	完成广州、上海超大城市风垂直观测的布局研究,建立微波辐射计反演边界层高度的算法,并在超大城市平台中应用。构建了毫米波云雷达、微波辐射计、风廓线雷达等3类设备的质量控制,完成探空仪温湿度误差订正方法检验验证。建立了气溶胶特性数据产品和重大大气污染过程气溶胶时空分布特征数据集。建立了风/温/湿廓线的面向资料同化的质量控制流程,研发了风/温/湿廓线的同化方法,实现了风廓线雷达资料和微波辐射计资料的实时融合;开展观测与预报互动试验,评估了超大城市观测对预报的影响。初步建成了三维实况分析场和检验分析显示平台。
	东亚区域高分辨率资料同化技术研发及大气再分析资料集研制	建立了2000—2018年覆盖东亚区域、水平分辨率12千米、时间间隔为3小时的再分析资料,填补了该区域高分辨率长时间序列大气再分析资料的空白。完成了1979—2018年面向区域大气再分析应用的陆地、海表观测、探空气象观测数据整合,重点解决了无效廓线数据、地面层缺失或非首层、时间窗内多次记录、气压层和高度层综合协调等问题。基于项目发展的不受速度模糊影响的雷达观测风场反演方法V-IVAP方法,以及在此基础上建立的多尺度速度退模糊技术,建立了我国雷达观测网资料质控和分析系统。

续表

专项名称	项目名称	完成情况
"重大自然灾害监测预警与防范"重点专项	高精度可扩展数值天气预报模式研究	在 MCV 二维非静力大气模式架构下,采用网格自适应加密算法,完成了对目标区域进行局部自适应加密算法的开发。完成了大气动力框架的精度、守恒性等的测试。提出了一种新的处理"灰色区域"尺度下水平混合作用的方案,研制了新的尺度自适应的对流参数化方案;完成了业务运行软件支撑环境即下一代国产耦合器C-Coupler3的设计和其第一版本的研制,并用于改进 MCV 模式的并行版本;基于 C-Coupler3,完成了动力框架与物理过程间的模块化耦合,完成了高精度可扩展数值预报模式区域和全球模式初始版本的研发,形成了区域和全球模式的原型系统。
	重大灾害性天气的短时短期精细化无缝隙预报技术研究	建立了全国 3 千米间隔 3 小时的快速循环同化预报系统。融合 ECMWF 模式和 3 千米 GRAPES_MESO 模式信息构建深度学习三维语义分割模型,建立强对流天气深度融合预报模型。改进光流法的临近外推预报技术、3 千米 GRAPES-MESO 的实时频率匹配的降水预报偏差订正技术。发展基于多尺度模式的融合技术,建立基于 3 千米 GRAPES_MESO 模式的逐小时滚动订正预报系统。开展雷暴大风和对流强降水预报与常规气象要素预报产品融合试验,建立 2 小时内逐 10 分钟、24 小时内逐小时滚动更新的定量降水无缝隙预报系统。
	基于非结构网格的天气—气候一体化模式动力框架研发	实现了 10 千米分辨率海洋/海冰模式稳定积分,50 千米分辨率耦合模式稳定积分,含物理过程的 100 千米分辨率非结构网格大气模式稳定积分。完成了海洋同化模块、大气同化模块、陆面同化模块和海冰同化模块的调试,建立了与耦合模式对接接口,初步构建了三维变分弱耦合同化流程。构建了从天气到气候的典型预报对象的定量评估标准,形成针对一体化模式预报的评估体系,给出针对降水预报技巧/偏差在天气过程到气候统计特征之间关系的初步评估方案。
	多模式集合气候预测方法和应用研究	开展了针对物理过程不确定性的定量化动力学诊断分析。研究了多模式可预报分量的分离及信号来源。开展了基于关键过程的集合预报订正和降尺度预报方法研究。系统评估多模式集合对热带、副热带及中高纬气候系统的预测效能。开展了多模式集成预测技术及气候预测产品研发,研发了基于全球大气环流三型分解方法的环流异常诊断分析技术及多模式集合的异常气候事件概率预测技术。

续表

专项名称	项目名称	完成情况
"重大自然灾害监测预警与防范"重点专项	气候变暖背景下极端强降温形成机理和预测方法研究	针对强降温过程路径和影响范围,制定了多指标搜索方案并动态识别,构建21世纪强降温过程多要素综合数据库。揭示冬季南方雨雪的时空特征,完成未来5~20年情景下强降温气候变化预估。识别不同地区强降温事件对流层和平流层低频前兆信号,揭示不同类型平流层爆发性增温(SSW)对冬季低温影响的差异性等。评估气候业务模式对我国强降温的预报性能,针对冬奥场馆开展模式降尺度解释应用预报。建立了新型冬小麦发育期模式,预估了未来强降温事件对冬小麦影响的差异性,提出了应对策略。
	青藏高原地-气象相互作用及其对下游天气气候的影响	初步构建了青藏高原陆面-边界层-对流层-平流层加密观测数据集,改进了WRF区域模式的地表感热和潜热参数化方案。在GRAPES全球模式中改进了云微物理和宏观云过程以及次网格对流和格点尺度云过程的相互影响,初步完成新参数化方案在GRAPES中的敏感性试验和业务试运行。发展了高原有组织对流系统的识别与追踪技术,建立了云尺度上夹卷混合机制的参数化方案,构建了高原区域暴雨概念模型。揭示了冬季ENSO与瞬变过程共同影响高原西部降水年际变化的机理,建立了新一代无缝隙预测系统FGOALS-f2。
	东亚季风气候年际预测理论与方法研究	发展了外源信号影响东亚气候年际变率的长效机制理论框架,发现东亚气候要素年际预测指标可预测性上限,提出了多尺度海洋信号的协同滞后影响及平流层QBO的直接/间接影响机制;开展了基于现有预测模式的东亚季风气候年际变率及机理的模拟和预测评估,优化和建立了大气初始化方案和海冰同化方案;发展了基于模式算子动力订正的年际预测新方法,显著提升了中国夏季降水的预测能力;完善了我国主要关键经济区、大江大河降水气温年际变化数据集,建立可视化平台,初步建成了适于东亚季风气候年际预测的客观集成业务系统及应用平台,实现业务应用。
	往返式智能探空系统研制及试验	完成了往返式智能探空系统的设计,实现以较低的成本完成高空观测在空间、时间上的加密;通过试验,改进了气球材料;研制了支持全球主流民用导航系统的集成气象专用北斗导航SoC芯片,实现高精度定位,研制探空通用卫星导航及数据处理传输通用模组及集成化探空仪;建立对高空低风速环境中探空温度传感器的物理模型,基于地-空物联网的云+端探空业务模式;完成了下降段降落伞的选型,提出了下降段测风的计算方法;开展了基于高分辨率数值天气模式的往返式探空轨迹预测方法研究。

续表

专项名称	项目名称	完成情况
"重大自然灾害监测预警与防范"重点专项	近海台风立体协同观测科学试验	构建我国近海台风地海空天一体化多平台协同的观测系统。开展了多平台的协同观测策略研究,设计并完善近海台风多平台协同的目标观测试验方案。组织实施多平台协同的台风目标观测试验,并首次成功开展了台风的二次探空观测。开展了基于观测分析的台风模式云微物理过程和台风边界层动量通量交换及拖曳系数参数化方案的改进研究,开展了目标台风多尺度多平台协同观测资料联合同化技术研究。
	全球气象卫星遥感动态监测、分析技术及定量应用方法及平台研究	研发的辐射传输模拟系统ARMS核心模块已成为卫星遥感和数值预报卫星资料同化的"芯片",应用验证表明性能已优于或与国外模式相当。构建了风云卫星多通道、多传感器、多尺度数据融合算法,提出全球主要气象灾害致灾因子提取方法和定量监测模型。构建了基于气象卫星高质量降水和土壤湿度数据集。构建具备国际先进技术的全球气象灾害卫星遥感可视化综合分析及快速服务平台。灾害遥感综合分析新产品在"一带一路"区域应用示范效果显著。
	多源气象资料融合技术研究与产品研制	改进1千米/1小时多源融合技术,实现中国区域1千米/1小时多源融合实况分析产品业务试运行。基于卫星观测以及模式模拟和同化分析技术,实现海表温度的精细化表达,开展了基于变分理论的海表温度物理反演。开展三维云、三维大气融合技术研究,建成三维大气融合原型系统,建立了基于风云四号高光谱等辐射率资料的云廓线反演算法。开展多源融合数据在内蒙古自治区气象灾害监测、生态气象质量评价等方面的应用。
	卫星资料四维同化关键技术研发与系统建立	构建了基于提升方法、梯度提升树和随机森林三种机器学习方法的快速正演算子。实现了地表发射率与地表温度实现反演算法模块。发展了基于降维投影四维变分(DRP-4DVar)方法的新初值扰动方法,建立了基于DRP-4DVar的初值扰动系统,实现了SKEB方案在GRAPES-EDA的有效应用。面向小样本背景误差集合构建了流依赖球面小波背景误差协方差模型。建立基于三维参考大气和预估—修正时间积分方案的新动力框架的全球切线性模式和伴随模式,建立了0.1百帕全球4D-Var系统,10千米分辨率GRAPES全球4D-Var同化系统,分析质量和25千米分辨率全球4D-Var系统的结果相当。

续表

专项名称	项目名称	完成情况
"重大自然灾害监测预警与防范"重点专项	高纬度地区区域数值预报模式关键技术研发及应用	研究了高纬度地区暴雨及强对流天气物理概念模型及发生发展移动机制;完成具有尺度意识的边界层灰区参数化方案构建,确立了适用于高纬度地区典型强对流环境条件下的多参数总体谱型和参数,推进云微物理方案的改进和优化;实现多源卫星微波资料同化技术的应用,完善了多波段雷达资料同化技术;发展了对流尺度随机扰动参数化倾向方案,实现了在区域集合预报系统基础上的更高时空分辨率的短临集合预报,形成了多源数据概率集成融合分析和预报产品。
	热带地区区域数值预报模式关键技术研发及应用	研发了满足静力平衡的时空变化参考大气廓线扣除方案的初步方案,进行了动力框架与物理过程耦合研究与初步试验。完成了适应热带地区千米尺度模式的浅对流、多尺度深对流和云微物理相互协调的云降水物理方案及海陆面参数化方案基础版本。研究了海气相互作用条件下台风双眼墙形成和演变机理。构建了高分辨率区域海气耦合模式系统 GRAPES－HYCOM 基础版本,开发了四维变分同化系统,研究了区域变分循环同化系统的分析增量更新技术方案。优化发展了雷达定量降水估测及预报技术,基于最优评分的模式降水分级预报订正技术,建立了基于深度学习的特征信息提取和预测模型。
	多尺度全球大气数值模式物理过程和资料同化系统研究	初步开发了单冰云微物理方案和双羽流深、浅对流统一参数化方案,完成了微物理性质垂直连续变化的高精度长、短波四流累加辐射方案,发展升级了尺度自适应 UW 局地湍流过程方案和 Noah－MP 陆面过程模式,完成了非结构网大气动力模式的统一物理过程驱动、单柱模式和水球模式的构建,并初步构建非结构网格大气动力模式并实现了稳定运行。
	中亚极端降水演变特征及预报方法研究	建立近 20 年中亚极端降水个例数据库和观测试验数据集。完成了多源融合资料在中亚极端降水的适用性研究、中亚极端降水的时空分布特征及未来降水预估,外强迫和多尺度相互作用对中亚极端降水的影响机理。分析了极端降水观测特征、天气系统精细结构和发展不同阶段的演变及触发机制。研究了地形重力波影响极端降水发展演变的物理机制并给出物理模型,提出了精确求解非线性平衡方程的方法。建立了睿图－中亚系统 v1.0 并业务准入,建立睿图－中亚系统 v2.0 版并实时试运行,实现模式 3 小时快速更新循环。

续表

专项名称	项目名称	完成情况
"重大自然灾害监测预警与防范"重点专项	西部山地突发性暴雨形成机理及预报理论方法研究	提出了地形重力波与对流耦合作用触发山地突发性暴雨的一种机理。形成了针对西部山地的定量估算降水改进算法,实现了对雷达反射率因子中非降水回波识别和抑制技术等方面的改进。发展了适用于对流尺度系统的云内"伪水汽"和"伪云内温度"反演观测同化算法。构建了山洪预报预警水文气象耦合模型水文预报系统以及水致岩体多尺度劣化机理和暴雨诱发岩质滑坡机制。提出了地质灾害气象预警效果综合评价方法。
	暴雨的多尺度作用机理及预测理论和方法	开展了2020年华南暴雨精细化观测试验,推进了雷达遥感反演云降水动力和微物理量的算法发展,以及对流可分辨资料同化研究,国内首次实现了双波段云雷达反演降水系统内部空气垂直运动速度。获得了复杂下垫面对华南前汛期强降水影响机理的新认识,华南前汛期强降水的多尺度作用机理和云微物理过程研究取得重要新进展,国内首次发现γ中尺度涡旋与极端降水率之间的密切关系。模式物理过程参数化方案的评估和改进取得明显新进展,暴雨可预报性与对流尺度集合预报方法研究取得新的阶段性成果。
	基于综合观测的强对流天气识别技术和示范系统开发	研发了自主知识产权的业务新一代天气雷达精细化和智能化探测技术,开展了外场观测试验并进行初步评估。建立了多方法和多源资料的分级质控和强对流综合监测识别技术,研发了综合物理模型和深度学习等多方法的强对流天气精细预警和影响预警技术。研发了适用于我国的超级单体龙卷识别算法。研发了一套临近预警算法原型、已能够生成空间分辨率达1千米、时间分辨率10分钟的对流风暴和对流性强降水预警产品。完成了分布式算法调度系统测试版及强对流监视预警示范应用系统原型。
	面向强降水短临预报的模式评估和订正方法研究	开展我国强降水过程特征的精细化分析,揭示了不同天气背景下强降水的演变过程特征;开展高分辨率业务预报模式降水预报评估及其偏差成因分析,建立了模式对于不同天气尺度强迫下强降水预报偏差的概念模型;量化了影响高分辨率模式预报误差的主要因素或因素组合,研发了基于关键影响要素的强降水短临预报订正方法;研发了可反映强降水日内演变过程特征的新评估方法,初步建成了区域高分辨率数值预报检验评估的平台系统。

第十章　气象科技创新

续表

专项名称	项目名称	完成情况
"重大自然灾害监测预警与防范"重点专项	中国区域重大极端天气气候事件的归因方法研究	分析了已有归因方法在我国极端高温、极端低温、极端降水和干旱归因中的适用性和不确定性,研发了基于动力热力过程的物理意义更清晰的归因方法。开展了我国区域四类重大极端事件的归因研究,分析并量化了人类活动对上述区域重大极端事件长期变化趋势、频次或强度变化的影响。分析了模式的不确定性并挖掘了观测资料及归因结论对预估的约束意义,基于此预估了21世纪极端高温、极端降水以及干旱的变化特征。
	气象预警快速制作和传播平台关键技术研究	研究了地面气象要素、三维高空要素的时、空高精度降尺度建模技术和预报偏差订正技术,建立了四种可业务化运行的模型,研发了高分辨率三维实况场分析系统和强降水短临概率预测系统。建立了大风、暴雨、冰雪、雷电等气象灾害与承灾体特征以及预警避险决策耦合的多个预警模型。搭建了柔性开放的气象预警精准快速发布示范平台框架和原型系统,完成了该系统拟接入的各种数据技术规范和预警信息质控、秒级信息传输、预警三维图形展示等核心技术的研发;开展了多途径融合的预警信息传播关键技术研究,完成了基于5G移动通信的小区广播平台软件开发;研究了预警信息传播效果评估技术指标以及气象敏感度与减灾效益评估模型原理,并形成通用模型。
	气候变化风险的全球治理与国内应对关键问题研究	揭示了我国极端气候事件演变特征和未来风险,重点分析了东部经济区、粮食主产区和青藏高原生态脆弱区的风险,构建了气候变化敏感性－极端事件危险性－承灾体易损性的综合风险评估与区划三级指标体系;提出了四大行业温室气体排放监测规范,模拟了经济社会环境协同治理的部门碳排放路径,优化了碳市场的配额分配方案;初步建立了应对气候变化科学数据与知识集成平台;梳理了全球气候治理的演变特征,剖析了"后疫情时代"全球绿色低碳发展新形势,初步构建了多层次统筹协同的气候治理保障体系。
	人工影响天气技术集成综合科学试验与示范应用	在寿县试验区和古田试验区开展了对流云外场观测试验,制定了对流云垂直精细结构特征研究技术方案。分析了新型机载云物理探测设备在实际云降水环境中的适用性和使用效果,研究了典型云系参量的四维卷积核。建立了地形云试验区云数值模拟系统,并采用中尺度数值模式和轨迹扩散模式对祁连山北坡现有烟炉布局方案进行模式验证。针对一次典型积层混合云降水过程进行了机载微物理探测数据分析和初步数值模拟。

续表

专项名称	项目名称	完成情况
"重大自然灾害监测预警与防范"重点专项	基于非结构网格的天气-气候一体化模式集成与应用	实现了10千米分辨率海洋/海冰模式稳定积分、50千米分辨率耦合模式稳定积分、含物理过程的100千米分辨率非结构网格大气模式稳定积分;完成了离线同化模块的测试,建立与耦合模式的对接接口,初步构建强耦合同化方案;对弱耦合同化方案进行并行优化;完成针对2个典型预报对象给出其定量评估标准和方案。
"大气污染成因与控制技术研究"重点专项	我国大气重污染累积与天气气候过程的双向反馈机制研究	利用雷达、MAX-DOAS、无人机、颗粒物采集等在北京、石家庄、固城、邢台等地区开展了观测,获得区域污染和气象要素变化之间的定量关系,发展和优化了基于天气学方法的大气污染程度潜势预报方法;优化和改进了大气污染数值模式中边界层参数化方案及气溶胶-云-降水物理化学过程方案,提高了我国雾-霾业务数值预报系统对重污染预报准确率;建立了我国化学天气数值预报系统,开展了未来大气污染变化对气候变化的影响及反馈研究,研发了可定量分辨天气气候相对影响程度的污染过程评估系统。
	我国东部城市群污染天气观测及大数据平台建设	利用潜在源区贡献函数、自组织神经网络分析、数值模式等方法对我国东部区域$PM_{2.5}$、O_3、NH_3等污染物的来源进行了定量计算,明确不同区域的相互影响和跨区域输送特征。在大气污染对云微物理的影响、颗粒物云下清除、污染观测数据同化、数值预报释用等方面开展了研究。完成了2019年11月至2020年2月项目第三期秋冬季综合观测实验。污染天气大数据平台V1.0通过软件验收测试。
	多目标温室气体测量技术	研制完成了高精度大气本底温室气体$CO_2/CH_4/H_2O$分析仪、中红外N_2O/CO大气本底分析仪、典型生态$CO_2/CH_4/N_2O/H_2O$的大气温室气体通量分析仪、便携式大气温室气体垂直廓线激光外差光谱分析仪。其中$CO_2/CH_4/H_2O$分析仪满足世界气象组织WMO/GAW的技术指标要求,中红外N_2O、CO大气本底分析仪性能指标达到国际先进水平。开展国产近红外高光谱卫星数据的温室气体反演,基于风云三号卫星GAS数据和碳卫星数据完成了WFMD算法的CO_2平均柱总量反演系统设计和开发,并完成基于碳卫星数据的XCO_2全物理算法研究。

续表

专项名称	项目名称	完成情况
"大气污染成因与控制技术研究"重点专项	全耦合多尺度雾—霾预报模式系统	建立了2017年能源消耗量和产品产量数据库以及2017年全国10千米分辨率网格化排放清单；初步建立了气溶胶光学特性参数历史资料整编以及新大气消光参数化模型；更新完善气溶胶非均相反应机理和模块，改进SO_2等前体气体在气溶胶中的形成机制和方案，进入化学传输模式，改进冬季雾霾污染的预报效果；完成了卫星AOD产品算法改进以及初步实现近地面$PM_{2.5}$反演算法；开展了华北、华东、华南区域数值预报系统GRAPES_CUACE的移植工作，并已在华南区域移植成功；利用多类别数值模式系统进行了历史雾—霾过程数值模拟研究与近地面冠层方案的研究。
"全球气候变化及应对"重点专项	基于高分辨率气候系统模式的无缝隙气候预测系统研制与评估	在T382L70测试版的基础上，进一步完善重力波过程参数化，对中层大气的温度和环流的垂直结构及其季节变化已具有较好的模拟能力。研制了新型高分辨率全球大气模式非静力动力框架。开展了次季节和季节预测试验，评估了模式对全球和东亚气候的预测效果。开展基于人工智能技术的汛期降水预测模型研究，构建了中国地区汛期降水的预测模型，有效提高了预测准确率。初步评估了新一代BCC模式BCC-CSM2-MR对PDO的预测技巧。
	云水资源评估研究与利用示范	开发了云水资源评估软件系统，完成华北示范区近5年云水资源精细模拟评估。分析了中国地区云水资源特征量及全球云水量的时空分布特征和变化规律。提出了云水资源利用影响下的区域水资源供需平衡分析方法，构建了云水资源与陆地水资源联合调控模型，在汉江上游和北三河流域开展了实例研究。完成了云水资源与陆地水资源耦合利用模式和云水资源与陆地水资源耦合利用的适应性对策研究。固定目标区云水资源开发成套相关技术在森林草原扑火、上海进博会等重大和应急服务期间得到应用。
	黑碳的农业与生活源排放对东亚气候、空气质量的影响及其气候—健康效益评估	完成了全国典型区域的黑碳综合垂直观测计划任务，获得了典型污染区域黑碳的传输老化特性以及农业源背景下燃烧排放的黑碳特性，编制完成了三大类主要农业和生活源黑碳排放清单，揭示了中国生物质燃烧排放污染物高值中心的转移和驱动因素，进一步研究了黑碳非球形结构对辐射效应和大气加热率的影响。继续开展了气温与污染物浓度以及气温与黑碳浓度对人群健康影响的研究及影响评估。

续表

专项名称	项目名称	完成情况
"全球气候变化及应对"重点专项	东亚地区云对地球辐射收支和降水变化的影响研究	研究了云量、气溶胶光学厚度,水汽和臭氧等影响因子对东亚地区地面太阳辐射变化的贡献。自主研发了基于BCC_RAD辐射方案的辐射内核技术,研究了2001—2017年夏季中国不同类型云的云量、光学厚度的时空变化特征,并利用一维辐射对流模式定量分析不同类型云对近地表气温的影响。分析了气候模式对东亚地区云辐射的模拟偏差及原因,改进了辐射模式和大气环流模式总的参数化方案和对云重叠的描述。
	小冰期以来东亚季风区极端气候变化及机制研究	完成了研究区内公开发表的小冰期以来树轮、石笋、珊瑚等古气候资料数据的收集整理,初步建立了数据集;初步识别了过去400年影响华东地区的台风序列,分析了过去千年东亚季风区极端温度的时空特征;建立了东亚地区80个站时长超过120年的日、月气温、气压资料数据集;量化了人类活动对亚洲、中国区域极端温度的持续性冷暖极端事件指标的相对贡献;对亚洲、东亚季风区极端强降水的变化特征及人类活动对不同强度和频率降水指数的影响进行了归因;完成了全球变暖1.5℃到5℃背景下中国未来热浪发生风险分析评估,并开展了针对2017年华南强降水和2019年西南干旱等重大极端气候事件的归因研究。
	京津冀超大城市和城市群的气候变化影响和适应研究	开展了京津冀高分辨率历史和未来预估数据集的研制。研究了高温对京津冀城市用电和建筑物能耗、暴雨对城市内涝和城市道路交通通行效率及雾霾对高速公路的影响,分析了城市形态对地表温度的调制、城市化进程对高温和低层风速等的反馈作用。系统分析了京津冀地区气候变化与社会经济变化特征,探讨了气候变暖对社会经济子系统的直接影响与间接影响。开展了京津冀地区适应气候增暖的综合路径与措施研究,初步形成了区域适应气候增暖的社会经济代价评估模型框架。初步提出了雄安新区适应气候变化的策略。
"地球观测与导航"重点专项	国产多系列遥感卫星历史资料再定标技术	建立了满足国产卫星历史资料再定标的辐射基准参考源。基于遥感仪器工作原理,建立了全链路辐射定标物理仿真模型并成功用于国产遥感仪器历史资料再定标处理。基于多源辐射参考基准综合诊断,建立了全寿命宽动态辐射响应衰变模型并成功用于国产遥感仪器历史资料再定标处理。完成了气象、海洋、资源三个系列28颗国产遥感卫星15种遥感仪器历史数据质量诊断,构建了再处理平台,初步完成了第一版本基础辐射数据集和典型产品专题库建设。

续表

专项名称	项目名称	完成情况
"科技冬奥"重点专项	冬奥会气象条件预测保障关键技术	开展了第二次冬奥气象立体加密观测试验,形成了试验数据集,并实现数据集共享应用。基本建立了降雪、降水相态、大雾等高影响天气预报指标和预报概念模型,初步揭示了冬奥山地赛区小、微尺度风场的复杂性与影响机制。以北京睿图(RMAPS)模式体系为核心,发展形成了冬奥0—24小时高精度客观天气预报技术体系。以GRAPES模式体系为核心,发展形成了冬奥24~240小时无缝隙客观天气预报技术体系。研发了冬奥关键点位(站点)0~240小时预报技术、冬奥特殊天气预报技术、冬奥气象智能服务及风险预警技术和精细化产品。
"重大科学仪器设备开发"重点专项	高精度高空多参数监测传感器研发及应用	围绕温、湿、压、风四种传感器的关键部件设计、形成高精度高空多参数监测传感器模块,在探空仪、艇载气象观测仪2种仪器中进行应用开发,建立不同高空环境下的智能综合修正算法。研制了一台高空动态环境试验装置,辅助定性对传感器动态性能进行模拟测试,验证智能综合修正算法方法的可行性。
"主要经济作物优质高产与产业提质增效科技创新"重点专项	主要经济作物气象灾害风险预警及防灾减灾关键技术	进行了经济作物观测点布设、试验基地建设和野外考察。开展了主要经济作物气象灾害风险评估的相关数据收集工作。确定了多种经济作物气候区划的指标、阈值和模型,明确了主要经济作物的气候适宜种植区。对主要经济作物气象灾害的分布规律进行研究,揭示了东北地区大豆因旱减产机制,发现了番茄高温高湿复合灾害机理及指标提取技术,建立了油茶种植气候适宜性区划模型。
"可再生能源与氢能技术"重点专项	风力发电复杂风资源特性研究及其应用与验证	完成了山西忻州复杂地形风特性观测实验和测风雷达设备比对观测实验。开展了全国风能开发风环境区划,建立了9个风环境分区及平坦地形条件下300m高度范围内的风廓线模型。针对风电机组设计,开展了不同地区湍流特性参数的变化特征研究。开展了典型地形风电场选址风能资源评估软件和风电机组台风风险评估软件系统框架设计。

2020年,中国气象局牵头的国家科技计划项目和课题研究分属于"重大自然灾害监测预警与防范""科技助力经济2020""综合交通运输与智能交通""全球气候变化及应对""综合交通运输与智能交通""科技冬奥""大气污染成因与控制技术研究""可再生能源与氢能技术""科技基础资源调查专项""物联网与智慧城市关键技术及示范"等多个重点专项,其中"重大自然灾害监测预警与

防范"专项经费达6857万元,占比超过50%。

第三次青藏高原大气科学试验在青藏高原陆面－边界层－对流层－平流层立体协同加密观测技术方法、云降水物理过程认识和机理研究、青藏高原天气气候效应理论及应用研究等方面实现重大突破,取得各类成果78项,其中31项已经实现转化应用。牵头承担的国家第二次青藏高原综合科学考察"西风－季风协同作用及其影响"任务顺利推进,已开展了6个批次青藏高原典型区域植被环境、水环境、碳氮循环、大气环境考察,在高原气候变化特征及物理机制方面取得新发现和新认识。"大气重污染成因与治理攻关"总理基金课题研究有力支撑大气污染精准治理,获评优秀。冬奥气象科技攻关研发了覆盖冬奥赛区的百米分辨率、10分钟更新的客观分析及0～12小时无缝隙预报产品,在冬奥冬训中发挥重要作用。在研国家重点研发计划项目顺利实施,30项项目参与中期检查,80%项目考评结果达到优秀。

2."高分辨率资料同化与全球模式"攻关任务

攻关任务较圆满地完成了既定的研发和业务应用目标,实现了预期目标,相关成果通过国家科技进步奖二等奖评审。建成了区域/全球一体化的GRAPES数值天气预报完整业务体系,包括25千米分辨率的GRAPES_GFS全球中期预报系统,覆盖全国的3千米分辨率3小时快速循环系统,50千米分辨率全球集合和10千米分辨率中尺度集合预报系统,以及台风、沙尘、核应急扩散、海浪等专业数值预报业务系统。限于计算机条件,全球业务中期和集合预报的分辨率分别为25千米和50千米。GRAPES_GFS实现了四维变分同化的业务应用,卫星资料占比达到75%。GRAPES_GFS业务系统可用预报时效7.6天。

全面掌握了数值天气预报核心技术,在部分技术上达到了国际先进水平(表10.2)。这些核心技术包括:①非静力预估修正半拉格朗日算法;②非静力模式全球四维变分;③有约束卫星资料变分偏差订正方法;④融合多型号多普勒天气雷达三维组网同化应用技术;⑤FY－4A GIIRS同化技术;⑥GRAPES_GFS和FY－4的观测－预报互动技术;⑦千米分辨率中小尺度三维变分同化系统;⑧预报云和双参数云微物理参数化方案。其中有约束卫星资料变分偏差订正方法技术在欧洲中期天气预报中心得到应用,达到了国际领先水平。自主原创多矩约束有限体积算法,研制完成了高精度、高分辨率的区域/全球一体化数值天气预报原型系统 MCV,该模式具有高精度、守恒和高可扩展性,且包括尺度自适应物理过程,以及基于耦合器的动力框架－物理过程之间的模块化耦合,为未来模式的发展奠定了良好的基础。

表 10.2 "高分辨率资料同化与数值天气模式"攻关任务主要目标完成情况

目标完成情况	与世界先进水平比较情况
卫星等遥感资料占比超过80%	其中3项基本达到世界先进水平
GRAPES 全球模式层顶0.1百帕	
GRAPES 全球模式为87层	
GRAPES 全球预报能力为7.6天	
2018年12月建立了水平分辨率50千米的GRAPES_GEPS业务系统,每日00和12UTC运行,提供中期集合预报产品。	GRAPES_GEPS在集合平均预报误差、集合离散度、预报技巧等指标优于当时的业务T639_GEPS,在南半球和热带地区优势更为显著。
2018年12月建立了集合预报成员31的GRAPES_GEPS业务系统,每日00和12UTC运行,提供中期集合预报产品。	北半球(南半球)500百帕位势高度集合预报平均距平相关系数技巧为8.620天(7.459),高于控制预报的7.557(6.936)天,总体低于ECMWF的集合预报平均技巧。
雷达、降水、地面资料占90%以上	其中1项达到世界先进水平;6项基本达到世界先进水平。
覆盖全国的GRAPES－Meso水平分辨率为3千米	
雷达、降水、地面资料占90%以上	
实现每天8次的3千米水平分辨率的分析场	
每天8次的分析场优于国外ECMWF分析场	
云物理、边界层和陆面过程均得到优化并且用于业务预报系统	
建立了覆盖全国的3千米分辨率,3小时循环的精细化GRAPES系统,其降水预报能力优于欧洲中心和WRF。	
在北京、上海、广东区域中心实现业务运行,性能优于国外模式。	

3."气象资料质量控制及多源数据融合与再分析"攻关任务

"气象资料质量控制及多源数据融合与再分析"攻关任务如期完成了预定目标,突破气象资料业务"瓶颈",发展了面向不同应用的质量控制技术,建成了高质量的百年全球基础数据集和气候数据产品。强化了雷达和卫星资料处理与质量保障,风云卫星综合辐射定标精度和定量产品质量提升明显。自主研发了多源数据融合核心技术,研发了降水、陆面、海洋、云等融合分析产品。研制出中国第一代全球大气/陆面再分析产品(CRA-40,1979年—今,图10.2),质量达到国际第三代同类水平,有效降低了我国气象业务科研对国外同类产品的依赖。建成我国第一代东亚区域大气再分析系统,制作形成12千米高分辨率东亚区域再分析数据产品(2008—2018年)。

	再分析数据集	生产者	数据集长度	模式与分辨率		同化方法
国际第一代	NASA/DAO	NASA/DAO	1980—1995	2×2.5L20	2.5°	3D-OI+IAU
	NCEP/NCAR	NCEP+NCAR	1948—	T62L28	2.5°	3DVAR SSI
	ERA-15	ECMWF	1979—1993	T106L31	1.875°	3D-OI
国际第二代	NCEP/DOE	NCEP+DOE	1979—	T62L28	2.5°	3DVAR SSI
	ERA-40	ECMWF	1957.9—2002.8	TL159L60	1.0°	3DVAR
	JRA-25	JMA-CRIEPI	1979—	T106L40	1.875°	3DVAR
中国第一代	CRA-40	CMA	1979—	T574L64	34 km	3DVAR
国际第三代	ERA-Interim	ECMWF	1979—	TL255L60	79 km	4DVAR
	CFSR	NCEP	1979—	T382L64	38 km	3DVAR GSI
	MERRA	NASA	1979—2010	1/2×2/3L72	0.5°	3DVAR GSI
	JRA-55	JMA	1957.12—2012	TL319L60	0.5°	4DVAR
国际第四代	ERA5	ECMWF	1979-	TL639L137	31 km	Ensemble of 4DVAR

图 10.2 CRA-40 质量总体超过国际第二代,中国区域接近国际第三代水平
(图片来源:中国气象局国家气象信息中心)

4."气候系统模式和次季节至季节气候预测"攻关任务

"气候系统模式和次季节至季节气候预测"攻关任务围绕气候系统模式发展自主研发和次季节至季节气候预测能力提升开展研究,圆满完成了任务总体目标。团队研发了多个不同分辨率气候系统模式 BCC-CSM 和地球系统模

式BCC-ESM1(图10.3),大气模式最高分辨率T382(近30千米),垂直分层70层,模式顶0.01百帕,海洋模式水平分辨率全球1/4°×1/4°;研制了次季节—季节—年际尺度一体化气候预测的第三代气候模式预测业务系统BCC-CPSv3;建立了多模式集合预测系统(CMME)和基于多模式预测结果的动力统计预测系统(FODAS),研制了多模式集合概率预测方法(MODES),基本实现以模式产品为基础的次季节至季节无缝隙的客观预测业务。发展了针对关键气候现象、环流主模态、东亚主要气候事件和过程等的气候预测技术和方法;针对东亚季风次季节形成机理和变化取得显著研究进展。中国范围的气候预测准确率明显提高,通过这些工作,使延伸期和月的降水和温度预测2015—2019年平均PS评分相对于2000—2014年平均分别提升4.7%和10.8%,2015—2019年平均汛期降水和温度的预测PS评分分别相对于2000—2014年平均提升4.5%和7%。发表论文超过360篇,其中SCI论文超200篇,出版专著3部,制定和发布国家/行业标准6项。

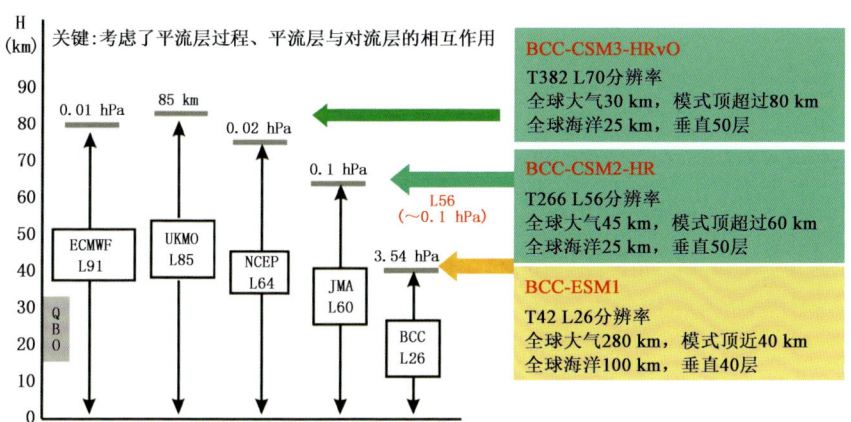

图10.3 我国与欧、美、日等业务模式垂直分辨率对比
(图片来源:中国气象局国家气候中心)

5."多尺度数值预报系统"攻关任务

"多尺度数值预报系统"攻关任务如期完成了预定研究内容,实现了预期目标(表10.3)。建立了稳定守恒的、高精度、高效率、可进行灵活区域加密的

表10.3 "多尺度气象数值预报模式系统"攻关任务主要目标完成情况

目标完成情况	与世界先进水平比较情况
建立了非结构网格多尺度大气动力模式原型系统,以及一套覆盖模式前处理、模拟预报、模式后处理在内的完整数值模拟工作流和高效迭代式开发管控策略。模式动力框架在长期和中短期积分中均表现出可靠的性能。模式严格保持大气总干质量守恒,总能量精确守恒不产生明显源汇,可以准确刻画从百米至百千米、从天气至气候的多尺度大气现象。	基本达到世界先进水平,国际上仅美国、德国、英国等少数欧美国家具备发展非结构网格大气模式的能力。
构建了统计云宏物理过程、单冰云微物理过程、深—浅积云对流一体化参数化和大气边界层的尺度自适应参数化方法,以及大气长短波辐射四流累加近似和陆面过程"马赛克"计算高精度方案,初步形成一套适用全球高分辨率模式的物理参数化方案,并在120千米分辨率模式长期积分和30千米高分辨率中期预报试验中得到检验,可以较好模拟东亚季风降水。	尺度自适应的物理过程方案达到国际先进水平,形成的单柱模式、水球模式和地球大气模式具有更广泛适用性和很好的应用前景。
现有CAMS-CSM耦合模式系统,可在高分辨率下(全球50千米)进行稳定的海—陆—气—冰耦合积分(超过150年),为一体化模式将开展的高分辨率海—陆—气—冰耦合积分积累了技术;基于国际先进海洋模式MOM6,实现了海洋/海冰模式全球0.25°分辨率稳定积分,掌握了高分辨率(0.1°)海洋/海冰模式的构建技术,以及海洋/海冰模式与大气和陆面分量模式的耦合技术;研究国际先进耦合器的底层耦合技术,初步掌握了可满足万核以及千米尺度分辨率分量模式耦合要求的耦合技术。	CAMS-CSM模式分辨率为全球50千米,基本达到国际先进水平。正在开发的耦合框架可满足未来全球千米级分辨率非结构网格多圈层耦合模式的耦合模拟以及集合同化需求,将基本达到国际先进水平。
第一代矢量快速辐射传输模式ARMS 1.0版本已开发完毕。基于ARMS发展的FY-4A GIIRS大气透过率快速计算模型已提供美国卫星资料同化联合中心使用。已设计0~90天无缝隙预报流程方案,基于三维变分同化方法研制海洋、大气、海冰和陆面分量模式的同化模块,为0~10天的天气预报提供初始场;利用流依赖的集合滤波方法建立统一的耦合同化系统,为次季节—季节预测提供初始场;已完成三维变分海洋同化模块和集合滤波同化模块与耦合模式的对接工作。	ARMS已初步与美国CRTM和欧洲RTTOV模式形成三足鼎立,共同成为支撑卫星资料数据同化及产品研发和应用的核心技术。

非结构网格大气动力模式原型系统。此系统可合理刻画从云分辨尺度到传统天气—气候尺度的多尺度大气动力现象;可实现静力非静力灵活切换,为天气和气候模拟提供最优化模型配置;具备高效可扩展的并行计算基础设施,完成了通用平台万核和国产神威异构超算平台百万核测试,表现出优异的加速效

果。提出了一套适合高分辨率全球大气环流模式使用的尺度自适应物理过程方案配置,分别开展了典型气候模拟分辨率(1°)长期积分和典型天气预报分辨率(0.25°)中期预报试验,确认了模式平均环流特征的正确性和中短期预报中对东亚季风区降水模拟的准确性。攻关任务完成了预期阶段性目标,建立的模式系统原型和掌握的自主可控模式研发关键技术和开发策略为后续多尺度、无缝隙预报系统的建设奠定了基础。

6. 人工影响天气关键技术

2020年,人工影响天气科技创新和试验研究不断加强,国务院办公厅出台推进人工影响天气高质量发展的意见。全国人工影响天气试验示范基地总体布局及建设指南启动编制,人工影响天气创新发展专项任务成功设立,与甘肃省人民政府合作,支持无人机人工增雨、安全防范、增雨防雹和效果检验等关键技术研发。近4年来,在前期研究的基础上,就业务关键技术环节进行了攻关,创研了人工影响天气业务预报模式系统(CPEFS-v1.0),首次实现了全国3千米分辨率的云和作业条件精细预报以及催化过程的似真模拟预报。基于星—空—地等各类观测,创新开发了作业条件云物理特征参数提取和融合反演系统;获得人工影响天气预报和监测等系列产品,并业务化向全国发布。首创云降水精细处理分析系统平台(CPAS),实现多源多尺度云降水物理监测和预报的实时精细综合分析和人工影响天气决策指挥及效果分析等功能。

(三)重大科学试验聚焦自主创新

1. 重点实验室

2020年,重点实验室布局进一步优化,形成1个国家重点实验室、17个中国气象局部门重点实验室。中国气象局重点实验室分布在5个学科领域,主要包括应用气象、气候与气候变化、大气探测、环境气象、天气与数值预报等学科领域。各重点实验室在重点研究领域的科技创新取得了积极的进展,第三次青藏高原大气科学试验取得显著进展,顺利完成第二次青藏高原综合科学考察年度任务,构建了青藏高原南缘水汽流"入口"关键河谷区的天—空—地一体化云降水综合观测系统;"喀喇昆仑冰川科考与冰芯钻取"成果入选中科院2020年第2季度科技创新亮点成果,自主研发的北冰洋边界层气象观测站运行800多天,创世界连续观测记录。建成多GPU高效计算的人工智能应用研究平台;构建了具有时空信息的深度学习神经网络模型,实现了气温预报和雷达缺测资料插补,基于随机森林模型的黑碳气溶胶浓度预估和基于机器学习的沙尘天气系统识别取得新进展。

大气成分相关特性变化及其与天气和气候的相互作用研究丰富了我国大气气溶胶重污染成因认知,揭示了大气污染与气象过程演变的双向反馈机制,为京津冀空气质量持续改善提供了科技支撑。构建了基于机器学习算法的虚拟地面$PM_{2.5}$观测网,实现了我国1100个虚拟站点逐日$PM_{2.5}$浓度的准确估算和预测。研究了多波段垂直观测雷达数据质量控制、融合方法,形成了基于多普勒功率谱数据的液态和固态云降水微物理和动力特征反演方法,为双波段云雷达、连续波探测技术的应用提供了支撑。组织设计和建设了我国首个适合登陆台风海一陆一气一体化协同观测的海洋气象观测系统,登陆台风观测能力达到国际先进水平。

2. 企业科技创新

(1)华云集团

2020年华云集团研发经费投入超过9000万元,提前谋划部署"十四五"科技研发专项,重点支持了超声测风仪关键传感器研制及产品升级、气象观测云系统、S波段相控阵雷达、温湿气溶胶气象参数探测激光雷达、手持式单人便携气象数据采集系统、全自动导航卫星探空系统6个专项的研发工作。全年新获得3项发明专利、12项实用新型专利、5项外观设计专利、60项软件著作权共计80项知识产权,新获4项气象装备使用许可证。

自研的新一代天气雷达系统相位噪声、自动标定技术达到世界领先水平,高精度气压传感器有望解决"卡脖子"问题,华云气象系统解决方案通过"一带一路"和气象援非项目走出国门;天气雷达快速扫描和资料处理的新方法新技术,成果已在杭州、深圳等S波段天气雷达上得到应用;激光测风雷达服务于北京2022冬奥会赛场筹备;导航探空仪在考核前的比对测试中表现优异,全自动探空系统本地化研制设计工作进展顺利。敏视达公司牵头申报的"新一代天气雷达升级关键技术创新与产业化应用"荣获2019年度北京市科技进步一等奖。

(2)华风集团

2020年度,华风集团研发经费投入1362.2万元,立项7项基础型、4项应用型、15项青年发展基金项目。争取科技部、中国气象局科研经费350万元。获得发明专利2项,软件著作权10项,科技著作4项,科技论文10余篇。在负离子观测仪、激光雷达关键器件开发、多源能见度观测数据融合与应用、FY-4A气象卫星遥感工程与应用等领域取得了科技创新突破。

华风南信大研究院正式启动运行,成立航空气象创新应用示范中心暨联合开放实验室。发挥气象科技服务产业技术创新联盟作用,研发智能AI气象服务产品。

完成短临多要素预报系统、全球气象服务评估系统一期建设,推进基于雷达的分钟级预报系统、自主预报系统SIVA等研发。新接入155个数据集,开发多源数据采集分发系统、搭建气象数据元数据平台。

初步形成一套自有知识产权的、覆盖全国实况、全国短临预报、全球短期及中期预报的精细服务产品;形成"节气+"跨行业合作新模式;完成智能气象音视频节目自动生成系统并进行商业应用。

(四)科研院所改革取得良好成效

2020年,中国气象局进一步深化科技体制改革,加强科研事业单位创新管理机制建设,完善法人治理结构,健全现代科研院所制度。各专业院所根据《"一院八所"优化学科布局方案》(气办发〔2015〕29号)要求,坚持"转核心、强优势、重协同"的总体思路,以提高气象事业高质量发展科技支撑能力为目标,根据地域特色和业务需求,强化各自优势领域和方向的研究创新,围绕学科发展统筹集中各项资源,落实科技创新激励机制,院所改革不断深化。

经过多年发展,中国气象局科研院所继续沿袭传统优势领域并不断发扬和优化。气科院进一步明确定位和责任,发挥好科技创新主力军作用,新增青藏高原与极地气象科学研究所、南京气象科技创新研究院,打造气象科技体制特区；承担中国气象局气象现代化核心攻关任务4项，强化7个优势学科方向，解决气象业务服务中的重大科技问题，针对气象业务发展的科学前沿问题进行综合性、前瞻性、战略性研究。八个专业院所根据区域业务需求和本所传统特色不断巩固各自优势领域，同时围绕气象业务核心需求普遍加强了数值预报、天气气候、生态环境等方向研究，部分优秀专业所在核心技术科技创新上有了一定的突破。如北京城市所聚焦城市对降水和雾霾影响科学试验（SURF）和睿图模式体系（RMAPS）两个核心，保持研究定力长效发展，睿图模式体系关键技术研究不断发展，有效提升0~24小时精细化客观预报预警准确率、在各项业务服务中得到广泛应用。乌鲁木齐沙漠所集中资源做强树木年轮气候水文、沙漠边界层气象等传统特色优势领域，相关研究取得重要突破，获得一系列奖项；在此基础上重点强化区域数值预报、中亚天气研究领域和团队建设，更好助力研究型业务发展。上海台风所以台风数值预报为重点抓手，根据台风预报预警实际需求辐射周边气象业务；广州热带所依托数值预报方法提升，聚焦热带海洋气象，衍生相关环境气象等热门研究领域。

中国气象科学研究院承担的扩大自主权、绩效评价两项国家科技改革试点工作取得积极成效，在科技部组织的考核中获评优秀。组织国家级和省级科研院所评估，诊断制约院所发展的突出问题，着力补短板、强弱项，强化科技评价导向激励作用。

2020年，中国气象局积极开展对外合作，与国家航天局共建许健民气象卫星创新中心，与江苏省和南京市政府合作完成南京气象科技创新研究院组建、与深圳市政府合作完成深圳气象创新研究院组建。

（五）气象科学数据共享服务效益突显

气象数据是国家大数据基础性战略资源的重要组成部分，在国家经济社会建设、国家防灾减灾救灾、生态文明建设、"一带一路"建设中发挥着重要作用。作为首个向全社会开放专业数据的国务院部门，目前，中国气象局开放共享的气象数据主要包括地面、高空、气象卫星、天气雷达、数值天气预报等基本气象资料产品以及"气象防灾减灾""气象一带一路""青藏高原大气科学试验"

等数据服务专题,逐步实现了气象部门及相关行业各类气象数据资源的融合应用,推动了政务大数据整合与应用,支撑了防灾减灾和生态文明建设、"一带一路"建设、"智慧城市建设"等国家重大战略,带来了巨大的经济社会价值。

1. 数据规范

气象数据共享环境持续优化,气象数据共享政策适用性逐步增强。中国气象局是首个向全社会开放行业数据的国务院部门。1999年10月31日,《中华人民共和国气象法》(以下简称《气象法》)颁布,2000年1月生效,在法律上明确规定了"气象部门要把公益服务放在第一位"(表10.4),并把有偿服务作为气象信息产业化的有机组成部分。2015年3月,中国气象局正式印发《气象信息服务管理办法》,率先启动气象科学数据共享试点工作;9月向社会发布《基本气象资料和产品共享目录》,向全社会免费提供5大类30余种基础资料产品和960种卫星遥感数据产品。2017年5月中国气象局印发《气象探测资料汇交管理办法》,依托中国气象数据网面向全社会提供基本气象资料和加工产品共享服务,并开展社会气象数据统一汇交。2018年7月6日,中国气象局

表10.4 气象数据开发共享有关政策

发布机构	政策	发布时间
	《中华人民共和国气象法》	1999年10月31日
国务院	《促进大数据发展行动纲要》	2015年8月31日
国务院	《科学数据管理办法》	2018年3月17日
科技部、财政部	《国家科技资源共享服务平台管理办法》	2018年2月13日
中国气象局、国家保密局	《涉外气象探测和资料管理办法》	2006年11月7日
中国气象局、国家保密局	《气象工作国家秘密范围的规定》	2013年2月18日
中国气象局	《气象资料共享管理办法》	2001年11月27日
中国气象局	《涉外提供和使用气象资料审查管理规定》	2007年11月2日
中国气象局	《气象信息服务管理办法》	2015年3月6日
中国气象局	《基本气象资料和产品共享目录》	2015年9月29日
中国气象局	《气象信息化行动方案(2015—2016年)》	2015年8月21日
中国气象局	《气象探测资料汇交管理办法》	2017年5月2日
中国气象局	《气象大数据行动计划(2017—2020年)》	2017年12月11日
中国气象局	《风云气象卫星数据管理办法》	2018年7月6日

印发《风云气象卫星数据管理办法》,最大限度向全社会开放风云气象卫星数据。

在数据标准化制度建设方面,一系列聚焦气象资料的行业标准也陆续发布。包括《气象资料分类与编码:QXT 102—2009》《气象要素分类与编码:QXT 133—2011》《气象档案分类编码:QXT 223—2013》《公共气象服务产品文件命名规范:QXT 378—2017》等,这些标准在指导我国气象数据的采集、处理、传输、发布和共享等方面均发挥了重要的作用。

全国有94%的省级气象局制定了大数据实施方案和气象数据使用规范。中国气象局数据共享政策和政策规范已基本适用于各级气象部门和相关行业领域。

2. 数据资源

经过近70年的发展,中国气象局7个参评单位已拥有4万TB数据总量,形成覆盖地面、高空、气象卫星、天气雷达等14大类气象资料,拥有包括各类数据集、反演产品、融合产品、再分析产品、预报预测预警产品和气象服务产品、互联网气象数据产品等种类丰富的数据产品,形成了具有类型多,拥有体量大、更新速度快、产品质量高、融合价值高的大数据产品集。全国已拥有超过4万TB的数据总量,形成了三大类数据产品,主要包括通过各种可能的观(探)测、遥测手段收集或加工处理得到的,来自地球大气圈及其他相邻圈层的气象观测数据;通过数据质量控制、统计加工、遥感处理技术、多源数据融合分析、资料同化与再分析等关键技术,建成的涵盖地基、空基、天基的多圈层、长序列、高质量的三维业务和服务的气象产品数据;包括第三方(研究机构、合作组织、企业等)、志愿者或个人搭建气象探测设备、智能终端搭载气象要素传感设备获取的探测数据,以及拍摄上传的天气状态、气象灾害灾情照片等互联网气象数据。

3. 数据共享

2020年,气象数据开放共享总量占数据总量的59%,主要包括使用网站、行业交换等传统方式面向社会公众和行业开放的数据共享总量、数据在云端的共享量、行业间数据交换量、全球数据交换量等。全球已有118个国家和地区应用风云卫星数据,开放共享的数据包括地面、高空、气象卫星、天气雷达、数值天气预报等 12 大类 1096 种基本气象资料产品。气象数据已在农林牧渔、交通运输、制造业、金融业、教育业、科学研究、公共事务等 16 个行业中广泛融合应用,为行业用户提供便捷、高效、标准的气象数据官方接口服务,有效推动部门内外数据资源汇聚互联、共建共享,有效实现了智慧农业、智慧城市、气候资源开发利用、电力、交通运输、物流货运等多领域的融合应用。

截至 2020 年 12 月,中国气象数据网年访问量超过 1.7 亿人次,年服务量约为 113 TB,累计专业用户突破 34 万,服务对象涉及 29 个社会主要行业,支撑 1200 余家企业。持续提升平台的气象知识服务能力,为院士专家推送专题报告 26 期共 650 篇。在抗击疫情时期,累积发布新冠肺炎疫情防控系列专题气象服务快报 100 期,为疫情较重地区的空中救援提供气象数据支撑保障服务。截至 2020 年底,国家气象科学数据中心企业实名注册用户数超过 1251 个,其中用户主要包括气象相关行业(18.4%)、环境与安全(13.1%)、工程与技术科学(12.2%)等行业(图 10.4),平均每年可为企业节省近千万元开支,带来的直接或间接效益累计超过 13.93 亿元,占全部新增效益的约 18%。截至

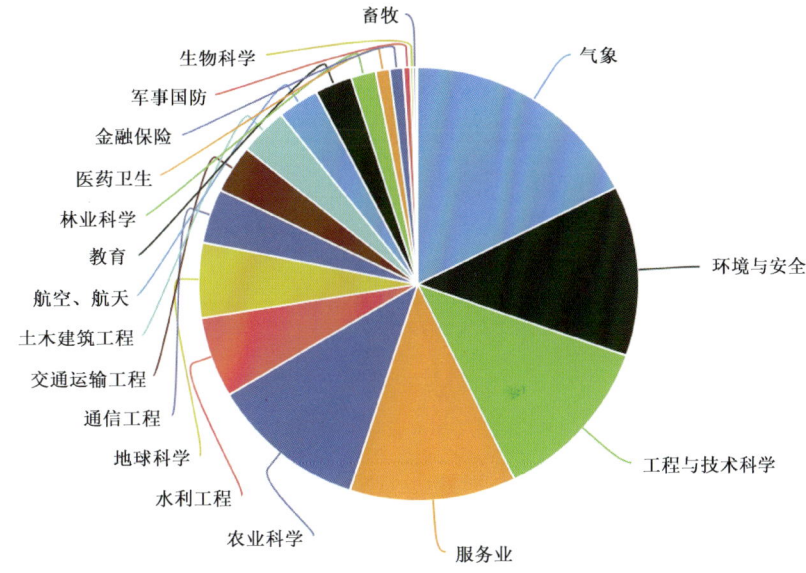

图 10.4 国家气象科学数据中心企业用户的行业分布
(数据来源:国家气象信息中心)

2020年底,中国气象数据网累计注册个人用户34万人(含卫星遥感网注册用户)。用户以社会公益性行业为主,排名前5名的是教育(33.2%)、地球科学(8.6%)、农业科学(2.3%)、环境与安全(2.1%)、气象(2.0%)(表10.5)。从全国各省份情况分析,气象数据应用行业覆盖率为68.82%,行业覆盖率达到或超过90%的有4个省份,分别是北京、江苏、浙江、重庆,最低在30%以下(图10.5)。

表 10.5　2020 年中国气象数据网个人用户的行业分布

行业	个人用户数(个)	行业	个人用户数(个)
教育	104768	金融保险	1878
地球科学	29592	通信工程	1772
农业科学	8706	服务业	1412
环境与安全	8405	生物科学	1344
土木建筑工程	7993	航空、航天	1089
气象	7933	军事国防	350
工程与技术科学	7250	畜牧	332
水利工程	5023	司法	287
林业科学	2299	水产业科学	206
医药卫生	2270	兽医业科学	68
交通运输工程	2061		

数据来源:国家气象信息中心。

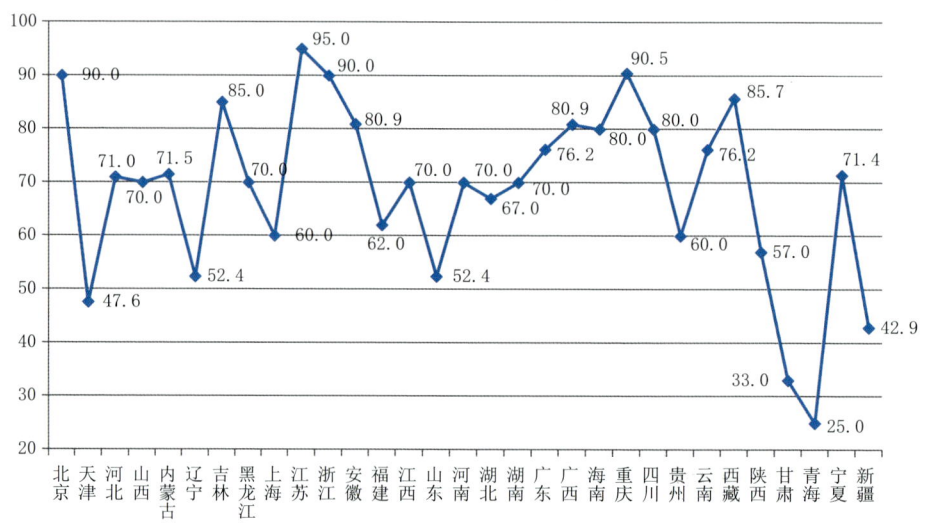

图 10.5　2020 年气象数据应用行业覆盖率(单位:%)

持续支撑多家科研机构及高校的科技创新。为清华、北大、中科院、社科院等高校、各类科研机构提供数据服务,支持各类项目累计9118项(表10.6),其中国家科技支撑计划、973、863、自然科学基金等重点科研项目(课题)4829项,用户应用气象数据取得科技成果共计3004项。用户应用气象数据发表文章、论著及发布国家标准和行业标准共732篇,较2019年同期增长9.7%(表10.7)。通过资源共享和整合发布860多万条科技信息资源。面向院士和专家学者提供气象专业知识推送服务,累积推送178期,共计3667篇文献,面向重大战略咨询课题服务整理制作信息简报51期,川藏铁路专题推送12期。

表10.6 气象数据服务科研项目累计数量(至2020年)

科研项目类型	数量
863项目(课题)	775
973项目(课题)	305
国家科技支撑计划项目(课题)	188
重大工程项目	231
国家自然科学基金项目(课题)	3103
中科院知识创新项目	49
社会公益研究专项基金	178
气象事业业务拓展项目	64
内部项目	348
其他	3877
合计(项)	9118

表10.7 2015—2020年用户应用气象数据取得科技成果的数量

科技成果类型	2015年	2016年	2017年	2018年	2019年	2020年	合计
发表论文、论著、成果	370	383	459	492	667	732	3004

数据来源:国家气象信息中心。

4. 卫星数据服务

2020年,我国风云卫星有7颗在轨业务运行,存档数据涵盖12个系列47颗卫星,新增存档3.2 PB,存档总量达20.9 PB(图10.6),向农业、林业、水利、环境和公共设施管理业等12个行业分发了数据,2020年数据服务量达到8.62 PB,较上年增长60%(图10.7)。目前,风云气象卫星数据已实现与全球

数据管理能力持续增强

新增6颗国外卫星，存档数据涵盖12个系列47颗卫星。
新增存档3.2PB，存档总量达20.9PB。

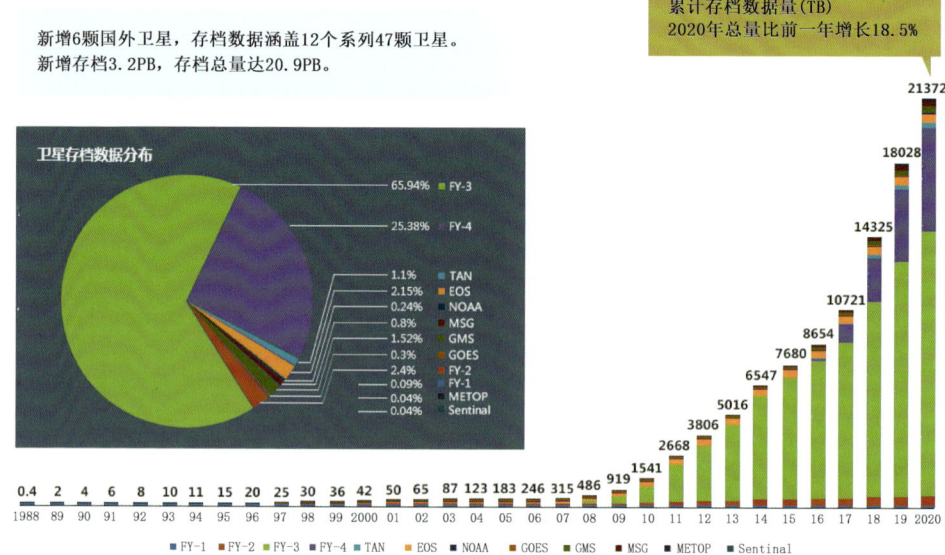

图10.6　1988—2020年气象卫星数据存档量

（数据来源：国家卫星气象中心）

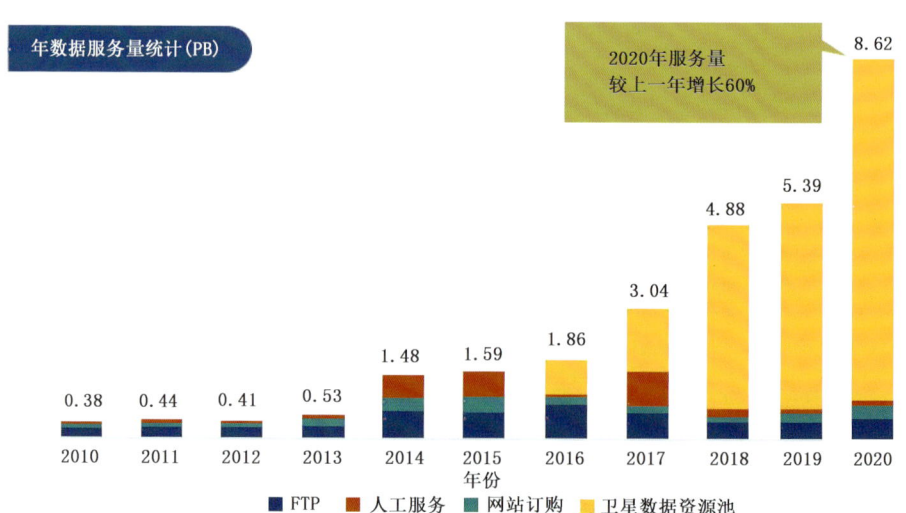

图10.7　2010—2020年气象卫星数据年数据服务量

（数据来源：国家卫星气象中心）

多个国家和地区共享,在台风、暴雨、沙尘暴、森林草原火灾等监测中发挥重要作用。2020年,通过风云卫星遥感数据服务网、FTP、卫星数据资源池、人工数据服务等方式为来自近100个行业的用户提供数据。其中数据服务网访问量超过17万人,年处理订单超过9.5万个,在全国省级气象部门建立风云极轨、静止气象卫星数据直收站,为31个省(区、市)和香港特别行政区用户提供高分及资源卫星数据,显著增强了省级气象部门卫星数据获取能力和时效性。

(六)气象科技研发能力进一步提升

2020年,气象科研投入结构得到优化,国家级项目经费投入继续增长,气象科技成果取得重大突破,气象科技研发实力得到进一步增强。

1. 科研经费投入

自2007—2020年,全国科研课题经费投入总体保持增长态势,累计投入共计84.98亿元,年均投入6.07亿元,年均增长率5.07%。"十五"以来科研课题经费投入累计总量不断提高,"十三五"期间,累计投入36.81亿元,年均投入7.36亿元,较"十二五"期间增长了1.27倍(图10.8—图10.11)。2020年,气象部门科研课题经费总额96562.18万元,其中,中央财政直接下达课题经费总额56335.01万元,省级政府机构下达经费总额9370.94万元,中国气象局下达经费总额8140.22万元。全国气象科研项目经费投入总额排名前三的省份为广东省、北京市、内蒙古自治区,分别为4971.72万元、2209万元、1948.94万元。

2020年中国气象局获批国家重点研发计划项目12项,课题17项,国家自然科学基金项目85项(含重大项目1项、杰出青年基金1项、重点项目5项),基金项目类型和经费均取得新突破(图10.12)。气象部门统筹研发资源,组织实施创新发展专项,部署数值模式、预报预测、院所平台建设、观测自动化、农业气象、气候变化、人工影响天气等94项任务,首期投入4200多万元,集中优势资源,对气象部门"刚需"技术和任务进行研发。

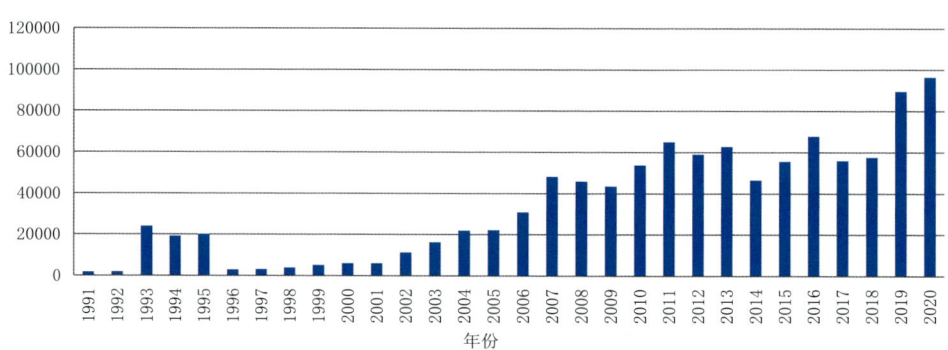

图 10.8　1991—2020 年全国气象科研项目经费总投入（单位：万元）

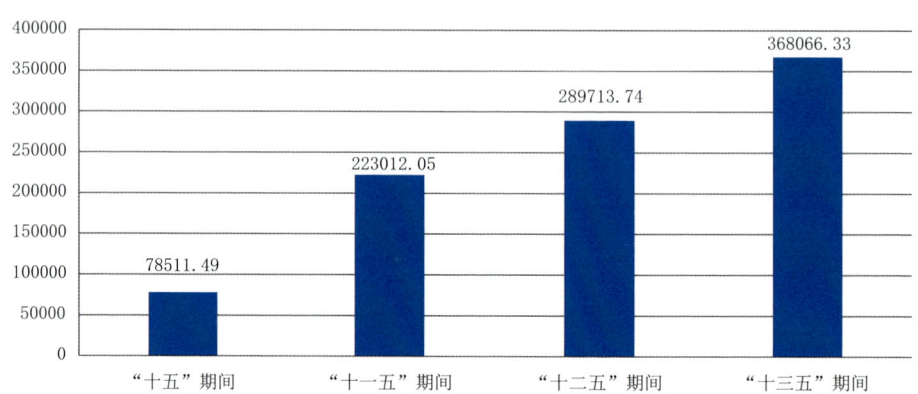

图 10.9　"十五"以来各阶段气象科研项目经费总投入（单位：万元）

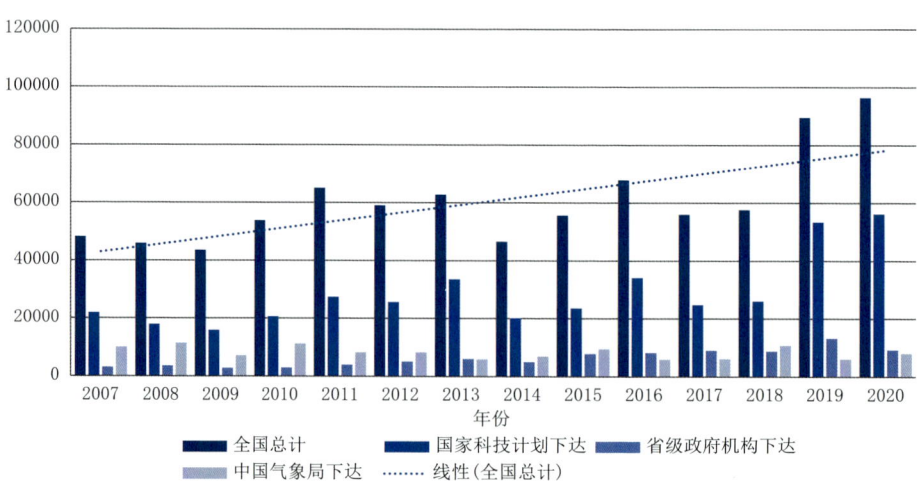

图 10.10　2007—2020 年全国科研课题经费来源情况（单位：万元）

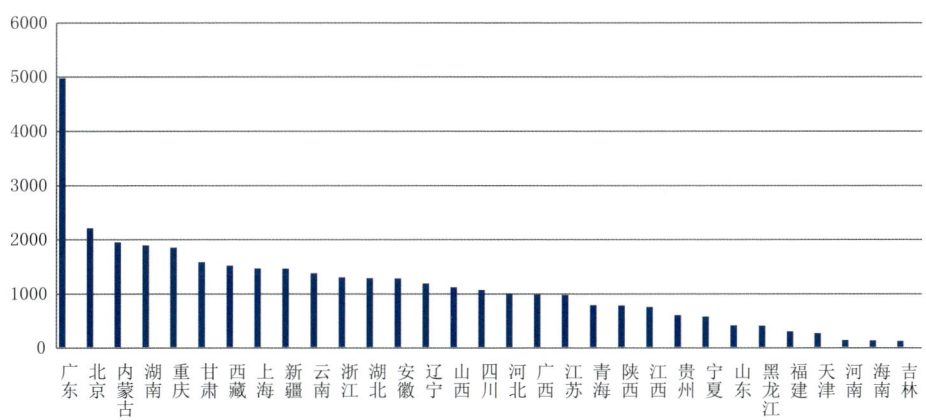

图 10.11　2020 年各省气象科研项目经费投入情况（单位：万元）

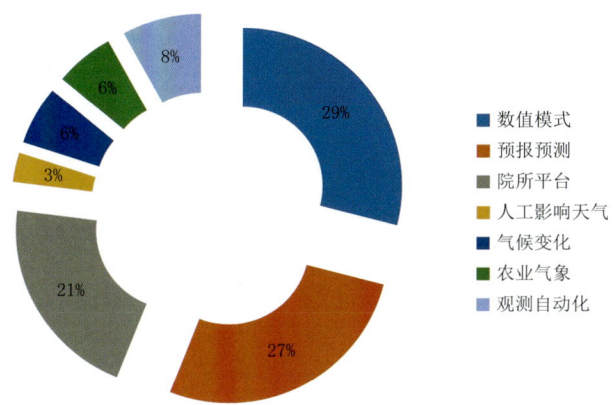

图 10.12　2020 年气象创新发展专项经费投入

2. 科技研发项目

2010—2020 年，全国气象科研课题数量总体呈上升趋势，累计 43368 项（图 10.13—图 10.15）。"十三五"期间，累计 21586 项，年均 4317 项，较"十二五"期间年均 3673 项增长了 1.18 倍。2020 年，气象部门气象科研课题总数为 4817 个，其中应用研究类 3092 个，占比 64.2%，基础研究类 1314 个，占比 27.3%，研究与试验发展成果应用等其他课题共 411 个，占比 8.5%。全国 31 个省级气象部门气象科研课题总数为 4544 个，其中排名前五位的省份为内蒙古、广东、浙江、湖北、河北。

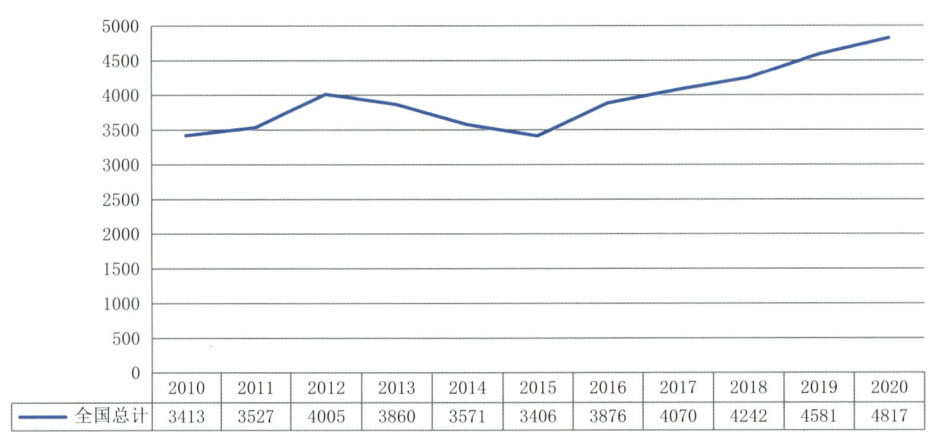

图 10.13　2010—2020 年气象部门气象科研课题总计情况（单位：个）

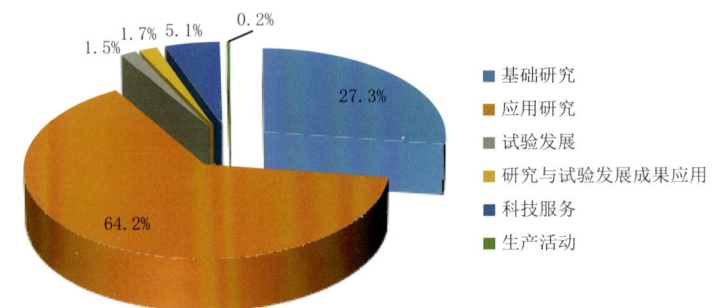

图 10.14　2020 年气象部门气象科研课题分类情况（单位：%）

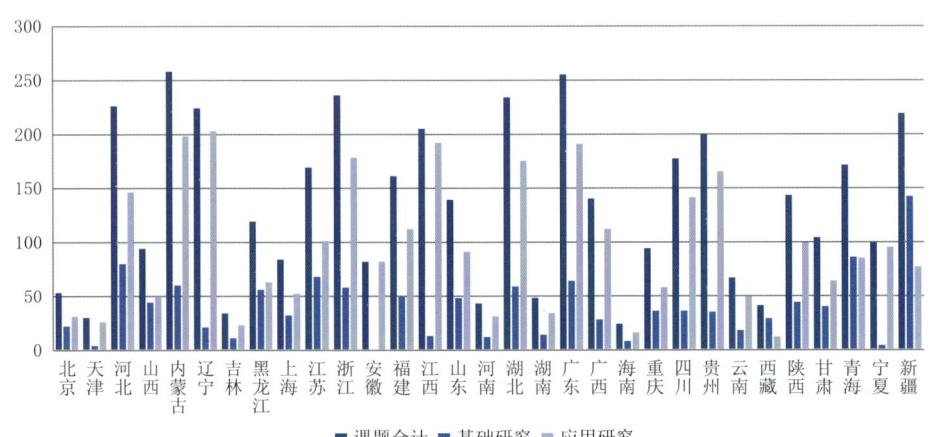

图 10.15　2020 年全国各省气象部门气象科研课题分布情况（单位：个）

3. 气象科学技术奖励

2020年,中国气象局气象科技成果共获得省部级科技奖励43项(图10.16,图10.17)。"十三五"期间,气象科技成果获奖累计218项。4项成果被科技部列入洪涝灾害预报预警推广清单。

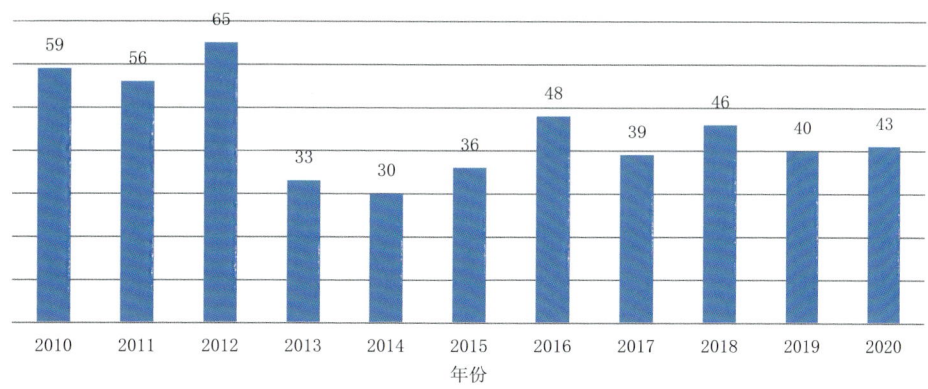

图10.16　2010—2020年气象科学技术奖励情况(单位:个)

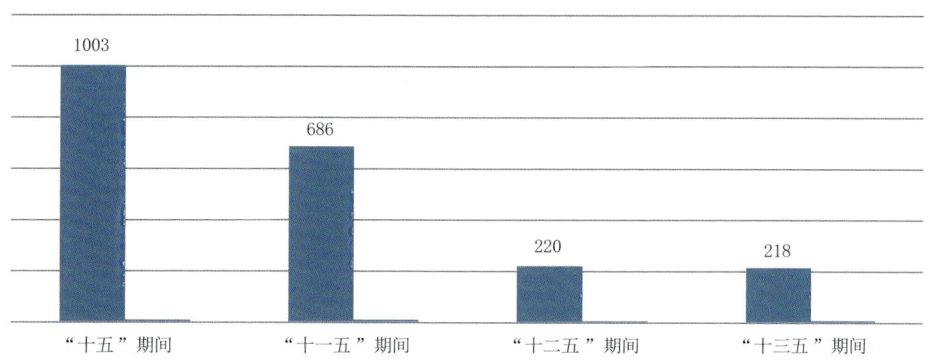

图10.17　"十五"以来气象部门获奖科技成果情况(单位:个)

4. 科学论文发表

2020年,气象部门共发表SCI论文1694篇,根据自然指数统计,中国气象局发表高水平文章在各国气象机构中名列第2,在地球和环境科学领域排名世界第25位。由图10.18可知,近五年来,气象部门SCI论文数量呈逐年增长趋势。

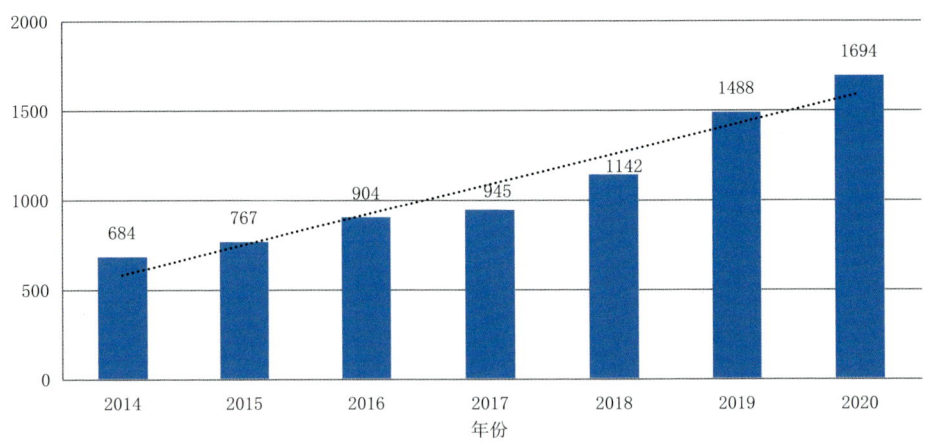

图 10.18　2014—2020 年气象部门发表 SCI 论文的情况（单位：篇）

5. 信息咨询服务能力

2020 年，持续完善、优化图书馆数字化信息服务平台，提供优质文献服务。夯实以数字资源为主的文献资源保障体系，全年续订 CNKI、SCI 等数据库 20 余种，订购中外文图书近 400 种，主要数字资源下载量 60 万篇，图书馆网站全年访问量达到 10 余万次。完成气象标准化信息服务与管理平台向外部门转化和对气象行业全年支撑任务，访问量达 13 万次。完成气象标准复核 82 项、气象地方标准报告审核 115 项、行业科技成果登记和备案 1018 项。

三、评价与展望

总体而言，我国气象科技创新能力不断提升，但距离气象科技自立自强的要求还有差距，关键核心技术滞后问题仍然明显，建设气象高质量发展，要求必须更强调自主创新，全面加强对气象科技创新的部署，充分发挥举国体制优势，着力攻关关键核心技术，加快实现气象科技自立自强。加快发展全球监测、全球预报、全球服务，服务保障国家"走出去"战略和构建人类命运共同体，加强气象核心技术攻关，强化气象核心技术风险防控，完善气象科技创新体制机制。

第十章　气象科技创新

"十四五"时期，气象科技创新应瞄准世界科技前沿，着力构建自立自强、布局合理、开放协同、支撑有力、充满活力的国家气象科技创新体系。加强气象重大核心技术攻关，切实提升气象协同观测技术和预报服务能力。发展空基、天基、地基等新型探测设备和协同观测技术，发展多源数据融合分析与再分析技术，提升全球和区域气象要素实况监测能力。研制多尺度、多圈层耦合气象模式和地球系统模式，建立快速更新资料同化系统和多时空尺度、多源耦合资料同化系统，开展精细化的模式产品检验评估。开展高影响天气、极端天气气候事件、关键物理过程和降水等科学试验，深入认识局地、区域到全球尺度的天气气候过程。研制专业与应用气象关键技术，建立气象灾害综合监测、预测、预报、预警的一体化智能平台，研发符合大数据特征和基于云计算的气象数据智能管理技术。

完善气象科技创新机制，有效激发气象科技创新能力和活力。应着力构建关键核心技术攻关新型举国体制，加强专业气象应用技术学科交叉融合创新，加强重点实验室、工程技术研究中心、联合研究中心等各类创新平台建设，促进各类气象科技创新主体、创新链各环节的对接融通。聚集创新要素和创新资源，建设具有引领作用、跨学科、跨行业、跨区域的协同创新平台、科技成果中试平台、气象科学数据和科技信息与情报共享服务平台建设。健全科技成果及其转化应用管理机制，建立以促进重大科技成果产出为导向的成果分类评价制度，完善科技成果全链条管理流程和标准。加强气象科学普及与宣传，推动气象科技创新与科学普及"一体两翼"协同融合发展。

活力。

气象干部人才队伍建设进一步加强。认真落实中央《2019—2023年党政领导干部建设规划纲要》，选优配强领导班子，大力发现培养选拔优秀年轻干部。组织实施气象高层次科技创新人才计划（气象"十百千"人才计划）首次遴选工作，遴选出气象高层次科技创新人才221人，有力推进气象部门高层次人才队伍建设。首次开展气象教学团队评选。持续把好气象部门人员招录入口关，接收高校毕业生中硕士以上学历人数较上年度提升14%，气象干部人才队伍基础不断夯实。

行业气象人才发展环境不断优化。近年来，行业气象人才培养合作和体制改革全面推进。截至2020年底，中国民航局与中国气象局建立全面的战略合作关系，签订共同培训合作协议，推进双方在航空气象技术人才培养、航空气象国际培训与交流、共享气象技术情报信息和航空气象培训资源等方面的合作；国家海洋环境预报中心与中国海洋大学、厦门大学等多家高校、研究机构联合培养物理海洋和气象学等专业研究生。继黑龙江垦区完成体制改革后，2020年，黑龙江省森林工业总局完成管理体制改革，与43个省直厅局和相关单位进行对接，向当地气象部门移交了气象行政职能。

分层分类气象培训有序开展。针对不同需求，探索采取"线上云培训"，线上＋线下"混合式培训"等新的教学方式。将习近平新时代中国特色社会主义思想和习近平总书记重要指示批示精神作为干部培训的首要任务和中心内容，纳入所有培训班次必修课，不断强化干部队伍政治能力培训。着力加强人才队伍业务能力培训，强化岗位能力与素质、知识更新培训，全年开展业务类培训649期，培训3.67万人次。利用远程教育平台为90余个国家和地区1500余名国际学员开展线上国际培训。积极选送各类干部参加中组部、中央和国家机关工委等调训。

二、2020 年气象人才队伍建设主要进展

(一)2020 年气象人才工作

1. 健全气象人才发展体制机制

2020 年,为优化人才发展环境、增强人才创新活力,中国气象局调整优化事业单位岗位设置,变更事业单位岗位设置方案,提高专业技术高级岗位比例,优化岗位结构,并对统筹做好地方编制专技岗位设置提出原则意见,方案获人社部批复同意。成立中国气象局气象发展与规划院,强化气象事业高质量发展和技术管理工作支撑。加强气象人才队伍建设的顶层设计,启动编制《气象人才发展规划(2021—2030 年)》,系统谋划今后十年气象人才队伍的发展目标、重点任务和重要举措,为气象事业"十四五"规划和气象强国建设提供人才保障。修订《中国气象局创新团队建设与管理办法》,进一步激发创新团队在关键核心技术攻关、人才培养方面的重要作用。按照国家深化会计人员职称改革要求,制定印发《气象部门会计人员职称评价条件》,启动气象部门首次正高级会计师申报评审工作。

2. 推进高层次骨干人才队伍建设

积极实施国家和部门人才工程,认真组织开展百千万人才工程国家级人选、创新人才推进计划、国务院政府特殊津贴、全国创新争先奖、中国青年女科学家奖等候选人推荐工作。雾—霾监测预报创新团队入选创新人才推进计划重点领域创新团队,新增国家"万人计划"、全国创新争先奖等国家人才工程(计划、奖励)人选 5 人。截至 2020 年底,气象部门拥有两院院士 9 人,入选国家人才工程 40 人次、国务院政府特殊津贴在职专家 59 人。围绕气象科技重点领域引进中国气象局特聘专家 20 人。共有气象高层次科技创新人才计划气象杰出人才 8 名、气象领军人才 37 名、首席气象专家 101 名、青年气象英才 53 名、西部和东北优秀气象人才 22 名,专业技术二级岗位专家 168 人,正高级职称专家 1544 人。

3. 加强青年骨干人才培养

2020年,继续深化与国家留学基金委的合作,续签《国际化人才培养合作备忘录》,选派40名青年科技骨干出国访问进修,着力培养具有国际视野和创新思维的优秀骨干人才。有序推进业务科研骨干高级访问进修工作,接收75名省级和地市级业务科研骨干到国家级业务科研单位访问进修。在气象高层次科技创新人才计划中单独设立青年气象英才、西部和东北优秀气象人才两个类别,年度遴选工作中扩大青年气象英才遴选规模,健全支持保障和跟踪服务措施,促进优秀青年成长成才。充分发挥青年骨干人才在重大业务工程建设中的作用,年内为气象信息化系统工程等4个重大业务工程选配28名负责人员,努力实现重大业务工程建设出成果、出效益、出人才的目标。选派优秀年轻干部到基层一线、吃劲岗位磨炼历练,其中6名年轻干部纳入中组部援疆干部计划。积极拓展青年人才培养平台,年内选派2名科技驻外干部、1人参加中组部博士服务团,新推送1名WMO-JPO,6名WMO-JPO获延期。加强优秀年轻干部配备,2020年新提任70后司局级领导干部占62.5%,干部队伍结构得到进一步改善。

4. 严把干部录用晋升渠道

克服新冠肺炎疫情造成的困难,坚持考试录用进人主渠道,指导科学设置职位条件,严格回避要求,严把进人入口关。在公务员招录方面,首次开展自主命制面试试题,推进精准科学考录,2020年公务员考录竞争比进一步提升至78∶1;统筹开展公务员调任、遴选等工作,畅通优秀专业人才进入机关渠道,优化公务员队伍结构。在事业单位公开招聘方面,制修订《气象部门事业单位公开招聘管理办法》《气象部门人员招录专业目录》,指导各单位接收高校毕业生1500余人,较2019年度提升10%。持续发挥职级激励作用,拓宽公务员晋升通道,满足队伍长远建设的需要。同时,坚持向基层和低职级公务员倾斜的原则,促使基层公务员立足本职岗位、安心工作。

5. 提升气象人才队伍素质和水平

2020年,突出抓好习近平总书记重要指示精神的教育培训,将学习贯彻习近平总书记在新中国气象事业70周年的重要指示精神作为必修课,在中国气象局党校(分校)举办的各类培训班次中实现全覆盖。组织开展分层分类培训,气象部门共举办干部类培训 825 期,业务类培训 649 期,培训 5.85 万人次,培训量 39.55 万人天。继续承办人社部气象防灾减灾高级研修班,各省(区、市)从事防灾减灾工作的高层次专业技术人员和管理骨干 68 人参训。全年选送各类干部参加中组部、中央和国家机关工委等调训 35 人次。落实《2019—2023 年全国气象部门干部教育培训规划》,改善培训设施和硬件条件,提升培训能力,大力推进气象教育培训体系建设。根据《全国气象教学名师遴选办法》《全国气象教学团队建设和管理办法》,开展第二届教学名师和首批教学团队推荐评选工作,9 人获"全国气象教学名师"称号,6 个团队获"全国气象教学团队"称号。

(二)气象部门人才队伍情况

1. 气象人才队伍总量

截至 2020 年底,气象部门在职人员约 7 万人,其中国家气象系统编制人员约 5.2 万人,地方气象系统编制人员近 5000 人,编制内人员约 5.7 万人,编外聘用 1.2 万余人,劳务派遣 1600 余人。国家编制在职人员中,参公管理人员 1.5 万人,事业单位人员约 3.7 万人。从 31 个省(区、市)气象部门国家编制在职人员情况来看,四川省气象部门人数最多,在职人员超过 3000 人。

2. 气象人才学历结构

截至 2020 年底,气象部门国家编制在职人才队伍中,研究生学历占比 18.27%,本科学历占比 68.43%。总体来看,在职国家编制人才队伍的学历水平持续稳步提高,本科以上学历人数所占比例较 2019 年提高了 1.8 个百分点,较 2010 年提高了 32.9 个百分点(图 11.1);研究生学历人数所占比例较 2019 年提高了 1.17 个百分点,较 2010 年提高了 11.07 个百分点。31 个省(区、市)气象部门学历分布差距依然明显,本科以上学历占比最高(95.4%,北京)与最低(71.9%,新疆)之间的差值为 23.5 个百分点。2020 年,31 个省(区、市)气象部门本科以上学历占比较上年均有所提高。

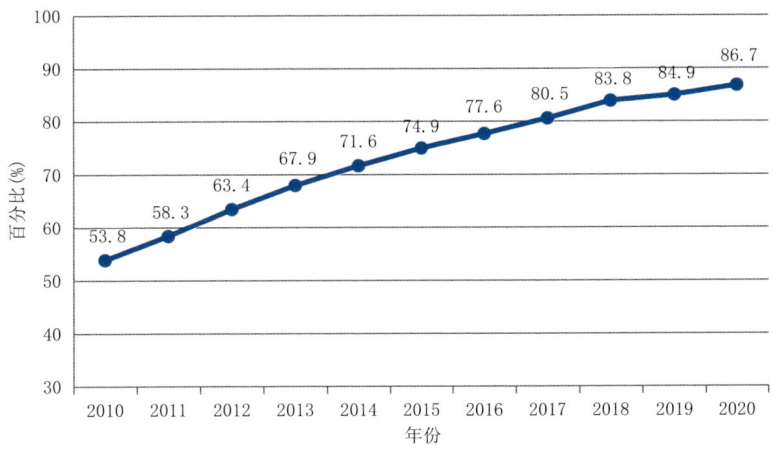

图 11.1 2010—2020 年气象部门在职国家编制人才队伍本科以上比例

（数据来源：中国气象局人事司）

3. 气象人才专业结构

截至 2020 年底，气象部门国家编制人才队伍中，大气科学类专业占51.15%；地球科学类其他专业占 7.42%；信息技术类专业占 19.6%；其他专业占 21.83%。总体来看，气象在职人才队伍专业结构不断优化，大气科学类专业人才占比 2020 年较 2010 年增长 9.95%，近十年呈现增长趋势（图 11.2）。

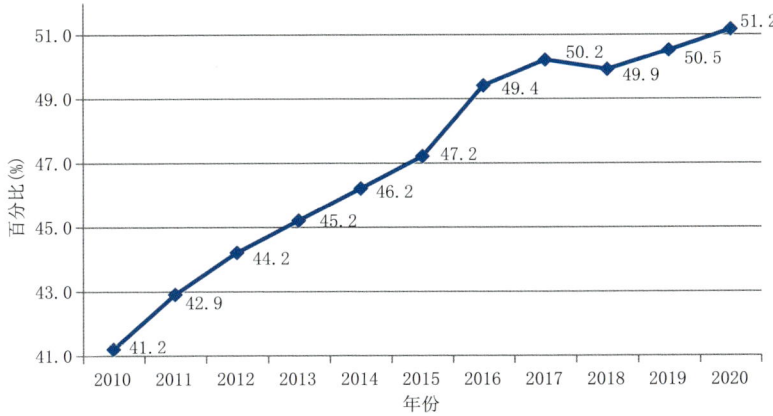

图 11.2 2010—2020 年气象部门在职国家编制人才队伍大气科学类专业占比

（数据来源：中国气象局人事司）

4. 气象人才职称状况

截至2020年底,气象部门在职的国家编制各类专业技术职称人员中,正高级职称占2.93%,较2019年增长0.38%;副高级职称占21.03%,较2019年增长1.06%;中级职称占44.85%(图11.3)。

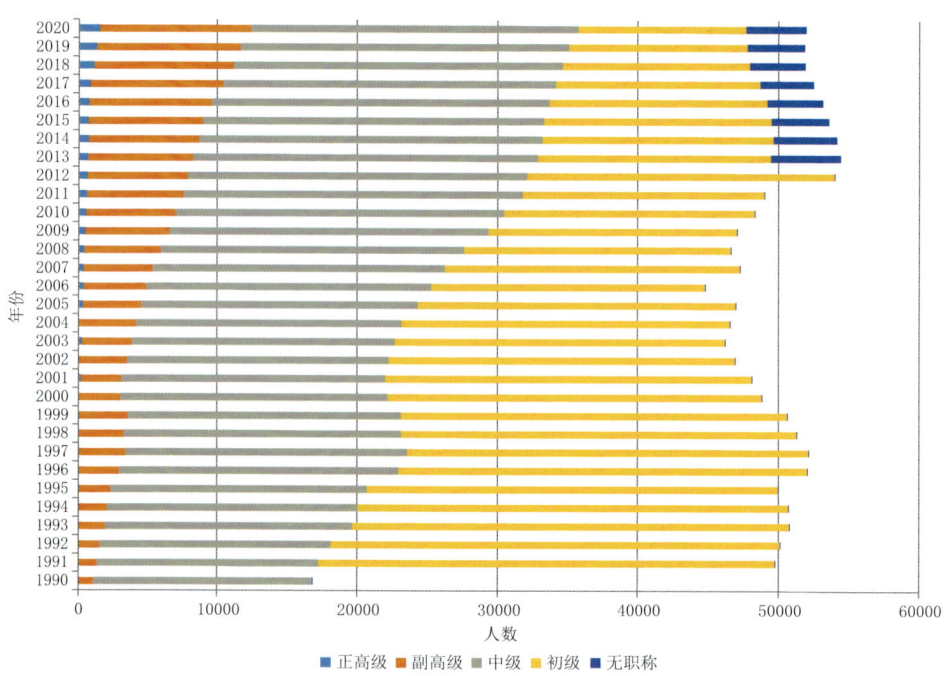

图11.3　1990—2020年气象在职职工人才队伍专业技术职称数量变化情况(单位:人)

(数据来源:《气象统计年鉴》,1990—2020)

5. 气象人才层级分布

截至2020年底,气象部门国家编制人才队伍中,国家级、省级、市级和县级气象部门人才队伍数量分别占全国气象人才队伍总量的6.1%、24%、32.6%和37.4%。

气象部门各层级在职人才队伍学历结构中,研究生占本级人才队伍比例随国家、省、市、县四级逐级降低,分别占71.1%、37.2%、10.4%和4.4%;市级人才队伍中本科生比例最高,占77.3%(图11.4)。与2019年相比,本科以上学历占比仅县级有一定增长;而研究生比例,国家级、省级、市级和县级均有

第十一章 气象人才队伍建设[*]

2020年,全国气象系统深入学习贯彻习近平新时代中国特色社会主义思想,积极落实新时代党的组织路线,坚持党管干部党管人才,以人才发展改革为主线,以贯彻落实好人才政策为重点,以加强气象高层次人才梯队建设为着力点,统筹气象人才工作,为推进气象事业高质量发展进一步夯实人才基础。

一、2020年气象人才队伍建设概述

2020年,气象部门持续深化气象人才发展体制机制改革,着力加强人才工作整体谋划,统筹推进各类人才队伍建设,努力营造气象人才创新发展的良好环境,气象人才队伍的规模、素质、结构得到有效改善,为气象事业高质量发展提供了强有力的人才支撑。

人才发展体制机制改革深入推进。中国气象局认真落实中央关于事业单位改革试点任务,积极稳妥推进事业单位改革。加强气象人才队伍建设的顶层设计,启动编制《气象人才发展规划(2021—2030年)》,对今后十年气象人才队伍的发展目标、重点任务和重要举措进行了系统谋划。围绕事业发展需要,聚焦气象系统机构编制管理主要问题,调整优化事业单位岗位设置。在职称评审、岗位竞聘、人才遴选等人才评价工作中,进一步完善了人才评价标准和评审机制,聚焦气象科技创新,积极搭平台、建机制,进一步激发气象人才创新

---

[*] 执笔人员:于丹 李萍

所增长,分别增长4.9个百分点、2.3个百分点和0.7个百分点,0.5个百分点。

图11.4 2018—2020年各层级气象在职国家编制人才队伍本科以上学历结构
(数据来源:《气象统计年鉴》,1990—2020)

各层级气象部门在职人才队伍中,大气科学类专业人员所占比例较高,国家级、省级、市级和县级分别达到46.2%、46.4%、51.1%和55%(图11.5)。

图11.5 2018—2020年各层级气象在职国家编制人才队伍专业结构

6. 气象人才区域分布

气象部门本科以上学历的人才总量在东、中、西部地区均呈现逐年增长趋势(图11.6)。与2019年相比,东部、中部、西部地区2020年本科以上学历的人才数量分别增长2.43%、2.01%和2.27%。本科以上学历人数占人才总量的比例,东部、中部、西部地区2020年较2014年分别增长13.82个百分点、15.5个百分点和16.34个百分点。

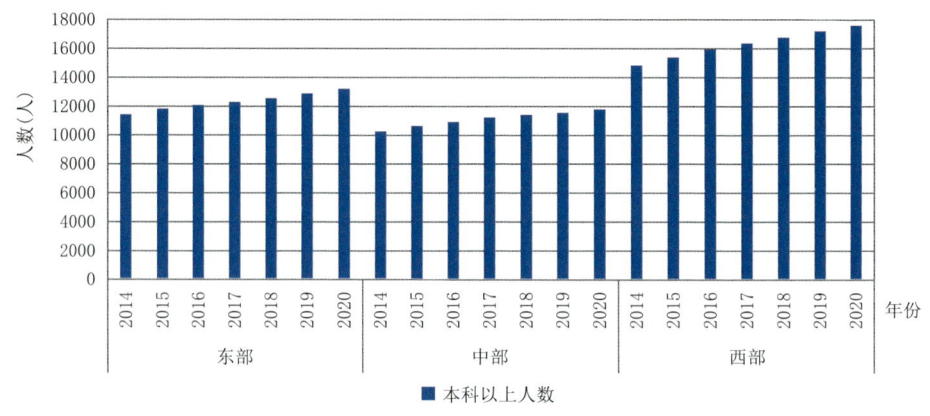

图11.6 高学历人才地域分布变化趋势

(数据来源:《气象统计年鉴》,2014—2020)

(三)行业气象人才队伍状况

1. 民航气象

民航气象人员实行执照管理制度,主要包括观测、预报、设备维护岗位的气象人员。2020年,新增309人取得民航气象人员执照。截至2020年底,持有民用航空各类气象人员执照共有5726人,包括持有预报类别执照人员2660人,持有观测类别执照人员4075人,持有设备保障类别执照人员3149人(部分人员持多岗执照)。持有执照人员中,具有博士研究生学历8人,硕士研究生学历526人,研究生以上学历占18.7%;具有本科学历4182人,占73%;具有大专学历873人,占15.2%(表11.1)。

"十三五"时期,民航气象修订发布《民用航空气象人员执照管理规则》,严格实施民航气象人员执照管理。建立逐级培训体系,打造民航气象教员队伍,编写统一培训教材;提高从业人员业务素质,组织观测、预报、技术设备培训。

依托航空气象综合服务平台建设远程培训子系统,建立网络化培训体系,实现在线培训,共享资源。全系统推进高精尖气象人才培养,空管局与南京大学合作培养航空气象博士研究生。通过举办中国民航空管(气象)岗位技能大赛、参加职业技能竞赛等方式以赛代训,提升民航气象人员业务水平,多人被授予"全国民航技术能手""全国民航金牌员工""全国民航青年岗位能手标兵"和"全国民航青年岗位能手"等荣誉称号。

表11.1 2015—2020年民航气象人员变化情况

年份	气象人员总数(人)	本科学历以上人员	
		本科及以上学历人数(人)	本科及以上人员占比(%)
2015	3811	2860	75
2016	4302	3295	76.6
2017	4636	—	—
2018	4976	3932	80
2019	5302	4406	81.5
2020	5726	4716	82.4

2. 农垦气象

黑龙江北大荒农垦集团总公司(以下简称北大荒集团)是黑龙江垦区整建制改制后的企业集团(目前仍保留黑龙江省农垦总局的牌子)。北大荒集团农业发展部农业处主要负责农垦气象管理工作。垦区目前建有气象台站共94个(具有地面观测业务的台站92个),其中集团及分公司层级气象台站7个、农场气象站86个,北大荒通用航空公司气象站1个,形成了体系比较完备、独具农垦特色的专业气象队伍。垦区现有气象科技人员246人,其中,高级气象工程师35人,工程师71人。气象专业人员普遍经过国家气象院校的正规学习和培训,其中本科毕业141人,占57%,大专毕业85人,占35%。从事气象专业技术工作的业务人员70%工作年限在15年以上,具备一定的专业技术理论水平和较强的实际工作能力,积累了丰富的气象为农业生产服务的工作经验。垦区各级充分发挥国家气象管理、技术、人才优势,有力推动垦区气象事业发展和现代化建设。

3. 森工气象

中国龙江森林工业集团有限公司森林生态建设部负责气象工作,实行集团生态建设部－林业局有限公司气象站－林场气象哨三级管理。

森工集团现有森林物候气象哨(林场所)96个,气象站23个,其中自动站19个,人工站4个。多数自动气象站升级改造为新型站,多年来运行良好,上传数据稳定,报表无错情。截至2020年底,森工集团共有气象工作人员134人,其中企业编制132人。森工集团气象人员中,高工8人,工程师19人;博士1人,硕士1人,本科及以下学历132人(表12.2)。整体上看,气象专业人员较少,多为林学、森保等农林专业(表11.2)。

自2020年4月起,森工集团组织所有自动化气象站气象人员进行网上远程业务培训,指派内部自动站业务骨干进行远程学习指导,培训内容包括软件安装、数据上传、报表制作、仪器维护、防雷设施维护等,提升森工集团自动化气象站人员业务能力。7月,参加黑龙江省气象局举办的"第七届黑龙江省气象行业技能竞赛",取得较好成绩。

表11.2 2015—2020年森工集团气象人员变化情况

年份	气象人员总数(人)	本科学历以上人员	
		本科及以上学历人数(人)	本科及以上人员占比(%)
2015	146	13	8.9
2016	146	13	8.9
2017	145	12	8.3
2018	139	12	8.6
2019	132	14	10.6
2020	134	16	11.9

4. 海洋气象

国家海洋环境预报中心(自然资源部海啸预警中心),主要职能是从事海洋环境、海洋灾害预警报制作发布及业务管理的国家级机构,承担海洋灾害预警报、海洋环境预报和海上突发事件应急预报及深海和极地海洋环境保障、联合国教科文组织南中国海区域海啸预警业务等工作,为海洋防灾减灾、海洋经济发展等提供支撑和保障。2020年,预报中心在岗职工293人,其中从事气象工作的有61人(表11.3),35岁以下职工122人,占中心在岗职工的42%。在技术职称人才队伍建设上,预报中心拥有正高职称23人,副高职称79人,中级职称117人,中级及以上职称占比达75%;学历结构上,研究生以上学历人数占总职工人数的74%,本科生占20%,人才队伍呈现高学历分布,在专业分布上,以物理海洋学和气象学专业为主。预报中心是国务院学位委员会授权的物理海洋和气象学硕士生学位点,同时与中国海洋大学、厦门大学等多家高校、研究机构联合培养研究生。2010年,预报中心得到人力资源和社会保障部批准,设立博士后科研工作站,现有在站博士后4名。

海洋预报中心提供的海洋预报服务主要包括海洋灾害预警报、海洋环境预报和海上突发事件应急预报。海洋灾害预警报主要有:海浪、风暴潮、海冰、海啸预警报以及赤潮、绿潮等海洋环境灾害分析预测;海洋环境预报主要有:海流、海温、盐度、海洋气象预报、海洋气候、厄尔尼诺等;海上突发事件应急预报主要是指针对海上搜救、溢油、污染物等制作发布漂移轨迹、扩散路径等分析预测结果。预报服务范围从全球大洋到我国管辖海域,实现了无缝覆盖。常规海洋预报产品时效可达5天,厄尔尼诺和海洋气候、海平面上升等长期预测产品时间尺度可达1—3月。此外,预报中心还开展海洋灾情调查与评估、预报业务系统运行与管理、预报警报发布、标准规范制定、技术开发、专业培训与咨询服务等工作。

表11.3 2015—2020年海洋部门气象人员变化情况

年份	气象人员总数(人)	本科学历以上人员	
		本科及以上学历人数(人)	本科及以上人员占比(%)
2015	59	59	100
2016	62	62	100
2017	60	60	100
2018	59	59	100
2019	60	60	100
2020	61	61	100

(四)高等院校气象专业人才培养状况

1. 高校和研究院所气象专业设置

根据教育部制定的《普通高等学校本科专业目录(2012年)》,"大气科学"学科大类下包括大气科学、应用气象学2个二级学科(也称"专业")。2020年,国内有25所高校、6家科研院所(与上年无变化)设置大气科学类专业。其中,招收大气科学类专科生的高校有2所,招收大气科学类本科生的高校有21所,招收大气科学类硕士研究生的高校有19所,招收大气科学类博士研究生的高校有15所;6家科研院所中除了中国科学院地理科学与资源研究所大气科学类专业仅招收硕士研究生外,其他科研院所均招收大气科学类硕士、博士研究生。

2. 高校和研究院所气象专业人才培养

根据2013—2020年毕业生统计情况来看,大气科学类及相关专业的毕业生人数呈波动上升趋势,2020年毕业人数较前六年相比创新高。从学历层次来看,2020年硕士和博士学历层次毕业生人数较2019年显著提升,本科毕业生仍是毕业生供给的主要来源。近八年本科及以上学历的大气科学类(气象学类)专业毕业生数量占所统计毕业生总量的72.90%。

2013—2020年大气科学类及相关专业的毕业生中,本科毕业生数量占所统计毕业生总人数的63.63%。其中,大气科学类(气象学类)专业本科毕业生数量占到本科毕业生统计数量的80.65%。

2013—2020年大气科学类及相关专业的毕业生中,硕士研究生数量占所统计毕业生总量的18.46%。其中,气象学(含大气科学、气候学、气候系统与气候变化、气候系统与全球变化、流体力学、海洋气象学、大气探测)、应用气象学、大气物理专业的毕业生数量占硕士研究生总量的78.70%,所占比重较前七年略有增长。

2013—2020年大气科学类及相关专业的毕业生中,博士毕业生数量约占所统计毕业生总量的8.43%。其中,气象学(含气候学、气候系统与气候变化、气候系统与全球变化、流体力学、大气探测、海洋气象学)、应用气象学、大气物理专业毕业生数量占博士毕业生统计数量的90.28%，所占比重较前七年明显提升。

目前，南京信息工程大学、成都信息工程大学、南京大学、兰州大学、中山大学、云南大学、中国海洋大学、中国农业大学、中国科学院大气物理研究所、中国气象科学研究院等院校是大气科学类专业毕业生集中的院校，是大气科学高等教育招生的主力。其中，南京信息工程大学和成都信息工程大学大气科学类及相关专业的毕业生数量达到所统计毕业生总量的50.63%。

3. 高校气象院系概况（排序不分先后）

（1）南京信息工程大学[①]

南京信息工程大学是以江苏省管理为主的中央与地方共建高校，主要在大气科学学院、应用气象学院、大气物理学院和滨江学院招收气象类专业学生。2017年成为国家双一流建设高校，大气科学入选国家"双一流"建设学科，在教育部一级学科评估中蝉联全国第一，获评A+等级。

大气科学学院：设有大气科学本科专业，气象学、气候系统与气候变化两个硕士点；大气科学一级学科博士点，气象学、气候系统与气候变化两个二级学科博士点；设有大气科学一级学科博士后科研流动站。2019年大气科学专业入选国家一流本科建设专业。2020年大气科学拔尖学生培养基地入选教育部首批基础学科拔尖学生培养计划2.0基地。截至2020年底，学院有专任教师135名，包括教授（研究员）59名，副教授（副研究员）30名，博士生导师55名，硕士生导师50名。学院有中国科学院院士1人、科技部"973"项目和重点专项首席8人、国家特聘专家3人、教育部特聘教授1人、国家杰出青年科学基金获得者5人（海外杰青2人）、国家"万人计划"领军人才2人、青年拔尖人才2人、科技部创新推进计划"中青年科技创新领军人才"1人、享受"国务院政府特殊津贴"12人、入选"国家百千万人才工程"2人、教育部"新世纪优秀人才支持计划"1人。

应用气象学院：设有应用气象学（含公共气象服务方向）、生态学、农业资源与环境三个本科专业，应用气象学、生态学、农业资源与环境三个学术型硕

[①] 资料来源：南京信息工程大学。

士学位授权点和农业专业硕士学位授权点,应用气象学及环境生态学两个二级博士学位授权点。学院现有专任教师81人,其中教授27人、副教授28人。拥有中组部"千人计划""青年千人"、江苏省"双创计划"、江苏省"外专计划"、江苏省"特聘教授""三三三"工程、"青蓝工程"以及"六大人才高峰"等高层次人才31人。

大气物理学院：设有大气科学(大气物理方向)、大气科学(大气探测方向)、安全工程及防灾减灾科学与工程四个本科专业(方向),拥有大气物理学与大气环境、大气遥感与大气探测及雷电科学与技术三个学科的硕士、博士学位授予点。目前,有专任教师89人,其中拥有中国科学院双聘院士1人、江苏省特聘教授1人、教授26人、副教授32人。教师中入选江苏省"普通高校优秀学科带头人"2人、江苏省"青蓝工程"和"333人才工程"22人(次)、享受江苏省"六大人才高峰"计划资助5人。

南京信息工程大学滨江学院：成立于2002年,是经教育部批准,由南京信息工程大学和南京信息工程大学教育发展基金会共同举办的独立学院,滨江学院大气与遥感学院大气科学专业依托南京信息工程大学大气科学专业开设。

2020年,南京信息工程大学气象类专业本科生招生1106人,研究生招生381人(其中博士研究生71人)(表11.4)。

表11.4 2018—2020年南京信息工程大学气象类专业招生情况(单位:人)

气象专业招生	年份		
	2018	2019	2020
本科生	1183	1164	1106
研究生	428	394	381

(2)成都信息工程大学①

成都信息工程大学是四川省和中国气象局共建的省属普通本科院校。学

---

① 资料来源:成都信息工程大学。

校以信息学科和大气学科为重点,以学科交叉为特色,多学科协调融合发展。

大气科学学院:现有大气科学和应用气象学两个本科专业,大气科学一级硕士学位授位点,并开展了农业推广硕士专业学位研究生培养工作。学院现有教授24人,副教授51人;其中博士生导师10人,硕士生导师52人。

电子工程学院(大气探测学院):全国高校中唯一从事气象探测工程与技术人才培养的单位。学院现有电子信息工程(含气象探测、信号处理2个方向)、电子信息科学与技术、生物医学工程三个本科专业,信息与通信工程、气象探测技术两个学术型硕士学位授权点。

2020年,成都信息工程大学气象类专业本科生招生1037人,研究生招生216人(表11.5)。

表11.5 2016—2020年成都信息工程大学气象类专业招生情况(单位:人)

气象专业招生	年份				
	2016	2017	2018	2019	2020
本科生	367	354	675	1079	1037
研究生	106	109	191	300	216

(3)南京大学大气科学学院[①]

南京大学是教育部直属重点高校。南京大学大气科学学院设有大气科学和应用气象学两个本科专业,气象学、大气物理学与大气环境和气候系统与气候变化三个硕士专业,拥有大气科学一级学科博士点。全院2020年在职教职工93人,包括教授30人,副教授28人。拥有中科院院士2人、国家杰出青年基金获得者3人、中组部学者6人,新世纪"百千万人才工程"国家级人选2人,国家优秀青年基金获得者2人;教育部新(跨)世纪优秀人才4人;其他省部级人才10余人。

2020年,南京大学气象类专业本科生招生54人,研究生招生96人(其中博士研究生41人)(表11.6)。

---

① 资料来源:南京大学。

表 11.6　2018—2020 年南京大学气象类专业招生情况(单位:人)

气象专业招生	年份		
	2018	2019	2020
本科生	83	90	54
研究生	76	100	96

(4)兰州大学大气科学学院①

兰州大学是教育部直属重点高校,2004 年 6 月成立我国高校第一个大气科学学院,拥有大气科学一级学科博士学位授予权,气象学、大气物理学与大气环境、气候学三个二级学科博士点,气象学、大气物理学与大气环境、应用气象学、气候学四个二级学科硕士点。现有 1 个大气科学博士后科研流动站,1 个大气物理与大气环境国家重点培育学科。学院 2020 年教学科研人员有 58 人,包括教授 30 人,副教授 18 人。拥有中国科学院院士 1 人、国家"万人计划"科技创新领军人才 1 人、国家杰出青年基金获得者 2 人、长江学者特聘教授 1 人、教育部高校青年教师奖 1 人、国家优秀青年基金获得者 3 人、教育部新世纪优秀人才 2 人、国务院学位委员会学科评定组成员 1 人、教育部大气科学教学指导委员会副主任 1 人、全国气象教学名师 1 人,另有兼职教授 30 余人(包括两院院士 6 人)。

2020 年,兰州大学气象类专业本科生招生 153 人,研究生招生 107 人(其中博士研究生 33 人)(表 11.7)。

表 11.7　2018—2020 年兰州大学气象类专业招生情况(单位:人)

气象专业招生	年份		
	2018	2019	2020
本科生	146	146	153
研究生	95	103	107

---

① 资料来源:兰州大学。

(5)中山大学大气科学学院①

中山大学是教育部直属重点高校。中山大学大气科学学院建立了从本科、硕士到博士的完整人才培养体系。目前设有大气科学、应用气象学两个本科专业;设有气象学、大气物理学与大气环境、气候变化与环境生态学三个硕士点和博士点。2020年全院教师团队共152人,包括教授30人,副教授59人。其中千人计划入选者1人,973项目(重大)首席科学家2人,国家重点研发计划首席科学家1人,长江学者特聘教授2人,杰出青年基金获得者3人。

2020年,中山大学气象类专业本科生招生130人,研究生招生149人(其中博士研究生41人)(表11.8)。

表11.8 2018—2020年中山大学气象类专业招生情况(单位:人)

气象专业招生	年份		
	2018	2019	2020
本科生	105	150	130
研究生	64	96	149

(6)北京大学物理学院大气与海洋科学系②

北京大学是教育部直属重点高校。北京大学物理学院大气与海洋科学系具有包括本科生、硕士和博士研究生在内的完整的人才培养体系,拥有大气物理学与大气环境和气象学两个国家二级重点学科,自设气候学和物理海洋学两个二级学科,设有大气物理学与大气环境、气象学、物理海洋学硕士点和博士点。大气科学学科2019年入选首批国家级一流本科专业建设点;2020年,未名学者大气科学拔尖学生培养基地入选教育部第二批基础学科拔尖学生培养计划2.0基地名单。2020年有教职工31人,其中教授16人,副教授14人。拥有国家杰出青年基金获得者2人、国家优秀青年基金获得者2人、青年拔尖人才2人、海外高层次人才5人。

2020年,北京大学气象类专业本科生招生14人,研究生招生21人(其中

---

① 资料来源:中山大学。
② 资料来源:北京大学。

博士研究生 19 人)(表 11.9)。

表 11.9 2018—2020 年北京大学气象类专业招生情况(单位:人)

气象专业招生	年份		
	2018	2019	2020
本科生	23	7	14
研究生	33	22	21

(7)中国科学技术大学地球和空间科学学院[①]

中国科学技术大学是中国科学院所属重点高校。中国科学技术大学地球和空间科学学院 1982 年获得大气科学一级学科硕士学位授予权,在大气科学专业培养本科、硕士研究生,在大气物理学与大气环境专业培养硕士和博士研究生。该专业 2020 年师资队伍共有 30 人,其中教授 12 人,副教授 9 人。

2020 年,中国科学技术大学气象类专业本科生招生 13 人,研究生招生 30 人(其中博士研究生 12 人)(表 11.10)。

表 11.10 2018—2020 年中国科学技术大学气象类专业招生情况(单位:人)

气象专业招生	年份		
	2018	2019	2020
本科生	15	12	13
研究生	30	31	30

(8)中国海洋大学海洋与大气学院海洋气象学系[②]

中国海洋大学是教育部直属重点高校。中国海洋大学海洋与大气学院大气科学专业以海洋气象为特色,是我国培养海—气相互作用与气候、海洋气象学等方面人才的重要基地之一。目前海洋与大气学院下设海洋气象学系,拥有大气科学本科专业,以及大气科学博士学位授予权一级学科点,下设大气物理学与大气环境和气象学两个二级学科博士和硕士点,设有博士后流动站。学校大气科学专业 2020 年师资队伍共有 79 人,其中教授 28 人,副教授

---

① 资料来源:中国科学技术大学。
② 资料来源:中国海洋大学。

28人。

2020年,中国海洋大学气象类专业本科生招生169人,研究生招生140人(其中博士研究生21人)(表11.11)。

表11.11　2018—2019年中国海洋大学气象类专业招生情况(单位:人)

气象专业招生	年份		
	2018	2019	2020
本科生	80	157	169
研究生	44	116	140

(9)云南大学资源环境与地球科学学院大气科学系①

云南大学是教育部直属重点高校。云南大学资源环境与地球科学学院大气科学系建立于1971年,具有完整的本科、硕士、博士人才培养体系,现设有大气科学本科专业,并有气象学、大气物理学与大气环境2个硕士学位点和大气科学一级博士学位点。2020年拥有专任教师21人,其中教授6人,副教授5人。此外,还有中国科学院大气物理研究所、中国气象科学研究院、云南省气象局等单位的客座教授或兼职博士生、硕士生导师10余名。

2020年,云南大学气象类专业本科生招生58人,研究生招生21人(其中博士研究生3人)(表11.12)。

表11.12　2018—2020年云南大学气象类专业招生情况(单位:人)

气象专业招生	年份		
	2018	2019	2020
本科生	73	69	58
研究生	17	19	21

(10)复旦大学大气科学研究院大气与海洋科学系②

复旦大学是教育部直属重点高校。2016年4月复旦大学成立大气科学研究院,增设大气科学学科。2017年大气科学研究院分别获得本科生和研究生

---

① 资料来源:云南大学。
② 资料来源:复旦大学。

招生资格。2018年1月,复旦大学批准建立大气与海洋科学系,现设气象与大气环境、气候与气候变化以及物理海洋与海洋气象三个学科方向。2018年3月,大气科学一级学科博士学位授权点获国务院学位委员会审批通过。2020年大气与海洋科学系师资队伍共有33人,其中教授/研究员24人,副教授/副研究员7人。

2020年,复旦大学气象类专业本科生招生35人,研究生招生59人(其中博士研究生29人)(表11.13)。

表11.13 2017—2020年复旦大学气象类专业招生情况(单位:人)

气象专业招生	年份			
	2017	2018	2019	2020
本科生	20	18	30	35
研究生	7	30	50	59

(11)中国农业大学资源与环境学院农业气象系[①]

中国农业大学是教育部直属重点高校。中国农业大学农业气象系源于1956年成立的农业物理气象系,1992年并入资源与环境学院。设有应用气象学本科专业,拥有农业气象学专业博士点,大气科学一级学科硕士点(包括气象学、大气物理与大气环境两个硕士专业),农业硕士专业学位点。2020年,农业气象系师资队伍共有15人,其中教授5人、副教授9人。

2020年,中国农业大学气象类专业本科生招生34人,研究生招生47人(其中博士研究生6人)(表11.14)。

表11.14 2018—2020年中国农业大学气象类专业招生情况(单位:人)

气象专业招生	年份		
	2018	2019	2020
本科生	17	22	34
研究生	27	28	47

---

① 资料来源:中国农业大学。

(12)浙江大学地球科学学院大气科学系①

浙江大学是教育部直属重点高校。地球科学学院前身是1936年由时任校长竺可桢先生创办的史地系,通过八十多年的发展,地球科学学院已经成为一个学科综合性强的学院,下设大气科学系、地质学系、地理科学系和地球信息科学与技术系4个系,5个本科专业。拥有大气科学等7个二级学科博士学位授权点。2020年,大气科学系师资队伍共有15人,其中教授8人,副教授5人。

2020年,浙江大学气象类专业本科生招生16人,研究生招生17人(其中博士研究生9人)(表11.15)。

表11.15　2018—2020年浙江大学气象类专业招生情况(单位:人)

气象专业招生	年份		
	2018	2019	2020
本科生	73	69	16
研究生	17	19	17

(13)中国地质大学(武汉)环境学院大气科学系②

中国地质大学(武汉)是教育部直属全国重点大学。大气科学系始于2005年设立的大气物理与大气环境研究所,2015年在环境学院正式成立大气科学系,2016年开始招收大气科学专业本科生,具有大气科学一级学科硕士点和水文气候学二级学科博士点。每年约招收30名大气科学(菁英班)本科生,10~15名硕士研究生和3~5名博士研究生。2020年,大气科学系拥有专任教师17人,其中教授6人,副教授8人。

2020年,中国地质大学(武汉)气象类专业本科生招生30人,研究生招生35人(其中博士研究生10人)(表11.16)。

---

① 资料来源:浙江大学。
② 资料来源:中国地质大学(武汉)。

表 11.16 2018—2020 年中国地质大学(武汉)气象类专业招生情况(单位:人)

气象专业招生	年份		
	2018	2019	2020
本科生	33	30	30
研究生	11	20	35

(14)东北农业大学资源与环境学院①

东北农业大学资源与环境学院 2000 年成立,2016 年通过教育部普通高等学校本科专业备案审批,开设应用气象学本科专业。学院现有农业资源与环境一级博士学位授权学科和博士后流动站各一个,拥有生态工程与农业气象等五个二级学科博士点和农业生态与气候变化等五个二级学科硕士点。学院现有教职工 82 人,其中专任教师 62 人。教师中教授 18 人,副教授 23 人,博士生导师 13 人,硕士生导师 36 人,获得博士学位的教师 58 人。

2020 年,东北农业大学气象类专业本科生招生 60 人,研究生招生 5 人(其中博士研究生 1 人)(表 11.17)。

表 11.17 2018—2020 年东北农业大学气象类专业招生情况(单位:人)

气象专业招生	年份		
	2018	2019	2020
本科生	54	58	60
研究生	3	4	5

(15)沈阳农业大学农学院②

沈阳农业大学是以辽宁省管理为主、辽宁省与中央共建的重点高校。农学院下设应用气象学和大气科学本科专业,拥有大气科学一级学科硕士点。应用气象学专业和大气科学专业是我国东北地区唯一的气象类本科专业。2020 年,应用气象学专业拥有专任教师 8 人,其中教授 1 人,副教授 4 人;大气科学专业拥有专任教师 10 人,其中教授 2 人,副教授 2 人。

---

① 资料来源:东北农业大学。
② 资料来源:沈阳农业大学。

2020年,沈阳农业大学气象类专业本科生招生60人,研究生招生18人(表11.18)。

表11.18 2018—2020年沈阳农业大学气象类专业招生情况(单位:人)

气象专业招生	年份		
	2018	2019	2020
本科生	53	57	60
研究生	18	18	18

(16)清华大学理学院地球系统科学系①

清华大学是教育部直属重点高校,2009年3月,清华大学成立地球系统科学研究中心(简称"地学中心")和全球变化研究院。2016年11月,在地学中心的基础上成立地球系统科学系(简称"地学系")。地学系现有专任教师共25人,其中正高级职称9人,副高级职称13人。拥有大气科学一级学科硕士学位授权点和生态学一级学科博士学位授权点。地学系目前尚未开始招收大气科学本科生,但已面向全校本科生开展"大气科学(全球变化方向)"辅修专业教育。每年招收大气科学方向的博士生、硕士生各10余名。

2020年,清华大学气象类博士研究生招生12人。

(17)华东师范大学地理科学学院②

华东师范大学地理科学学院由华东师范大学地球科学学部管理,未开设大气科学本科专业,仅在二级学科硕士学位授权点包含气象学专业,每年招收气象学硕士2~3人。2020年,地理科学学院气象类专任教师有17人,其中教授8人,副教授5人。

2020年,华东师范大学气象类硕士研究生招生2人。

(18)安徽农业大学资源与环境学院③

安徽农业大学资源与环境学院2004年成立,未开设大气科学本科专业,

---

① 资料来源:清华大学。
② 资料来源:华东师范大学。
③ 资料来源:安徽农业大学。

仅在二级学科硕士学位授权点包含气象学专业,每年招收气象学硕士5~6人。气象学教研室现有专任教师共5人,其中教授2人,副教授1人。

2020年,安徽农业大学气象类专业招生7人。

(19)广东海洋大学海洋与气象学院①

广东海洋大学是广东省人民政府和国家海洋局共建的省属大学,2001年湛江气象学校并入广东海洋大学。海洋与气象学院是广东海洋大学重点建设和优先发展的学院之一,拥有海洋科学一级学科博士点和一级学科硕士点,本科有海洋科学、大气科学和应用气象学三个专业,其中应用气象学本科专业2017年获批开始招生。学院现有专任教师26人,其中教授5人,副教授5人,此外有"珠江学者岗位"特聘教授1人,"双聘院士"3人,拔尖人才讲座授5人,外籍教授2人。

2020年,广东海洋大学气象类专业本科生招生202人。

(20)中国民航大学空中交通管理学院②

中国民航大学空中交通管理学院是我国空管人才培养的发源地和主力军。学院现设有应用气象学、交通运输、交通管理三个本科专业,于2014年成立航空气象系。截至2020年,专职气象教师13人,其中教授1名,副教授2名。中国民航大学应用气象学本科专业2017年获批开始招生,首批招生40人,2018年招生76人,2019年招生77人,2020年招生79人。

(21)中国民用航空飞行学院空中交通管理学院③

中国民用航空飞行学院空中交通管理学院从20世纪60年代开始从事民航空中交通管理人才的培养。空管学院2019年有专兼职教师100余名,其中教授28名,副教授35名,研究生导师38名。现有交通运输、导航工程、应用气象三个本科专业和一个交通运输工程研究生专业。应用气象学本科专业2016年开始招生,首批招生39人,2018年应用气象专业招生60人,2019年招

---

① 资料来源:广东海洋大学。
② 资料来源:中国民航大学。
③ 资料来源:中国民用航空飞行学院。

生 74 人,2020 年招生 90 人。

(22)内蒙古大学生态与环境学院大气科学系①

2017 年 1 月,由内蒙古大学与内蒙古自治区气象局联合成立了以培养大气科学专业学生为主的大气科学系,2017 年 3 月获得本科生招生资格,2017 年 9 月招收首批大气科学专业本科生,现有在校大气科学本科生 134 人。2020 年,大气科学系师资队伍共 11 人,其中教授 3 人,副教授 4 人。

2020 年,内蒙古大学气象类专业本科生招生 30 人。

(23)江西信息应用职业技术学院气象系②

江西信息应用职业技术学院是经江西省人民政府批准,教育部备案的公办专科层次普通高校。目前,气象系设有大气探测技术、防雷技术、大气科学技术三个专业。现有专任教师 16 人,其中教授 2 人,副教授 4 人。

2020 年,江西信息应用职业技术学院气象类专科生招生 213 人。

(24)兰州资源环境职业技术学院气象学院③

兰州资源环境职业技术学院是由原甘肃工业职工大学和原国家重点中专兰州气象学校于 2004 年合并组建,属专科层次的普通高等职业院校。现有大气科学技术、大气探测技术、大气探测技术(气象装备维护方向)、应用气象技术、应用气象技术(防灾减灾方向)、防雷技术 6 个教学专业。学院现有专任教师 33 人,其中教授 4 人、副教授 11 人。

2020 年,兰州资源环境职业技术学院气象类专科生招生 334 人。

4. 气象类科研院所概况

(1)中国气象科学研究院④

中国气象科学研究院(简称"气象科学研究院")是中国气象局直属国家级研究院,是国家级气象科研基地和人才培养基地。现拥有大气科学、环境科学与工程两个一级学科硕士学位授权点,自然地理学和物理海洋学两个二级学

---

① 资料来源:内蒙古大学。
② 资料来源:江西信息应用职业技术学院。
③ 资料来源:兰州资源环境职业技术学院。
④ 资料来源:中国气象科学研究院研究生部。

科硕士学位授权点。2020年，经教育部批准，硕士招生指标从45人增长到70人。现拥有一批高水平的研究生导师队伍，共有研究生导师185人，其中，两院院士10人，国家杰出青年基金获得者6人，国家"万人计划"人才3人，国家"百千万人才工程计划"人才6人。

2020年，中国气象科学研究院气象类专业研究生招生69人。

(2)中国科学院大气物理研究所①

中国科学院大气物理研究所(简称"大气所")，现有在职职工508人。其中，科研人员约占80%，研究员及正高级工程技术人员112人，中国科学院院士5人，第三世界科学院院士1人、欧亚科学院院士2人。有国家杰出青年基金获得者19人，国家优秀青年基金获得者9人。大气所设有大气科学、海洋科学、环境科学与工程3个一级学科博士学位培养点和硕士学位培养点以及农业资源硕士专业学位培养点。其中大气科学在全国一级学科评估中两次荣获第一，在第四轮全国学科评估中荣获A+。2020年12月，成立了大气所碳中和研究中心，是全国第一家从事碳中和基础研究的科研机构。现有在学研究生551人，其中博士生339人、硕士生212人。设有大气和海洋科学2个博士后科研流动站，现有在站博士后118人。

2020年，中国科学院大气物理研究所气象类专业研究生招生123人(其中博士研究生86人)。

(3)中国科学院地理科学与资源研究所②

中国科学院地理科学与资源研究所(简称"地理资源所")，现设有地理学、生态学2个一级学科博士研究生培养点，环境科学1个二级学科博士研究生培养点；设有自然地理学、人文地理学、地图学与地理信息系统、自然资源学、气象学、生态学、环境科学7个二级学科硕士研究生培养点。截至2020年底，共有在编职工658人。其中科研人员468人，科技支撑人员121人，包括中国科学院院士9人，中国工程院院士3人，发展中国家科学院院士3人，欧洲科

---

① 资料来源：中国科学院大气物理研究所。
② 资料来源：中国科学院地理科学与资源研究所。

学院院士1人,研究员及正高级专业技术人员170人,副研究员及正高级专业技术人员265人。现有在学研究生906人,其中博士生612人。

2020年,中国科学院地理科学与资源研究所气象学专业硕士研究生招生2人。

(4)中国科学院西北生态环境资源研究院[①]

中国科学院西北生态环境资源研究院(简称"西北研究院")是由原中国科学院寒区旱区环境与工程研究所、地质与地球物理研究所、西北高原生物研究所等6家单位于2016年6月整合而成。西北研究院兰州本部是中国科学院博士生重点培养基地,设有地理学、大气科学和地质学三个博士后科研流动站。截至2020年底,共有院士4人,研究生指导教师235人,其中博士生导师106人。国家杰出青年基金获得者15人,入选国家级百千万人才工程9人,创新人才推进计划中青年科技创新领军人才3人,国家优秀青年基金获得者5人。每年招收博士研究生88名,硕士研究生78名。博士和硕士招生专业均包括气象学、大气物理学与大气环境等专业。

2020年,西北研究院气象类专业研究生招生19人,其中博士研究生9人。

(5)中国科学院青藏高原研究所[②]

中国科学院青藏高原研究所(简称"青藏高原所")于2003年成立,实行"一所三部"的运行方式,三个部分别设在北京、拉萨和昆明。截至2020年底,青藏高原所有教职工337人。其中拥有国际维加奖获得者1人、中国科学院院士3人、特聘中国科学院院士2人,"国家杰出青年基金"获得者14人(含双聘2人),"国家优秀青年基金"获得者9人。青藏高原所设有大气物理学与大气环境专业博士研究生培养点与硕士研究生培养点,现有研究生328人。

2020年,中国科学院青藏高原研究所大气物理学与大气环境专业研究生招生7人,其中博士研究生2人。

---

① 资料来源:中国科学院西北生态环境资源研究院。
② 资料来源:中国科学院青藏高原研究所。

(6)中国农业科学研究院农业环境与可持续发展研究所①

中国农业科学研究院农业环境与可持续发展研究所(简称"环发所")是中国农业科学院直属研究所之一,现有在职人员179人,拥有人社部"百千万人才工程"国家级人选、国家有突出贡献中青年专家等国家和部级高层次人才队伍25人。环发所设有大气科学一级学科硕士研究生培养点、农业气象与气候变化博士研究生培养方向、资源利用与植物保护农业硕士研究生培养领域,主要开展气候资源与气候变化、气象灾害与减灾、温室气体排放及减排、农业气候资源利用与减灾、气候变化影响与适应、农业温室气体排放及减排等研究,现有相关专业研究生35人。

2020年,环发所气象类专业研究生招生12人,其中博士研究生2人。

(五)气象教育培训能力②

2020年,气象部门扎实推进气象人才培训体系建设,切实发挥教育培训在人才培养中的基础性、先导性、战略性作用,气象人才教育培训质量与培训能力不断提升。

2020年,气象部门以中国气象局气象干部培训学院(局党校)、分院(党校分校)为培训主渠道,按照干部教育培训规划和年度重点培训计划,探索采取"线上云培训",线上+线下"混合式培训"等新的教学方式,分层分类开展干部培训、业务技术培训、国际培训、政府和行业培训等各类培训。干部培训着力加强干部理论教育、党性教育和专业化能力培训,第一时间将党的十九届五中全会精神作为必修课纳入所有干部类培训班。业务技术培训围绕落实习近平总书记对气象工作的重要指示精神"生命安全、生产发展、生活富裕、生态良好""监测精密、预报精准、服务精细"要求和服务保障防灾减灾、生态文明、精准扶贫、乡村振兴等国家战略开展业务技术培训。国际培训围绕全球气象业务和服务保障"一带一路"等,通过网络为全球104个国家和地区的学员进行

---

① 资料来源:中国农业科学研究院农业环境与可持续发展研究所。
② 资料来源:中国气象局人事司、中国气象局气象干部培训学院。

了卫星产品应用、预报预测、气象观测等培训。中国气象局认真落实中央干部教育培训规划要求,选送领导干部到中央党校(国家行政学院)等干部学院参加中央组织部、中央和国家机关工委等调训。2020年,气象部门共开展各类培训1488期,培训6万人次,培训量40.4万人天。其中,国家级重点业务培训74期,培训5983人次,培训量15.04万人天;各省(区、市)气象培训机构重点业务培训575期,培训3.07万人次,培训量11.63万人天。远程培训在线学习5.52万人,有效学时806.98万小时,较2019年增长24%。

三、评价与展望

2020年,全国气象系统围绕推动气象事业高质量发展的目标,不断深化人才发展体制机制改革,着力加强人才工作整体谋划,统筹推进各类人才队伍建设,努力营造气象人才创新发展的良好环境。针对人才工作的新要求,新时代气象人才队伍建设将围绕如何为建设现代化气象强国提供更好的组织人才保障,继续以气象人才发展体制机制改革为主线,以加强政治引领吸纳为重点,以实施人才工程为抓手,以增强人才活力为核心,将各类优秀人才集聚到气象现代化建设事业上来。

一是以编制实施气象人才发展规划为重点,加强气象人才顶层设计。根据中央《关于加强和改进新时代人才工作的意见》文件要求,科学谋划新时代气象人才发展的战略目标、指导方针、重大举措和基本路径,并以此为基础,编制实施新一轮气象人才发展规划。二是以培养和引进高层次人才为重点,强化气象人才队伍建设。继续实施新时代气象高层次科技创新人才计划,培养打造一支热爱气象事业、勇于创新发展的优秀高层次气象科技创新人才梯队;依托国家重大人才工程,进一步加大"高精尖缺"人才引进力度,积极选派优秀青年人才出国访问进修,加大国际组织人才培养和推送力度;推动完善气象及相关专业基础教育体系,优化专业人才供给,统筹不同层次、不同区域、不同领域人才发展。三是以激发和增强气象人才创新活力为重点,优化气象人才发展环境。坚持用足用活现有人才,落实气象人才各项支持措施,强化人才服务,发挥优秀人才"传帮带"作用;继续完善气象人才评价机制,建立健全以创新能力、质量、实效、贡献为导向的人才评价体系;以增强气象人才获得感为目标,用好用足国家科技成果转化收益分配政策,完善人才激励机制。

第十二章　气象改革、法治与党建[*]

2020年,气象部门认真贯彻落实习近平总书记关于气象工作的重要指示精神,全面落实中国气象局党组和全国气象局长会议重点任务,深入推进各领域气象改革,全面推进气象法治建设,统筹推进全国气象部门党建工作,抓好巡视整改,为推动气象高质量发展和推进气象强国建设提供了改革动力、法治保障和坚强政治保证。

一、2020年气象改革、法治与党的建设概述

(一)气象改革工作概述

2020年,气象部门持续深化气象"放管服"改革,将"升放气球资质"在18个自贸区改为告知承诺;取消5项行政法规设定的证明事项;保留的4项行政法规设定的证明事项全面实行告知承诺制;完成气象行政审批网上平台、中国气象局电子印章和电子证照系统、气象部门政务服务"好差评"系统等建设。

全面落实党和国家改革部署,跟踪中央关于深化事业单位改革试点工作指导意见有关进展,组织6个省(区、市)气象局作为省以下气象事业单位改革试点单位。深入推进气象业务技术体制、气象科技体制和气象服务体制改革,统筹推进全面深化气象改革各项任务,研究型业务发展体制机制不断完善,促

---

[*] 执笔人员:卢介然　谢博思　张阔

进了气象事业发展高质量发展。

完善防雷安全监管制度和标准体系，修订防雷部门规章，组织起草通信、电力防雷检测资质管理办法2个联合部门规章草案，制定防雷检测资质单位年度报告、信用管理、质量考核管理办法等3个规范性文件，制定防雷装置检测报告编码规则等6个标准。建立防雷装置检测资质认定监督检查长效机制。积极促进重点领域气象服务提质增效，31个省份出台了促进专业气象服务改革发展政策文件，统筹推进业务技术发展。

(二)气象法治建设概述

2020年，气象部门围绕气象事业高质量发展需要，积极推进气象法律法规制度建设，牢牢把握气象工作关系生命安全、生产发展、生活富裕、生态良好的"四生"战略定位，积极稳妥推进《气象法》修订，进一步健全依法行政制度建设，加强气象行政执法监督，强化气象法治宣传，推进了气象标准建设，为推动气象高质量发展和推进气象强国建设提供了有力的法治保障。

2020年制定了《气象法》修订工作年度计划，形成了《气象法》修订重点难点问题研究报告。梳理了国务院已决定取消、下放但尚未修改法律、行政法规的行政许可事项，配合司法部完成改革配套行政法规修订，修订了地方性法规和部门规章。同时，印发《气象重大行政执法决定法制审核指导目录(2019年版)》，列明两大类32项审核事项，制定印发气象行政执法文书格式文本(2020年版)。全年新发布气象领域国家标准8项，行业标准74项，地方标准74项，团体标准3项。

(三)气象部门党的建设概述

2020年，气象部门坚持以习近平新时代中国特色社会主义思想为指导，深入贯彻落实习近平总书记对气象工作的重要指示精神，统筹谋划推进全国气象部门党建工作。坚持和加强党的领导，压实政治责任。通过严明党的政治纪律和政治规矩、严肃党内政治生活，不断加强党的政治建设，做到"两个维护"；继续强化理论武装，推动健全和落实意识形态工作责任制，巩固拓展主题教育成果。深入贯彻新时代党的组织路线,修订党组选拔任用干部工作议事规则,加强干部队伍建设;通过抓好党支部、严格党员管理等夯实基层基础,提升党组织的政治功能和组织力。通过强化日常监督,加强执纪审查,开展警示教育等方式,深化党风廉政建设;着力加强党的群团工作,并深入推进党建与业务的深度融合。落实全面从严治党"两个责任"。积极配合中央巡视,坚持"四个融入",抓好巡视整改,压实主体责任,建立健全长效机制,坚持围绕"四个落实",重点加强对落实习近平总书记重要指示精神的监督检查,加强对中央巡视反馈意见整改情况的监督检查,加强对权力运行及廉洁风险防控情况的监督检查,加强对落实中央统筹疫情防控和气象事业改革发展各项决策部署情况的监督检查,扎实推进巡视工作高质量发展。

二、2020年气象改革主要进展

2020年,气象部门在全面推进改革的过程中,注重加强顶层设计,强化试点示范,深化改革督导,有力促进了气象事业高质量发展。

(一)深化气象行政"放管服"改革

2020年气象部门进一步推进简政放权,推进《气象部门贯彻落实国务院在自由贸易试验区开展"证照分离"改革全覆盖试点的实施方案》的贯彻落实,有序开展"证照分离"改革全覆盖试点工作。

气象部门将升放气球资质审批方式在18个自贸区改为"告知承诺";积极做好全面推行证明事项告知承诺制工作,梳理并明确气象部门实行告知承诺制的证明事项,明确实行告知承诺制的涉企经营许可事项范围;贯彻落实《国务院办公厅关于进一步优化营商环境更好服务市场主体的实施意见》,进一步简化审批流程、精简受理材料,推动工程建设项目审批制度全流程、全覆盖改革。气象部门围绕扎实做好"六稳"工作,推进政府职能转变和深化"放管服"改革、优化营商环境工作进行认真总结,并选出3个典型案例上报国务院办公厅政府职能转变办公室。

以全国一体化在线政务服务平台建设为抓手,完成中国气象局行政审批系统与全国一体化政务服务平台对接;建设并上线运行中国气象局电子证照系统并与国家电子证照系统对接;建设并上线运行覆盖国、省、市、县四级的气象部门政务服务"好差评"系统,为企业和群众提供线上及线下评价渠道。

贯彻落实国务院精简审批优化服务精准稳妥推进企业复工复产决策部署,通过大力推行政务服务网上办理、加载全国一体化政务服务平台"小微企业和个体工商户服务"专栏、延期办理许可证延续等业务,提高复工复产便利度。按照《国家发展改革委 商务部关于印发〈市场准入负面清单(2020年版)〉的通知》(发改体改规〔2020〕1880号)要求,实施市场准入负面清单(2020年版),确保涉及气象服务市场准入负面清单制度顺利实施(表12.1)。

表12.1 《市场准入负面清单(2020年版)》

项目号	禁止或许可事项	事项偏号	禁止或许可准入措施描述	主管部门
38	未取得许可或履行法定程序,不得从事建筑业及房屋、土木工程、海洋工程等相关项目建设	205001	新建、扩建、改建建设工程避免危害气象探测环境审批;★新建、扩建、改建建设工程避免危害地震观测环境审批	气象局 地震局
83	未获得许可或未履行法定程序,不得从事特定气象、地震服务等相关业务	213008	气象专用技术装备(含人工影响天气作业设备)使用审批	气象局
			升放无人驾驶自由气球或者系留气球活动审批;升放无人驾驶自由气球、系留气球单位资质认定	气象局
89	未获得许可或资质认定,不得进行限定领域内雷电防护装置施工,不得从事雷电防护装置检测工作	214006	油库、气库、弹药库、化学品仓库、烟花爆竹、石化等易燃易爆建设工程和场所,雷电易发区内的矿区、旅游景点或者投入使用的建(构)筑物、设施等需要单独安装雷电防护装置的场所,雷电风险高且没有防雷标准规范,需要进行特殊论证的大型项目的雷电防护装置设计审核	气象局
			雷电防护装置检测单位资质认定	气象局

注:表格源自《国家发展改革委 商务部关于印发〈市场准入负面清单(2020年版)〉的通知》(发改体改规〔2020〕1880号)。

完善防雷安全监管制度和标准体系,组织起草通信、电力防雷检测资质管理办法2个联合部门规章草案,制定防雷检测资质单位年度报告、信用管理、质量考核管理办法等3个规范性文件,推进制定防雷装置检测报告编码规则等6个标准。完成《雷电防护装置检测资质管理办法》《雷电防护装置设计审核和竣工验收规定》修订。建立防雷装置检测资质认定监督检查长效机制,以三年为周期实现对认定资质的全覆盖督查。完成2017年以来气象部门防雷减灾体制改革总体情况评估工作。推进防雷"互联网＋监管",全国防雷减灾综合管理服务平台(三期)上线试运行。结合事业单位试点改革,优化机构和人员配置,统筹考虑相关事业单位的防雷工作职能和人员编制,部署省级气象局进一步优化防雷减灾相关执法监管和技术支撑机构的职能配置。

2020年,稳步推进"信创"工程,完成软硬件及应用适配年度建设任务及首批终端替代。落实"放管服"改革要求,建立政务"六库两服务"数据标准,上线"好差评"、电子证照和电子印章系统,实施证照分离、减证便民。部门"互联网＋监管"系统纳入国家监管体系。"气政通"2.0上线运行,管理数据中心初具规模,气政邮实现7万职工全覆盖。

(二)全面落实党和国家改革部署

2020年,气象部门根据《中共中国气象局党组关于落实中央巡视反馈意见的整改方案》,加强统筹协调,分类施策,制定每项整改任务的整改方案,将整改的重点放在完善改革推进机制上。制定印发《气象业务技术体制重点改革实施方案(2020—2022年)》《中国气象局办公室关于加强调查研究提高调查研究实效的通知》《关于加强全面深化气象改革工作的意见》《中国气象局关于规范局属企业发展的意见》等重要制度性文件,以制度建设固化整改成果。

部署开展防雷检测资质、升放气球资质挂靠行为专项整顿,推动建立资质挂靠行为预防、查处和监管长效机制。组织开展防雷检测市场专项整顿,在4省份组织专项抽查,根据抽查结果提出整改意见。严肃查处资质单位超资质检测、检测活动弄虚作假等不法行为,促进防雷检测市场健康有序发展。

积极跟踪中央关于深化事业单位改革试点工作指导意见有关进展,组织6

个省(区、市)气象局作为省以下气象事业单位改革试点单位。结合加强机构编制管理有关要求,认真研究制定气象系统事业单位改革实施方案。

积极推进气象部门国有企业改革,深入贯彻落实《国企改革三年行动方案(2020—2022年)》,制定《中国气象局关于规范局属企业发展的意见》,明确改革的总体思路和发展定位,促进局属企业现代化、规范化、规模化发展。印发《中国气象局企业投资监督管理办法》,制定华云集团改制方案,完成局属企业章程修订。完成局属企业3个投资管理办法、9项管理制度、8项规划(框架、办法)和3个投资项目负面清单的制修订工作。

(三)聚焦气象重点领域深入推进改革

2020年,气象部门继续深入推进业务技术体制重点改革,印发《中国气象局关于推进气象业务技术体制重点改革的意见》,明确推进改革总体思路、工作目标、重点任务和保障措施。推进数值预报研发体制机制改革,下发《气象业务技术体制重点改革实施方案(2020—2022年)》,组织制定国家气象信息中心改革方案,进一步明确建设国家级大数据中心、构建气象大数据云平台、优化业务布局和业务流程、调整基层气象业务服务布局等具体任务和举措,明确1个国家级和7个省级单位试点。

1. 推进气象业务技术体制改革

2020年,印发《气象数据管理办法(试行)》和《气象大数据云平台业务管理规定(试行)》,科学规范"云+端"气象业务管理。加快推进业务系统与云平台深度融合,制订分类分阶段融入计划和融入方案,有序开展业务系统核心功能的"云化"改造。气象观测体制机制进一步健全,地面气象观测自动化管理体制改革加快推进。印发《中国气象局关于全国地面气象观测自动化改革正式业务运行的通知》《全国地面气象观测自动化改革业务运行方案》《地面气象应急观测管理办法》,明确具体要求、任务、措施。开展观测站布局设计,建成观测产品业务流程。研究编制《地面气象观测业务技术规定》,明确了全国地面气象观测自动化正式运行后共性技术要求。编制《省级气象观测站现代化发展指导意见》,修订《省级气象观测站现代化发展指导意见》。优化质量管理体系布局,中国气象局气象观测质量管理体系全面取得 ISO9001 认证。完成气象观测质量管理体系第一批推广建设单位的年度监督审核;完成第二批 19 个省(区、市)气象局体系认证审核。

观测研究型业务机制不断创新,按照"一站四平台"的功能定位大力推进国家气候观象台建设,各省份编制观象台体制机制改革和能力建设发展方案,组建学术委员会和运行团队,建立完善运行保障机制,深入推动研究型业务发展,24 个观象台均完成改革发展方案和建设发展方案编制。本底站研究型业务不断加强,出台《大气本底研究型业务发展指导意见》,全面提升大气本底站研究型业务能力和水平。

开展专业气象地面观测装备分类论证,落实《便捷式自动气象观测仪分级技术规范(试行)》相关要求,编制完成便捷式自动气象观测仪测试方法,并开展了测试工作。将生态、环境、农业、海洋、交通、旅游等专业观测站网布局建设纳入全国气象观测站网进行布局设计和统筹谋划,在长江航道开展自动气象站加密布设,评估了闪电观测能力。

综合气象观测业务运行平台整合了以往各类观测业务系统,消除了"烟囱",体现综合集约、有效解决了小而散、低水平重复建设等问题。平台横向覆盖综合气象观测站网管理、运行监控、质量控制、产品加工、维护维修、供应储备、计量检定和观测质量体系等全业务链条,纵向贯穿国省市县四级业务应用,既适合业务人员使用,也可满足业务管理人员进行信息获取、质量考核等要求。

2. 推进气象科技体制改革

2020 年,气象科技创新体系建设加快推进,启动 2021—2035 年气象科技发展规划编制工作,研究制定加强气象科技创新体系建设的若干措施,提出做大做强气象科技力量的具体举措。改革科研项目组织管理方式,与国家自然科学基金委共同设立气象联合基金,充分发挥国家自然科学基金的"导向、稳定、激励"功能。优化整合部门研发资源,统筹实施中国气象局创新发展专项,制定印发管理办法。中国气象科学研究院从管理体制、机构设置、岗位设置、考核评估等方面总结扩大自主权改革试点工作成效和经验,推荐气科院开展科研机构绩效评价试点并获科技部批准。推进南京气象科技创新研究院、粤港澳大湾区气象监测预警预报中心建立规章制度。

研究型业务发展体制机制不断完善,印发《2020年研究型业务建设工作方案》,全面推进研究型业务建设。优化研究型业务布局分工、岗位职责、业务流程,集约化气象业务形态基本形成。研究制定科技创新评估办法,重点评价各单位解决核心关键科技问题的能力、对业务发展的实际贡献以及科技成果的转化应用能力。规范气象科技成果转化,印发《中国气象局办公室关于进一步做好气象科技成果转化工作的通知》,解决了气象科技成果转化中存在的概念模糊、可操作性不强等问题。研究制订《中国气象局气象科技成果评价暂行办法)》,探索建立以科技创新质量、贡献、绩效为导向的分类评价体系。

气象科技创新平台建设稳步推进,野外科学试验基地创新能力建设不断加强,研究编制《中国气象局野外科学试验基地发展规划(2021—2025)》,组建中国气象局野外科学试验基地暨大气本底站科学指导委员会,组建大气成分创新团队,成立国家气候观象台科学指导委员会。中国气象局与国家航天局联合成立许健民气象卫星创新中心,开展遥感卫星及应用系统关键技术、新方法和基础理论研究与开发。国家级气象科研院所完善大型科研仪器开放共享制度,协助科技部组织开展国家级科研院所大型科研仪器共享评估,上海台风所等4家单位获评良好,北京城市气象研究院等5家单位为合格。

3. 促进气象服务体制改革

为促进重点领域气象服务提质增效,2020年,组织实施《大力促进气象部门专业气象服务改革发展的意见》,各省份出台了促进专业气象服务改革发展政策文件。湖北、上海、浙江相继牵头组建跨区域跨单位的长江航运、远洋导航、中欧班列气象服务联合体,探索专业气象服务集约化、规模化发展新机制。印发《中国气象局国家气候标志评价管理办法(试行)》,建立健全国家气候标志评价业务管理制度、工作流程、评价标准、授权机制,首次实现国家气候标志申请、评审、复核等环节闭合管理和国省级互动协同。2020年,79个地区授予

"中国天然氧吧"称号。

农业气象服务供给侧改革试点取得成效,与农业农村部联合开展第二批特色农业气象服务中心认定,有效助力农业增产和农民增收。修订《乡村振兴气象服务专项管理办法》,加强乡村振兴专项组织管理,调整优化服务流程,提高供给质量。将"十四五"全国人工影响天气发展规划纳入《国家粮食安全中长期规划纲要(2021—2035年)》。

(四)积极推进各项保障机制改革

2020年,中国气象局制定《气象部门预算绩效管理办法》,启动绩效目标管理、绩效监控管理、绩效评价管理等配套细则起草工作。建立绩效评价专家库,完成2019年度气象部门项目绩效自评及12个重点项目绩效评价工作,完成2020年度一级项目文本、绩效目标和指标审核完善工作。完成2020年预算绩效监控工作。气象部门财务管理联网监控业务化运行,联网监控预警规则不断完善,财务监管能力不断提升。气象部门进一步强化了零基预算理念,推动定额标准体系建设,明确基本支出测算及分配原则,按特殊事项与定额相结合的分配方法提出人员经费和公用经费分档定额,在充分考虑区域差异的前提下做到定额标准公正、公平、透明。修订完善综合观测经费定额标准。

修订《气象部门政府采购审批审核事项实施细则》《气象部门国有资产配置管理办法》《中国气象局企业投资监督管理办法》等制度,进一步完善计财管理制度。加强《气象部门内部控制基本指引》《关于加强气象部门各级核算中心内部控制管理的通知》《中国气象局财务核算中心风险及控制清单》等规范性文件的督促落实,开展了对气象部门企业"挂靠"问题梳理排查,对存在的问题进行了彻底整改,完成了"僵尸企业"清理处置工作。

气象计财业务信息化水平稳步提升,加强部门财务制度体系建设和内控管理,提高计财信息化管理水平。完善联网监控和实地检查、日常监管和重点检查有机结合的监督检查机制。根据2020年联网监控的情况,完善财务数据监控预警业务规程及相关实施细则和流程,结合巡视监督、审计监督等发现的问题,不断完善监控规章制度,充分发挥联网监控的作用和效益。加强计划财务数据应用,提升分析研判能力,并将分析结果应用于管理工作中,为决策提供支持和依据。

实施《中国气象局人事司关于进一步规范气象部门领导职数管理的若干意见》《中国气象局气象发展与规划院主要职责、机构设置及人员编制规定》,加强和改进气象部门机构编制管理。适应基层气象工作发展要求,新组建县级气象局4个,完成中国气象服务协会脱钩改革。修订《中国气象局创新团队建设和管理办法》,制定《气象部门会计人员职称评价办法》,印发《关于调整事业单位岗位设置有关工作的通知》《关于做好地方编制气象专业技术岗位设置有关工作的通知》,不断完善人才发展体制机制。严格执行《干部任用条例》《中国共产党机构编制工作条例》等干部人事工作制度,坚持正确选人用人导向,不断提高选人用人质量。结合气象部门实际和事业单位改革试点工作,研究制定了相关局级机构优化调整方案并有序推进。加大干部培养选拔力度,实施"气象部门三百年轻干部培养计划"。实施多岗位历练,注意使用好各年龄段干部,逐步形成年龄梯次合理的气象干部队伍。

(五)气象工作创新成效显著

2020年,气象部门在气象服务保障、业务现代化建设、科技创新、人才队伍建设及深化改革、科学管理、机关和基层党建等工作中,开展了卓有成效的创新探索,对推动气象事业高质量发展发挥了引领和示范作用。经评审,最后确定31项工作为2020年气象部门创新工作(表12.2)。其中,气象服务工作创新有9项(占29%),气象业务工作创新9项(占29%),气象科技工作创新3项(占10%),气象管理、法治和合作工作创新3项(占10%),部门党的建设、廉政建设和文化建设7项(占22%)。创新工作项目覆盖23个省(区、市)气象部门、中国气象局8个直属单位。其中,气象服务工作创新、气象业务工作创新连续4年合计占比40%以上,2020年合计达到58%,气象工作创新成为推动气象工作的重要抓手。

第十二章 气象改革、法治与党建

表 12.2　2020 年气象部门创新工作项目

序号	创新工作名称	承担单位
1	以智能网格预报产品为主线的预报流程改造	国家气象中心
2	上海气象部门国有企业改革	上海市气象局
3	落实落细习近平总书记重要指示精神 以实际成效推动高质量发展	湖北省气象局
4	借力地方资源做大科技体量 助力广东气象事业高质量发展	广东省气象局
5	依托社会资源　深耕短视频领域打造新型宣传矩阵	中国气象报社
6	构建研究型业务新模态 实现大气再分析零的突破	国家气象信息中心
7	强化岗位练兵　促进人才培养	山东省气象局
8	研发"观测通"手机应用平台 让气象观测业务尽在"掌"握	河北省气象局
9	创新 X 波段雷达组网产学研用融合机制 推动超大城市突发性强天气三维监测应用示范	北京市气象局
10	"网格＋气象"基层气象防灾减灾体系新模式	浙江省气象局
11	围绕新需求　研发新产品 开创海南康养产业气象服务新领域	海南省气象局
12	创新廉政风险预警机制　推动日常监督落实落细	四川省气象局
13	需求牵引　发挥优势　创新开展南亚东南亚气象辐射服务	云南省气象局
14	发掘区位优势　实施双轮驱动　专项工作成效 1＋1＞2	内蒙古区气象局
15	"海燕计划"2020 年南海台风试验	中国气象局气象探测中心 海南省气象局
16	以"河湖长望远镜"多尺度遥感产品为抓手 推进新疆生态气象服务体系建设	新疆区气象局
17	联合联动　协同递进 推动杂交稻气象科研业务服务融入式发展	湖南省气象局
18	星地一体集约智能化运行管理系统	国家卫星气象中心
19	聚焦区域需求　挖掘数据价值 创建"五有"东北卫星气象数据中心	黑龙江省气象局
20	打造财会监督新范式 筑牢气象部门廉政风险防控第一道防线	中国气象局气象发展与规划院 河北省气象局

续表

序号	创新工作名称	承担单位
21	创建"三融入"一线气象服务机制 在"防抗救"全链条中发挥先导作用	广西区气象局
22	多措并举构建基层财务委派机制 提质增效保障事业发展	天津市气象局
23	建立预警新机制 构建管控新格局 提升暴雨灾害风险管理新成效	重庆市气象局
24	走好江苏地域特色气象科普创新之路 高标准打造气象科普示范园	江苏省气象局
25	"四下功夫"打造福建特色研究型业务模式	福建省气象局
26	固根基强弱项 培育基层气象台站出彩新动能	河南省气象局
27	首创"预警+行业"融合服务模式 助力预警信息精准快速发布	中国气象局公共气象服务中心
28	用好业务技术体制重点改革关键招 构建基层特色气象服务新发展格局	宁夏区气象局
29	气象智慧后勤服务系统建设	中国气象局机关服务中心
30	"1+5"模式推动基层党建高质量发展	山西省气象局
31	推进人工影响天气规范化建设 构建"三个作业"新体系	贵州省气象局

三、2020 年气象法治建设进展

2020 年,气象部门围绕气象事业高质量发展需要,积极推进气象法律法规制度建设。

(一)气象立法稳步推进

制定印发《2020 年〈气象法〉修订工作计划》,形成修订工作进展情况报告、修订重点难点问题分析报告、修订草案对照表(初稿),并向全国人大常委会法工委报送《气象法》修订进展情况和 2021 年修订工作安排。

2020 年,配合司法部完成《人工影响天气工作条例》修订工作,对涉及取消的三项人工影响天气审批事项的相关条款作出修改,并于3月27日公布施行。梳理国务院已决定取消、下放但尚未修改法律、行政法规的行政许可事项。积极推进"放管服"改革和全面推行行政规范性文件合法性审核涉及部门规章修改,落实国家关于中介服务事项清理、人员资格取消和证明事项清理等工作要求,结合气象部门业务技术体制改革和防雷减灾体制改革最新需求,对相关部门规章进行了修改完善。修订《气象信息服务管理办法》《气象专用技术装备使用许可管理办法》《新建扩建改建建设工程避免危害气象探测环境行政许可管理办法》《气象台站迁建行政许可管理办法》四部部门规章(中国气象局第35号令)。完成《升放气球管理办法》《雷电防护装置设计审核和竣工验收规定》《雷电防护装置检测资质管理办法》《气象行政规范性文件管理办法》五部部门规章修订。

2020年,各地进一步加强地方气象法治建设,制修定多部地方性法规和地方政府规章。截至2020年12月底,全国现在有效地方性法规114部、地方政府规章136部,较2015年分别增加16部、15部(图12.1)。

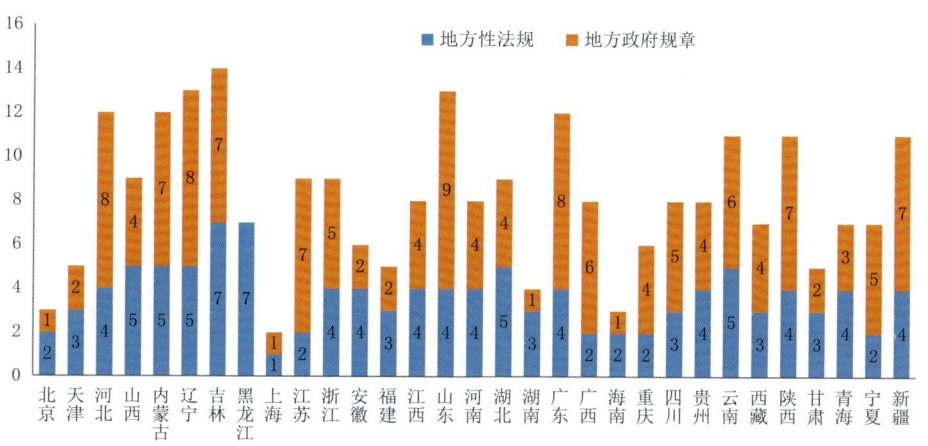

图12.1　2020年气象地方性法律法规情况统计(单位:部)

(二)气象标准化建设持续加强

2020年气象标准化工作认真贯彻落实习近平总书记关于气象工作重要指示精神,按照"服务大局、重点突出、协同推进,开放合作"原则,进一步凸显标准在气象高质量发展中的基础性、战略性支撑保障作用,推动了气象标准化工作的进一步发展,在完善气象标准体系、强化气象标准制修订管理、推动标准实施宣贯等方面取得了一定进展。

初步形成了气象标准化工作协同机制。为贯彻落实"统一管理、分工负责"的标准化工作原则,中国气象局对国家级标准化工作职责和分工进行了明确和细化,初步形成了"归口管理部门统一协调、主管职能部门分工主导"的标准化工作机制。特别是近几年来,各主管职能部门按照"标准先行"的要求,推进市场监管、信息化、气象装备等领域的标准体系建设,使标准在支撑气象改革发展和确保履职尽责上发挥出了重要作用。同时,标准化成果被纳入科技成果范畴和高级职称评聘依据,标准专项经费得以落实。全国各地气象部门也积极在标准化工作上重视加强与地方政府以及各行各业的互动、融合,通过开展各领域的标准化试点活动,以标准为抓手不断拓宽气象服务的广度和深度,在各专业领域的实践中有力地促进了标准的实施应用,形成了上下统一的工作机制。

建立了较完善的气象标准化制度体系。2020 年,先后制定印发了《关于进一步深化气象标准化工作改革的意见》《气象标准化管理规定》《关于国家级气象标准化主要工作职责分工的通知》《气象标准制修订管理细则》《气象领域标准化技术委员会评估办法》等多个管理性制度,编印了《气象标准复核工作规范》《气象标准化工作手册》等规范性资料,创建了标准预研究、预审、复核与会核、指令性立项、制修订快速通道和信用管理、地方标准信息报告、标委会年度评估等具有气象特色的标准化工作机制,为规范气象标准化的各环节工作奠定了基础。

气象标准研发和制修订成效显著。2020 年,加快重点领域标准立项。推进服务国家战略、趋利避害并举的重要领域标准制定出台,立项行业标准 42 项、国家标准 13 项,制修国家标准 10 项。新发布气象领域国家标准 8 项,行业标准 74 项,地方标准 74 项,团体标准 3 项(图 12.2,表 12.3,表 12.4)。修订《气象标准制修订管理细则》。加大对逾期标准项目督查,完成 47 项逾期行业标准项目清理;完成 2 个标委会换届工作。完成 25 项国家标准宣贯视频制作并进行培训。组织标准技术支撑单位对气象标准化平台进行升级改造,实现了与中国气象局外网和内网的相关信息交换;同时,发挥好平台的管理和交流作用,督促气象标准项目承担单位按要求推进标准制修订进程,开展"十四五"气象标准体系框架研究,提出总体及分领域标准体系框架和标准清单。

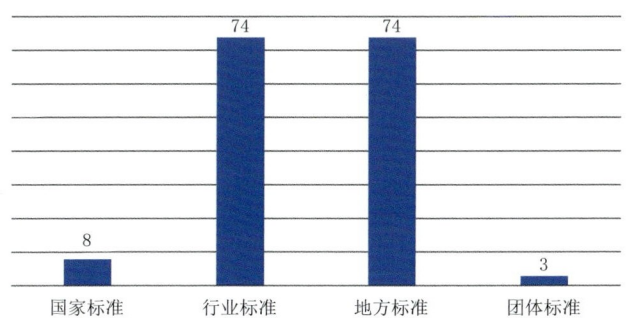

图 12.2　2020 年气象领域颁布标准(单位:项)

表 12.3　2020 年度生效和发布的国家标准

标准编号	标准名称	发布日期	实施日期	状态
GB/T 38757—2020	设施农业小气候观测规范　日光温室和塑料大棚	2020/4/28	2020/6/1	现行
GB/T 21983—2020	暖冬等级	2020/7/21	2020/7/21	现行
GB/T 38950—2020	凉夏等级	2020/7/21	2020/7/21	现行
GB/T 38951—2020	静止气象卫星 S-VISSR 数据接收系统	2020/7/21	2020/7/21	现行
GB/T 38957—2020	海上风电场热带气旋影响评估技术规范	2020/7/21	2020/7/21	现行
GB/T 39094—2020	中国气象卫星名词术语	2020/9/29	2021/4/1	现行
GB/T 39195—2020	城市内涝风险普查技术规范	2020/10/11	2021/5/1	现行
GB/T 39437—2020	供排水系统防雷技术规范	2020/11/19	2021/6/1	即将实施

表 12.4 2020 年度生效和发布的行业标准

标准编号	标准名称	发布日期	实施日期	状态
QX/T 139—2020	极轨气象卫星大气垂直探测资料 L1C 数据格式　辐射率	2020/1/21	2020/5/1	现行
QX/T 534—2020	气象数据元　总则	2020/1/21	2020/5/1	现行
QX/T 535—2020	气候资料统计方法　地面气象辐射	2020/1/21	2020/5/1	现行
QX/T 536—2020	前向散射式能见度仪测试方法	2020/1/21	2020/5/1	现行
QX/T 537—2020	高分辨率对地观测卫星草地面积变化监测技术导则	2020/1/21	2020/5/1	现行
QX/T 538—2020	高分辨率对地观测卫星森林覆盖面积变化监测技术导则	2020/1/21	2020/5/1	现行
QX/T 539—2020	高分辨率对地观测卫星沙地面积变化监测技术导则	2020/1/21	2020/5/1	现行
QX/T 540—2020	高分辨率对地观测卫星陆地水体面积变化监测技术导则	2020/1/21	2020/5/1	现行
QX/T 541—2020	热带大气季节内振荡（MJO）事件判别	2020/1/21	2020/5/1	现行
QX/T 117—2020	气象观测资料质量控制　地面气象辐射	2020/4/14	2020/7/1	现行
QX/T 118—2020	气象观测资料质量控制　地面	2020/4/14	2020/7/1	现行
QX/T 542—2020	中小河流洪水和山洪致灾阈值雨量等级	2020/4/14	2020/7/1	现行
QX/T 543—2020	气象台站元数据	2020/4/14	2020/7/1	现行
QX/T 544—2020	气象数据发现元数据	2020/4/14	2020/7/1	现行
QX/T 545—2020	风云系列极轨气象卫星可见光红外扫描辐射计在轨星上红外辐射定标方法	2020/4/14	2020/7/1	现行
QX/T 546—2020	空间高能粒子辐射效应术语	2020/4/14	2020/7/1	现行
QX/T 547—2020	人工影响天气安全　地面作业空域申请和使用规范	2020/4/14	2020/7/1	现行

续表

标准编号	标准名称	发布日期	实施日期	状态
QX/T 548—2020	太阳电池发电效率温度影响等级	2020/4/14	2020/7/1	现行
QX/T 18—2020	人工影响天气作业用37mm高炮检测规范	2020/6/16	2020/9/1	现行
QX/T 549—2020	气象灾害预警信息网站传播规范	2020/6/16	2020/9/1	现行
QX/T 550—2020	地面气象辐射观测数据格式 BUFR	2020/6/16	2020/9/1	现行
QX/T 551—2020	气象观测资料质量控制 土壤水分	2020/6/16	2020/9/1	现行
QX/T 552—2020	空间天气预警等级	2020/6/16	2020/9/1	现行
QX/T 553—2020	风云三号气象卫星用户直收系统技术规范	2020/6/16	2020/9/1	现行
QX/T 554—2020	风云三号气象卫星业务运行成功率统计方法	2020/6/16	2020/9/1	现行
QX/T 555—2020	便携式叶面积观测仪	2020/6/16	2020/9/1	现行
QX/T 556—2020	飞机人工增雨(雪)作业流程	2020/6/16	2020/9/1	现行
QX/T 557—2020	农产品气候品质评价 酿酒葡萄	2020/6/16	2020/9/1	现行
QX/T 558—2020	气候指数 低温	2020/6/16	2020/9/1	现行
QX/T 559—2020	风能资源观测系统 测风塔观测技术要求	2020/6/16	2020/9/1	现行
QX/T 560—2020	雷电防护装置检测作业安全规范	2020/6/16	2020/9/1	现行
QX/T 148—2020	气象领域高性能计算机系统测试与评估规范	2020/7/31	2020/12/1	现行
QX/T 561—2020	卫星遥感监测产品规范 湖泊蓝藻水华	2020/7/31	2020/12/1	现行
QX/T 562—2020	周地磁活动整体水平分级	2020/7/31	2020/12/1	现行
QX/T 563—2020	气象卫星地面系统实时数据传输通信包格式	2020/7/31	2020/12/1	现行
QX/T 564—2020	地基导航卫星遥感气象观测系统数据格式	2020/7/31	2020/12/1	现行
QX/T 565—2020	激光滴谱式降水现象仪	2020/7/31	2020/12/1	现行

续表

标准编号	标准名称	发布日期	实施日期	状态
QX/T 566—2020	场磨式大气电场仪	2020/7/31	2020/12/1	现行
QX/T 567—2020	自动土壤水分观测仪	2020/7/31	2020/12/1	现行
QX/T 568—2020	自动气候站	2020/7/31	2020/12/1	现行
QX/T 569—2020	人工增雨(雪)地面催化剂发生器选址安装技术要求	2020/7/31	2020/12/1	现行
QX/T 570—2020	气候资源评价 气候宜居城镇	2020/7/31	2020/10/1	现行
QX/T 571—2020	气候可行性论证报告质量评价	2020/7/31	2020/12/1	现行
QX/T 572—2020	农产品气候品质评价 青枣	2020/7/31	2020/12/1	现行
QX/T 573—2020	气候公报编写规范	2020/7/31	2020/12/1	现行
QX/T 574—2020	气候指数 台风	2020/7/31	2020/12/1	现行
QX/T 575—2020	气候指数 雨涝	2020/7/31	2020/12/1	现行
QX/T 576—2020	接地装置冲击接地电阻检测技术规范	2020/7/31	2020/12/1	现行
QX/T 577—2020	防雷接地电阻在线监测技术要求	2020/7/31	2020/12/1	现行
QX/T 578—2020	气象科普教育基地创建规范	2020/7/31	2020/12/1	现行
QX/T 16—2020	温湿度仪检定箱	2020/11/5	2021/2/1	现行
QX/T 37—2020	气象台站历史沿革数据文件格式	2020/11/5	2021/2/1	现行
QX/T 96—2020	卫星遥感监测技术导则 积雪覆盖	2020/11/5	2021/2/1	现行
QX/T 344.3—2020	卫星遥感火情监测方法 第3部分：火点强度估算	2020/11/5	2021/2/1	现行
QX/T 579—2020	人工影响天气安全 炮弹、火箭弹残骸坠落现场技术调查	2020/11/5	2021/2/1	现行
QX/T 580—2020	气象卫星地面系统计算机硬件维护规范	2020/11/5	2021/2/1	现行
QX/T 581—2020	轻便三杯风向风速表	2020/11/5	2021/2/1	现行
QX/T 582—2020	气象观测专用技术装备测试规范 地面气象观测仪器	2020/11/5	2021/2/1	现行
QX/T 583—2020	夏玉米涝渍等级	2020/11/5	2021/2/1	现行

续表

标准编号	标准名称	发布日期	实施日期	状态
QX/T 584—2020	海上风能资源遥感调查与评估技术导则	2020/11/5	2021/2/1	现行
QX/T 157—2020	气象视频会商系统技术规范	2020/12/29	2021/4/15	现行
QX/T 255—2020	供暖气象等级	2020/12/29	2021/4/15	现行
QX/T 314—2020	气象信息服务单位备案规范	2020/12/29	2021/4/15	现行
QX/T 585—2020	气象卫星数据编目规则	2020/12/29	2021/4/15	现行
QX/T 586—2020	船舶气象观测数据格式 BUFR	2020/12/29	2021/4/15	现行
QX/T 587—2020	气象观测专用技术装备测试规范 高空气象观测仪器	2020/12/29	2021/4/15	现行
QX/T 588—2020	天气雷达钢塔技术要求	2020/12/29	2021/4/15	现行
QX/T 589—2020	自动雪深观测仪	2020/12/29	2021/4/15	现行
QX/T 590—2020	气象计量标准装置期间核查导则	2020/12/29	2021/4/15	现行
QX/T 591—2020	树轮密度资料采集技术方法	2020/12/29	2021/4/15	现行
QX/T 592—2020	农产品气候品质评价 柑橘	2020/12/29	2021/4/15	现行
QX/T 593—2020	气候资源评价 通用指标	2020/12/29	2021/4/15	现行
QX/T 594—2020	地面大气电场观测规范	2020/12/29	2021/4/15	现行

标准化技术支撑体系不断完善。在国家级层面,现有全国气象防灾减灾等7个全国标准化技术委员会、6个分技术委员会和1个行业标准化技术委员会。气象标准化技术组织基本实现了对气象业务服务领域的全覆盖。现有气象领域国家标准195项,行业标准600项,地方标准691项,团体标准17项(图12.3)。自2000年以来,气象行业标准发布数量逐年提升,国家标准和行业标准在标准制修订和覆盖领域上均取得较大突破。(图12.4,图12.5)

气象标准化分类分层培训逐步推进。气象标准化培训逐渐常态化,五年来参加国标委系统和气象系统组织的标准化工作培训的人数超过1000人。大量一线业务科研人员积极参与标准的制修订,跨领域、懂专业的气象标准化人才队伍不断得到培养并发展壮大,为进一步传播标准化理念、带动标准化在各个领域的延伸发展提供了人才保障。

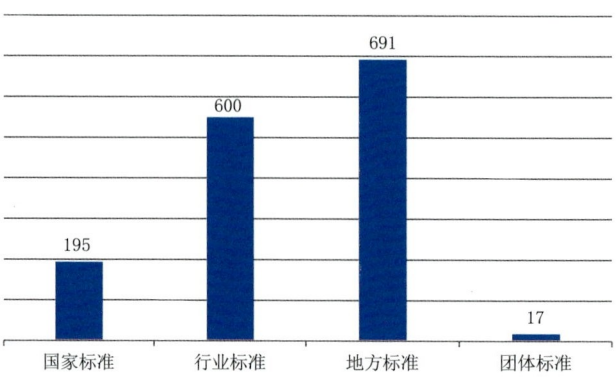

图 12.3 截至 2020 年气象领域颁布标准（单位：项）

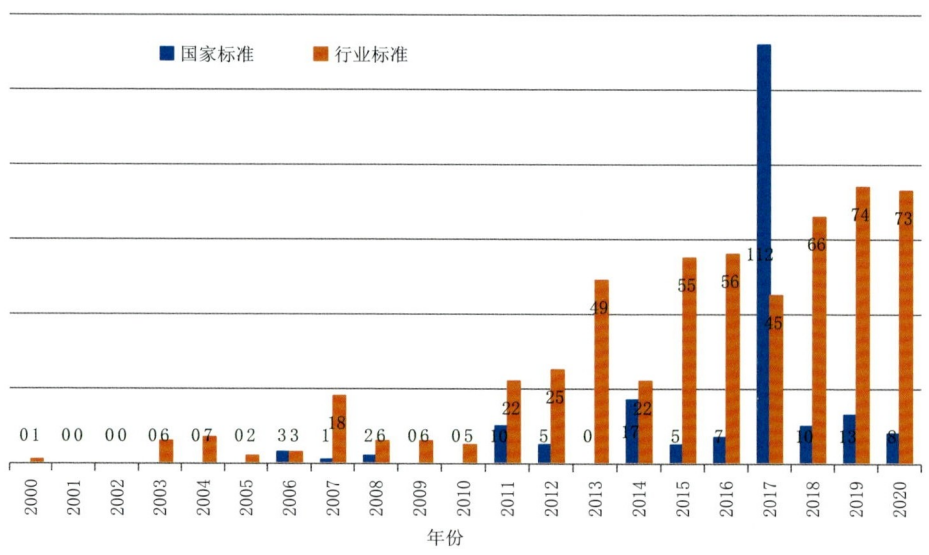

图 12.4 2000—2020 年气象国家标准与行业标准年度发布情况统计图（单位：项）

积极参与国际标准制定。气象部门专家积极参与世界气象组织（WMO）各类技术、管理规范的编制活动并在我国气象行业得到了广泛应用。目前，气象部门正在参与 ISO/TC146/SC5 下三个工作组的国际标准制定工作。

图 12.5　2000—2020 年气象国家标准与行业标准年度累计情况统计图(单位:项)

(三)气象依法行政制度不断完善

认真落实中央关于《法治政府建设与责任落实督察工作规定》要求,落实《国务院办公厅关于全面推行行政执法公示制度执法全过程记录制度重大执法决定法制审核制度的指导意见》及气象部门实施方案,印发了《气象重大行政执法决定法制审核指导目录(2019 年版)》,列明两大类 32 项审核事项。制定印发气象行政执法文书格式文本(2020 年版),就行政执法过程中涉及的所有程序规定了格式文本,完善行政执法文字记录,规范行政执法行为。

加强气象行政规范性文件规范管理,修订出台《气象行政规范性文件管理办法》。下发文件对气象行政规范性文件统一登记、统一编号、统一印发提出明确要求,并在公文系统开发相应程序。加强行政规范性文件的备案合法性审查,完成内设机构规范性文件合法性审查 1 件,受理各省(区、市)气象局报送规范性文件备案审查 20 件。

加强依法行政能力建设,线上举办 2020 年全国依法行政培训班,不断提升气象部门领导干部的依法行政能力。征集近三年气象部门办理的典型行政执法案例。到 2020 年,气象部门共有专职执法人员 671 人,兼职执法人员 13812 人,公职律师 28 人。

(四)气象法治宣传取得新成效

2020年,气象部门多措并举开展宪法宣传周、学习宣传活动,在中国气象局官网开通"气象部门深入学习宣传习近平法治思想 大力弘扬宪法精神"学习专栏,在机关办公场所张贴宪法宣传海报。

加大民法典学习宣传力度。深入贯彻落实习近平总书记关于民法典的重要指示精神,认真落实中宣部等八部委关于加强民法典学习宣传部署要求。在气象部门全面部署民法典学习宣传工作,并将民法典学习宣传纳入中国气象局党组中心组学习和全国依法行政培训班学习内容,在中国气象局网站开通民法典学习专栏,深入推进民法典的学习宣传。

通过"一个专栏、一本书、一部微视频"即"三个一"推动《气象法》二十周年宣传活动。在中国气象报和中国气象局官网开设"《气象法》实施二十周年"专栏,报道各地气象法治建设经验和成就,并刊发刘雅鸣局长的《筑牢法治根基 推动气象事业高质量发展》署名文章和《"中国之治"中的气象华章》综述;编辑出版《气象普法168问》;组织制作《气象法》二十周年纪念微视频,全方位、多角度展示气象法治在推进气象治理体系和治理能力现代化进程中的重要保障作用。

组织完成第十七届全国法治动漫微视频作品征集和推荐工作,向全国普法办推荐20件作品参赛;由中宣部、中央网信办、司法部、全国普法办共同主办的第十六届全国法治动漫微视频作品征集展示活动,气象部门1部作品获得三等奖,2部作品获得提名奖,中国气象局政策法规司获优秀组织奖。

完成气象部门"七五"普法总结验收,按照中宣部、司法部和全国普法办要求,制定气象部门"七五"普法验收工作方案,组织气象部门开展"七五"普法总结验收,全面梳理"七五"气象法治成效,形成气象部门"七五"普法规划实施报告报送全国普法办。

四、2020年气象部门党的建设

(一)着力加强党的政治建设,自觉做到"两个维护"

坚决做到"两个维护"。2020年中国气象局出台直属机关开展强化政治机关意识教育工作方案,组织开展了"强化政治机关意识、走好第一方阵"专题党课。部署了气象系统党建重点工作,增强"四个意识"、坚定"四个自信"、做到"两个维护"。开展了党的政治建设督查,对中国气象局直属各单位以及部分省(区、市)气象局进行了现场督查。

完善党的领导压实政治责任。完善党对气象工作的领导制度,2020年推动修订了各级党组工作规则,聚焦"三重一大"制定集体决定事项清单。强化全面从严治党责任清单管理制度约束力,健全管党治党工作机制。制定措施推动党建和业务深度融合。巩固深化"不忘初心、牢记使命"主题教育成果。落实意识形态工作责任制。深化党的政治建设督查。开展强化政治机关意识教育,积极创建模范机关。

严明党的政治纪律和政治规矩,严肃党内政治生活。2020年,对基层党组织加强了分类指导,开展气象系统事业单位党的领导体制现状调查和分类探索专题研究。加强了气象部门国有企业党组织作用发挥,指导企业章程修订和"三重一大"事项清单制定。及时下拨防疫专项党费,并发出通知要求在疫情防控中积极主动履职、充分发挥基层党组织和党员干部作用。

(二)着力强化理论武装,持续学懂弄通做实习近平新时代中国特色社会主义思想

深化理想信念教育,强化理论武装。2020年修订了党组理论学习中心组学习办法,制定了中国气象局党组中心组专题学习计划,组织中心组学习。持续开展直属单位党委中心组学习旁听督导工作,对省(区、市)气象局党组中心组学习进行指导。全国气象部门认真组织学习贯彻习近平总书记关于气象工

作重要指示精神宣讲。继续组织开展"学用新思想　笔谈千字文"活动。积极组织各单位参加中央和国家机关"强素质　作表率"读书活动和现场活动。

推动健全和落实意识形态工作责任制。2020年,中国气象局党组制定了进一步落实意识形态工作责任制的若干措施、气象部门贯彻落实《新时代爱国主义教育实施纲要》若干措施、党支部书记谈心谈话制度等,从政治、思想、工作、生活上激励关怀帮扶党员、群众。认真落实思想政治工作定期分析报告制度,深入开展干部职工思想状况调研和分析研判。

(三)着力加强组织建设,提升党组织政治功能和组织力

深入贯彻新时代党的组织路线。修订党组选拔任用干部工作议事规则。加强干部队伍建设,优化调整23个司局级领导班子。大力培养选拔优秀年轻干部,新提任司局级领导干部中"70后"超过60%。全面开展党支部标准化规范化建设,持续创建"四强"党支部,提升"三会一课"质量,增强党支部创造力、凝聚力、战斗力。全面做好老干部、群团和统战等工作。

增强各级党组织政治功能和组织力。2020年,组织建立了换届提醒工作机制,指导督促中国气象局直属单位8个基层党组织按期完成换届及增补委员。完善临时党支部设立工作机制,做到应建必建。印发直属机关全面推进党支部标准化规范化建设实施意见和建设清单。制定办法并组织直属机关基层党组织书记抓党建工作述职评议考核。

抓实建强党支部。贯彻《中央和国家机关党支部落实全面从严治党责任清单》,建强基层党组织领导班子,进一步规范支委会组成。对标准化规范化试点党支部全面验收,提升支部建设水平。总结提炼"党支部工作法",探索"党小组工作法",推荐4家党支部参加中央和国家机关工委"四强"党支部论坛,编辑《全国气象部门党建创新案例选编》。

严格党员教育管理,开展"两优一先"评选表彰。2020年,制定了全国气象部门优秀共产党员优秀党务工作者和先进基层党组织评选办法,对121名优秀共产党员、40名优秀党务工作者和60个先进基层党组织进行表彰。把抗疫一线表现突出的先进分子及时发展入党。先后选派14人参加中央和国家机

关各类培训班,举办10期各类党建类培训班。举办气象和扶贫纪检干部监督执纪能力提升班、省级气象部门纪检组长和直属单位纪委书记政治能力提升班和地市气象局纪检组长任职培训班,共计140余人次参加培训。

(四)着力推进正风肃纪反腐,深化党风廉政建设

做实做细监督职责,强化日常监督。持之以恒纠"四风",不断巩固作风建设成果。2020年,印发《关于做好气象部门公职人员违法违纪事件等信息报送工作的通知》。对巡视整改进行监督检查,开展纪检信访举报受理和处置信访举报专项检查。采取书记约谈机关党支部纪检委员等方式落实《中央和国家机关党员工作时间之外政治言行若干规定(试行)》。对习近平总书记关于厉行节约、反对浪费特别是制止餐饮浪费等一系列重要指示批示精神贯彻落实情况开展监督检查。

加强执纪审查,坚决维护党规党纪的严肃性和权威性。畅通举报渠道,印发《省(区、市)气象局党组讨论和决定处级党员干部处分有关事项工作流程(试行)》,开展纪律处分决定执行情况回访。认真把握"四种形态",并根据规定对违反纪律的领导干部给予相应处分。

坚持以案促改,大力开展警示教育,强化纪律规矩意识。组织了以"增强制度意识,严明纪律规矩,建设模范机关"为主题的第十九个党风廉政宣传教育月活动,举办廉政警示教育展,并开展案例教育。

(五)着力加强党的群团和精神文明建设工作,增强了群团组织的政治性

扎实做好工会、妇联、统战和精神文明建设工作。一批优秀职工和先进集体荣获"全国先进工作者""全国三八红旗集体""全国最美家庭"等荣誉称号。圆满完成消费扶贫任务。2020年组织开展"第六届全国文明单位"评选推荐和复查工作,气象系统共有53个单位新获评全国文明单位,全国文明单总数增至198个。

大力加强青年工作。实施青年理论提升工程,实现直属机关青年理论学

习小组全覆盖,2020年持续开展10期"风云青年学习汇"学习活动,1789名青年参与线上测试活动。在"风云青年"公众号分享学习资料和80余篇体会,1500余名青年参与线上交流,组织青年学习标兵评选。组建青年抗疫志愿服务队,提供近400余次志愿服务,受到各级党组织、广大职工及相关媒体的充分肯定。"五四"期间组织开展"初心与使命 青春与担当"青年网络创意大赛,全国565件作品报名参赛,53万人次参与微信投票。修订共青团工作考核办法,建立团干部任前谈话机制,开展团干部挂职工作,充分发挥共青团培养锻炼年轻干部的平台作用。

(六)着力强化责任担当,推进党建与业务深度融合

落实机关党建责任制。制定实施中国气象局党组全面从严治党责任清单管理办法、党组党建工作领导小组工作规则等制度性文件。制定局党组及班子成员落实全面从严治党责任清单的年度任务安排。制定各省(区、市)气象局党组履行全面从严治党主体责任年度考核工作方案,真正发挥全面从严治党主体责任考核的先导作用。建立党组(党委)成员基层党支部工作联系点,健全落实领导班子成员基层党支部联系点制度。

推动党建和业务深度融合,开展模范机关创建。2020年,落实《关于破解"两张皮"问题推进中央和国家机关党建和业务工作深度融合的意见》要求,制定《进一步推进新形势下党建和业务深度融合的若干措施》,征集气象系统党建与业务深度融合的151个典型案例在气象报宣传。制定出台《全国气象部门创建模范机关先进单位和标兵单位评选表彰办法(试行)》并开展评比表彰。印发直属机关"灯下黑"问题专项整治工作方案,制定问题清单,建立工作台账,落实整改责任,把整治工作落细落实。

推进审计全覆盖。赴部分省(区、市)气象局开展调研,提出加强党对审计工作的全面领导、完善内部审计管理体制机制、强化审计监督职能、落实审计整改跟踪检查工作、强化审计成果应用等具体措施建议。完成部分省(区、市)气象局经济责任审计任务,指导落实审计整改工作。组织12个试点单位开展审计信息系统业务试运行工作。

(七)坚守政治巡视定位,高质量推进巡视全覆盖

不折不扣抓好巡视工作。各级气象部门积极配合中央巡视开展2019年度和2020年度共计三轮巡视监督,制定4个方面28项整改任务143条细化措施。如期完成128项年度整改任务,按时序要求扎实推进15项长期任务,制修订30余项制度。党的十九大以来巡视全覆盖率达到75.6%,巡察全覆盖率达67.1%。同时,加强巡视工作信息化建设,启动巡视整改系统建设;严格落实巡察报备制度,严格报备要求,强化对报备材料的综合分析和通报反馈;开展巡察工作检查,对近年来巡察工作情况进行总结分析,印发情况通报,实行"一省一单",有针对性地进行指导督促。

深化部门巡视巡察。2020年组建3个巡视组,对中国气象局所属司局级7个党组织开展常规巡视,对884个党组织开展巡察。在中央第十二巡视组的指导下,组织开展了防雷体制改革和工程建设、采购类项目专项巡视;认真组织落实中央巡视和选人用人专项检查;落实中央巡视反馈意见,完成中国气象局管理的企业专项审计调查工作。针对专项巡视发现的问题,及时梳理问题清单,制定整改方案,开展中期检查,推动落实巡视整改工作。选取北京市气象局作为试点单位,开展巡察工作现场指导督导;选取辽宁省气象局作为试点开展巡视带巡察工作,实现巡视巡察同向发力、同频共振、成果互用。开展巡察工作中通过对市级气象局调研,推动市级气象局党组强化管理、落实责任。

落实巡视整改长效机制。2020年,中国气象局党组着力落实主体责任,认真落实"一岗双责",推动气象部门各级党组(党委)明确细化"三重一大"决策事项清单;建立年度任务措施台账,强化监督检查;完善常态化学习研讨、督促检查和成果转化等"三项机制",推进学习制度化。建立了巡视整改报告联审、党组听取巡视整改汇报、巡视整改定期报告和整改公开、巡视发现问题移交等工作机制,加强对被巡视党组织整改的全过程指导和督促检查。

健全巡视整改工作监督机制。对巡视情况实行"双反馈双通报",贯通运用监督执纪"四种形态",严肃查处违规违纪行为。2020年印发《关于做好气象部门公职人员违法违纪事件等信息报送工作的通知》;落实《中央和国家机关

党员工作时间之外政治言行若干规定》《气象部门巡视整改和成果运用工作办法》《气象部门巡视整改专题民主生活会实施办法》等制度;实行"6个阶段、5个主体、14项任务"的整改全链条闭环管理模式,规范整改制度流程。采取多种方式通报巡视情况和巡视整改情况,接受群众监督。

综合运用巡视成果。督导巡视整改专题民主生活会,制定了《气象部门巡视整改和成果运用工作办法》;建立巡视成果运用管理台账,加强统计分析,发挥巡视标本兼治作用。2020年,依据专项巡视整改方案,印发《中国气象局办公室关于加强调查研究提高调查研究实效的通知》《中国气象局关于规范局属企业发展的意见》等重要制度性文件;开展防雷检测资质、升放气球资质挂靠行为、防雷检测市场专项巡视整改,建立资质挂靠行为预防、查处和监管长效机制;印发《中央巡视反馈局属企业问题重点整改工作方案》,开展了中国气象局所属企业问题重点整改。

五、评价与展望

2020年,气象部门以习近平新时代中国特色社会主义思想为指导,认真学习和正确把握中央全面深化改革精神和战略部署,气象改革工作取得明显成效,气象法治工作持续稳步推进,气象部门党的建设成效卓著。但围绕气象事业高质量发展统筹谋划气象改革和气象法治的力度还不够,实现党建与业务同频共振、相互促进的方式还有待进一步创新。

2021年是中国共产党成立一百周年,是"十四五"规划开局之年,做好气象领域的改革、法治以及气象部门党的建设工作对于保障气象事业高质量发展意义重大。面对新发展阶段,气象部门全面深化气象改革,全面推进气象法制建设,必须以习近平新时代中国特色社会主义思想为指导,深入学习贯彻习近平总书记关于气象工作重要指示精神,把握新发展阶段,贯彻新发展理念,立足新发展格局,以科技体制改革为突破口、业务技术体制改革为重点、以服务体制改革为关键、以气象管理体制机制改革为保障,推动气象事业转变发展方式、优化事业结构、转换发展动力,进一步激发气象事业发展的活力和动力。

全面深化气象改革,需要重点持续深化气象部门"放管服"改革,不断优化营商环境;推动国省两级"数算一体"云平台建设和业务系统"云+端"业务体制改革,推进国家气象大数据中心改革和建设;大力发展专业气象服务,完善专业气象机制,促进气象服务的发展与壮大;大力推进创新体制机制改革,为创新不断增强新动能;推进中央与地方气象财政事权改革和深化气象行政审批制度改革。全面加强气象法治建设,需要重点立足气象事业发展现实需求和法律制度存在的问题,积极稳妥推进《气象法》修订,为进一步强化公共气象服务,以及应对气候变化和生态气象事业发展提供法律支持,在不断完善气象标准立项的同时,更加注重推进气象标准执行。全面加强党的建设,需要继续增强"四个意识",坚定"四个自信",做到"两个维护";需要加强理论武装建设,推动党建业务深度融合,弘扬气象文化精神,为实现气象事业高质量发展和建设现代化气象强国提供坚强的政治保障。

第十三章　气象开放与合作[*]

2020年,受新冠肺炎疫情影响,气象国内外合作交流受到限制,尤其传统的由多国气象工作者出席的国际会议、国际培训、跨境交流互访、跨国学术团队交流和合作形式面临重大挑战。在新的形势下,气象部门坚决贯彻落实习近平总书记关于气象工作的重要指示精神及中央总体外交部署,以服务国家总体外交和服务气象事业发展为主线,围绕建设气象强国的发展目标,创新合作交流方式方法,继续积极推进国内外开放合作,并取得了新的成效。

一、2020年气象开放与合作概述

(一)全球气象业务取得新发展

全球监测初步建立了风云卫星全球观测业务格局,实现全球和区域范围内的极端天气、气候和环境事件及时高效观测。全球预报基本建立具有完全自主知识产权的全球和区域数值预报模式系统(GRAPES),构建了台风、暴雨、沙尘暴、环境气象等专业预报模式系统,初步构建了面向全球无缝隙的预报业务框架。全球服务初步具备面向全球提供精细化公众气象服务产品能力,形成具有自主知识产权的全球远洋气象导航能力,为"一带一路"倡议、国家粮食安全、海洋强国战略和区域气象防灾减灾做出了积极贡献。

---

[*] 执笔人员:陈鹏飞

持续谋划全球气象业务发展。2020年,编制印发《全球气象业务发展行动计划(2020—2022年)》,以进一步提升全球气象业务服务能力,打造全球气象服务品牌,建立全球气象业务体系。

(二)气象国际合作取得新成果

持续推进"一带一路"气象合作,深入贯彻落实习近平总书记关于利用气象卫星服务"一带一路"建设重要指示精神,深入调研"一带一路"沿线用户风云气象卫星服务需求,提升风云气象卫星产品服务水平。积极为老挝、蒙古、缅甸等国家提供气象服务和技术支持。深入参与气象国际治理,在新冠疫情发生的情况下,有序开展线上国际交流活动,积极参与推动国际气象科技合作,并及时跟踪研究国际气象发展动态,为气象发展战略提供参考。2020年,气象部门参加国际会议228场,参会498人次,主办或参与主办国际会议14场。

(三)国内气象发展合作更加深入

2020年,中国气象局加强与国家卫健委、国家林业和草原局、公安部、农业农村部等部委的沟通合作,推动完善灾害预警、联防联动等气象服务工作。深化省部合作,印发《关于深化与地方人民政府合作工作的指导意见》,中国气象局分别与湖北、辽宁、贵州、黑龙江、广东、湖南、陕西、江苏等省召开省部联席会议,加强与部委、高校和企业的战略合作,强化港澳台地区合作交流,共同谋划更高水平气象现代化建设和更好服务国家、服务人民的气象高质量发展。

二、2020年全球气象业务发展

(一)全球气象业务顶层设计

发展全球气象业务是建设气象强国战略的重要内容,也是服务国家战略、满足各行业对全球气象服务需求的重要抓手。为落实中国气象局党组提出的

"协同推动气象现代化建设,提升全球业务能力"重大改革发展任务,制定实施了《全球气象业务发展工作方案》,明确了目标和任务。

2020年,中国气象局印发《全球气象业务发展行动计划(2020—2022年)》(简称《行动计划》),要求各级气象部门要以习近平新时代中国特色社会主义思想为指导,深入贯彻落实习近平总书记对新中国气象事业70周年的重要指示精神,以服务国家服务人民为根本方向,瞄准加快建成气象强国战略目标,不断健全完善全球气象业务体系,提升全球监测、全球预报、全球服务能力。提出了全国各级气象部门强化主体责任,做好全球气象业务发展与气象现代化建设工作的衔接,统筹现有业务资源,明确年度目标,细化任务分工,结合实际认真组织实施。《行动计划》在总结业务发展现状的基础上,以构建人类命运共同体、共建"一带一路"倡议和参与全球气象治理为全球气象保障服务指明发展方向,从夯实全球气象业务发展基础、加快科技创新、发展全球气象预报预测业务、提升全球气象服务能力、深化国际合作交流等五方面制定了19项重点任务。《行动计划》还从强化组织领导、深化开放合作、健全体制机制和加强经费保障等四方面强化保障措施,确保各项任务抓好抓实抓出成效。

进一步规范风云气象卫星国际用户防灾减灾应急保障机制的管理。为加强对风云卫星国际用户防灾减灾应急需求的支持,制定《风云卫星国际用户防灾减灾应急保障机制运行管理办法》,将促进风云卫星更好地为"一带一路"沿线国家和地区提供气象防灾减灾数据服务。明确提出,风云卫星防灾减灾应急保障机制用户在遭受台风、暴雨、强对流、森林草原火情、沙尘暴等灾害时,可申请启动风云卫星国际用户防灾减灾应急保障机制,包括风云静止气象卫星区域加密观测及其他应急数据、遥感监测服务等应急保障服务。根据部署,国家气象信息中心通过CMACast向国际用户分发和提供值班卫星应急区域加密观测数据、图像和定量产品;国家卫星气象中心通过英文门户网站国际用户防灾减灾应急保障机制栏目或电子邮件等方式,向国际用户提供应急数据和遥感监测等服务,收集国际用户防灾减灾保障机制应用效益,对应用情况进行总结,负责历史服务记录归档。

积极推进全球气象业务支撑保障体系建设。目前已基本建成全球监测预报服务网页平台和业务体系,开通了世界气象中心(北京)中英文网站,形成了世界气象中心(北京)运行机制,加强了全球气象数据业务应用,建立了全球气象业务考核评估机制。

(二)全球气象观测业务布局

地球系统多圈层观测不断拓展,到2020年已初步建立了涵盖全球大气、陆地、海洋和空间天气四大类基础卫星遥感产品体系的风云卫星全球观测业务格局,实现全球和区域范围内的极端天气、气候和环境事件及时高效观测,实现典型气象灾害卫星监测评估服务常态化发布。实现了印度洋、大西洋等全球台风、热带气旋常规监测。

近两年,观测站网立体布局不断深化,完成了飞机飞艇和空间天气观测布局、海洋二期工程气象观测布局,第三极区域冰冻圈气象观测站网布局等,制定了全球地面、高空、海表、AMDAR等气象观测资料质控方案。与中国海洋石油集团有限公司、中国远洋海运集团等单位合作,稳步推进南海相关岛礁和石油平台自动气象站建设,利用石油平台、远洋船舶、浮标和海岛观测站等设施在海上开展了自动气象观测,联合开展了海上船舶气象观测资料的收集传输和处理试验工作,有效补充了我国海洋气象观测和资料收集。

2020年,我国编制发布了《风云气象卫星国际服务计划》,贯彻落实习近平总书记重要讲话精神,构建人类命运共同体,践行"全球监测、全球预报、全球服务"理念,推动风云气象卫星服务"一带一路"建设,充分发挥风云气象卫星综合应用效益,为世界贡献中国气象智慧。按照积极推广、对接需求,开放共享、提升能力,共建共用、合作共赢的基本原则,中国气象局将释放风云气象卫星服务资源,加强与世界气象组织、欧洲气象卫星开发组织等国际组织及"一带一路"沿线国家的沟通协商,提升风云气象卫星用户数据获取能力,提高国际用户风云气象卫星产品应用水平,促进国际用户数量增长,拓展应用领域,显著提高应用效益,开创风云气象卫星国际应用合作新格局。该《计划》提出了风云气象卫星国际服务提升、风云气象卫星数据共享服务和风云气象卫星产品推广服务等3个计划,共计22项建设任务。其中,风云气象卫星国际服务提升计划涉及 9 个方面,包括国际需求调研常态化、开展适应性产品研发及产品校正、建立"云+端"风云气象卫星数据应用及服务平台、建立风云气象卫星国际会商平台、建立多源卫星数据处理和服务平台、建立服务队伍、建设面向"一带一路"的遥感应用体系、健全国际防灾减灾机制和利用市场机制推进风云气象卫星国际服务;风云气象卫星数据共享服务计划涉及 6 个方面,包括建设风云气象卫星直收站计划、升级 CMACast 计划、建设"风云卫星遥感数据服务网"国际版、基于公有云的数据共享服务计划、发展以风云气象卫星为主的气象数据国际合作中心和赠送气象数据及遥感数据综合应用平台;风云气象卫星产品推广服务计划涉及 7 个方面,包括发展风云气象卫星遥感应用国际示范中心、完善风云气象卫星国际交流机制、组织国际遥感应用技术培训、成立风云气象卫星国际合作项目平台、支持"一带一路"沿线国家学者来华交流、开展现场技术支持和编制风云气象卫星遥感应用培训教材。

卫星气象观测服务全球能力显著增强。在提升风云气象卫星数据服务能力方面,2020 年以按需为相关国家和地区安装风云卫星接收站、中国气象局卫星广播系统(CMACast)集成系统,提供 CMACast 接收站升级维护或远程技术支持,推进新发射风云卫星国际用户试用工作,建设基于气象大数据云平台"天擎"公有云的数据共享服务平台,向"一带一路"国家和地区推广风云卫星数据应用平台。目前,在轨业务运行 3 颗风云三号卫星,可以实现每日 6 次全球全天候多谱段的观测,为"一带一路"服务提供各种天气、生态环境、气候产品。风云四号 A 星可对亚太地区实现 15 分钟一次的全圆盘和 5 分钟区域观测。风云二号 H 星定点东经 79°,可有效覆盖"一带一路"沿线国家和地区,成为名副其实的"一带一路"服务星。全球观测资料获取时效由 4 个小时缩短至 2 小时以内。作为世界气象组织全球对地观测气象卫星序列一员,风云卫星持续服务"一带一路"建设,其数据对世界气象组织所有成员免费开放、实时共享,近 100 个行业、118 个国家和地区、3000 家用户正在接收使用风云卫星数据。为推广风云气象卫星产品,2020 年探索建设风云卫星遥感应用国际示范中心,开展了"一带一路"国家学者来华交流,组织了国际遥感应用技术培训,通过世界气象组织(WMO)官网、WMO 全球综合观测系统简报等平台开展宣传,编制了风云卫星遥感应用和 CMACast 集成系统培训教材。

全球气象观测产品服务效果不断扩大。积极开展全球气象数据资源建设,目前已实现了全球的地面、高空、海洋、卫星遥感、数值模式等数据资源信息和近 2 万个国外台站信息的动态感知、实时收集、更新维护和共享使用。基于气象大数据云平台,实现全球数据资源元数据收集共享。丰富全球区域一体化实况分析产品种类,新增全球和中国三维大气、降水、洋面风等实况产品。WIGOS 区域中心数据质量评估平台上线运行,实现二区协 35 个国家(地区)地面、探空数据质量评估及异常跟踪。平台具备观测数据质量控制、装备运行保障、观测产品加工制作等综合能力,大幅提升业务集约化水平。发挥亚洲区域仪器中心作用,开展二区协及周边国家气象仪器标准比对、气象仪器标校培训、计量校准服务。

到 2020 年,我国已经实现了 79 个全球气象数据中心的地面、高空、海洋、遥感卫星、数值模式 5 大类近 50 种数据资源信息动态的感知和 18293 个国外台站信息的实时收集、更新维护和共享使用;与中海油、中国远洋海运集团等合作分别推进了海上石油平台自动气象观测站建设和远洋船舶自动气象站数据接入,有效补充了我国海洋气象观测和资料收集。

(三)全球气象预报业务建设

全球数值预报模式逐步优化完善,全球气象预报业务能力显著提升,截至 2020 年,基本建立了具有完全自主知识产权的全球和区域数值预报模式系统(GRAPES),并以此为基础构建了台风、海洋、环境气象等专业预报模式系统。GRAPES 全球预报系统于 2016 年 6 月投入业务化运行以来,现阶段 GRAPES 全球预报系统水平分辨率为 25 千米,垂直分层 87 层,北半球可用预报时效 7.7 天,卫星资料同化观测比例达 75%。随着新的模式框架、算法等的换代相关指标将呈阶段性提升,目前 GRAPES 全球预报系统研发正进一步开展,预期 2021 年实现水平分辨率的提高,卫星资料同化占比接近 80%,可用预报时效接近 8 天。全球常规观测资料和微波辐射率、红外高光谱等卫星资料同化应用取得新进展,实现船舶、浮标和卫星反演海表温度的融合,可实时发布全球表面气温和海表温度产品。

初步建成全球客观天气预报系统,实时制作生成全球 0～10 天逐 3 小时 10 千米分辨率气温等 8 种要素的智能网格预报产品。不断推进了 GRAPES 全球模式改进,高层大气预报偏差显著减小。其北半球可用预报时效达到 7.5 天。区域模式改进明显,区域集合预报分辨率提升至 10 千米,台风数值预报范围扩展至北印度洋。GRAPES 台风预报模式范围扩充至西北太平洋、北印度洋及亚洲大部地区。

全球大气实况分析系统实现了准实时运行,开始提供全球三维大气实况分析产品(25 千米/6 小时)、全球海表温度(25 千米/天)以及全球表面气温(10 千米/3 小时)产品。研制了东亚区域 2008—2012 年水平分辨率为 12 千米再分析资料。初步建立全球 100 千米月季气温降水的网格预报产品。

全球客观天气预报产品投入业务运行

2020 年 7 月,中国气象局自主研发的全球客观天气预报产品(简称"全球预报产品")投入业务化应用,可实时提供未来 10 天逐 3 小时全球 10 千米网格预报、全球 11621 个城市精细化天气预报以及当地时间的逐 12 小时天气预报。这是中国气象局深入贯彻落实习近平总书记重要指示精神,推进"全球监测、全球预报、全球服务"的重要举措,将进一步扩大预报产品全球覆盖范围,提升全球预报服务能力。

全球预报产品由新一代全球客观天气预报系统每日两次实时制作生成。该系统基于 GRAPES 和 ECMWF 全球模式以及全球交换站点实况资料,采用国际最新多模式多方法预报动态集成技术路线,构建了格点和站点并行改进以及格站融合的技术框架;针对全球实况资料存在缺失和误差等问题,研发实现了订正增量时空一致性携带处理和滑动历史分位阈值质控技术,并且在 MOS 预报、卡尔曼滤波订正和频率匹配等常规方法基础上,进一步纳入自主研发的超前空间实况因子 OMOS 预报方法,以实现可预报性

> 的最大挖掘。
>
> 经业务化评审,新一代全球客观天气预报系统预报性能远优于 ECMWF 等模式预报,与同类国际预报产品相比也具有一定优势。评估表明,全球预报产品模式误差显著减小,其中气温预报明显优于国际同类产品预报性能。
>
> (摘自:中国气象局网站)

2020 年围绕能力建设,世界气象中心(北京)进一步丰富全球数值预报产品,提高基于 GRAPES 全球数值预报模式的产品频次,增加西北太平洋和北印度洋台风路径预报等特色产品,以及全球多模式集合等预测产品;开展全球极端天气监测业务试运行,重点提升对全球特别是"一带一路"沿线国家和地区的台风、暴雨等灾害性天气极端性的业务化监测影响评估服务能力;建立风云卫星全球应急服务、"一带一路"重点区域灾害性天气联防机制,提升对亚洲区域重点用户的服务能力,强化重要建设项目管理。

2020 年,依托中国气象局气象预报业务关键技术发展专项"发展月季年客观预测关键技术"与"气候预测理论和应用创新团队"项目,历时 4 年,中国多模式集合预测系统(简称 CMME 系统)研发成功并实现系统业务运行。该系统对深入发展客观化和精准化气候预测业务技术体系、加快推进多模式气候预测业务应用、提升全球气候预测能力有重要意义。目前,CMME 系统在全球及区域气候预测方面表现良好,在业务化运行期间将继续改善和优化产品的质量,并将最新科研成果应用于系统技术升级,为业务预测提供最全面和准确的信息。

2020 年,继续开展了亚洲、北美洲、欧洲、大洋洲、非洲等五大洲(非洲为新增)定量降水落区预报业务(含天气现象、雨雪分界线等)。完成全球实况监测数据的显示分析平台搭建,初步实现"一带一路"地区基于不同监测预报标准的高温灾害性天气监测及高温极端性监测。开展基于卫星产品的"一带一路"强降水云团识别及暴雨监测技术研究和全球暴雨、高温、大风预报技术研究。

2020年,中央气象台 NMC 新版网站发布上线,中央气象台组织开展的非洲降水落区预报业务通过业务产品审核。公众可登录该网站获取非洲未来24小时至84小时的逐24小时定量化降水及灾害性天气等气象预报消息。非洲降水落区预报正式服务于全球预报业务,标志着我国全球气象预报服务领域进一步拓展,预报服务产品进一步丰富。此前,受预报历史和服务受众现实情况制约,针对各大洲的降水落区预报限于亚洲、欧洲、北美洲和大洋洲。自2019年11月起,中央气象台在前期亚洲、欧洲、北美洲和大洋洲等四大洲成熟的降水落区预报业务基础上,攻克非洲陆地及预报区域自动识别、全球模式降水产品非洲区域自动化裁剪、预报雨雪降水等值线及天气符号自动绘制、人工综合订正、气象信息综合分析处理系统(MICAPS)预报及产品发布工具更新等一系列技术要点,组织开展非洲降水落区预报业务试运行等工作(图13.1)。业务试运行的近半年时间内,产品生成稳定且实现零故障、零延时发布,确保

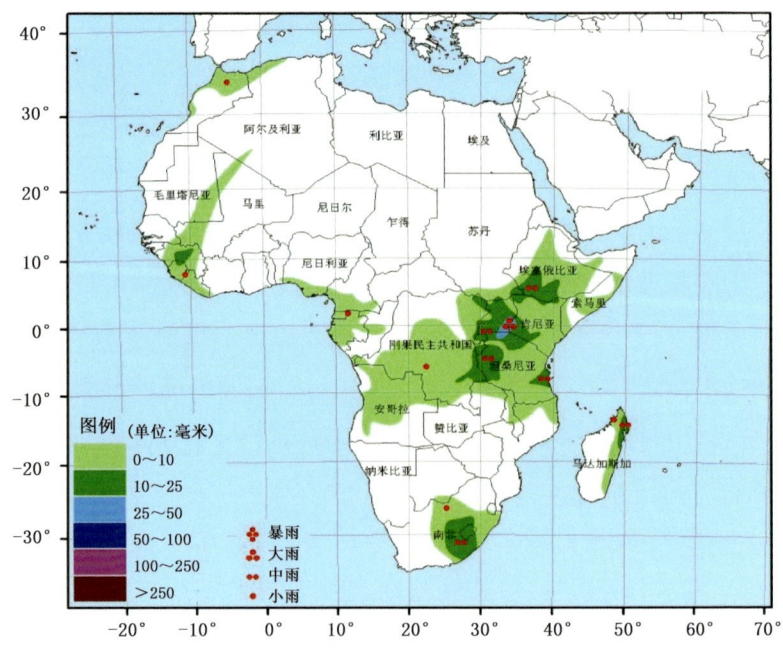

图 13.1 非洲降水量预报图

(来源:国家气象中心)

了非洲降水落区预报新产品高效顺畅运行。针对南美洲的降水落区预报已在 2020 年 3 月初进入业务试运行。此外,全球重点区域高温、暴雨等相关监测技术和产品也已完成研发,相关的自动化监测业务系统也在开发完善中。

(四)全球气象服务能力

全球气象服务能力显著提升,全球公众气象服务品牌建设稳步推进,初步具备面向全球任意地点提供精细化公众气象服务产品能力。截至 2020 年底,已建立了全球和"一带一路"重点区域台风、暴雨、高温等灾害性天气监测预报业务;建成了东亚区域多时间尺度气候预测产品应用展示和服务平台,提供全球 100 千米的月-季节客观化气候网格预测产品。亚洲区域预警系统(GMAS-A)进一步优化完善,提升了预警多语种服务能力,实现了面向亚洲区域预警信息的汇集和服务产品的共享功能,与世界气象组织 60 个成员国实现预警信息的互联互通。通过浙江、山东、广东、海南四个国家级海洋广播电台积极开展南海海洋气象广播服务和中英文双语广播。建成了台风国际会商平台,初步形成南海台风会商机制,升级台风海洋一体化业务平台,具备恶劣天气船舶风险动态预评估能力,建成了远洋导航气象预报服务决策子系统,形成了相应气象服务能力。初步建成了全球航空气象专业服务平台,实现全球航路颠簸、积冰、对流等高影响天气和主要机场气象要素精细化预报产品制作。

气象卫星全球保障服务深入推进,2020 年,依据《风云气象卫星服务一带一路行动方案(2019—2023 年)》,深入实施《风云气象卫星国际服务计划》,进一步推动风云卫星服务"一带一路"建设,完善风云卫星国际用户防灾减灾应急保障机制,充分发挥卫星综合应用效益、提高风云气象卫星国际影响力。制定《中国气象局卫星广播系统升级技术方案》,为提升海外用户获取风云气象卫星数据能力提供技术支持。完成风云气象卫星遥感数据服务网更新改造,不断拓展风云卫星产品国际用户。截至 2020 年底,风云卫星国际用户防灾减灾应急保障机制用户数达到 29 个,"风云卫星遥感数据服务网"国际用户增至 118 个国家,国际用户数据服务次数同比增长 54%,服务数据量同比增长

170.7%。2020年,为国际用户5次启动风云卫星国际用户防灾减灾应急保障机制、2次响应国际减灾宪章机制、2次提供风云卫星应急监测服务报告。为52个国家用户升级风云卫星应用平台。国际用户对风云卫星总体满意度由2019年的77%提升到80%。

  2020年,继续加强全球专业气象服务。目前,全球远洋导航业务升级台风海洋一体化业务平台,实现不同型号船舶在各级风速和浪高海区风险等级算法、海区风险预评估和航线风险等级评估等数据服务功能;为招商局、中交建天津航道局、中交天航环保工程有限公司、中远海(香港)公司等定制化远洋气象导航服务达到300艘/日。全球航空气象业务初步实现全球主要机场的气象要素精细化预报,发展了实现全球航路颠簸、积冰、对流等高影响天气和主要机场气象要素精细化预报产品制作,应用于节假日预报服务保障。全球陆路交通气象业务搭建"义新欧"商贸物流气象服务平台,重庆、内蒙古、江苏等省(区、市)气象局联合积极为"义新欧""渝新欧"中欧班列提供沿线城市天气预报、灾害性天气预警,以及路面积冰、输电环境温度、物流运输适宜性、车站施工作业等气象服务;将城市天气预报信息接入国家交通运输物流公共信息平台。全球农业气象业务形成了覆盖全球6大洲10个主要国家的小麦、玉米、大豆、水稻4种粮食作物气象监测预报能力,覆盖南美大豆总产、印度小麦总产、美国玉米大豆总产、澳大利亚小麦总产等全球性重要粮食产量。2020年,浙江宁波于7月10日正式发布航运气象指数,每日9时(北京时间)通过海上丝路指数官网和宁波市气象局官网等平台向国内外涉港涉航相关用户发布,现已覆盖宁波至新加坡、迪拜、鹿特丹3条国际航线和宁波至秦皇岛、黄骅、张家港3条国内航线。航运气象指数既可以反映宁波与东南亚、中东欧等地区重点港口间的整体气象风险预期,又可以反映宁波与国内重要港口间的航运气象安全变化趋势。

  世界气象中心(北京)网站开通以来,该网站上载了我国业务天气模式GRAPES确定性预报产品、集合预报产品以及我国气候业务模式BCC_CSM长期预报产品,对我国新一代静止气象卫星"风云四号"A星和极轨气象卫星"风云三号"C星产品进行了重点展示,并实现中央气象台全球地面、高空观测分析产品的在线分享。该网站开发了基于微信的"天气论坛"国际天气预报会商平台,并链接了中国气象局承担的区域专业气象中心(RSMC)、国际合作项目网站,以及世界气象中心其他相关网站。该网站作为一个系统平台,有效协助世界气象中心(北京)履行世界气象组织的规定职责,为世界各国和地区开展实时气象预报预测业务提供稳定、丰富、高质量的无缝隙天气气候分析、预报、预测等指导产品。WMC-BJ 按照 WMO 的标准规范制作了多达 26 种 150 个产品元数据,通过北京 WMO 全球信息系统中心(WIS)发布,实现了数据服务易发现、易访问、易获取等三大核心功能。同时,该网站也是中国气象局国际合作的一个窗口,用以对外展示我国气象科技发展成果,体现我国在世界气象业务组织、技术交流等方面的牵头、骨干作用,有助于提高我国在世界气象舞台上的显示度、影响力,作出更多国际贡献。

目前,"中国天气"实现了提供全球超过 300 万站点的服务,支持超过 100 种语言的天气信息查询,其中,中国天气网实现全球 52 万站 15 天精细化预报以及滚动订正更新,独家研发全球唯一雪质预报模型,发布覆盖全球 2780 个滑雪场的精细化气象服务,为"一带一路"沿线国家 400 余个重要机场及 250 余个海港提供精细化气象预报服务;全球远洋导航、全球航空气象、全球农业气象等专业气象服务以及全球气候变化评估工作取得突破性进展。"一带一路"气象服务网,每天发布"一带一路"沿线 243 个城市天气预报。

三、2020 年气象国际交流与合作进展

(一)积极参与国际组织交流与合作

2020 年,气象部门积极参与国际组织的交流合作,规范管理线上外事,在气象国际治理中展示大国形象。组团参加世界气象组织(WMO)执行理事会第 72 次届会、基础设施委员会首次届会、政策咨询委员会、资料大会等近 40 次国际视频会议。积极参加世界气象组织科学咨询委员会白皮书和愿景文件编写,推荐 300 余名专家参与世界气象组织技术委员会工作。组织参加由世

界气象组织和地球观测组织联合举办的"气候、气象和环境因素对新冠肺炎疫情影响"网络研讨会。派员参加世界气象组织研究理事会疫情专题组等。组团参加政府间气候变化专门委员会(IPCC)2 次 IPCC 全会、2 次主席团会议,2 名中国作者入围综合报告编写,高效完成 IPCC 工作组报告政府和专家评审,组织科研机构、高校和气象部门的 140 余位专家参与审议,提名 30 位中国专家为 IPCC 排放因子数据库编辑委员会成员,我国气候变化领域的国际影响力和话语权进一步增强。

2020 年,中国气象局继续深入推进气象卫星领域的国际合作,与亚太空间合作组织(APSCO)签署合作协议,与海湾阿拉伯国家合作委员会(GCC)的协议初步达成一致。组织召开与欧洲气象卫星开发组织(EUMETSAT)高层双边会,及第五届中国气象局和欧洲气象卫星开发组织联合研讨会。中国气象局牵头实施 2020 年度台风委员会(TC)7 个项目,参加台风委员会第 52 次届会等 4 次远程会议。中国气象科学研究院与联合国环境规划署(UNEP)科学司正式签署谅解备忘录,推动双方在气候研究、灾害风险评估、发展中国家气候能力建设等领域的合作。

2020 年,中国气象局及时跟踪收集国际气象发展动态,强化国际合作成果应用。中国气象局开展有关国际组织和重点国家气象事业发展战略规划信息收集与研究,重点开展了《WMO 战略计划(2020—2023)》《欧洲中期天气预报中心(ECMWF)战略 2016—2025》《美国国家气象局(NWS)战略计划(2019—2022)》《英国气象局(Met office)战略计划(2016—2021)》《澳大利亚研究发展规划(2020—2030)》等气象相关发展战略的分析研究工作,并通过《国际气象视野》《科技信息快递》《领略咨询》等平台多种方式交流研究分析成果,为气象"十四五"高质量发展和气象强国建设的战略谋划提供有效支撑。

(二)气象国际双边多边交流与合作

2020 年,深化"一带一路"建设气象服务,组织联合起草老挝未来十年气象现代化发展规划,以及中国气象局与老挝自然资源和环境部未来三年(2020—2022 年)气象科技合作计划。组织编写气象援助老挝项目立项建议书和可行性研究报告；组织世界气象中心（北京）为孟加拉提供热带气旋"安攀"专项气象服务。中国气象局国家气象中心联合孟加拉国气象局参与国家重点研发计划战略性科技创新合作项目"气象灾害监测预测与风险管理技术联合研发与示范"。组织为所罗门群岛提供风云卫星应用和预报服务产品。与蒙古国气象部门联合草拟中蒙气象联合监测规划。向蒙古、缅甸和喀麦隆捐赠高清气象视频演播系统等。中国气象局公共气象服务中心与马来西亚玛拉工艺大学合作共建重点实验室；与菲律宾国立大学联合申报科技部政府间合作项目；与尼泊尔水文气象局推进预警系统深度合作。组织人员参加美国气象学会第100届年会，并组织总结分析报告等成果的交流分享。

中国6个气象站新入选WMO百年气象站

2020年9月30日，世界气象组织（WMO）执行理事会第72次届会通过决议，由中国申报的北京、芜湖、青岛、南京、齐齐哈尔和澳门大潭山等6个气象站，因建站历史悠久、多年致力于持续观测及推动探测环境保护，被认证为WMO百年气象站。本次全球共有25个会员的94个气象站通过认证。

北京国家基本气象站、芜湖国家气象观测站、青岛国家基本气象站、南京国家基准气候站分别建立于1724年、1880年、1898年、1904年，齐齐哈尔国家基本气象站和澳门大潭山气象站建立于1901年，均满足运行时间百年以上、缺测不超过10%（不含战争和灾害等影响）、迁站没有造成气候特征变化等9个评选条件。其中，北京观象台（北京国家基本气象站）以近300年的观测记录，成为此次认证中全球观测时间最长的百年气象站。至此，我国共有14个气象站获WMO百年气象站认证。

（摘自：中国气象局网站）

(三)气象国际培训

2020年,为了既防控疫情又继续进行国际交流,加强了气象国际用户在线培训和远程视频交流,世界气象组织(WMO)北京和南京区域培训中心举办10期线上国际培训,来自包括"一带一路"沿线国家在内的104个国家和地区的1710位国际学员通过线上方式参加了培训,创年度国际培训学员总数新高。举办了2期风云气象卫星产品应用远程国际培训班,组织远程指导吉尔吉斯斯坦等国风云卫星设备安装应用,推进援助巴布亚新几内亚的中国气象局卫星广播系统(CMACast)设备安装,组织召开与所罗门群岛风云气象卫星应用技术视频培训,与斯里兰卡、马尔代夫等国气象部门会商及开展应用技术培训。同时,举办第五届台风业务国际培训班。

四、2020年气象国内合作进展

(一)部际合作[①]

自2010年,中国气象局建立气象灾害预警服务部际联络制度以来,不断强化部际合作,逐步建立了"一协议、三制度、三平台"的合作机制。"一协议",即与相关部委和企事业单位签订合作协议或备忘录;"三制度",即人工影响天气协调会议制度、气象灾害预警服务部际联席会议制度和重大节假日联合会商制度;"三平台",即气象灾害预警部际联络信息平台、手机决策气象服务客户端软件平台、部际联络员微信群平台。至2020年底,中国气象局相继与20余个行业部门和大型国有企业建立了常态化的沟通联络机制。中国气象局已与国家发展和改革委、公安部、自然资源部(包括国家林业和草原局)、生态环境部、住房和城乡建设部、交通运输部(包括国家铁路局、民航局)、水利部、农业农村部、商务部、国家卫健委、文化和旅游部、应急管理部、国铁集团、三峡集

---

① 资料来源:中国气象局办公室。

团等14个部委（局、企）在专业气象服务方面签署了合作协议，并与8个部（局）联合发布产品13种（表13.1），在合作中，充分发挥气象趋利避害作用，全力保障生命安全、生产发展、生活富裕、生态良好。

表13.1　中国气象局与相关部门合作及联合发布产品统计

序号	部门	合作协议和联合发文	联合发布产品	承担单位
1	自然资源部	国土资源部　中国气象局　联合开展地质灾害气象预报预警工作协议（2003.4.7） 国土资源部　中国气象局　深化地质灾害气象预警预报工作合作框架协议（2010.10.14） 国家测绘局　中国气象局　关于加强地理气象信息数据资源共享与技术合作协议（2007.7.24） 国家测绘地理信息局　中国气象局　地理信息共享合作框架协议（2015.10.30） 中国气象局　国家测绘地理信息局　协同发展合作协议（2017.9.11）	地质灾害气象风险预警	国家气象中心、中国地质环境监测院
2	生态环境部	环境保护部　中国气象局合作框架协议（2013.12.24） 生态环境部　中国气象局总体合作框架协议（2018.10.31） 国家环境保护总局　中国气象局关于开展环境保护重点城市空气质量预报工作的通知（2000.11.24）	（1）全国空气质量预报 （2）大气污染扩散气象条件预测	（1）中国环境监测总站、中央气象台 （2）国家气候中心、中国环境监测总站
3	交通运输部	交通运输部　中国气象局　共同开展公路交通气象监测预报预警工作备忘录（2005.7.27） 交通运输部　中国气象局　共同做好海上搜救气象服务协议（2006.10.13）	（1）全国主要公路气象预报 （2）重大公路气象预警	交通运输部路网中心、中国气象局公共气象服务中心

续表

序号	部门	合作协议和联合发文	联合发布产品	承担单位
4	水利部	水利部 中国气象局 加快水利和气象发展合作备忘录(2012.2.7) 水利部 中国气象局 关于进一步加强水文气象合作的通知(2015.7.13) 水利部 中国气象局 联合发布山洪灾害气象预警备忘录(2015.7.15) 中国气象局 水利部海河水利委员会 共同推进海河流域水安全战略合作协议(2019.7.5) 中国气象局 水利部长江水利委员会 共同推进长江流域防汛抗旱战略合作协议(2017.6.13)	山洪灾害气象预警	国家气象中心、水利部减灾中心
5	农业农村部	农业部 中国气象局 合作备忘录(2008.7.31) 农业部 中国气象局 联合制作和发布农作物有害生物预报预警信息合作协议(2009.5.22) 农业部办公厅 中国气象局办公室关于联合推进气象信息进村入户的通知(2016.9.22) 中国气象局办公室 农业部办公厅关于推进特色农业气象服务中心创建工作的通知(2017.9.6) 中国气象局办公室 农业部办公厅 关于认定第一批特色农业气象服务中心的通知(2017.12.27) 中国气象局办公室 农业农村部办公厅 关于印发《特色农业气象服务中心建设与运行管理办法》和开展第二批特色农业气象服务中心创建工作的通知(2019.12.3)	(1)农业干旱监测预报 (2)农作物病虫害预报	(1)国家气象中心、农业农村部种植业管理司 (2)国家气象中心、农业农村部全国农业技术推广中心
6	文化和旅游部	国家旅游局 中国气象局 联合提升旅游气象服务能力的合作框架协议(2010.7.7) 文化和旅游部 中国气象局 关于进一步做好灾害性天气旅游安全风险防控工作的通知(2018.7.11) 国家文物局、中国气象局等16个部门《关于加强和改进文物安全工作的指导意见》(2012) 国家文物局、中国气象局《关于开展全国重点文物保护单位防雷安全专项检查的通知》(2011)	重要节假日旅游气象风险提示	文化和旅游部市场管理司、中国气象局减灾司

续表

序号	部门	合作协议和联合发文	联合发布产品	承担单位
7	应急管理部	民政部　中国气象局　加强防灾减灾工作合作备忘录(2011.5.13) 民政部　中国地震局　中国气象局　关于印发《全国综合减灾示范社区创建管理暂行办法》的通知(2018.1.23) 国家安全监管总局　国家海洋局　中国气象局　关于建立气象灾害预警工作机制的协议(2008.1.7) 国家安全监管总局　中国气象局　《关于加强烟花爆炸企业防雷工作的通知》(2013.8.28) 应急管理部　中国气象局　关于建立应急管理与气象监测预报预警服务联动工作机制框架协议(2019.2.15) 应急管理部……中国气象局(8部委)　关于印发防范化解尾矿库安全风险工作方案的通知(2020.2.21) 国家减灾委员会、应急管理部、中国气象局、中国地震局　关于命名北京市东城区安定门街道国子监社区等1487个社区为2018年度全国综合减灾示范社区的通知(2019.1.31) 国家减灾委员会、应急管理部、中国气象局、中国地震局　关于命名北京市东城区龙潭街道新家园社区等976个社区为2019年度全国综合减灾示范社区的通知(2019.12.30)	森林火险预警	应急管理部森林防火预警监测信息中心、国家林业和草原局防火司、中国气象局公共气象服务中心
8	国家林业和草原局	国家林业局　中国气象局　森林防火与气象合作框架协议(2010.4.8) 国家林业局　中国气象局　深化全面战略合作框架协议(2015.11.26) 国家林草局　中国气象局　战略合作协议(2020.9.28)	(1)林业有害生物监测预警 (2)沙尘天气气候预测 (3)森林火险预警	(1)国家气象中心、国家林业和草原局森林和草原病虫害防治总站 (2)国家气候中心、国家林业和草原局荒漠化防治司 (3)应急管理部森林防火预警监测信息中心、国家林业和草原局防火司、中国气象局公共气象服务中心

2020年,部际合作在现在基础上,围绕气象防灾减灾工作,根据新的服务需求,中国气象局加强与各部门沟通协调,并与四个部委进一步完善了合作机制,增加了新的合作内容。

(1)中国气象局与国家卫健委进一步健全联动机制,不断强化国家突发事件预警信息发布系统发布新型冠状病毒感染的肺炎疫情防控信息,同时做好科普宣传工作。各级气象部门发挥预警发布系统广覆盖、快响应的优势,使各级卫生健康部门可利用预警发布系统的农村大喇叭、气象信息显示屏、气象影视、互联网、新媒体、手机短信等多种发布手段,提高疫情防控相关预警、风险提示、通知公告、宣传科普知识和政策措施解读等信息传播覆盖率,实现信息的快速、精准和分级发布,加强社区疫情防控信息发布和科普宣传工作,尤其是面向广大农村、牧区和偏远山区人群,切实解决防疫信息传播"最后一公里"问题。

(2)中国气象局与国家林业和草原局在北京签订战略合作框架协议。双方协同推进森林草原防火、沙尘暴监测预报预测预警及影响评估、林草气象服务和效益评估、自然保护地建设和保护、林草有害生物防治、野生动物疫病评估以及相关气候变化影响评估和科研合作等工作,进一步提升森林草原资源保护、防沙治沙及防灾减灾治理能力。同时,双方共同成立战略合作领导小组,进一步完善常态化联系沟通机制。定期召开联席会议,评估和总结合作成果。在落实合作重点任务基础上,还将聚焦包括国家公园在内的自然保护地综合生态监测、森林草原防火"天空地"一体化监测等方面深化拓展,共同开展试点探索、平台建设和人才培养。

(3)中国气象局与公安部联合印发《恶劣天气交通预警处置试点工作方案》。双方将在江苏、广东开展试点,深化协同联动,建立健全恶劣天气全链条全环节预警处置机制,切实做好恶劣天气条件下的交通应急预警处置工作,最大限度降低恶劣天气对道路通行造成的影响。双方合作将围绕交通气象预警、应急管控措施、预警信息流转及处置工作效益评估、管控系统应用、技术标准制定、关键技术研发等方面展开。

(4)中国气象局与农业农村部共同确立了第二批特色农业气象服务中心

名单。中国气象局与农业农村部从 2017 年开始共推特色农业气象服务,以分品种、分区域的方式,实现农业气象服务集约化、标准化和品牌化,提高农业气象服务的精准性。第二批特色农业气象服务中心坚持"突出重点品种、服务关键领域"的原则,秉承"特优区建到哪里,特色农业气象服务就跟到哪里"的思路来遴选,最终针对马铃薯、花生、油茶、淡水养殖和热带水果生产的 5 个特色农业气象服务中心入选,将进一步提高农业气象灾害监测预报预警水平,服务特色农产品优势区建设和发展,全面助力乡村振兴和决战决胜脱贫攻坚。

(二)省部合作[①]

省部合作对充分调动各方积极性推进气象现代化建设发挥了主导作用,有力推动了地方气象事业高质量发展。截至 2020 年底,中国气象局已与 31 个省(区、市)政府建立省部合作机制(表 13.2),共签订合作协议或备忘录 62 份,召开联席会议 120 次,合作领域不断拓展、力度逐步加大,在落实习近平总书记重要指示精神和党中央决策部署、服务地方经济社会发展、推进气象现代化建设、优化气象事业发展环境方面成效显著。在省部合作的有效推动下,气象工作全面融入和服务乡村振兴和脱贫攻坚、区域协调发展等国家重大战略;各省(区、市)将气象防灾减灾和公共气象服务纳入政府权责清单和政府公共服务目录,出台加强气象为农服务"两个体系"建设的文件,气象服务融入数百个行业、覆盖亿万群众;自"十三五"以来,省级及以下共规划项目 2184 个,规划估算投资超过 300 亿元,气象业务现代化水平继续保持稳步提升态势。

表 13.2 近 10 年中国气象局与 31 个省(区、市)的省部合作情况统计(截至 2020 年底)

序号	省(区、市)	省部合作情况	时间
1	北京	共同签订《中国气象局 北京市人民政府 共同推进"十三五"时期气象为首都经济社会发展服务合作协议》	2016 年 4 月
2	天津	共同签署《中国气象局 天津市人民政府 共建新时代智慧气象助力智慧城市建设示范区合作协议》	2020 年 9 月

---

① 资料来源:中国气象局办公室。

续表

序号	省（区、市）	省部合作情况	时间
3	河北	联合召开"中国气象局与河北省人民政府省部合作联席会议"（2010年11月双方签署省部合作协议）	2015年11月
4	山西	共同签订《山西省人民政府中国气象局共同推进山西气象现代化建设合作协议》	2017年6月
5	内蒙古	共同签订《中国气象局与内蒙古自治区人民政府"共同推进气象为内蒙古经济社会又好又快发展服务"合作协议》	2012年7月
6	辽宁	共同签订《辽宁省人民政府 中国气象局 共同推进辽宁气象事业高质量发展 高水平保障辽宁振兴合作协议》	2020年8月
7	吉林	联合召开"中国气象局与吉林省人民政府省部合作第二次联席会议"（2011年7月双方签署省部合作协议）	2016年4月
8	黑龙江	共同签订《黑龙江省人民政府 中国气象局 共同推进更高质量的气象现代化和气象保障"五大安全"合作协议》	2020年9月
9	上海	联合召开"中国气象局与上海市人民政府第七届部市合作联席会议"	2019年7月
10	江苏	联合召开"江苏省人民政府 中国气象局 共同推进江苏气象现代化建设省部合作第四次联席会议"（2018年双方召开第三次联席会议）	2020年12月
11	浙江	共同签订《浙江省人民政府 中国气象局共 同推进气象防灾减灾能力建设合作协议》	2019年9月
12	安徽	联合召开"全面推进气象现代化暨省部合作联席会议"（2013年9月双方签署省部合作协议）	2019年3月
13	福建	签署《中国气象局 福建省人民政府 共同推进"十三五"期间气象为福建经济社会发展服务合作协议》	2017年5月
14	江西	签署《中国气象局 江西省人民政府 共同推进江西"十三五"气象事业合作协议》	2017年4月
15	山东	联合召开"全面推进山东气象现代化工作会议"（2010年12月双方签署省部合作协议）	2014年8月
16	河南	共同签订《中国气象局、河南省人民政府共建乡村振兴气象保障示范省合作协议》	2019年7月

续表

序号	省（区、市）	省部合作情况	时间
217	湖北	共同签订《中国气象局 湖北省人民政府 共同推进湖北"十四五"气象事业高质量发展合作协议》（2018年双方召开省部合作联席会议）	2020年7月
18	湖南	共同签订《中国气象 湖南省人民政府 省部合作联席会议备忘录》	2020年10月
19	广东	共同签署《中国气象 广东省人民政府 共同推进气象防灾减灾第一道防线先行示范省建设合作备忘录（2021—2025年）》	2020年9月
20	广西	联合召开"中国气象局与广西壮族自治区政府部区合作第二次联席会议"（2010年7月签署区部合作协议）	2017年12月
21	海南	共同签订《共同推进气象为海南自由贸易试验区和中国特色自由贸易港建设服务合作协议》	2019年4月
22	重庆	共同签署《共同推进新时代重庆气象现代化发展合作备忘录》	2019年7月
23	四川	联合召开"中国气象局与四川省人民政府省部合作第四次联席会议"（2010年3月双方签署省部合作协议）	2018年11月
24	贵州	联合召开"贵州省人民政府 中国气象局 关于推进新时代贵州实现更高水平气象现代化的会议"（2012年4月双方签署省部合作协议）	2020年8月
25	云南	共同签订《共建"面向南亚东南亚气象服务中心"合作框架协议》	2018年8月
6	西藏	共同签订《西藏自治区人民政府 中国气象局 推进西藏气象现代化高质量发展合作协议》	2018年9月
27	陕西	共同签订《共同推进陕西气象事业高质量发展 共建气象防灾减灾示范省合作协议（2021防灾减灾示年）》	2020年12月
28	甘肃	联合召开"中国气象局与甘肃省人民政府第三次省部合作联席会议"（2010年12月双方签署省部合作协议）	2018年10月
29	青海	共同签订青海省人民政府 中国气象局 新一轮合作协议（2016年双方第一轮合作）	2019年9月
30	宁夏	共同签订《共同推进宁夏气象现代化高质量发展合作协议》（2011年双方第一轮合作）	2019年10月
31	新疆	签署《中国气象局 新疆维吾尔自治区人民政府 气象服务社会稳定和长治久安合作协议》	2015年4月

2020年,为进一步落实完善气象部门双重计划体制和相应财务渠道,深化中国气象局与地方人民政府合作,充分发挥中国气象局和地方人民政府推进气象事业高质量发展的两个积极性和合力,加快实现建成现代化气象强国的战略目标,中国气象局制定并印发了《中国气象局关于深化与地方人民政府合作工作的指导意见》(气发〔2020〕93号),并制定了《中国气象局省部合作协议办理流程》和《中国气象局省部合作任务落实分工台账》,规范省部合作流程,明确省部合作具体任务。2020年中国气象局与湖北、辽宁、贵州、黑龙江、广东、天津、湖南、陕西、江苏等9省(市)政府召开联席会议,与部分省份签署合作协议(备忘录),双方就"十四五"气象事业高质量发展、气象服务地方经济社会高质量发展形成了共识,并提出了共同推进的措施。

(三)局校及局企合作

中国气象局与高校(科研院所)、企业部门间的合作是新时代气象现代化建设的重要组成部分,是气象部门加强与高校及企业在科研创新、人才培养等方面全方位、多领域合作的重要举措。至2020年底,中国气象局已与清华大学、北京大学、南京大学、南京信息工程大学、兰州大学、中山大学、中国科学院大学等高等院校签署了合作协议,与科技、通信、交通、环境、水利、能源等多个行业领域的近百家企业部门进行了合作交流,形成了行业管理部门和高校、企业紧密合作、互利共赢、共同发展的良好合作模式,有效集聚创新资源,积极推动气象产学研用方面的紧密合作,提高了气象科技创新能力和人才队伍建设水平,提升了气象服务核心竞争力,开拓了气象服务潜在市场,共同推动我国气象事业的高质量发展。

2020年,局校及局企合作深入推进。中国气象局批准建立"中国气象局—南开大学大气环境与健康研究联合实验室",联合实验室以天津市气象局和南开大学环境科学与工程学院为依托,将面向大气环境领域的国家重大科技需求和环境气象业务发展战略,围绕"气象—环境—健康"相关研究方向,建设大气环境气象综合观测及研究平台,汇聚和培养优秀科技人才,加强科学研究及成果转化应用,为国家、行业和地方的相关决策及业务提供科技支撑。

建立了"中国气象局－中国地质大学(武汉)极端天气气候与水文地质灾害研究中心"。该研究中心以中国气象科学研究院和中国地质大学(武汉)为依托，将结合双方优势，通过探索大气低层与地表浅层(关键带)之间的相互作用机制，实现大气科学与水文地质学的学科交叉，促进科研和业务部门的融合，提升气象行业服务国家防灾减灾的能力。将重点在极端天气气候－水文地质灾害一体化监测、发生机理及预报预警与风险评估等三个方向，开展协同创新。

推进了与中国科学院大气物理研究所深入合作，提出了重点围绕气象科技发展顶层设计、核心技术协同攻关、科技平台资源共建共享、科技成果转化应用、科技人才培养交流等方面研讨深化局所合作，双方将建立健全常态化沟通协调机制，强化面向气象"卡脖子"技术以及核心业务的联合科技攻关，在资料同化、数值预报模式发展、协同观测和融合分析、数据共享、人才培养等领域开展更深层次合作，为气象强国建设提供科技支撑。

2020年，中国气象局先后与中山大学、兰州大学签署战略合作协议，共同就气象核心技术攻关、科技平台建设、联合开展大气科学教学改革和课程建设、气象人才培养等多方面开展合作，通过建立局校合作机制，实现资源共享和科研业务无缝对接，促进教学质量与人才素质提升，推动气象事业高质量发展。

2020年，中国气象局与中国航天科工集团有限公司签署战略合作框架协议，共同推进航天高科技融入气象强国建设。双方将遵循优势互补、协同创新、注重实效、共同发展的原则，构建"政产学研用"创新发展机制，开展科技创新、资源共享和人才交流等多形式、各层次、多领域的深入合作，为气象现代化建设作出更大贡献，推动气象事业高质量发展。与中国长江三峡集团有限公司签署创新发展合作协议，双方将巩固现有合作基础，积极拓展合作领域，建立健全合作机制，保持定期沟通交流，重点围绕三峡集团实现建成世界一流清洁能源集团的战略目标提供高质量气象服务，构建清洁能源领域全产业链、伴随式、定制化的气象科技服务，深化三峡集团大型水电工程建设和运行安全、科学调度、提高开发和运营效益及发挥生态效应等方面的气象服务，拓展中国气象局为三峡集团在风能和太阳能资源开发、运行以及水电"走出去"的气象支撑保障服务,提升服务效益,打造能源气象服务的国际品牌,充分发挥气象科技在三峡集团建成世界一流清洁能源集团战略发展中的支撑保障作用,共同促进我国生态文明建设、"一带一路"倡议实施、防灾减灾公共事业发展。与华为公司围绕人工智能等新技术在气象领域的深度应用问题,就继续推进战略合作框架协议落实,聚焦智能观测和数据深度应用、气象预报核心技术突破、强化科研成果应用、共同打造专家团队等有关内容进行充分交流。

(四)港澳台气象合作

港澳台地区气象合作积极推动。2020年,中国气象局印发《粤港澳大湾区气象发展规划(2020—2035年)》,从顶层设计上明确三地气象事业融合发展的方向和目标,有效推进与香港天文台、澳门地球物理暨气象局的气象合作,联系更紧密,交流渠道更多元。为进一步明确2021—2023年粤港澳大湾区气象发展的重点任务和责任分工,制定《中国气象局 广东省人民政府推进粤港澳大湾区气象发展三年行动计划(2021—2023年)》。2020年9月,粤港澳大湾区气象监测预警预报中心(深圳气象创新研究院)正式运行。10月,第25届粤港澳气象业务合作会议在广州召开,未来三地将在综合气象观测系统建设与数据共享、数值天气预报技术等方面开展更加紧密的合作。进一步加强香港天文台与内地气象部门资料交换,新建珠海市气象局至澳门地球物理暨气象局跨境数据专线。加强福建与台湾地区气象合作。中央气象台与台湾"气象事务主管部门"就台风命名等加强沟通。

五、评价与展望

气象对外开放合作与对内合作相互联系、相辅相成,协调一致成为充分利用国际国内两个市场、两种资源的重要手段和有效途径。气象部门始终坚持开放合作,在推进构建人类命运共同体、服务"一带一路"建设、参与气象国际治理、助力气象现代化建设等方面勇于担当、积极作为,取得了显著成绩。目前，我国全球气象业务虽然取得了重要进展，具备了一定的全球气象业务基础，但依然存在基础能力不够足、数据收集不够广、服务目标不够明、科技支撑不够强、运行机制不够畅等问题，与全面建成气象强国、深度参与全球气象治理等新形势新要求还有一定的差距。新形势下，新一轮气象发展战略规划和气象强国建设纲要正在制定，将为气象高质量发展和更高水平气象现代化建设指明目标和方向，未来仍然需要坚定不移扩大开放，继续以战略思维和全球眼光，深度融入国内国际双循环，处理好开放和自主的关系，充分利用国内外优势资源，深化全方位、多层次、多元化的气象开放合作。

面向气象全球发展，深化气象国际开放合作。依托"一带一路"倡议等支撑向纵深拓展气象国际交流合作，深入推进与"一带一路"沿线国家和地区在气象防灾减灾、公共气象服务、气象教育培训等方面的合作，加强气象信息资源、科技成果、服务技术的共建共享。大力发展全球气象业务，强化风云卫星国际应用合作等，有序推进气象全球观测、全球预报、全球服务。深度参与国际气象治理，大力增强全球标准和政策制定的话语权和影响力，为构建人类命运共同体贡献力量。

面向气象高质量发展，深化国内气象合作交流。准确把握新时代气象高质量发展的基本要求和主要任务，从实际出发，坚持新发展理念，深化多部门开放合作，强化省部合作，深化部门与高校、科研院所、企业等合作，创新合作方式，强化科技协同创新和人才优势互补，实现合作共赢、合作共担、合作共治，共同推进更高水平气象现代化建设。

参考文献

国家林业和草原局,2021. 2020年中国国土绿化状况公报[EB/OL]. (2021-03-11). http://www.forestry.gov.cn/main/586/20210312/052808470733526.html.

国家能源局,2021. 2020年全国光伏发电并网运行情况[EB/OL]. (2021-02-21). http://www.nea.gov.cn/.

国家人工影响天气协调会议制度办公室,2021. 全国人工影响天气2020年主要进展和2021年工作要点[R].

国家统计局,2021. 2020年国民经济和社会发展统计公报[EB/OL]. (2021-02-28). http://www.stats.gov.cn/tjsj/zxfb/202102/t20210227_1814154.html.

刘若馨,贾静淅,2020. 全国重要生态系统保护和修复重大工程总体规划出炉 生态气象保障任务纳入国家规划[EB/OL]. 中国气象报社,(2020-06-12). http://www.cma.gov.cn/2011xwzx/2011qxxw/2011qxyw/202006/t20200612_555912.html.

吴朝霞,2020. 欧盟推动落实"欧洲绿色协议"[N]. 中国社会科学报,2020-12-21(07).

郄建荣,2020. 中国为全球气候治理注入强大动力[EB/OL]. 中国新闻网,(2020-11-09). http://www.chinanews.com/m/gn/2020/11-09/9333646.shtml.

生态环境部,2021. 生态环境部发布2020年全国生态环境质量简况[EB/OL]. (2021-03-02). https://www.mee.gov.cn/xxgk2018/xxgk/xxgk15/202103/t20210302_823100.html.

苏杰西,2020. 全国重要生态系统保护和修复重大工程总体规划出炉 生态气象保障任务纳入国家规划[N]. 中国气象报社,2020-06-12.

谢伏瞻,刘雅鸣,2020. 应对气候变化报告(2020):提升气候行动力[M]. 北京:社会科学文献出版社.

应急管理部,2021. 2020年度全国综合减灾示范社区公示公告[EB/OL]. (2021-02-07). https://www.mem.gov.cn/gk/zfxxgkpt/fdzdgknr/202102/t20210207_379798.shtml.

于新文,等,2017. 中国气象发展报告2017[M]. 北京:气象出版社.

于新文,等,2018. 中国气象发展报告2018[M]. 北京:气象出版社.

于新文,等,2019. 中国气象发展报告2019[M]. 北京:气象出版社.

参考文献

于新文,等,2019. 气象改革开放 40 年[M]. 北京:气象出版社.

中国气候变化信息网,2020. 中美省州对话会在广州举行 冀合作应对气候变化[EB/OL].(2020-11-23). http://www.ccchina.org.cn/Detail.aspx.

《中国气象百科全书》总编委会,2016. 中国气象百科全书·气象服务卷[M]. 北京:气象出版社:56-57.

《中国气象发展报告 2020》编委会,2020. 中国气象发展报告 2020[M]. 北京:气象出版社.

中国气象局,2021. 2020 年国内外十大天气气候事件评选揭晓[EB/OL]. (2021-01-05). http://www.cma.gov.cn/2011xwzx/2011xqxxw/2011xqxyw/202101/t20210105_569579.html.

中国气象局,2021. 2020 年全球气候状况报告发布 气候变化指标和影响恶化[EB/OL].(2021-04-22). http://www.cma.gov.cn/2011xwzx/2011xqxxw/2011xqxyw/202104/t20210422_575674.html.

中国气象局,2021. 2020 年中国气候公报[R].

中国气象局风能太阳能资源中心,中国气象服务协会,2021. 2020 年中国风能太阳能资源年景公报[R].

中国气象局公共气象服务中心,2020. 光伏扶贫太阳能资源年景评估报告(2020 年)[R].

中国气象局应急减灾与公共服务司,2020.《2020 中国公共气象服务》[R].

中国研究生招生信息网,2020. 大气物理学与大气环境专业[EB/OL]. https://yz.chsi.com.cn/.

中新网,2020. 中国为全球气候治理注入强大动力[EB/OL]. (2020-11-09). http://www.chinanews.com/m/gn/2020/11-09/9333646.shtml.

庄国泰,2021. 推动气象事业高质量发展 为全面建设气象强国开好局起好步——2021 年全国气象局长会议工作报告[R]. 2021-01-19.

庄国泰,2021. 在中国气象局人才工作领导小组 2021 年第一次全体会议上的讲话[R]. 2021-04-07.

附录 A 2020 年中国天气气候特征与气象灾害[*]

一、2020 年天气气候特征

2020 年，全国平均气温较常年偏高 0.7℃，平均降水量较常年偏多 10.3%。华南前汛期开始和结束均偏晚，雨量均偏多；梅雨季入梅早、出梅晚，梅雨量偏多，梅雨持续时间和梅雨量均为 1961 年以来之最；华北雨季、东北雨季和华西秋雨开始和结束均偏晚，雨量均偏多。根据《2020 年中国气候公报》，全国主要气候呈现以下特征：

（一）气温

1. 全国平均气温偏高

2020 年，全国平均气温 10.25℃，较常年偏高 0.7℃，略低于 2019 年，为 1951 年以来第 8 高（图 A.1）；年内除 12 月气温偏低 0.7℃外，其余各月气温均偏高。全国六大区域气温均较常年偏高，其中华南偏高 0.7℃，为 1961 年以来历史第 3 高。从空间分布看，除重庆东南部等局地气温偏低外，全国大部地区气温偏高，其中东北北部、江南东部和南部、华南东部及内蒙古东北部、海南大部、云南中部、新疆东北部等地偏高 1~2℃。

---

[*] 执笔人员：吕丽莉　杨丹

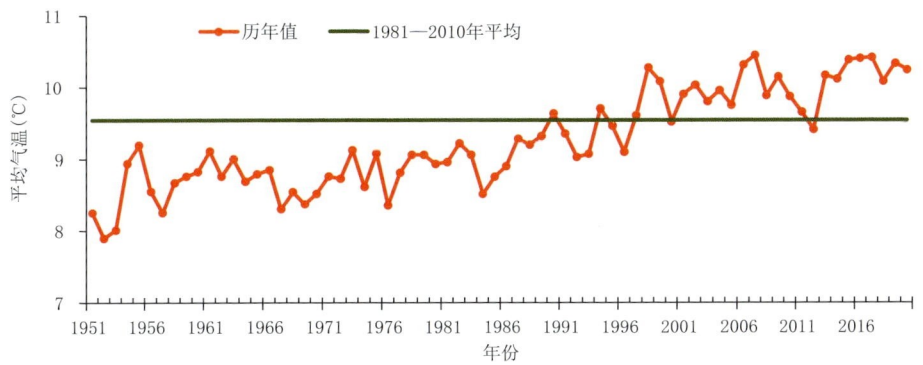

图 A.1　1951—2020 年全国平均气温历年变化(单位:℃)

2020 年,除重庆气温偏低外,全国其余 30 个省(区、市)气温均偏高,其中江西、浙江、广东、福建四省为 1961 年以来历史最高,江苏和云南为第 3 高。

2. 四季气温均偏高,冬春偏暖显著

冬季(2019 年 12 月—2020 年 2 月),全国平均气温−2.2℃,较常年同期偏高 1.2℃。除青藏高原中东部部分地区气温较常年同期偏低外,全国其余大部地区气温接近常年同期或偏高。

春季(3—5 月),全国平均气温 11.5℃,较常年同期偏高 1.1℃。除西藏南部和东部局地气温较常年同期偏低外,全国其余大部地区气温接近常年同期或偏高。

夏季(6—8 月),全国平均气温 21.5℃,较常年同期偏高 0.5℃。除黑龙江东北部、新疆中部等局部地区气温较常年同期偏低外,全国其余大部地区气温接近常年同期或偏高。

秋季(9—11 月),全国平均气温 10.5℃,较常年同期偏高 0.5℃,全国大部气温接近常年同期或偏高。

3. 高温日数偏多

2020 年,全国平均高温(日最高气温≥35.0℃)日数 9.4 天,较常年偏多 1.7 天。与常年相比,南方大部、江淮中部和西部及新疆东部、四川东部、云南东北部和南部等地高温日数偏多 5～10 天,江南南部、华南大部及四川东部、云南东北部等地偏多10天以上。

2020年,全国平均≥10℃活动积温(作物生长季积温)为4958.9℃·日,较常年偏多228.8℃·日,为1961年以来第6多。

2020年,全国极端连续高温事件站次比为0.17,较常年偏多0.04。年内,全国共有256个国家站日最高气温达到极端事件监测标准,其中贵州罗甸(41.2℃)等69个国家站日最高温气温突破历史极值,主要分布在云南、贵州、四川、福建、广东和海南等地。

(二)降水

1. 全国平均降水量为1951年以来第四多年

2020年,全国平均降水量694.8毫米,较常年偏多10.3%,比2019年偏多7.6%,为1951年以来第4多(图A.2)。1—3月和6—9月降水量均偏多,其中1月偏多76%;4月、5月及10—12月降水量偏少,其中12月偏少45%。

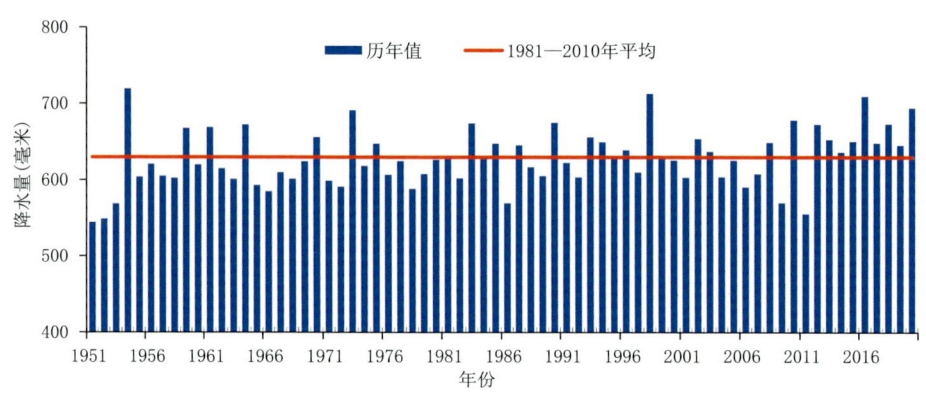

图A.2 1951—2020年全国平均降水量历年变化(单位:毫米)

与常年相比,中东部大部降水偏多、西北地区中西部偏少,其中,东北中北部、黄淮南部和东部、江汉大部、江淮大部、江南北部及内蒙古东北部、甘肃东南部、山西中部、河北南部、四川中部、贵州东部、广西北部等地偏多20%~50%,黑龙江南部局部、吉林西北部、安徽西南部等地偏多5成至1倍;新疆中部和南部、甘肃西部、内蒙古西部、青海中北部、西藏西部等地偏少20%~

50%;全国其余大部地区降水量接近常年。

2. 降水冬夏秋三季偏多,春季偏少

冬季(2019年12月—2020年2月),全国平均降水量55.5毫米,较常年同期偏多35%。春季,全国平均降水量137.0毫米,较常年同期偏少5%。夏季,全国平均降水量373.0毫米,较常年同期偏多15%,为1961年以来同期次多。秋季,全国平均降水量135.1毫米,较常年同期偏多13%。

3. 区域及流域降水量均以偏多为主

2020年,全国六大区域中,东北和长江中下游降水量均为1961年以来次多,东北降水量(745.1毫米)偏多27%,长江中下游(1618.2毫米)偏多21%,华北(503.1毫米)偏多13%,西南(1114.6毫米)和西北(421.2毫米)均偏多10%,华南(1569.5毫米)较常年偏少6%。

七大江河流域中,松花江流域降水量(719.2毫米)偏多38%,长江流域(1441.5毫米)偏多22%,均为1961年以来最多。淮河流域(1006.6毫米)偏多24%,黄河流域(538.1毫米)偏多16%,辽河流域(659.7毫米)和海河流域(568.1毫米)均偏多12%。珠江流域(1471.0毫米)较常年偏少5%。

4. 暴雨日数为1961年以来第三多年

2020年,全国共出现暴雨(日降水量≥50.0毫米)7408站日,较常年偏多24.1%,为1961年以来第2多,仅次于2016年。2020年,全国共有354站日降水量达到极端事件监测标准,日降水量极端事件站次比为0.17,较常年偏多0.07。有45站日降水量突破历史极值,主要分布在山西、四川、广西等地;有54站连续降水量突破历史极值,主要分布在安徽、四川、甘肃、黑龙江等地。

(三)日照

2020年,我国东北、华北、黄淮东部、西南地区中西部、西北大部及内蒙古、西藏大部等地日照时数一般在2000小时以上,其中东北大部、华北北部和西部、西北地区中西部及内蒙古、四川中西部、云南中北部、西藏中西部等地超过2500小时;黄淮西部、江淮、江汉北部和东部、江南东北部、华南东部及甘肃南部等地有1500~2000小时,江南大部及贵州、四川东部、重庆、广西等地不足

1500小时。与常年相比,除东北大部、华北东北部和西部、西南大部及陕西、西藏中南部、新疆中部、山东中部等地日照时数偏多100小时以上外,全国其余大部地区日照时数偏少或接近常年,其中西北地区中东部、黄淮南部、江淮大部、江南西部和北部及广西西南部、新疆西部等地偏少200～400小时,青海中部局地、新疆西部局地偏少400小时以上。

二、2020年中国天气气候灾害事件

2020年,我国暴雨洪涝灾害属偏重年景,干旱灾害属一般年景,台风、强对流、低温冷冻害和雪灾、沙尘暴等气象灾害均偏轻。汛期雨区重叠度高,经济损失偏重;区域性和阶段性干旱明显,但灾害损失偏轻;台风生成和登陆均偏少,灾害损失较轻;高温日数多,南方高温极端性强;强对流天气时空分布相对集中,损失偏轻;低温冷冻害和雪灾偏轻;春季北方沙尘天气少,影响偏轻。据统计,2020年,全国暴雨洪涝受灾面积占气象灾害总受灾面积的36%,干旱占26%,台风占19%,风雹占14%,低温冷冻害和雪灾占5%(图A.3)。气象灾害造成农作物受灾面积1996万公顷,死亡失踪327人,直接经济损失3681亿元。与近10年(2010—2019年)平均值相比,农作物受灾面积、死亡失踪人口明显减少,直接经济损失略偏多。

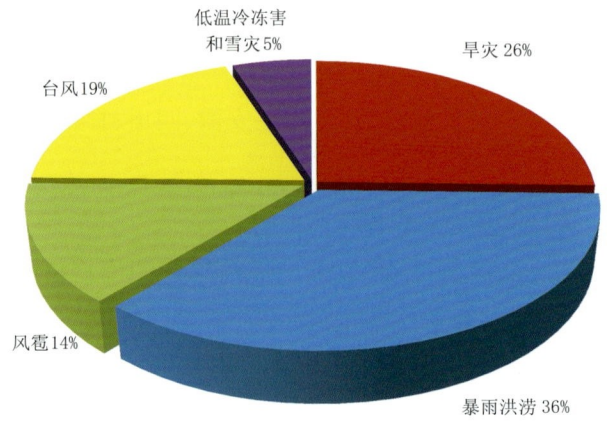

图A.3 2020年全国主要气象灾害受灾面积占总受灾面积比例(单位:%)

（一）暴雨洪涝

2020年，全国共出现37次暴雨过程，汛期雨区重叠度高，夏季南方地区1998年以来最严重汛情。据统计，在遭遇严峻汛情背景下，2020年洪涝灾情呈现"三升、两降"特点：受灾人次、紧急转移安置人次和直接经济损失较近5年均值分别上升23%、62%和59%，因灾死亡失踪人数、倒塌房屋数量分别下降53%和47%。此外，地质灾害发生数量较往年偏多，主要以中小型为主，西南地区地质灾害灾情较重，损失占全国的一半以上。其对我国主要影响详见表A.1。

表A.1　2020年主要暴雨洪涝一览表

事件	时间	影响区域	主要影响
暴雨洪涝	5月	全国共出现4次强降雨天气过程，20个省（区、市）遭受洪涝灾害影响，其中湖南、广东、广西3省（区）受洪涝灾害影响最重。	湖南省发生入汛以来最强一轮降雨过程，直接经济损失6.5亿元。广东省广州、东莞等城市因强降雨发生严重内涝，多地发生滑坡、泥石流等次生灾害，共造成全省7人死亡，直接经济损失9.1亿元。广西先后出现三轮洪涝灾害，造成4人死亡。
暴雨洪涝	上半年	华南前汛期和江南梅雨期较常年偏早12天和7天，共出现14次区域性暴雨过程；主要江河来水总体偏多，19个省（区、市）309条河流发生超警洪水，其中45条河流发生超保洪水，12条河流发生超历史洪水。	造成26个省（区、市）1770.7万人次受灾，119人死亡失踪，84.8万人次紧急转移安置，1.5万间房屋倒塌，直接经济损失393.1亿元。
洪涝	7月	受多轮强降雨影响，全国25个省（区、市）和新疆生产建设兵团发生洪涝灾害。安徽面临长江、淮河、巢湖三线防汛压力，长江中下游干流、鄱阳湖、洞庭湖、太湖持续高水位，造成安徽、江西、湖北、湖南等长江中下游地区遭受大面积洪涝灾害。	全国洪涝灾害造成3817.3万人次受灾，56人死亡失踪，299.6万人次紧急转移安置；2.7万间房屋倒塌，24万间不同程度损坏；农作物受灾面积386.87万公顷；直接经济损失1097.4亿元。因自然因素引发的地质灾害共造成60人死亡失踪。

续表

事件	时间	影响区域	主要影响
洪涝	8月	25省(区、市)175个地级市遭受洪涝灾害影响,四川、重庆、陕西、甘肃4省受灾较为严重。	全国1144.9万人次受灾,累计紧急转移安置118.1万人次,直接经济损失413.5亿元。四川灾区的交通、水利等基础设施损毁严重,重庆市沿江大量商户店铺进水受淹,甘肃陇南等地居民住房以及交通、电力、通信等受损重。西南、西北等地因灾死亡失踪92人。
洪涝	10月	全国共有42条河湖水系发生超警以上洪水,其中广西澜沧江支流通甸河发生超保洪水。10省(区、市)发生洪涝灾害,其中,云南、海南2省受灾相对较重。	造成红河、怒江等8市(州)3.2万人受灾,近800间房屋损坏,直接经济损失1.8亿元。海口、三亚等地1万余人紧急转移安置,农作物受灾面积5600公顷,直接经济损失9400万元。

数据来源:应急管理部《全国自然灾害基本情况》系列。

(二)高温与干旱

2020年夏季,全国平均高温(日最高气温≥35℃)日数为8.0天,比常年同期偏多1.1天。据统计,2020年全国因旱农作物受灾面积、直接经济损失较近5年均值分别下降44%和37%,云南、辽宁、山西、四川、内蒙古、陕西6省(区)旱情相对较重。其对我国影响详见表A.2。

表A.2 2020年主要高温热浪和干旱一览表

事件	时间	影响区域	主要影响
干旱	4—6月	山西、陕西、内蒙古和新疆出现持续高温少雨天气。	4省(区)中度以上气象干旱面积达93.9万千米^2,其中,内蒙古、新疆等地牧草受旱情况较重。
干旱	5月	云南大部再次出现高温少雨天气,气温较常年偏高1~4℃,局地降水偏少8成以上。	云南受旱范围从81个县(市、区)扩大到104个,因旱需生活救助人口115.2万人,农作物受灾面积69.48万公顷,直接经济损失23亿元。

续表

事件	时间	影响区域	主要影响
干旱	上半年	干旱灾害影响云南、四川、山西、陕西、内蒙古等14省(区、市)	造成1164.5万人次受灾,因旱需生活救助203万人,农作物受灾面积205.3万公顷,饮水困难大牲畜199万头(只),直接经济损失65.9亿元。云南干旱峰值时全省有137条河道断流,201座水库干涸,498.5万人受灾,159.2万人因旱需生活救助,农作物受灾面积73.3万公顷,直接经济损失26.7亿元,占全国因旱受灾损失的近4成。
干旱	7月	从北方地区看,内蒙古、辽宁、黑龙江、陕西、新疆等地相继出现旱情,其中东北地区西部旱情相对较重;从南方地区看,华南地区持续高温,福建、海南、广东、广西等多地遭受旱灾影响,云南南部旱情持续,湖南、江西两省北涝南旱。	辽宁、吉林、黑龙江、内蒙古4省(区)旱灾造成279万人受灾,农作物受灾面积117.8万公顷。
干旱	7月下旬至8月初	内蒙古、辽宁、吉林、湖南、广东、广西6省(区),一度出现较重旱情。	内蒙古、辽宁、吉林、湖南、广东、广西6省(区)695.4万人因旱受灾,农作物受灾面积172.29万公顷,直接经济损失93.5亿元。

数据来源:应急管理部《全国自然灾害基本情况》系列。

(三)台风

2020年,西北太平洋和南海共有23个台风(中心附近最大风力≥8级)生成,较常年(25.5个)偏少2.5个,其中5个登陆我国(图A.4,表A.3),较常年(7.2个)偏少2.2个。初台登陆时间较常年偏早11天,终台登陆时间偏晚7天。登陆台风具有生命史短、近海加强、阶段性明显、影响偏轻的特点,但"黑格比"致灾较重。2020年台风灾害共造成8人死亡失踪,直接经济损失309.4亿元。与近10年平均值相比,2020年台风造成死亡人口较少,直接经济损失偏低。其对我国主要影响详见表A.3。

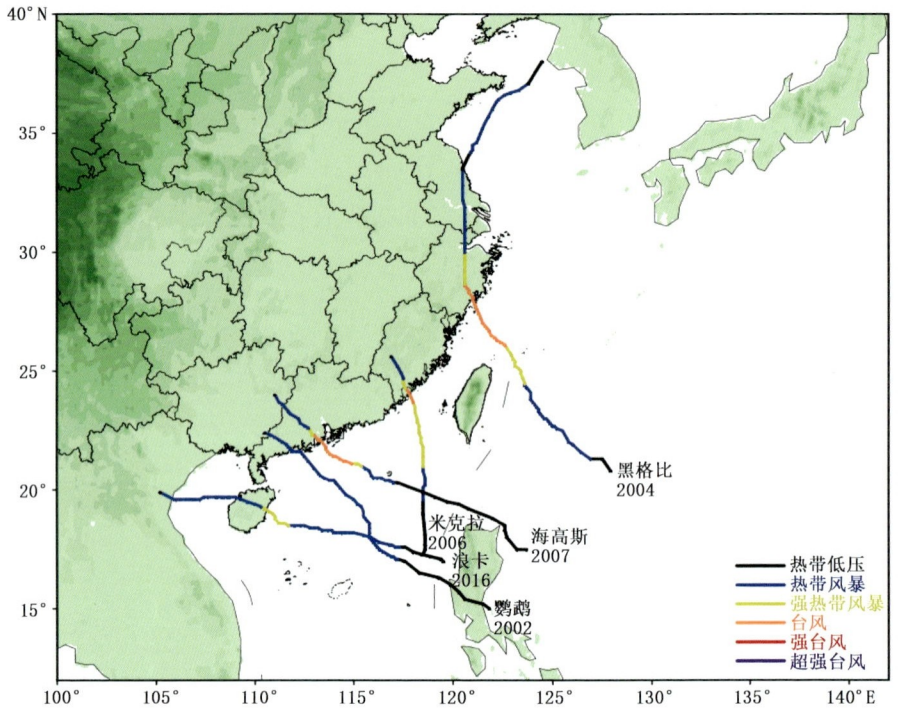

图 A.4 2020 年登陆中国台风路径图(资料来源:中央气象台)

表 A.3 2020 年登陆中国台风简表

台风编号名称	登陆地点	登陆时间（月.日）	登陆时最大风力（风速）	影响省(区、市)
2002 鹦鹉	广东阳江	6.14	9级(23米/秒)	广东、广西
2004 黑格比	浙江乐清	8.4	13级(38米/秒)	浙江、福建
2006 米克拉	福建漳浦	8.11	12级(33米/秒)	福建
2007 海高斯	广东珠海	8.19	12级(35米/秒)	广东、广西
2016 浪卡	海南琼海	10.13	10级(25米/秒)	海南、广西、广东

资料来源:中央气象台。

(四)低温冷害及雨雪

2020年,低温冷冻害和雪灾共造成农业受灾面积105.2万公顷,直接经济损失154.1亿元,均少于2010—2019年平均值,属低冷冻害和雪灾偏轻年份。

2020年,全国共出现18次冷空气过程,接近常年,低温雨雪冰冻灾害对部分地区造成一定影响。低温雨雪冰冻灾害共造成农业受灾面积105.2万公顷,直接经济损失154.1亿元,均少于2010—2019年平均值,属低冷冻害和雪灾偏轻年份。其对我国影响详见表A.4。

表A.4 2020年主要低温冷害及雨雪事件一览表[①]

事件	时间	影响区域	主要影响
大风降温降雪	4月	两次冷空气过程造成西北、华北至山东一带出现大范围大风降温降雪过程,山东、河北、山西等局地最低气温降至零度以下。	导致果蔬等作物大面积受冻,山东、河北、山西、陕西、甘肃、宁夏6省(区)69.8万公顷农作物受灾,其中18.9万公顷绝收,直接经济损失96.6亿元。
低温冷冻和雪灾	10月	冷空气活动较为频繁,出现4次冷空气过程,造成山西、四川、甘肃、宁夏4省(区)出现低温冷冻和雪灾。	农作物受灾面积1.42万公顷,其中,山西省太原、忻州、晋中等地玉米、高粱等农作物7200公顷受灾,直接经济损失4400万元。甘肃省临夏州部分地区4.3万人受灾,部分彩钢大棚被积雪压塌,直接经济损失3300万元。
雨雪降温	11月	中东部地区出现两次大范围雨雪降温天气过程,造成内蒙古、吉林、黑龙江、陕西等7省(区)不同程度受灾,局地降温幅度达12~14℃。	多地电力设施受损。
低温冷冻	12月	湖南、福建、广西等南方地区遭受低温冷冻灾害。	农作物遭受一定损失。

数据来源:应急管理部《全国自然灾害基本情况》系列。

---

① 数据来源:应急管理部《全国自然灾害基本情况》系列

三、2020年气候变化与影响

(一)全球气候变化事实及影响

针对2020年全球气候变化事实及影响,世界气象组织发布2020年气候状况报告内容如下。

(1)2020年仍是有记录以来最暖的三个年份之一,全球平均温度较工业化前水平高出1.2℃左右。2011—2020年是有记录以来最暖的十年。2020年,主要温室气体的浓度持续上升,全球二氧化碳浓度已超过410 ppm。根据联合国环境规划署的信息,经济衰退暂时抑制了新的温室气体排放,但对大气温室气体浓度没有明显影响。

(2)2019年海洋热含量为有记录以来最高水平,2020年可能延续了这一趋势。过去十年海洋变暖速度高于长期平均水平,这表明海洋在不断吸收温室气体捕获的热量。2020年,超过80%的海域至少经历了一次海洋热浪。全球平均海平面继续上升。近年来海平面一直以更快的速度上升,部分原因是由于格陵兰冰盖和南极冰盖加速融化。

(3)2020年,冰冻圈风险加大,北极夏季海冰覆盖面积最低值达374万千米^2,这是有记录以来第二次缩减到不足400万千米^2。7月和10月观测到创纪录低的海冰覆盖面积。此外,格陵兰冰盖质量损失约1520亿吨,尽管表面质量平衡接近长期平均水平,但冰山崩解造成的冰损失是40年卫星记录的高点。南极海冰覆盖范围仍接近长期平均水平,但自20世纪90年代末以来,南极冰盖呈现出明显的质量损失趋势。

(4)2020年,非洲和亚洲大部地区发生暴雨和大范围洪水。暴雨和洪水影响了萨赫勒和大非洲之角大部分地区,引发沙漠蝗虫爆发。印度次大陆及周边地区、中国、韩国、日本以及东南亚部分地区在这一年不同时期降水量均异常偏高。严重干旱影响了南美洲内陆许多地区,其中受灾最重的是阿根廷北部、巴拉圭和巴西西部边境地区。长期干旱在非洲南部部分地区持续,尤其是南非北开普省和东开普省。

(5)2020年,全球多地气温突破历史最高纪录,在西伯利亚北极的广大地区,气温较以往平均水平高出3℃多,维尔霍扬斯克镇的气温达到创纪录的38℃,随之而来的是长时间的大范围野火。在美国,夏末和秋季发生了有记录以来最大的火灾。8月,加利福尼亚死亡谷气温达到54.4℃,这是至少过去80年以来全球已知的最高温度。在加勒比地区,4月和9月发生了大型热浪事件。年初,澳大利亚打破了其高温纪录,其中彭里斯气温达48.9℃,是悉尼西部澳大利亚大都市区观测到的最高温度。东亚部分地区夏季十分炎热。夏季,欧洲经历了干旱和热浪,不过强度不及2018年和2019年。

(6)2020年,北大西洋飓风季命名风暴生成数量为历史最多,北大西洋飓风季共生成30个命名风暴,是有记录以来生成命名风暴数量最多的一年。登陆美国的风暴数量达到创纪录的12个。该飓风季的最后一个风暴"约塔"是最强的风暴,在中美洲登陆前强度等级达到5级。在印度和孟加拉边境附近登陆的气旋"安攀"是北印度洋有记录以来造成损失最大的热带气旋,造成经济损失约达140亿美元。该热带气旋季最强的热带气旋是台风"天鹅",最初登陆时10分钟平均风速达220千米每小时(或更高),使之成为有记录以来最强登陆台风之一。

(7)疫情加重气候相关灾害风险。2020年有5000多万人受到气候相关灾害(洪水、干旱和风暴)以及新冠肺炎疫情的双重打击。这使得粮食不安全状况恶化,并给高影响事件相关的疏散、恢复和救援行动增加了另一层风险。

(二)中国气候变化事实及影响

中国气象局在发布的《2020年中国气候公报》中称,2020年我国气温总体偏高,降水偏多,气候年景偏差。《2020年中国气候公报》和《2020年中国海平面公报》表明:

(1)气温。2020年全国年平均气温10.25℃,比常年(1981—2010年)平均偏高0.7℃,为1951年以来第8个最暖年。2020年,除重庆气温偏低外,全国其余30个省(区、市)气温均偏高,其中,江西、浙江、广东、福建四省为1961年以来历史最高,江苏和云南为第3高。

(2)降水。2020年全国平均降水量695毫米,比常年偏多10.3%,为1951年以来第4多。冬夏秋三季降水偏多,春季偏少。从各区域情况看,除华南降水量较常年偏少外,东北、华北、西南、西北和长江中下游均偏多。

(3)海平面。1980—2020年,中国沿海海平面上升速率为3.4毫米/年,高于同时段全球平均水平。2020年,中国沿海海平面较常年高73毫米,为1980年以来第三高。过去十年中国沿海平均海平面持续处于近40年来高位。与常年相比,渤海、黄海、东海和南海沿海海平面分别高86毫米、60毫米、79毫米和68毫米。

(4)气候变化对中国的影响。气候变化对中国的影响主要集中在农业、水资源、生态系统、能源需求、交通、人体健康等方面,具体影响如下:

——对农业的影响。2020年,我国冬小麦和玉米全生育期内,光温水等条件总体匹配,墒情适宜,气象灾害偏轻,气候条件较好。江南、华南部分地区早稻播种和生长发育及产量形成受阶段性低温和高温灾害影响较大。晚稻、一季稻产区气候条件较好,但长江中下游地区遭遇暴雨洪涝,湖南、江西等地遭受寒露风,对农业生产造成较大不利影响。

——对水资源的影响。2020年,全国年降水资源量为65926.5亿米^3,比常年偏多6163.3亿米^3,比2019年多4677.9亿米^3,为1961年以来第3多,仅次于1998年和2016年。从年降水资源丰枯评定指标来看,2020年属于异常丰水年份。2020年,珠江、东南诸河、西南诸河和西北内陆河流域地表水资源量较常年偏少;松花江、辽河、海河、黄河、淮河和长江流域地表水资源量较常年偏多。

——对生态系统的影响。2020年5—9月,我国植被长势偏好,西北地区东部、华北大部、西南地区东部以及内蒙古中东部、吉林西部、黑龙江西南部等地植被长势明显提高。

——对能源需求的影响。北方15省(区、市)冬季采暖耗能评估结果显示,大部分地区冬季平均气温均较常年同期偏高,受气温偏暖影响,采暖耗能均较常年同期减少。2020年夏季,全国大部地区平均气温较常年同期偏高,降温耗能相应也较常年同期偏高。据统计,2020年夏季全国用电量为20468亿千瓦时,同比增长5.3%,其中6月、7月和8月用电量分别为6350亿千瓦时、6824亿千瓦时和7294亿千瓦时,分别较2019年同期增长6.1%、2.3%和7.7%。

——对交通的影响。2020年,全国大部分地区交通运营不利日数(10毫米以上降水、雪、冻雨、雾及扬沙、沙尘暴、大风)有20~60天,其中江淮、江汉东部、江南、华南北部以及黑龙江中部、山东西部、新疆南部、重庆、四川东部、贵州、云南南部等地超过60天。年内,降雪、暴雨洪涝及其次生灾害、台风、大雾等不利天气给公路和铁路及航运等造成较大影响,其中8月4—5日,受台风"黑格比"影响,浙江、上海等地航空、铁路、水路交通受阻。

——对人体健康的影响。2020年,全国平均年舒适日数131天,接近常年(133天)。全国大部地区年舒适日数接近常年,其中黑龙江西部和东北部、辽宁西南部和东部、河北东北部、河南西南部、湖南西部、四川中部、贵州中部和东部、海南、新疆西部等地较常年偏少10~30天,局部偏少30天以上;黄淮南部、江淮大部、江汉东部、江南东部及云南北部、西藏东南部等地偏多10~30天,局部偏多30天以上。

(三)2020年国内外十大天气气候灾害事件

为了提高社会防灾减灾意识,最大限度预防和降低气象灾害造成的损失,中国气象局已连续主办"国内外十大天气气候事件"评选活动。2020年票选出的国外内十大天气气候事件主要与高温干旱、强降水、台风、地质灾害、强对流天气等灾害相关。

1. 国内十大天气气候灾害事件

(1)长江中下游等地梅雨期及梅雨量均为历史之最

2020年我国长江中下游等南方地区梅雨入梅时间早,出梅时间晚,梅雨期持续时间长,梅雨量大,极端降水事件频发。梅雨期雨量达759.2毫米,较常年偏多1.2倍,为1961年以来最多;安徽、湖北、江西等地46县市日降水量达极端事件标准,其中安徽金寨(309.5毫米)、江西新建(220毫米)等4地日降水量突破历史记录。梅雨季持续时间达62天,较常年偏长22天,与2015年并列为1961年以来历史最长;安徽合肥(21天)、江西安义(25天)等10站连续降水日数突破历史记录。受持续强降雨影响,安徽歙县高考时间延迟;7月8日,新安江水库历史上第一次九孔全开泄洪,洪水喷涌而出,半小时流量就和西湖的储水量相当。

(2)半个月内3个台风接连影响东北历史罕见

8月下旬至9月上旬,半个月内第8号台风"巴威"、第9号台风"美莎克"和第10号台风"海神"接连北上影响东北地区,为1949年以来首次出现。台风给东北大部带来超过100毫米的降水,中东部降水量超过200毫米,吉林梅河口达到556.8毫米。由于强降雨落区重复,重叠效应明显,致使部分河流和水库超警戒水位,部分农田出现内涝和土壤过湿加重;吉林、黑龙江等地最大阵风达11级,局地瞬时风力超过12级,大风造成部分作物倒伏,对玉米、水稻、大豆等作物灌浆乳熟产生不利影响,导致设施大棚损毁和瓜果蔬菜受损。受台风影响,多地航班和火车取消、海上客运停航,市内道路积水严重,多所中小学及幼儿园停课,群众生产生活受到一定影响。

(3)历史首次出现7月"空台"

7月,南海和西太平洋地区无台风生成和登陆,为1949年以来首次出现。从常年来看,7月属于台风活跃期,而7月台风缺席的主要"幕后黑手"是异常偏强的副热带高压。随着2019年秋季厄尔尼诺事件的发生,西太平洋副热带高压异常偏强、面积偏大,对流活动受到抑制,缺乏台风生成的必要条件;同时,由于副热带高压异常导致其南侧广阔西太平洋和南海海域为强劲的偏东风所控制,季风槽难以在西太平洋和南海形成,因此,南海及菲律宾以东热带洋面对流云团活动也较常年同期偏弱,不利于台风生成。7月"空台"也导致了我国夏季高温日数偏多,华南地区干旱较重。

(4)2020年夏季我国降水多汛情重

夏季(6—8月),全国平均降雨量较常年同期偏多14.7%,为1961年以来历史同期第二多,仅次于1998年。全国各大流域中,长江流域和黄河流域降水量均为1961年以来最多,淮河和太湖流域为历史第二多。受黄河上游洪峰影响，6月25日起，小浪底水利枢纽大坝开闸泄洪；大范围持续性强降水也造成鄱阳湖、洞庭湖和太湖等主要江河湖库普遍超过警戒水位，7月14日鄱阳湖主体及附近水域面积较历史同期平均值偏大2.5成，为近10年最大；8月20日，长江三峡水库入库洪峰流量达75000米^3/秒，为建库以来最大洪水。强降水导致安徽、江西等地灾害较重，但因灾死亡、失踪人数和倒塌房屋数量较近5年同期均值明显下降。

(5) 初冬寒潮暴雪天气袭击东北致部分地区受灾

11月17—23日，东北地区出现强雨雪天气过程，过程最大降温幅度超过8℃，局地超过14℃，吉林、辽宁共9县市日降温幅度突破历史极值，多地开启"速冻"模式。同期，东北中南部及内蒙古东南部累计降水量有25～50毫米，部分地区超过50毫米。19日，辽宁宽甸、桓仁日降雪量分别为当地11月最大日降雪量的2.7倍和1.2倍，其中宽甸达81.7毫米，超过了当地年降雪量(81.0毫米)。内蒙古、黑龙江、吉林多地出现积雪，其中黑龙江东南部局地积雪深度达25～30厘米，吉林长岭、黑龙江密山达38厘米。东北三省及内蒙古部分地区遭受雪灾和低温冷冻灾害，多条公路封闭，铁路大面积停运，机场大量航班取消或延误，中小学、幼儿园停课，多条供电线路停运，部分城市供热系统中断，人们日常生活等受到较大影响。

(6) 2020年强对流天气发生早频次高极端性强

2020年我国强对流活动发生时间早、对流频次高、南北方差异大、局地极端性强。首次大范围强对流过程发生时间较常年偏早近1个月。3月至9月中旬，全国共发生区域性强对流天气过程56次，明显多于往年同期(近五年平均47次)。汛期，北方地区雷暴大风、冰雹等强对流灾害天气频发，南方地区则以连续而集中的短时强降水天气为主。山东等地5月风雹过程次数、范围、强度为近十年之最；6月3—11日，黑龙江、吉林等地连续出现雷暴大风或冰雹天气，黑龙江安达市瞬间风力达12级；6月下旬，甘肃平凉、河北等地出现极端强冰雹天气；四川雅安地区8月10日夜间连续8个小时的雨强均超50毫米，12小时累计降水超过400毫米(最大达542毫米)；内蒙古、江苏、湖北等地记录到10次EF1—EF2级龙卷(风速达38.3～60.3米/秒)。

(7) 2020年全国霾天气继续减少

近10年来全国霾天气持续减少,2020年(截至12月28日)全国霾日数为24天,较近10年平均偏少15.7天,较2019年减少1.6天,较2017年减少3.4天,较2013年减少22.8天。但在不利气象条件下,霾天气过程仍有发生,2020年全国霾天气过程为7次,与2019年持平,较近10年平均偏少3.2次,较2013年减少8次。

(8) 华南高温少雨导致气象干旱持续发展

2020年夏季,全国平均高温日数11.5天,较常年同期偏多2.3天,其中华南地区为1961年以来历史同期第二多。同时,华南大部降水量也较常年同期偏少。温高雨少导致华南出现不同程度气象干旱。7月27日监测显示,华南南部和东部、江南南部等地有中到重度气象干旱,其中广东西部和东部、广西南部、福建南部为特旱。干旱对华南部分地区晚稻、橡胶、甘蔗、花生、蔬菜等作物生长发育产生不利影响,广西梧州、防城港、贵港、玉林、崇左出现人员饮水困难,部分水库水位降低,其中广西岑溪水库蓄水较去年同期偏少37%。9月中旬出现有效降水,干旱缓解。但10月下旬开始,华南气象干旱再度发展,广东中南部和广西中部仍然存在中度气象干旱,秋冬连旱对华南地区作物产生不利影响。

(9) 8月中旬四川盆地暴雨频繁致部分地区受灾

8月中旬,四川盆地出现强降雨过程,芦山、绵竹、什邡等5站日降水量突破当地历史极值。17—18日,四川乐山遭遇持续暴雨袭击,加之三江(岷江、大渡河、青衣江)上游的成都、眉山、雅安等地同时出现强降雨,在乐山市中区流域形成特大洪峰,18日洪水淹至乐山大佛脚趾,为新中国成立以来首次。强降水过程造成四川多地出现内涝和山体滑坡,多处景区临时封闭、机场铁路延误晚点、部分路段高速关闭,还导致四川、重庆等地20余条河流发生超警以上洪水,其中沱江上游干流及岷江、嘉陵江等发生超保证洪水。

(10) 2020年我国气候条件利于植被长势继续向好

2020年5—9月,我国中东部大部地区降水偏多、气温偏高,气候条件有利于植被生长,生长季(5—9月)我国平均植被指数NDVI为0.4609,较近20年

(2000—2019年)同期平均(0.4395)偏高4.9%,为2000年以来历史同期第二高值,仅低于2018年。植被指数越高表明植被长势越好,2020年生长季我国植被长势偏好,同时也反映出近20年我国植被长势为持续向好的态势。与近20年同期平均值相比,全国大部地区生长季植被指数偏高,西北地区东部、华北大部、西南地区东部以及内蒙古中东部、吉林西部、黑龙江西南部等地偏高明显。其中,北京、河北、山东、陕西、浙江、上海等省(市)的平均植被指数均为2000年以来历史同期最高。

2. 国外十大天气气候灾害事件

(1)厄尔尼诺与拉尼娜前赴后继,加剧气候异常不确定性

根据厄尔尼诺/拉尼娜事件的国家判识标准,9月以来,赤道中东太平洋大部海表温度持续较常年同期偏低。11月,赤道东太平洋海温负距平中心值低于$-2.5℃$,海温监测关键区的海温指数为$-1.33℃$,最近3个月(9—11月)指数滑动平均值为$-1.23℃$,拉尼娜状态持续。预计,此状态在2020年12月达到峰值并形成一次中等强度的拉尼娜事件。而在2019/2020年冬季,赤道中东太平洋海温异常偏高,形成了一次弱的厄尔尼诺事件。两种海温异常现象在一年内完成转换,加大了对全球气候异常影响的不确定性。

(2)新冠肺炎疫情使全球碳排放减少,但气候变暖脚步未止

世界气象组织与多家机构联合发布的《2020联合科学报告》指出,受新冠肺炎疫情影响,2020年二氧化碳排放量预计将比2019年下降4%~7%。截至4月初,全球因疫情而采取封锁措施,化石燃料燃烧产生的二氧化碳日排放量与2019年同期相比史无前例地下降了17%,与2006年排放量相当,这也反映出过去15年排放量的急剧增加。截至6月初,二氧化碳日排放量已回升到仅比2019年同期水平低5%以内。近日,WMO发布《2020年全球气候状况报告》指出,尽管发生了具有降温效应的拉尼娜事件,但2020年仍是有记录以来最暖的三个年份之一,全球平均温度较工业化前水平高出1.2℃左右。2011—2020年是有记录以来最暖的十年。报告所提供的所有关键气候指标及相关影响信息都在强调,无情持续的气候变化、极端天气气候事件的发生频率和强度增加,以及其带来的重大损失和破坏,都正在影响着人类、经济和社会。即使

我们的减缓措施取得成功,气候变化的负面影响趋势仍将持续数十年。

(3)东非多国强降雨引发洪涝灾害

4月下旬至5月,东非多地出现异常严重的强降雨,造成大范围洪水,加重了新冠肺炎疫情对当地人体健康和粮食安全已造成的影响。其中5月下旬,肯尼亚、埃塞俄比亚、索马里等地降水量普遍在100~200毫米,局部超过200毫米。布隆迪、吉布提、卢旺达和乌干达等地也受到严重影响,东非多国累计超过200人死亡,数万人流离失所,大量农作物、房屋和基础设施被山洪和山体滑坡冲毁。

(4)日本7月遭遇"暴力梅雨"

7月上旬,受梅雨锋面影响,日本中西部遭遇"暴力梅雨",引发洪水与山体滑坡。累计雨量最多的地区在高知县和长野县,均超过1400毫米,九州局地超过1300毫米。其中7月3—8日,九州南部及北部降水量超1000毫米,近畿部分地区超过900毫米。截至7月12日,重灾区熊本县死亡人数超60人,一些地区道路受阻。日本政府将此次洪灾命名为"令和二年七月豪雨"。

(5)孟加拉湾特强气旋风暴"安攀"袭击印孟两国

5月20日,孟加拉湾特强气旋风暴"安攀"在印度西孟加拉邦沿海登陆,登陆时中心附近最大风力14级(42米/秒,强台风级);"安攀"在海上发展最强时,中心附近最大风力达17级(58米/秒,超强台风级)。"安攀"导致大量房屋、桥梁受损,部分地区断电或通信中断。在印度和孟加拉国导致100余人死亡,为近十年来最多。印度估计"安攀"造成的损失近900亿元人民币。

(6)北大西洋编号热带气旋数量创新高

11月4日,随着北大西洋第28号飓风"伊塔"(Eta)的生成,使得2020年北大西洋热带气旋编号总数追平了历史最多纪录(2005年)。之后,第29号热带风暴"西塔"(Theta)和第30号飓风"约塔"(Iota)接连生成,北大西洋热带气旋编号总数创下了历史新高,其中飓风"约塔"(Iota)也成为2020年北大西洋最强热带气旋(强度达到五级飓风)。

(7)印度雷暴天气致伤亡惨重

6月25日,印度比哈尔邦遭遇雷暴天气,83人遭雷击死亡,遇难者多为在田间户外劳作人员。每年6月份开始,印度、尼泊尔等南亚国家先后进入雨季,雷雨天气频发,平均每年有近2000人因雷暴天气而丧生,但在一天内造成80余人死亡,实属罕见。

(8)高温多雨导致蝗灾蔓延非亚,影响多国粮食安全

蝗灾的发生、发展及肆虐与气温、降水和土壤湿度等气象条件密切相关。近年来全球变暖使得东非干旱地带出现高温多雨,成为蝗群爆炸式增长的自然条件。2019年12月,非洲肯尼亚发生70年来最严重的蝗灾,埃塞俄比亚和索马里也发生25年来最严重的蝗灾。蝗虫不仅肆虐东非各国,还于2020年上半年由非洲之角向东,侵入沙特阿拉伯、苏丹、也门、阿曼、伊朗等国。此后蝗虫跃过巴基斯坦国境线,使巴基斯坦遭受1993年以来最严重蝗灾。此外,部分东非蝗虫群侵袭印度,导致40万公顷农田遭殃。蝗灾致多国粮食安全受到威胁。

(9)美国西部极端高温造成山火多发,过火面积史无前例

8—10月,由极端高温和强风引发的山火在美国西部12个州燃烧,加利福尼亚州、华盛顿州和俄勒冈州火灾最为严重。大火烧毁俄州多个城镇,造成该州史上最严重的生命和财产损失。加州自年初以来发生了8000多起山火,造成数十人死亡,摧毁建筑物8000余所,超过五万人流离失所,累计过火面积近1.6万千米^2,相当于20个纽约的面积。大火所产生的烟雾遮盖了整个旧金山湾区和北加州大部地区的天空,整片天空变成橘黄色,空气严重污染。

(10)北极出现38℃极端高温,海冰范围历史第二小

6—8月,西伯利亚北部地区气温较常年偏高2~5℃,6月20日,其东北部的维尔霍扬斯克观测到38℃的高温天气,打破北极圈有记录以来最高气温纪录。气温显著偏高导致喀拉海冰和拉普捷夫海冰融化,9月15日,北极海冰范围(374万千米^2)达到2020年最小值,为有卫星数据记录以来海冰范围第二小,这也是北极海冰范围第二次低于400万千米^2。

四、统计资料

2001—2020年全国气象灾害损失统计见表A.5。2020年各省(区、市)气象灾害受灾情况见表A.6。1991—2020年全国平均气温和平均降雨量统计见表A.7。

表A.5 2001—2020年全国各省(区、市)气象灾害损失统计表

年份	受灾人口（万人）	死亡人口（人）	直接经济损失（亿元）	农作物受灾面积（万公顷）
2001	32538.46	2538	1942	5221.5
2002	30564.10	2384	1717	4711.91
2003	20144.70	2259	1884.23	3177.4
2004	34049.2	2250	1565.9	3765
2005	39503.2	2475	2101.3	3875.5
2006	43332.3	3186	2516.9	4111
2007	39656.3	2325	2378.5	4961.4
2008	43189	2018	11752.00	4000.4
2009	47760.8	1367	2490.5	4721.4
2010	42494.2	4005	5097.5	3742.6
2011	43150.9	1087	3034.6	3252.5
2012	27389.4	1443	3358	2496
2013	38288	1498	4766	3123.4
2014	23983	1583	2953.2	1980.5
2015	18521.5	967	2704.1	2176.9
2016	19000	1396	5032.9	2622.1
2017	14383.2	828	2850.42	1847.62
2018	13517.8	566	2615.6	2081.43
2019	13759.00	725	3179.9	1925.69
2020	13807.32	327	3664.87	1995.12

数据来源:《气象统计年鉴》,2001—2020。

表 A.6　2020 年全国各省(区、市)气象灾害受灾情况

地 区	农作物受灾情况		人口受灾情况			直接经济损失(亿元)
	受灾(万公顷)	绝收(万公顷)	受灾人口(万人次)	死亡人口(人)	失踪人口(人)	
北　京	0.16	0.11	1.8			1.3
天　津	1.72	0.84	12.9			5.5
河　北	37.14	6.94	286.1	4		39.9
山　西	102.99	18.27	607.2	10		93.6
内蒙古	236.78	23.96	416.1	7		115.4
辽　宁	132.15	32.78	612.8			99.8
吉　林	121.94	7.02	475.1	1		82.3
黑龙江	317.85	21.24	528.6	10		147.1
上　海	0.52		0.8			0.9
江　苏	13.56	2.04	108.2	5		19
浙　江	11.41	1.08	230.7	7		144.7
安　徽	123.79	39.39	1064.1	13		602.6
福　建	6.53	0.37	59.3	1		37.1
江　西	94.32	20.69	954.7	12		355.3
山　东	38.22	3.36	395.7	1		102.5
河　南	67.04	4.52	814.5	4		35.8
湖　北	163.22	26.33	1574.8	25	1	277.9
湖　南	81.71	12.29	907.7	20		166.3
广　东	8.41	0.82	119.002	10		54.544
广　西	27.93	1.99	336.9	21	5	118.64
海　南	4.04	0.22	26.712			2.245
重　庆	15.82	3.39	400.4	14	8	166.9
四　川	63.24	7.63	1150.8	49	23	443.9
贵　州	23.34	5	475	30	5	89
云　南	121.96	9.13	1125.21	32	2	125.41
西　藏	0.87	0.17	14.5	6		3.5
陕　西	53.23	10.25	409	12	6	91.6
甘　肃	39.56	3.34	485	14	3	191.2
青　海	4.3	0.1	47.9	14	1	3.3
宁　夏	17.54	1.66	93.2			16.7
新　疆(含兵团)	63.83	5.28	72.6	5		30.93

数据来源:《气象统计年鉴》,2020。

表 A.7　1991—2020 年全国平均气温和平均降雨量统计表

年份	平均温度(℃)	平均降水(毫米)	年份	平均温度(℃)	平均降水(毫米)
1991	9.36	622.36	2006	10.32	590.54
1992	9.04	603.55	2007	10.45	607.95
1993	9.08	655.73	2008	9.89	649
1994	9.7	649.49	2009	10.15	570.12
1995	9.47	628.39	2010	9.88	678.72
1996	9.11	638.87	2011	9.66	555.67
1997	9.62	610	2012	9.42	672.98
1998	10.28	713.1	2013	10.17	652.85
1999	10.09	630.96	2014	10.12	636.19
2000	9.53	625.43	2015	10.39	650.35
2001	9.9	603.38	2016	10.37	728.53
2002	10.04	653.71	2017	10.39	641.31
2003	9.81	637.32	2018	10.09	673.8
2004	9.96	603.95	2019	10.34	645.5
2005	9.76	625.54	2020	10.25	694.8

数据来源:国家气候中心。